高等院校艺术学门类『十三五』系列教材

# 风景园林工程

FENGJING YUANLIN GONGCHENG

主　编　陈　丽　张辛阳
副主编　吴　苗　谢玉洁　欧阳莹　刘兴洋
参　编　（按姓氏笔画排序）
罗小东　段丽娟　郭亚楠

华中科技大学出版社
http://www.hustp.com
中国·武汉

## 内容简介

风景园林工程主要研究风景园林建设的工程原理和工程技术问题。本书按照高等院校风景园林专业教学大纲编写，系统地阐述了风景园林工程基本理论、施工技术和方法。全书共分9章，内容包括绪论、场地工程、给排水工程、砌体工程、道路工程、水景工程、假山工程、种植工程和照明与亮化工程。本书力求文字简练、概念明确、图文并茂、内容充实，并结合风景园林发展实际，体现当代科学成果，贯彻新的国家行业标准和规范，阐述风景园林工程的各个施工要素，立足于把工程原理和实践较好地结合起来。

本书侧重风景园林工程设计理论，与侧重施工图设计实践的同系列教材《园林景观施工图设计》相互补充，可作为高等院校风景园林一级学科下属各本科专业以及景观建筑设计、环境艺术等相关专业教学用书，也可供园林规划设计、环境艺术设计、城乡规划等相关专业人员学习参考。

**图书在版编目(CIP)数据**

风景园林工程/陈丽，张辛阳主编. —武汉：华中科技大学出版社，2020.2(2023.7 重印)

ISBN 978-7-5680-6004-2

Ⅰ. ①风… Ⅱ. ①陈… ②张… Ⅲ. ①园林-工程施工-高等学校-教材 Ⅳ. ①TU986.3

中国版本图书馆CIP数据核字(2020)第022365号

**风景园林工程** 陈 丽 张辛阳 主编

Fengjing Yuanlin Gongcheng

策划编辑：袁 冲

责任编辑：段亚萍

封面设计：孢 子

责任校对：李 弋

责任监印：朱 玢

出版发行：华中科技大学出版社(中国·武汉) 电话：(027)81321913

武汉市东湖新技术开发区华工科技园 邮编：430223

录 排：华中科技大学惠友文印中心

印 刷：武汉科源印刷设计有限公司

开 本：880 mm×1230 mm 1/16

印 张：16.5

字 数：535千字

版 次：2023年7月第1版第3次印刷

定 价：39.00元

# 目录
# Contents

# 绪 论

风景园林工程是风景园林专业的专业核心必修课程，它是学习风景园林各项工程设施的技术设计和施工设计的基础。通过课程的学习，学生应掌握工程原理、工程设计及工程施工方面的知识；了解风景园林工程的基本原理；理解风景园林工程的科学性、技术性和艺术性；掌握将工程景观化的能力和技巧，以及运用相关理论分析、解决工程中的实际问题。

## 1. 课程形成历史和发展状况

我国的造园专业是 1951 年由北京农业大学园艺系和清华大学建筑系共同创办的，1956 年院系调整时造园专业调整到北京林学院园林专业，1989 年成立为现在的北京林业大学风景园林专业。

按中国原来的学科划分，风景园林规划与设计在建筑学一级学科中仅仅作为城市规划与设计二级学科的一部分，相当于三级学科或研究方向层次，园林植物与观赏园艺也只是林学一级学科中的一个二级学科。

2011 年 3 月 8 日，国务院学位委员会、教育部公布的《学位授予和人才培养学科目录(2011 年)》中"风景园林学"新增为国家一级学科，风景园林一级学科设在工学门类，可授工学和农学学位。"风景园林学"成为和建筑学、城乡规划学一样的一级学科，三位一体的格局初步形成。

一级学科的设立表明我国的风景园林教育与风景园林事业的发展进入了一个新的阶段，对风景园林专业的教育提出了更高的要求，同时也决定了风景园林专业教育对人才的要求是培养能够融合科学与艺术、综合应用形象思维与逻辑思维的创新型人才。

风景园林工程教学最初是以市政工程为基本教程，直到 20 世纪 60 年代才在市政工程基础上加入了假山工程、大树移植工程编写了园林工程，70 年代后期才有了真正的《园林工程》教材。1995 年由孟兆祯院士主编，中国林业出版社出版的《园林工程》一书被广泛应用。针对风景园林学科教育的再次确立，秉承《园林工程》的源脉，孟兆祯院士再次组织编写了《风景园林工程》教材，并于 2012 年出版。随后多所高等院校根据各院校特色组织编写了多部相关教材。

## 2. 风景园林工程的特点

"执技艺以成器物"称之为"工"，指运用知识和经验对原材料、半成品进行加工处理，最后使之成为物体(产品)。"物之准"称之为"程"，指法式、办法、规范、标准、方法步骤。于是"工程"可理解为工艺过程。

风景园林工程和其他工程学一样，同属应用科学，是研究用数学与其他自然科学的原理设计制造有用物体的进程的科学，包括"工""程""技""艺"四个方面，利用工程建设的物质材料，遵守工程施工的标准，由执有特殊技艺的技工根据该工程的施工工艺创造出供人们休息游览的现实的空间环境。

风景园林工程学是研究园林构成要素建设的工程原理、工程设计、施工养护技艺的学科。风景园林工程课程是以工程为基础而运用于风景园林建设的专业课程。

风景园林工程主要有以下几个方面的特点：

### 1)综合性

风景园林工程不仅涉及看懂园林景观设计图纸、理解景观设计师的设计理念和意图，还涉及工程实施过程的各个环节，包括施工现场的测量，园林建筑及园林小品的功能化设计和合理化布局，施工工艺与材料的了解，园林植物的生长发育规律、生态习性、种植及养护知识的理解和掌握等内容。

### 2)艺术性

风景园林工程的艺术性贯穿于整个景观设计的过程中，景观主题、景观构图、景观布局、表现技法、造景方法、色彩应用、艺术小品等方面都需要艺术性的创造与设计。同时也涉及景观造型艺术、园林建筑艺术、绘画艺术、雕刻艺术、文学艺术、植物造景艺术等诸多艺术领域的渗透与应用。

### 3)技术性

现今材料学、生态学、施工技术、计算机技术等都在快速地发展和应用，为风景园林工程中景观材料、施工工艺、施工设备等环节的建构提供了物质上的保证，同时也为进一步构建景观环境创造了先进的技术条件，为构建高品位、高质量的景观环境开辟了广阔的前景。

风景园林工程是集艺术、科学与技术于一体的综合性的、感性与理性相结合的构思、创造、实践的过程。风景园林工程将风景园林艺术和建设工程融为一体，实现以艺驶技、以技创艺，主要体现在：

其一，工程构筑物的建设要分析其功能，掌握其工程建设的基本原理和技能，具有一定的工程性和技术性；

其二，园林环境越来越多地强调以植物景观为主，植物的配置、栽种、养护与管理，使之具有生物性和生态性；

其三，园林环境是供人们观赏、休息和娱乐的，要具有美的形象和雅致的内容，具有艺术性。

### 3. 风景园林工程发展的历史沿革

1)起源与生成期(先秦至两汉时期)

这一时期是中国古典园林从萌芽、产生而逐渐发展的幼年期。商周时期的园林发展处于比较幼稚的初级阶段，开始有筑台、凿池、造囿的园林活动。台者，模山之形；池者，拟水之态。如周文王筑灵台、灵沼、灵囿，已有明确的凿低筑高的改造地形地貌的意图。

秦汉的山水宫苑发展成为大规模挖湖堆山的土方工程，并形成"一池三山"的堆山理水定制。汉武帝扩建秦上林苑，面积近一百平方公里，在水系疏导、引天然水体为池、埋设地下管道、铺地和种植工程方面都有相应的发展，并有石莲喷水等水景设施。出土文物中有呈五边形的下水管道和秦砖汉瓦。其建章宫为历史上第一座具有完整三仙山的皇家园林。

2)转折期(魏晋南北朝时期)

这一时期处于动荡不安的战乱之中，人们开始寄情于山水，向往自然。这一时期的山水风景、山水园林、山水诗文、山水画同时并行，呈现繁荣之势，促进了园林艺术的发展，使得造园活动从产生到全盛转折，初步确立了园林美学思想，为中国风景式园林发展打下了基础。在园林工程方面也颇有成就，如魏出现了原始的挖掘机——虾蟆车，"阔一丈，深一丈，四搏掘根，面去一丈，合土载之，植之无不生" 。北齐仙都苑中设五岳、四海。

3)全盛期(隋唐时期)

隋唐时期社会繁荣、文化艺术高度发展的浓厚氛围促进了园林的兴盛，中国古典园林至唐代达到了全盛时期。竖向设计水平得到发展，表现在大规模营造地形方面；种植技术较高；出现喷泉技术，据《贾氏杂录》载：唐代华清池"有双白石莲，泉自瓮石口中涌出，喷注于白莲之上。"地面铺砖中，出现防滑花纹砖。从出土的唐代花面砖来看，砖体材纯工精，质细而坚。断面上大下小，既有足够空间灌浆而面层又严丝合缝。顶面凹凸的各式花纹既有装饰性效果而又结合了防滑的功能。砖底面有深陷的绳纹使之易于稳定。由于上口交接紧密，可减少地面水渗入基层，从而使铺地结构不易受水蚀和冻胀的破坏。可谓周全之至。

4)成熟前期(宋、元、明时期)

宋朝的园林工程成就以宋徽宗的艮岳为代表，它以"花石纲"为旗号，通过运河运至河南，形成了一套成熟的相石、采石、运石和安石的工程技术，如太湖石麻筋杂泥堵洞法；置石造山技艺趋于丰富和成熟；在理水工程上，能形成一套完整的水系；种植技艺有所提高。在这一时期还出现了李诫的《营造法式》、沈括的《梦溪笔谈》等相关工程著作。

元代社会的不安定，使得园林发展处于停滞状态。明代江南私家园林掇山、理水技艺趋于完善。工程著作上计成所著《园冶》是中国造园史上唯一的技术专著，不仅反映了当时造园技术之高超，更是后人不断学习造园技术的源泉。

5)成熟后期(清)

清朝时期不管是皇家园林还是私家园林都发展到了鼎盛。北京颐和园结合城市水系和蓄水的功能，将原有与万寿山不相称的小水面扩展为山水相映的昆明湖。昆明湖的水位高出园外地面，但由于驳岸选材合宜、结构恰当、施工水平高，很少有渗漏现象。其后溪河的开辟不仅从园林景观上实现了“山因水活”的效果，同时也成为贯穿万寿山北的排放水体。

江南的私家宅园在掇山、理水、置石、铺地方面则又是一番技巧。这一带流行的“花街铺地”用材低廉、结构稳固、式样丰富多彩，为我们提供了因地制宜、低材高用的典范。

清末封建社会盛极而衰，西方文化大量涌入，同时在欧洲出现了“中国造园热”，开创了东西方造园文化的交流。

6）发展现状与趋势

新中国建立后，特别是改革开放以来，风景园林建设达到了一个新的水平。从1992年起，出现了一批国家园林城市，各种新材料、新技术被充分运用到风景园林工程的施工过程中。如在传统的广东岭南庭园灰塑假山传统技艺上发展起来的现代塑石、塑山技术，解决了屋顶造山、在无石材情况下造山、用山体隐蔽大型设备房等难题。北京园林局汲取苏联经验创造了在我国北方用硬材包装移植大树的一套完整的工艺流程。上海园林局则发展了江南一带软材包装移植大树的传统技术。喷泉瀑布与高科技的光、电技术结合，为现代城市增添了生动的休闲空间；各类彩色铺地砖生产工艺的完善，使得铺地技术大大改进，也使生态铺装成为应用广泛的铺地方式；微喷灌的使用可大大节约水资源；柔性防水材料使水池具有寿命长、防水性能好、施工方便等特点，可广泛运用于各种环境的水池建造之中。

在新视点、新技术、新材料的支持下，各地风景园林工程竞相建设，涌现出一大批或大型或精致的工程项目。随着我国经济和城市建设的飞速发展，相信风景园林建设将取得更大的成绩。

### 4. 风景园林工程课程研究的范畴

风景园林学科是一门综合性及交叉性极强的学科，它吸收了多个学科的精华。风景园林工程研究的内容是如何对景观要素如山石、水体、植物和建筑进行艺术化和审美化的处理；如何在综合发挥园林的生态效益、社会效益和经济效益功能作用的前提下，处理园林中的工程设施与风景园林景观之间的矛盾；如何处理与植物学、生物学、生态学、社会学等学科的相互渗透与融合。也就是探讨“市政工程的园林化”。

本教材根据风景园林兴建的程序，具体学习内容包括场地工程、给排水工程、砌体工程、道路工程、水景工程、假山工程、种植工程、供电工程等章节。在学习过程中学生应充分理解掌握各种工程原理，认识之所以这样做的必要性；要在教师讲授的基础上独立思考，总结要点，同时关注新技术、新工艺的学习，掌握基本理论，不拘泥于传统程式，充分发挥创新精神。

总之，风景园林工程是一门实践性很强的课程。要变理想为现实，化平面为立体。

# 第1章

# 风景园林场地工程

在风景园林建设的流程中，首先遇到的就是场地工程，场地是各类绿地的载体。筑园必先动土造地、挖湖筑山、平整场地、挖沟埋管、开槽筑路等。本章主要介绍风景园林场地竖向设计、土方工程量计算和土方施工。

# 1.1 场地竖向设计

## 1.1.1 概述

### 1. 场地的范畴与选择

风景园林场地应包括规划设计范围内如建筑、广场、绿地、停车场、公共设施、风景园林小品等所有元素以及它们之间融为一体的关系。在进行风景园林场地竖向设计前，应对设计场地的概貌有所了解，即应收集所规划设计的场地信息，掌握场地使用的历史、地形，了解场地土壤、地下水、植被等情况，特别是要了解土地是否被污染等，重视场地内各元素之间的内在联系以及构筑物与外环境之间的和谐共存。如果有条件，应对场地进行初步评估。只有在"绿色的场地"上进行规划设计，才能保证风景园林景观的持续发展。

### 2. 地形的定义

地形是地貌与地物的总称，即地表面上分布的固定物体与地表面本身共同呈现出的高低起伏的状况，它是指地球表面在三维方向的形状变化。其中，地物是指地球表面上相对固定的物体，可分为天然地物（自然地物）和人工地物，如工程建筑物与构筑物、道路、水系、独立地物、境界、管线、植被等；地貌是指地表起伏的形态，如陆地上的山地、平原、河谷、沙丘，大陆坡、深海平原、海底山脉等。根据地表形态规模的大小，地形有大地形、中地形、小地形和微地形之分。

大地形通常是国土规划、自然保护区规划等研究的基础；中地形通常与城市规划、风景名胜区规划相联系。大、中地形常超过风景园林设计中一个场地的范围，但是它对于区域特性、基地特性、方位、景观及土地利用都有直接的影响，因此大、中地形常与风景园林场地选址、总体规划设计有关。小地形、微地形是风景园林工程设计中最常见的形式，主要包含土丘、台地、斜坡、平地或因台阶、坡道引起变化的地形或沙丘、草地上的微弱起伏，是风景园林工程地形中主要的研究对象。

风景园林地形有自然式地形与规则式地形之分，自然式地形根据景观特征可以分为凹地形、山谷、坡地、凸地形、山脊和平坦地形等类型；规则式地形根据景观特征可以分为下沉广场、台地、平地和台阶。在风景园林场地工程中，人们利用地形图以图纸的形式并用特定符号将场地的地形地貌形象地表示出来。常用的符号分为地形符号（等高线）、地物符号以及注记符。

### 3. 地形的作用

地形在造园中的作用是多方面的，概括起来，一般有骨架作用、空间作用、景观作用和工程作用等几个主要方面。

1）骨架作用

地形是构成园林景观的骨架，是风景园林中所有景观元素与设施的载体，它为风景园林中其他景观要素提供了赖以存在的基面。作为各种造园要素的依托基础，地形对其他各种造园要素的安排与设置有着较大的影响和限制。例如，地形坡面的朝向、坡度的大小往往决定了建筑选址及朝向。因此，在风景园林设计中，要根据地形合理布置建筑、配置树木等。地形对水体的布置亦有较大的影响，园林中可结合地形营造出瀑布、溪流、河湖等各种水体形式。地形对风景园林道路的选线亦有重要影响，一般来说，在坡度较大的地形上，道路应沿着等高线布置。

2）空间作用

地形具有构成不同形状、不同特点风景园林空间的作用。风景园林空间的形成，是由地形因素直接制约着的。地块的平面形状如何，风景园林空间在水平方向上的形状也如何。地块在竖向上有什么变化，空间的立面形式也就会发生相应的变化。例如，在狭长地块上形成的空间必定是狭长空间；在平坦宽阔的地形上形成的空间一般是开敞空间；而山谷地形中的空间则必定是闭合空间等，这些情况均说明地形对风景园林空间的形状也有决定作用。此外，在造园中，利用地形的高低变化可以有效地分隔限定空间，从而形成不同功能和景观特色的园林空间。

3）景观作用

景观作用包括背景作用和造景作用两个方面。作为造园诸要素的底界面，地形还承担了背景角色，例如一块平地上草坪、树木、道路、建筑和小品形成地形上的一个个景点，而整个地形构成此园林空间诸景点要素的共同背景。地形还具有许多潜在的视觉特性，对地形可以进行改造和组合，以形成不同的形状，产生不同的视觉效果。近年来，一些设计师尝试如雕塑家一样，在户外环境中，通过地形造型而创造出多样的大地景观艺术作品，我们称之为“大地艺术”。

4）工程作用

地形可以改善局部地区的小气候条件。在采光方面，为了使某一区域能够受到冬季阳光的直接照射，就应该使该区域为朝南坡向；从风的角度，为了防风，可在场所中面向冬季寒风的那一边堆积土方，可以阻挡冬季寒风。反过来，地形也可以被用来汇集和引导夏季风，在炎热地区，夏季风可以被引导穿过两高地之间所形成的谷地或洼地等，以改善通风条件，降低温度。

地形对于地表排水亦有着十分重要的意义。由于地表的径流量、径流方向和径流速度都与地形有关，因而地形过于平坦时就不利于排水，容易积涝。而当地形坡度太陡时，径流量就比较大，径流速度也太快，从而引起地面冲刷和水土流失。因此，创造一定的地形起伏，合理安排地形的分水和汇水线，使地形具有较好的自然排水条件，是充分发挥地形排水工程作用的有效措施。

### 4. 地形的类型

地形可以通过各种途径加以分类和评价，这些途径包括它的地表形态、地形分割条件、地质构造、地形规模、特征及坡度等。风景园林地形中，常见的有平地、坡地、山地和丘陵（表 1-1）。建设使用的自然地形往往不能满足建构筑物对场地布置的要求，在地形设计阶段就需要根据风景园林工程中不同的使用功能来对自然地形进行相应的竖向调整和设计，充分利用和改造地形，选择合理的设计标高，以满足功能需求，改造成为适宜的建设用地（表 1-2）。

表 1-1 不同地形坡度分类及特征描述

| 序号 | 常用地形单元 | 定　义 | 具体分类 | 坡度要求 |
|---|---|---|---|---|
| 1 | 平地 | 具有一定坡度的相对平整的地面 | 种植使用的平地 | 坡度为 1%～3% |
| | | | 构筑物使用的平地 | 坡度为 0.3%～1.0% |
| 2 | 坡地 | 其坡向、坡度大小根据使用性质以及其他地形地物因素而定 | 缓坡度 | 坡度为 3%～10% |
| | | | 中坡度 | 坡度为 10%～25% |

续表

| 序号 | 常用地形单元 | 定　义 | 具体分类 | 坡度要求 |
|---|---|---|---|---|
| 2 | 坡地 | 其坡向、坡度大小根据使用性质以及其他地形地物因素而定 | 陡坡度 | 坡度为25%～50% |
| | | | 急坡度 | 坡度为50%～100% |
| | | | 悬崖、陡坎 | 坡度100% |
| 3 | 丘陵 | 高度差异在1～3 m变化 | 局部隆起的地形 | 坡度10%～25% |
| 4 | 山地 | 外向型空间，便于向四周展望，景观面丰富 | 有山脊、山岭、山冈和山嘴 | 坡度变化较大 |

**表1-2　不同园林要素坡度要求**

| 序号 | 内　容 | 具体分类 | 常用坡度 | 极限坡度 |
|---|---|---|---|---|
| 1 | 道路 | 主要道路 | 1%～8% | 0.5%～10% |
| | | 次要道路 | 1%～12% | 0.5%～20% |
| | | 服务车道 | 1%～10% | 0.5%～15% |
| | | 入口道路 | 1%～4% | 0.5%～8% |
| 2 | 坡道 | 步行坡道 | ≤8% | ≤12% |
| | | 停车坡道 | ≤15% | ≤20% |
| 3 | 踏步 | 台阶 | 33%～50% | 20%～50% |
| 4 | 场地 | 停车场 | 1%～5% | 0.5%～8% |
| | | 运动场地 | 0.5%～1.5% | 0.5%～2% |
| | | 游戏场地 | 2%～3% | 1%～5% |
| | | 平台和广场 | 1%～2% | 0.5%～3% |
| | | 铺装 | 1%～50% | 0.25%～100% |
| 5 | 排水沟渠 | 明沟 | 1%～50% | 0.25%～100% |
| | | 自然排水沟 | 2%～10% | 0.5%～15% |
| 6 | 种植面 | 铺草坡面 | ≤33% | ≤50% |
| | | 种植坡面 | ≤50% | ≤100% |

1）平地

在现实世界的外部环境中绝对平坦的地形是不存在的，所有的地面都有不同程度甚至是难以察觉的坡度，因此，这里的“平地”指的是那些总体看来是“水平”的地面，更为确切的描述是指风景园林地形中坡度小于3%的相对平整的地面。平地对于任何种类的密集活动都是适用的，风景园林中平地适于建造建筑、铺设广场、停车场、道路、建设游乐场、铺设草坪草地、建设苗圃等。因此，现代公共园林中必须设有一定比例的平地以供人流集散以及交通、游览需要。

从地表径流的情况来看，平地径流速度慢，有利于保护地形环境，减少水土流失，但过于平坦的地形不利于排水，容易积涝，破坏土壤的稳定，对植物的生长、建筑和道路的基础都不利。因此，为了排除地面水，要求平地也具有一定的坡度。如游人散步草坪的坡度可大些，介于1%～3%较理想，以求快速排水，便于安排各项活动和设施。如广场、建筑物周围、平台等平地坡度可小些，宜为0.3%～1.0%，但排水坡应尽可能多向，以加快地表排水速度。

2）坡地

坡地指倾斜的地面，风景园林中可以结合坡地进行地形改造，使地面产生明显的起伏变化，增加园林艺术空间的生动性。坡地地表径流速度快，不会产生积水，但是若地形起伏过大或坡度不大但同一坡度的坡面延伸过长，则容易产生滑坡现象，因此，地形起伏要适度，坡长应适中。坡地的高程变化和明显的方向性（朝向）使其在造园用地中具有广泛的用途和设计灵活性，当坡地坡角超过土壤自然安息角时，为保持土体稳定，应当采取护坡措施，如砌挡土墙、种植地被植物及堆叠自然山石等。

坡地根据坡度的大小可分为缓坡地、中坡地、陡坡地、急坡地和悬崖陡坎等。

①缓坡地：坡度在3%～10%之间（坡角为2°～6°），适宜于运动和非正规的活动，一般布置道路和建筑基本不受地形限制。缓坡地可以修建为活动场地、游憩草坪、疏林草地等。如作为篮球场（坡度取3%～5%）、疏林草地（坡度取3%～6%）等。缓坡地不宜开辟面积较大的水体，如要开辟大面积水体，可以采用不同标高水体叠落组合形成，以增加水面层次感。缓坡地植物种植不受地形约束。

②中坡地：坡度在10%～25%之间（坡角为6°～14°）。只有山地运动或自由游乐才能积极加以利用，在中坡地上爬上爬下显然很费劲。在这种地形中，建筑和道路的布置会受到限制。垂直于等高线的道路要做成梯道，建筑一般要顺着等高线布置并结合现状进行地形改造才能修建，并且占地面积不宜过大。对于水体布置而言，除溪流外不宜开辟河湖等较大面积的水体。中坡地植物种植基本不受限制。

③陡坡地：坡度在25%～50%之间（坡角为14°～26°）。陡坡的稳定性较差，容易造成滑坡甚至塌方，因此，在陡坡地段的地形改造一般要考虑加固措施，如建造护坡、挡墙等。陡坡上布置较大规模建筑会受到很大限制，并且土方工程量很大。如布置道路，一般要做成较陡的梯道；如要通车，则要顺应地形起伏做成盘山道。陡坡地形更难设计较大面积水体，只能布置小型水池。陡坡地上土层较薄，水土流失严重，植物生根困难，因此陡坡地种植树木较困难，如要对陡坡进行绿化可以先对地形进行改造，改造成小块平整土地，或在岩石缝隙中种植树木，必要时可以对岩石打眼处理，留出种植穴并覆土种植。

④急坡地：坡度在50%～100%之间（坡角为26°～45°），是土壤自然安息角的极值范围，急坡地多位于土石结合的山地。道路一般需曲折盘旋而上，梯道需与等高线成斜角布置，建筑需作特殊处理。

⑤悬崖、陡坎：坡度在100%以上，坡角在45°以上，已超出土壤的自然安息角，一般位于土石或石山。道路及梯道布置均困难，工程措施投资大。

3）山地

山地地形直接影响到空间的组织、景物的安排、天际线的变化和土方工程量等。由于山地尤其是石山地的坡度较大，因此在风景园林地形中往往能表现出奇、险、雄等造景效果。山地上不宜布置较大建筑，只能通过地形改造点缀亭、廊等。山地上道路布置亦较困难，在急坡地上，车道只能曲折盘旋而上，游览道需做成高而陡的爬山磴道；而在悬崖、陡坎，布置车道则极为困难，爬山磴道边必须设置攀登用扶手栏杆或扶手铁链。山地上一般不能布置较大水体，但可结合地形设置瀑布、叠水等小型水体。山地与石山地的植物生存条件比较差，适宜抗性好、生性强健的植物生长。但是，利用悬崖边、石壁上、石峰顶等险峻地点的石缝石穴，配植形态优美的青松、红枫等风景树，却可以得到非常诱人的犹如盆景树石般的艺术景致。

4）丘陵

丘陵在地形设计中可视作土山的余脉、主山的配景、平地的外缘。丘陵的坡度一般在10%～25%，在土壤的自然安息角以内，不需要工程措施，高度也多在1～3 m变化，在人的视平线高度上下浮动。

### 5. 竖向设计的定义

竖向设计是场地建设中的一个重要组成部分，它与总平面布置有着密不可分的联系。现状地形往往不能满足风景园林设计的要求，需要进行原地形竖向的调整、充分利用和合理改造，即在平整场地时，对土石方、排水系统、构筑物高程等进行垂直于水平方向的布置和处理，以满足场地设计的需要。

风景园林场地竖向设计就是对风景园林中各个景点、设施及地貌在高程上进行统一协调，创造既有变化又统一协调的设计。实际上，竖向设计是一项根据风景园林设计要求，对场地地面、场地内构筑物的高程作出设计与安排的工程。

## 1.1.2 竖向设计原则

### 1. 功能优先，造景并重

风景园林竖向设计应在总体设计的指导下，首先要考虑使风景园林地形的起伏高低变化能够充分满足场地内各种场所、构筑物、排水、种植的功能要求。对建筑、场地的用地需要，要设计为平地地形；对园路用地，则依山随势，灵活掌握，控制好最大纵坡、最小排水坡度等关键的地形要素。在此基础上，要注重地形的造景作用，尽量使地形变化适合造景需要。

### 2. 利用为主，改造为辅

对原有的自然地形、地势、地貌要深入研究分析，能够利用的就尽量利用，做到尽量不动或少动原有地形与现状植被，以便更好地体现原有乡土风貌和地方环境特色。在结合风景园林各种设施的功能需要、工程投资和景观要求等多方面综合因素的基础上，采取必要的措施，进行局部的、小范围的改造。

### 3. 因地制宜，顺应自然

造园因地制宜，宜平地处理的不要设计为坡地；不宜种植的，也不要设计为林地。地形设计要顺应自然，景物的安排、空间的处理、意境的表达都要力求依山就势，高低起伏，前后错落，疏密有致，灵活自由。就低挖池，就高堆山，使园林地形合乎自然山水规律。同时，要使风景园林建筑与自然地形紧密结合，浑然一体。

### 4. 就地取材，就近施工

风景园林地形改造工程在现有技术条件下，是造园经费开支比较大的项目，就地取材是风景园林地形改造工程最为经济的做法。自然植被的直接利用，建筑用石材、河沙等的就地取用，都能够节约大量的经费开支。因此，地形设计要优先考虑使用自有的天然材料和本地生产的材料。

### 5. 填挖结合，土方平衡

在竖向设计中，要合理进行场地内土方的测算以及工程量的平衡，以减少土方量。合理确定高程，在满足场地内等要求的前提下，以最少的投入达到风景园林整体效果的设计要求。

## 1.1.3 竖向设计内容

### 1. 地形设计

地形的设计和整理是竖向设计的一项主要内容。这是对场地骨架的“塑造”，合理布局山水，根据功能要求，对峰、峦、坡、谷、河、湖、泉、瀑等地貌小品进行设置，而它们之间的相对位置、高低、大小、比例、尺度、外观形态、坡度的控制和高程关系等都要通过地形设计来解决。

地形除了构成风景园林的骨架外，还具有组织与分隔空间的作用，它可以用来阻挡游人的视线，在有一定体量时，还具有防风、阻噪等作用。因而需要选择场地竖向布置的方式，合理确定景区内各部分的标高，力求减少土方量，使场地内外、场地内的各部分都能满足风景园林设计的要求。

地形设计最重要的是因地制宜，顺应地形，尽量减少对原地形的干扰，充分利用现有排水渠、溢洪道、河汊沟峪等，融合自然风景。

### 2. 园路、广场、桥涵和其他铺装场地的设计

图纸上应以设计等高线表示出道路（或广场）的纵横坡和坡向、道桥连接处及桥面标高。在小比例图纸

中则用变坡点标高来表示园路的坡度和坡向。在寒冷地区，冬季冰冻、多积雪，为安全起见，广场的纵坡应小于7%，横坡不大于2%；停车场的最大坡度不大于2.5%；一般园路的坡度不宜超过8%。超过此值应设台阶，台阶应集中设置。为了游人行走安全，避免设置单级台阶。另外，为方便伤残人员使用轮椅和游人推童车游园，在设置台阶处应附设坡道。

### 3. 建筑和其他园林小品

建筑和其他园林小品(如纪念碑、雕塑等)应标出其地坪标高及其与周围环境的高程关系，大比例图纸建筑应标注各角点标高。例如，在坡地上的建筑，是随形就势还是设台筑屋。在水边上的建筑物或小品，则要标明其与水体的关系。

### 4. 植物种植在高程上的要求

在规划过程中，公园基地上可能会有些有保留价值的古树名木或大树。其周围的地面依设计如需增高或降低，应在图纸上标注出保护老树的范围、地面标高和适当的工程措施。植物根系对地下水很敏感，有的耐水湿，有的不耐水湿，规划时应为不同树种创造不同的生活环境。水生植物种植，不同的水生植物对水深有不同要求，有湿生、沼生、挺水、浮水、沉水等多种。例如，荷花适宜生长于深0.6～1 m的水中，睡莲只适宜生长在0.3～0.5 m的水中。

### 5. 排水设计

为有效发挥场地功能，避免场地积水，在地形设计的同时要考虑地面水的排除，需决定场地自身的排水方向和排水坡度，以及与周边建筑、道路、树木等之间的高程关系。例如：无铺装地面的最小排水坡度为1%，铺装地面为5‰。

### 6. 土方工程

拟定场地土方平整方案，计算土石方工程量，并进行设计标高的调整，使挖方量和填方量接近平衡，并做好挖、填土方量的调配安排，尽量使土石方工程总量达到最小。

### 7. 管道综合

园内各种管道(如供水、排水、供暖及煤气管道等)的布置，难免有些地方会出现交叉，在规划上就需按一定原则，统筹安排各种管道交会时合理的高程关系，以及它们和地面上的构筑物或园内乔灌木的关系，如《公园设计规范》(GB 51192—2016)的相关规定，详见表1-3。

**表1-3 植物与地下管线最小水平距离** (单位：m)

| 名 称 | 新植乔木 | 现状乔木 | 灌木或绿篱 |
| --- | --- | --- | --- |
| 电力电缆 | 1.5 | 3.5 | 0.5 |
| 通信电缆 | 1.5 | 3.5 | 0.5 |
| 给水管 | 1.5 | 2.0 | — |
| 排水管 | 1.5 | 3.0 | — |
| 排水盲沟 | 1.0 | 3.0 | — |
| 消防龙头 | 1.2 | 2.0 | 1.2 |
| 燃气管道(低中压) | 1.2 | 3.0 | 1.0 |
| 热力管 | 2.0 | 5.0 | 2.0 |

注：乔木与地下管线的距离是指乔木树干基部的外缘与管线外缘的净距离。灌木或绿篱与地下管线的距离是指地表处分蘖枝干中最外的枝干基部外缘与管线外缘的净距离。

## 1.1.4 竖向设计步骤

风景园林竖向设计是一项细致而烦琐的工作，设计、调整和修改的工作量都很大。不论是用设计等高线法、纵横断面设计法或是用模型法等进行设计，一般都要经过以下一些设计步骤。

### 1. 资料的搜集

设计进行之前，要详细搜集各种设计技术资料，并且要进行分析、比较和研究，对全园地形现状及环境条件的特点做到心中有数。需要搜集的主要资料如下：

①场地现状资料。包括风景园林用地及附近地区的地形图、等比例航测图。这是竖向设计最基本的设计资料，必不可少。一般为标有 0.5～1.0 m 等高距的等高线以及高程点的 1∶500 或 1∶1000 的现状地形测绘图，图中含有 50～100 m 间距的纵横坐标网。

②当地的水文地质、气象、土壤、植物等的现状和历史资料。特别应了解设计场地地区的灾害情况、当地乡土树种以及植被生长情况等。

③城市规划对该风景园林用地及附近地区的规划资料，市政建设及其地下管线资料。

④风景园林总体规划初步方案及规划所依据的基础资料。

⑤所在地区的风景园林施工队伍状况和施工技术水平、劳动力素质与施工机械化程度等方面的参考资料。

资料搜集的原则是：关键资料必须齐备，技术支持资料要尽量齐备，相关的参考资料越多越好。

### 2. 现场踏勘与调研

在掌握上述资料的情况下，应亲临风景园林建设现场，进行认真的踏勘、调查，并对地形图等关键资料进行复核。如发现地形、地物现状与地形图上有不吻合处或有变动处，要弄清变动原因，进行补测或现场记录。对保留利用的地形、水体、建筑、文物古迹等要加以特别注意，需进行记载。对现有的大树或古树名木的具体位置，要进行重点标明。还要查明地形现状中地面水的汇集规律和集中排放方向及位置，城市给水干管接入园林的接口位置等情况。

### 3. 竖向规划设计图纸的表达

竖向规划应是总体规划的组成部分，需要与总体规划同时进行。在中小型园林工程中，竖向规划设计一般可以结合在总平面图中表达。如果风景园林地形比较复杂，或者风景园林工程规模比较大，在总平面图上不易把总体规划内容和竖向规划内容同时表达得很清楚，就要单独绘制风景园林竖向规划图。

竖向设计一般也分为初步设计与施工图设计两个阶段，由于设计方法不同，设计表达方法也有不同，但统一采用国家颁布的《总图制图标准》(GB/T 50103—2010)和《房屋建筑制图统一标准》(GB/T 50001—2017)。

现以设计等高线法为例来介绍图纸的表达方法和步骤。

1)规划阶段

①要求提供竖向规划的说明。主要是简述场地和竖向设计有关的自然情况以及相关数据、设计依据、土方工程施工要求、土方平衡情况等。

②竖向规划图。图纸比例可采用 1∶500～1∶1000 的比例。等高线高差可以采用 5～2 m。其具体内容为：

a. 确定风景园林中主要组成部分的合理高程位置：用等高线确定山体、微地形土埠及水体(最高、最低、常水位线等)，用相应线段或标志确定主建筑、构筑物、广场、场地、道路、台阶、护坡、挡土墙、明沟、排水井、边坡、山体特殊变化处及山峰、水岸、水体的进出口等的位置。

b. 坐标:每幢建筑物至少有两个屋角坐标、道路交叉点、控制点坐标和公共建筑设施及其他需要定边界的用地场地四周角点的坐标。

c. 标高:建筑室内外地坪标高,绿地、场地标高,道路交叉点、控制点标高,作出园内在相邻地区的高程变化。

d. 确定全园的排水方向。

e. 确定道路的纵坡坡度、坡长。

f. 进行土方量的估算。

图中应表达场地的坐标网及其坐标值、指北针(含风玫瑰)以标示图纸方向。

2)技术设计阶段

图纸比例采用 1∶200～ 1∶500,等高距一般为 0.5～1.0 m。主要内容为:

①修正补充各部分的高程图。

②用设计等高线将主要绿地、广场、堆山、挖湖与微地形表现出来。

③绘制主要园路的纵断面图。水平比例一般为 1∶200～ 1∶500,垂直比例一般为 1∶20～1∶50;桩点距为 20～100 m。

④进行土方量计算,绘制土方量调配图,并作出土方量平衡表。

⑤编制技术设计说明书。

3)施工图阶段

一般采用 1∶20～1∶200 的图纸比例;等高距为 0.10～0.25 m。主要内容为:

①各项施工工程平面位置的详细标高和排水方向。

②土方工程施工图要求注明桩点的桩号、原地形高程、设计高程及施工标高。注明园路的纵坡度、变坡点距离和园路交叉口中心的坐标及标高。注明排水明渠的沟底面起点和转折点的标高、坡度及明渠的高宽比。

③进行土方量计算。根据算出的挖方量和填方量进行平衡;如不能平衡,则调整部分场地的标高,使土方总量基本达到平衡。编制土方平衡表,绘制土方调配图,列出土方计算表。

④在有明显特征的地方,如园路、广场、堆山、挖湖等土方施工项目所在地,绘出设计剖面或施工断面图,直接反映标高变化和设计意图,以方便施工。

⑤编制工程预算表。

⑥编制说明书,以对施工图进行简要说明。

## 1.1.5 竖向设计等高线法

此法在风景园林设计中使用最多,一般地形测绘图都是用等高线或点标高表示的。在绘有原地形等高线的底图上用设计等高线进行地形改造或创作,在同一张图纸上便可表达原有地形、设计地形状况及公园的平面布置、各部分的高程关系。这大大方便了设计过程中进行方案比较及修改,也便于进一步的土方计算工作,因此,它是一种比较好的设计方法。最适宜于自然山水园的土方计算。

### 1. 相关概念

1)高程

高程是以大地水准面作为基准面,并作零点(水准原点)起算地面各测量点的垂直高度。高程是测量学科的专用名词。地面各测量点的高度,需要用一个共同的零点才能比较起算测出。我国已规定以黄海平均海水面作为高程的基准面，并在青岛设立水准原点，作为全国高程起算点。地面点高出水准面的垂直距离称为“绝对高程”或称“海拔”。以黄海基准面测出的地面点高程，形成黄海高程系统。

如果某一局部地区，距国家统一的高程系统水准点较远，也可选定任一水准面作为高程起算的基准面，这处水准面称为假定水准面。地面任一测点与假定水准面的垂直距离称为相对高程或相对标高。以某一地区选定的基准面所测出的地面点高程，就形成了该区的高程系统。由于长期使用习惯称呼，通常把绝对高程和相对高程统称为高程或标高。

同一场地的用地竖向规划应采用统一的坐标和高程系统。水准高程系统换算应符合表 1-4 的规定。

表 1-4　水准高程系统换算

| 转换者<br>被转换者 | 1956 黄海高程 | 1985 国家高程基准 | 吴淞高程基准 | 珠江高程基准 |
|---|---|---|---|---|
| 1956 黄海高程 | | +0.029 m | −1.688 m | +0.586 m |
| 1985 国家高程基准 | −0.029 m | | −1.717 m | +0.557 m |
| 吴淞高程基准 | +1.688 m | +1.717 m | | +2.274 m |
| 珠江高程基准 | −0.586 m | −0.557 m | −2.274 m | |

注：高程基准之间的差值为各地区精密水准网点之间的差值平均值。

2）等高线

等高线是最常用的地形平面图表示方法。所谓等高线，就是绘制在平面图上的线条，它将所有高于或低于水平面、具有相等垂直距离的各点连接成线（图 1-1）。等高线也可以理解为一组垂直间距相等、平行于水平面的假想面与自然地形相交切所得到的交线在平面上的投影（图 1-2）。等高线表现了地形的轮廓，它仅是一种象征地形的假想线，在实际中并不存在。给这组投影线标注上数值，便可用它在图纸上表示地形的高低陡缓、峰峦位置、坡谷走向及溪池的深度等内容。

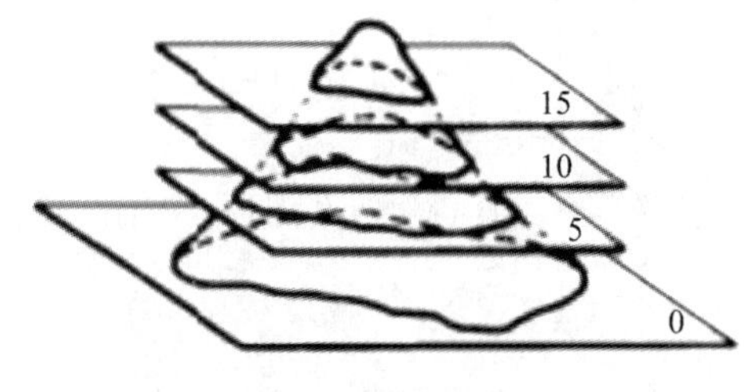


图 1-1　等高线示意图

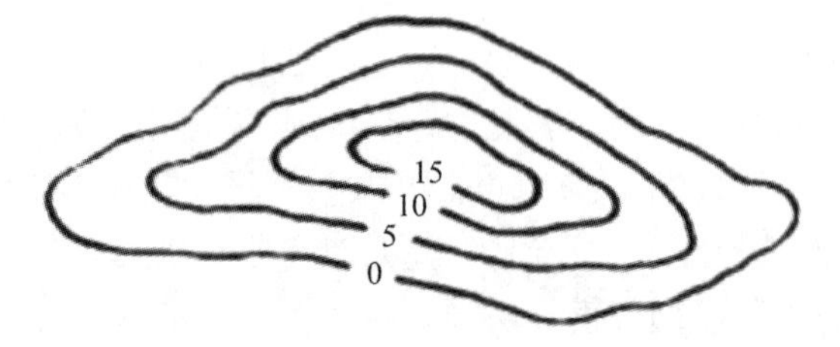


图 1-2　等高线投影图

3）等高距与水平距

在地形图中，两条相邻等高线之间的水平距离称为等高线水平距；两条相邻等高线之间的高程差称为等高线的等高距。在一幅地形图中，等高距一般是不变的，是一个常数值。在同一条等高线上的所有的点，其高程都相等；但水平距会因地形的陡缓而发生变化。等高线密集，表示地形陡峭；等高线稀疏，表示地形平缓；等高线水平距离相等，则表示该地形坡面倾斜角度相同。

## 2. 等高线的特点

①在同一条等高线上的所有的点，其高程都相等。

②每一条等高线都是闭合的。由于园界或图框的限制，在图纸上不一定每条等高线都能闭合，但实际上它们还是闭合的（图 1-3）。为了便于理解，我们假设园基地被沿园界或图框垂直下切，形成一个地块，见图 1-4。由图上可以看到没有在图面上闭合的等高线都沿着被切割面闭合了。理解这一点对以后的土方计算是有利的。

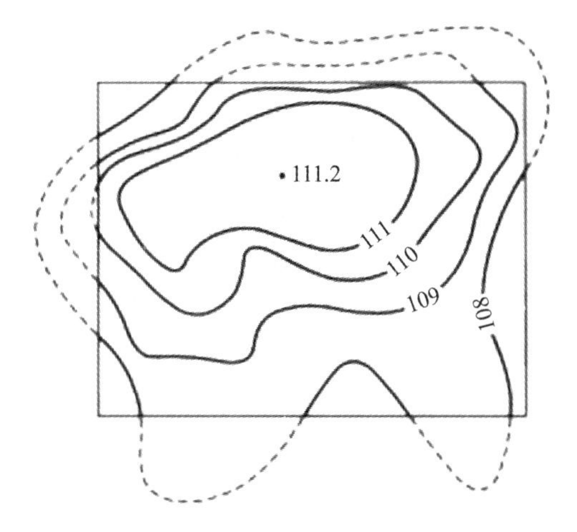


图 1-3　图上等高线不闭合因为图纸范围有限

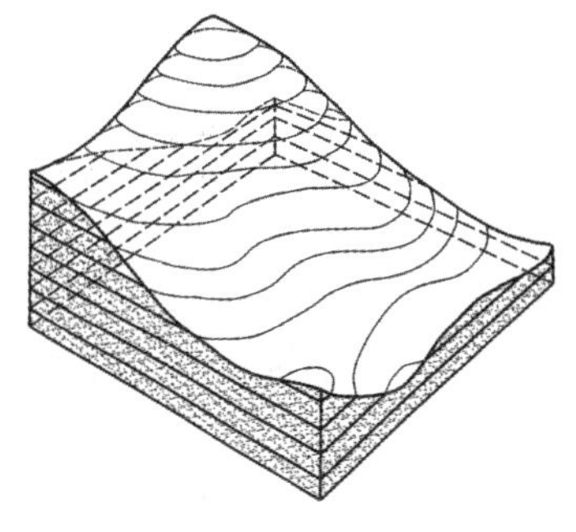

图 1-4　等高线在切割面上的闭合情况

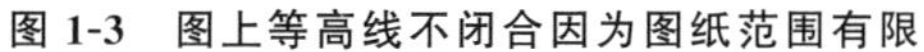

③由于等高线之间的垂直距离即等高距是个常数,因此,等高线水平间距的大小就可以表示地形的倾斜度大小,即表示地形的缓或陡(图 1-5)。等高线越密,则地形倾斜度越大,即密则陡;反之,等高线越疏,则地形倾斜度越小,即疏则缓。当等高线水平距离相等时,则表示该地形坡面倾斜角度相同,即是一处平整过的同一坡度的斜坡。

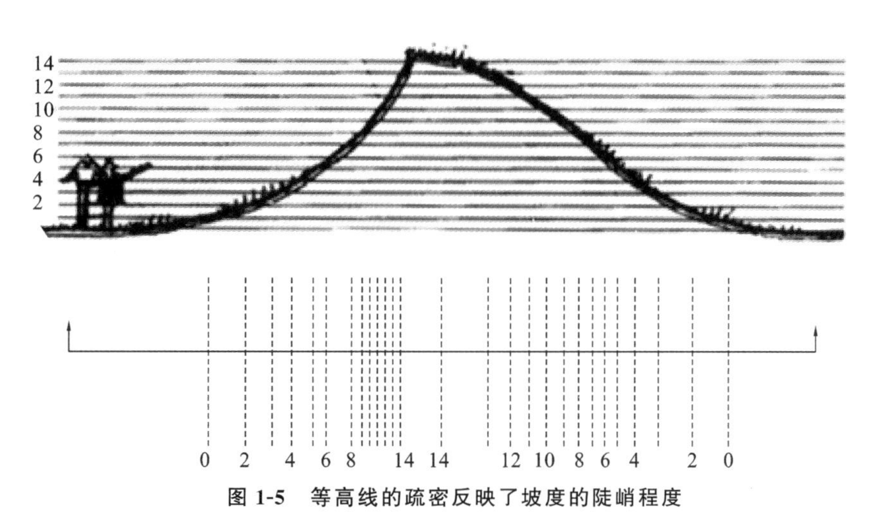


图 1-5　等高线的疏密反映了坡度的陡峭程度

④等高线一般不相交或重叠,只有在悬崖处等高线才可能出现相交情况。在某些垂直于地平面的峭壁、地坎或挡土墙、驳岸处等高线才会重合在一起。

⑤等高线在图纸上不能直穿横过河谷、堤岸和道路等;由于以上地形单元或构筑物在高程上高出或低陷于周围地面,所以等高线在接近低于地面的河谷时转向上游延伸,而后穿越河床,再向下游走出河谷;如遇高于地面的堤岸或路堤时等高线则转向下方,横过堤顶再转向上方而后走向另一侧(图 1-6)。

### 3. 设计等高线竖向设计公式

用设计等高线进行设计时,经常要用到两个公式。

1)插入法公式

$$H_x = H_a \pm \frac{x \cdot h}{L}$$

式中:$H_x$—— 任意点高程,m;

$H_a$—— 位于低边等高线的高程,m;

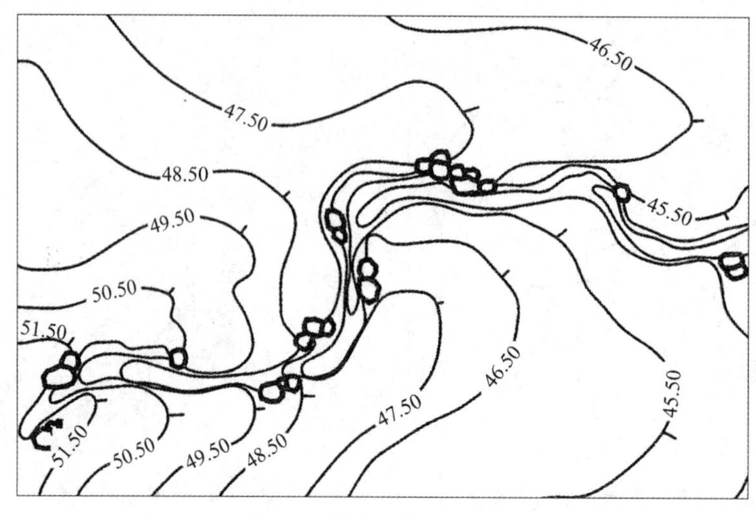


图 1-6　用等高线表示山涧

$x$—— 任意点至低边等高线的距离，m；

$h$—— 等高距，m；

$L$—— 相邻等高线的水平间距，m。

插入法求某地面高程通常会遇到 3 种情况，如图 1-7 所示。

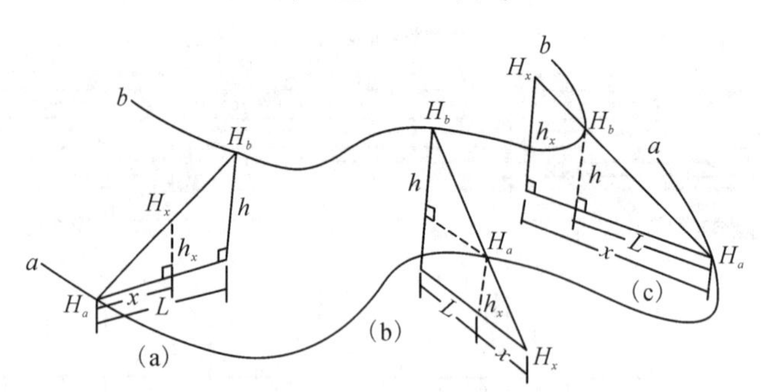


图 1-7　用插入法求任意点高程示意

①待求点标高 $H_x$ 在两等高线之间，如图 1-7(a) 所示。

$$h_x : h = x : L \quad h_x = \frac{xh}{L}$$

$$\therefore \quad H_x = H_a + \frac{xh}{L}$$

②待求点标高 $H_x$ 在低边等高线的下方，如图 1-7(b) 所示。

$$h_x : h = x : L \quad h_x = \frac{xh}{L}$$

$$\therefore \quad H_x = H_a - \frac{xh}{L}$$

③待求点标高 $H_x$ 在高边等高线的上方，如图 1-7(c) 所示。

$$h_x : h = x : L \quad h_x = \frac{xh}{L}$$

$$\therefore \quad H_x = H_a + \frac{xh}{L}$$

2) 坡度公式

可以根据已知高差和坡度，求得水平间距，即可具体点出所求点在地形平面图上的位置。

$$i = \frac{h}{L}$$

式中：$i$—— 坡度，%；

$h$—— 地形图上量得的任意两点的高差，m；

$L$—— 任意两点间的水平间距，m。

此外，工程界习惯以 1∶$m$ 表示土方工程的边坡坡度，$m$ 是坡度系数，1∶$m$=1∶($L/h$)，所以坡度系数是边坡坡度的倒数。举例说，边坡坡度为 1∶3 的边坡，坡度为 33.33%，也可叫作坡度系数 $m=3$ 的边坡。坡度标注如图 1-8 所示。

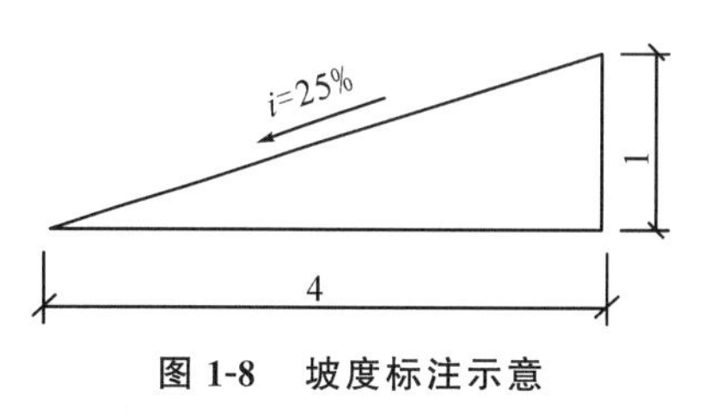


图 1-8 坡度标注示意

一般来说，在风景园林竖向设计中道路的纵坡值，广场、游戏场、自然草坪坡度值等的确定可参考图 1-9。坡度与角度对照关系表如表 1-5 所示。

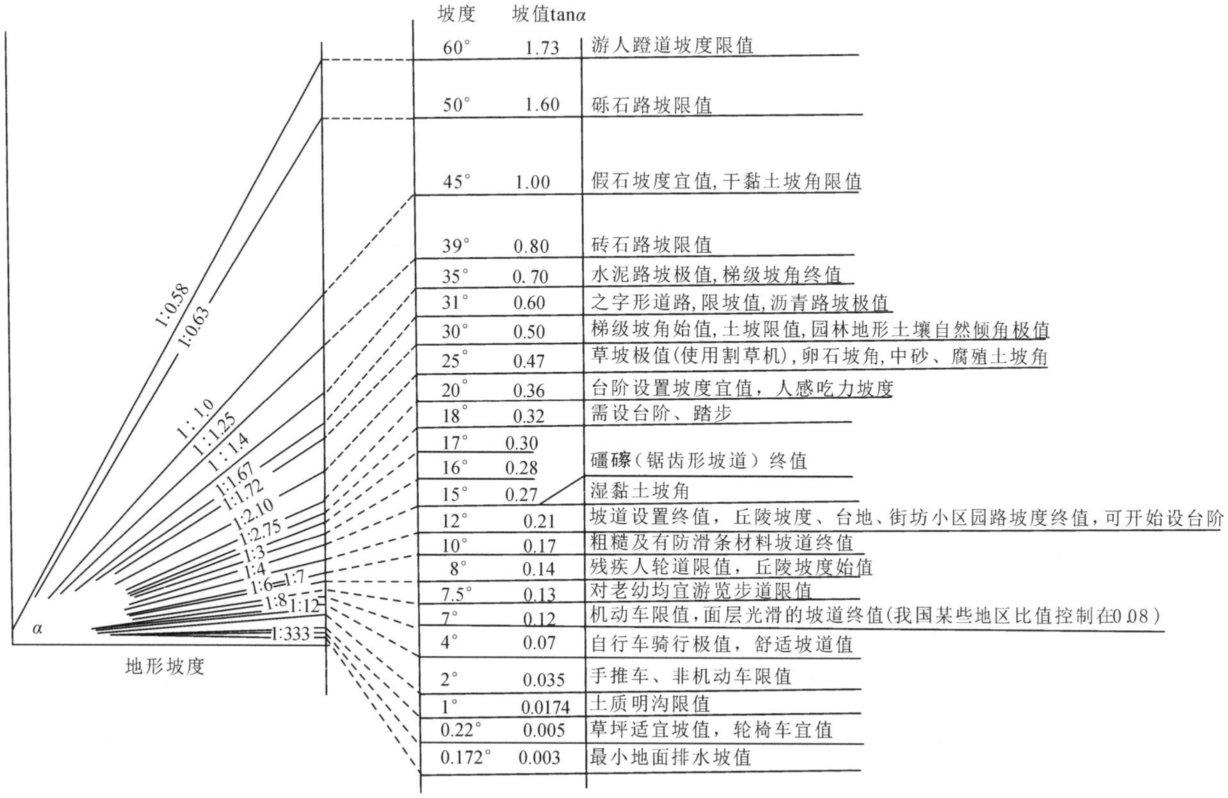

| 坡度 | 坡值tanα | |
|---|---|---|
| 60° | 1.73 | 游人蹬道坡度限值 |
| 50° | 1.60 | 砾石路坡限值 |
| 45° | 1.00 | 假石坡度宜值，干黏土坡角限值 |
| 39° | 0.80 | 砖石路坡限值 |
| 35° | 0.70 | 水泥路坡极值，梯级坡角终值 |
| 31° | 0.60 | 之字形道路，限坡值，沥青路坡极值 |
| 30° | 0.50 | 梯级坡角始值，土坡限值，园林地形土壤自然倾角极值 |
| 25° | 0.47 | 草坡极值(使用割草机)，卵石坡角，中砂、腐殖土坡角 |
| 20° | 0.36 | 台阶设置坡度宜值，人感吃力坡度 |
| 18° | 0.32 | 需设台阶、踏步 |
| 17° | 0.30 | |
| 16° | 0.28 | 礓礤（锯齿形坡道）终值 |
| 15° | 0.27 | 湿黏土坡角 |
| 12° | 0.21 | 坡道设置终值，丘陵坡度、台地、街坊小区园路坡度终值，可开始设台阶 |
| 10° | 0.17 | 粗糙及有防滑条材料坡道终值 |
| 8° | 0.14 | 残疾人轮道限值，丘陵坡度始值 |
| 7.5° | 0.13 | 对老幼均宜游览步道限值 |
| 7° | 0.12 | 机动车限值，面层光滑的坡道终值(我国某些地区比值控制在0.08) |
| 4° | 0.07 | 自行车骑行极值，舒适坡道值 |
| 2° | 0.035 | 手推车、非机动车限值 |
| 1° | 0.0174 | 土质明沟限值 |
| 0.22° | 0.005 | 草坪适宜坡值，轮椅车宜值 |
| 0.172° | 0.003 | 最小地面排水坡值 |

地形坡度：1:0.58，1:0.63，1:1.0，1:1.25，1:1.4，1:1.67，1:1.72，1:2.10，1:2.75，1:3，1:4，1:6，1:7，1:8，1:12，1:333；α

图 1-9 竖向设计坡度、斜率、倾角选择

表 1-5 坡度与角度对照关系表

| 坡度/(%) | 角度 | 坡度/(%) | 角度 | 坡度/(%) | 角度 |
|---|---|---|---|---|---|
| 1 | 0°34′ | 21 | 11°52′ | 41 | 22°18′ |
| 2 | 1°09′ | 22 | 12°25′ | 42 | 22°45′ |
| 3 | 1°40′ | 23 | 12°58′ | 43 | 23°18′ |
| 4 | 2°18′ | 24 | 13°30′ | 44 | 23°45′ |
| 5 | 2°52′ | 25 | 14°02′ | 45 | 24°16′ |

续表

| 坡度/(%) | 角度 | 坡度/(%) | 角度 | 坡度/(%) | 角度 |
|---|---|---|---|---|---|
| 6 | 3°26′ | 26 | 14°35′ | 46 | 24°44′ |
| 7 | 4°00′ | 27 | 15°06′ | 47 | 25°10′ |
| 8 | 4°35′ | 28 | 15°40′ | 48 | 25°40′ |
| 9 | 5°10′ | 29 | 16°11′ | 49 | 26°08′ |
| 10 | 5°45′ | 30 | 16°42′ | 50 | 26°37′ |
| 11 | 6°17′ | 31 | 17°14′ | 51 | 27°02′ |
| 12 | 6°50′ | 32 | 17°45′ | 52 | 27°30′ |
| 13 | 7°25′ | 33 | 18°17′ | 53 | 27°55′ |
| 14 | 7°59′ | 34 | 18°47′ | 54 | 28°12′ |
| 15 | 8°32′ | 35 | 19°19′ | 55 | 28°50′ |
| 16 | 9°06′ | 36 | 19°50′ | 56 | 29°17′ |
| 17 | 9°40′ | 37 | 20°10′ | 57 | 29°40′ |
| 18 | 10°13′ | 38 | 20°48′ | 58 | 30°08′ |
| 19 | 10°47′ | 39 | 21°20′ | 59 | 30°35′ |
| 20 | 11°19′ | 40 | 21°50′ | 60 | 30°58′ |

## 4. 设计等高线具体应用

1) 陡坡变缓坡或缓坡改陡坡

等高线间距的疏密表示着地形的陡缓。在设计时，如果高差 $h$ 不变，可用改变等高线间距 $L$ 来减缓或增加地形的坡度。如图 1-10 所示是缩短等高线间距使地形坡度变陡的例子，图中 $L>L'$，由公式可知 $i'>i$，所以坡度变陡了。反之，如图 1-11 所示，$L<L'$，$i'<i$，所以，坡度减缓了。

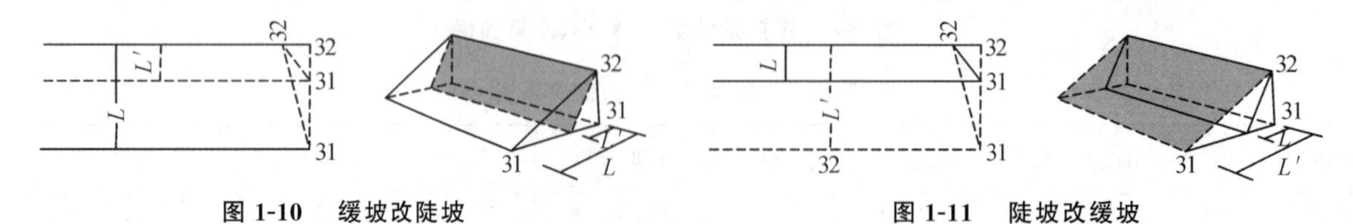


图 1-10 缓坡改陡坡　　　　图 1-11 陡坡改缓坡

2) 平垫沟谷

在风景园林建设过程中，有些沟谷地段须垫平。平垫这类场地的设计，可以用平直的设计等高线和拟平垫部分的同值等高线连接。其连接点就是不挖不填的点，也叫“零点”；这些相邻点的连线，叫作“零点线”，也就是垫土的范围。如果平垫工程不需按某一指定坡度进行，则设计时只需将拟平垫的范围，在图上大致框出，再以平直的同值等高线连接原地形等高线即可，一如前述做法。如要将沟谷部分依指定的坡度平整成场地，则所设计的设计等高线应互相平行、间距相等(图 1-12、图 1-13)。

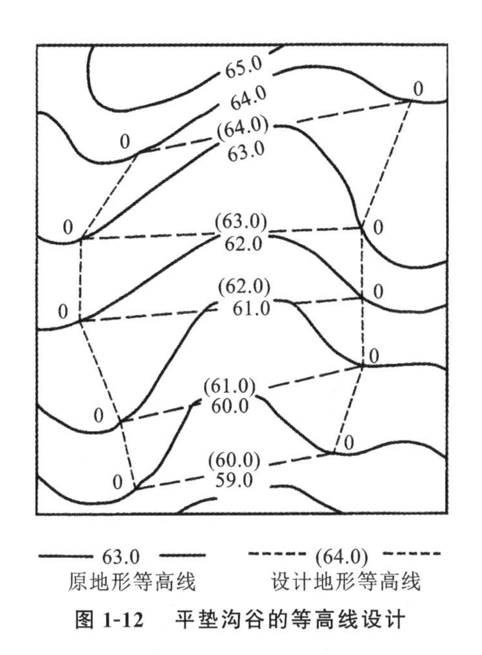


图 1-12 平垫沟谷的等高线设计

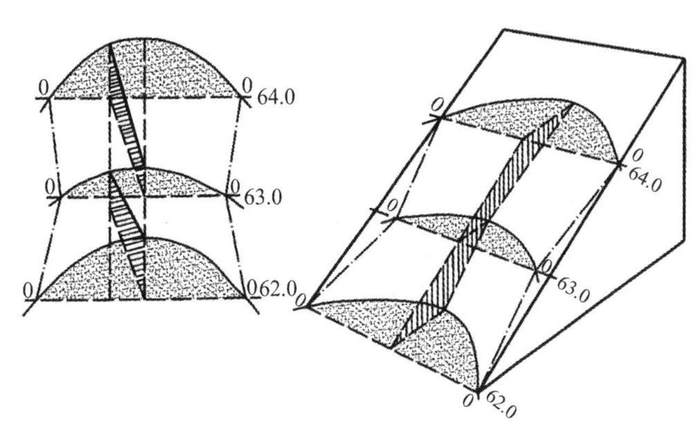


图 1-13 平垫沟谷的等高线设计的立体模型

3) 削平山脊

将山脊铲平的设计方法和平垫沟谷的方法相同,只是设计等高线所切割的原地形等高线方向正好相反(图 1-14、图 1-15)。

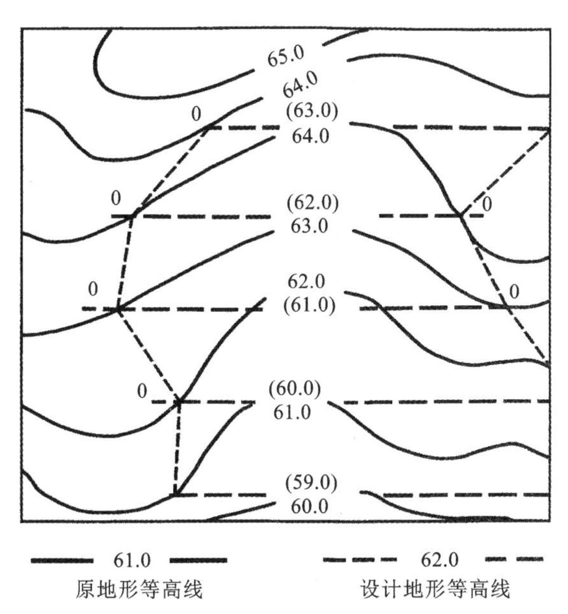


图 1-14 削平山脊的等高线设计

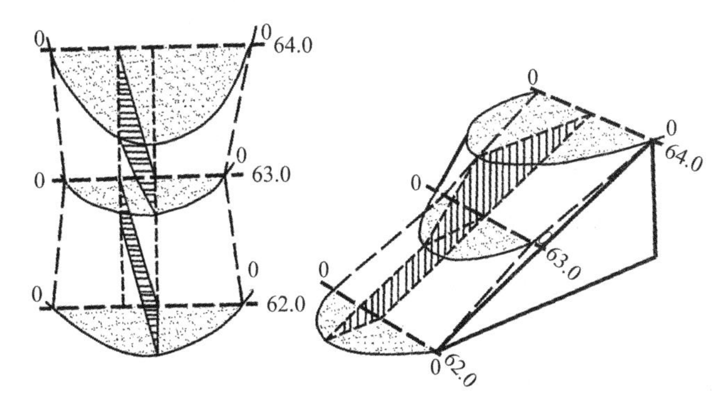


图 1-15 削平山脊的等高线设计的立体模型

4) 平整场地

风景园林中的场地包括铺装的广场、建筑地坪及各种文体活动场地和较平缓的种植地段,如草坪、较宽的种植带等。非铺装场地对坡度要求不那么严格,目的是垫洼平凸,将坡度理顺,而地表坡度则任其自然起伏,排水通畅即可。铺装地面的坡度则要求严格,各种场地因其使用功能不同对坡度的要求也各异。通常为了排水,最小坡度要求大于 5‰,一般集散广场坡度在 1% ~ 7%,足球场 3‰ ~ 4‰,篮球场 2% ~ 5%,排球场 2% ~ 5%,这类场地的排水坡度可以是沿长轴的两面坡或沿横轴的两面坡,也可以设计成四面坡,这取决于周围环境条件。一般铺装场地都采取规则的坡面(即同一坡度的坡面),见图 1-16。

### 5. 园路设计等高线的绘制和计算

园路的平面位置，纵、横坡度，转折点的位置及标高经设计确定后，便可按坡度公式确定设计等高线在图面上的位置、间距等，并处理好它与周围地形的竖向关系。

1）道路设计等高线的绘制

道路设计等高线的绘制方法，以图 1-17 为例说明。

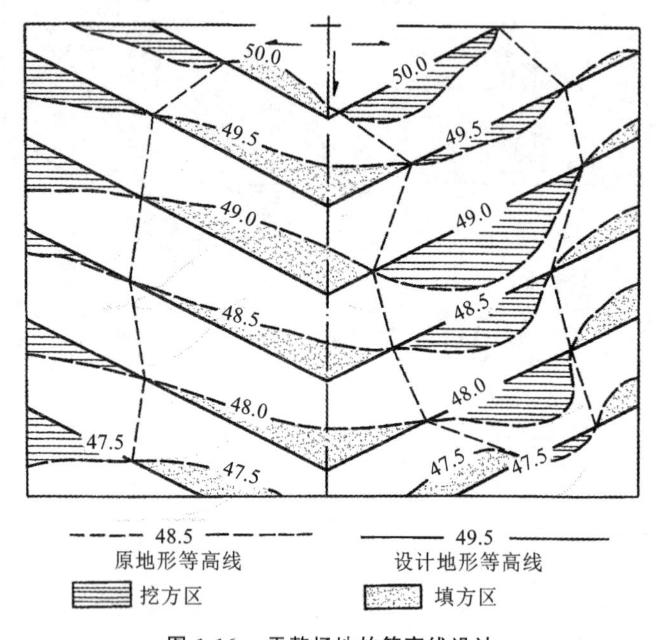


图 1-16　平整场地的等高线设计

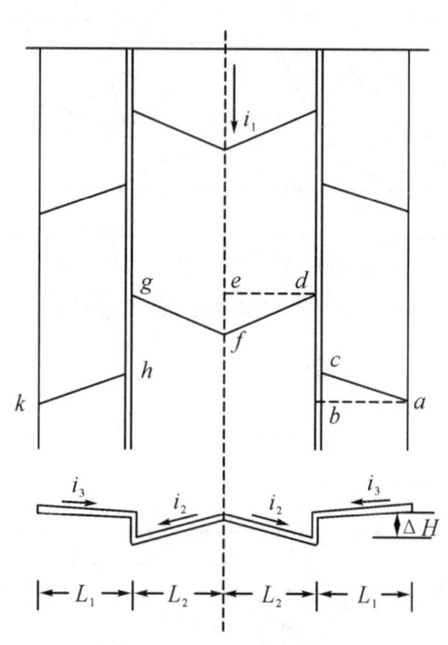


图 1-17　道路等高线设计

图 1-17 中：$\Delta H$—— 路牙高度，m；

$i_1$—— 道路纵坡，%；

$i_2$—— 道路横坡，%；

$i_3$—— 人行道横坡，%；

$L_1$—— 人行道宽度，m；

$L_2$—— 道路中线至路牙的宽度，m。

2）道路设计等高线的计算

依据道路所设定的纵、横坡度及坡向、道路宽度、路拱形状及路牙高度、排水要求等，用坡度公式求取设计等高线的位置。

设 $a$ 点地面的标高为 $H_a$，$H_a$ 也是该点的设计标高，求与 $H_a$ 同值的设计等高线在道路和人行道上的位置。

①求 $b$ 点设计标高 $H_b$

$$H_b = H_a - i_3 \times L_1$$

②求与 $H_a$ 同值的设计等高线在人行道与路牙接合处的位置 $c$，$c$ 距 $b$ 为 $L_{bc}$

$$\because \quad H_a = H_c, L_1 i_3 = L_{bc} i_1$$

$$\therefore \quad L_{bc} = \frac{i_3}{i_1} L_1$$

③求与 $H_a$ 同值的设计等高线在道路边沟上的位置 $d$，$d$ 与 $c$ 两点间相距 $L_{cd}$

$$L_{cd} i_1 = H_d - (H_c - \Delta H)$$

$$\because \quad H_d = H_a = H_c$$

$$\therefore \quad L_{cd}=\Delta H/i_1$$

④求与 $H_a$ 同值的设计等高线在路拱拱脊上的位置 $f$。

先过 $d$ 点作一直线垂直于道路中线(即路拱拱脊线)得 $e$,$e$ 点标高为

$$H_e=H_d+i_2L_2$$

则 $H_a$ 在拱脊上的位置 $f$ 为距 $e$ 点 $L_{ef}$ 处

$$L_{ef}=\frac{H_e-H_f}{i_1}=\frac{H_d+i_2L_2-H_f}{i_1}$$

$$\because \quad H_d=H_f=H_a$$

$$\therefore \quad L_{ef}=\frac{i_2}{i_1}L_2$$

同法可依次求得 $g$、$h$、$k$ 各点的位置;连接 $ac$、$df$、$fg$ 及 $hk$ 便是所求 $H_a$ 设计等高线在图上的位置,$cd$ 与 $gh$ 线因与路牙线重合,不必绘出。

3)道路与周围地形的竖向关系

相邻设计等高线的位置,依据其等高差值,同上述方法可求出。如该段道路(含人行道)平直,宽度及纵横坡度不变,则其设计等高线将互相平行,间距相等。反之,道路设计等高线也会因道路转弯、坡度起伏等变化而相应变化。图 1-18 是用设计等高线绘制的一段山道;图 1-19 是广场的等高线设计;图 1-20 是建筑与广场相衔接时的等高线设计;图 1-21 是水池与道路衔接的等高线设计。

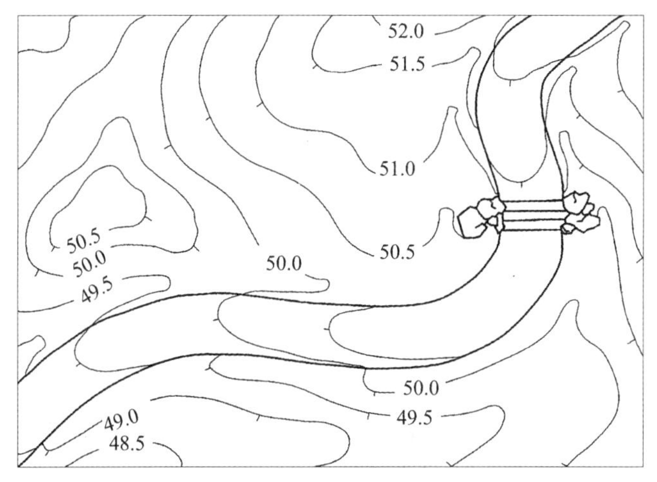


**图 1-18　山道的等高线设计**

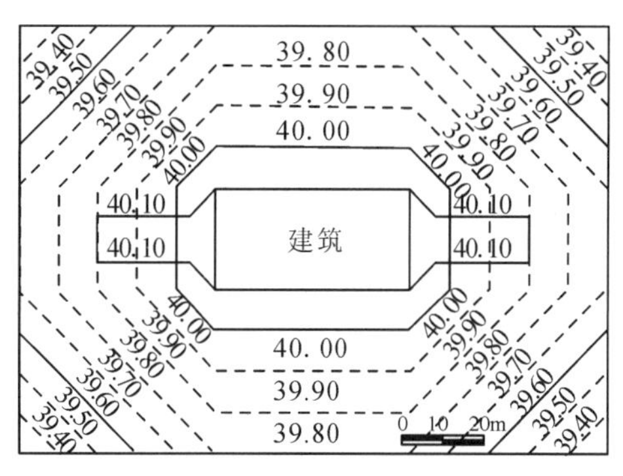


**图 1-19　广场的等高线设计**

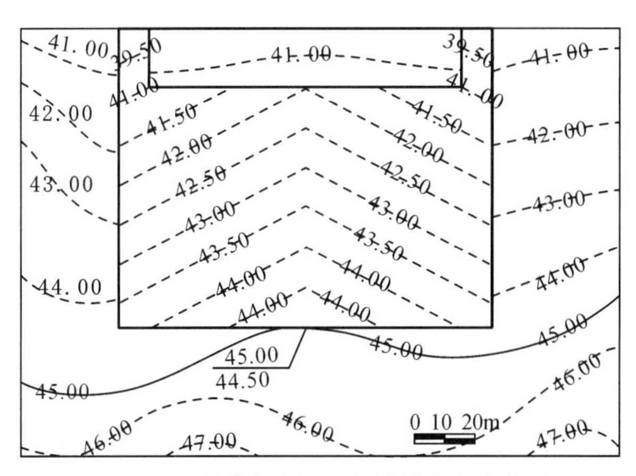


**图 1-20　建筑与广场相衔接的等高线设计**

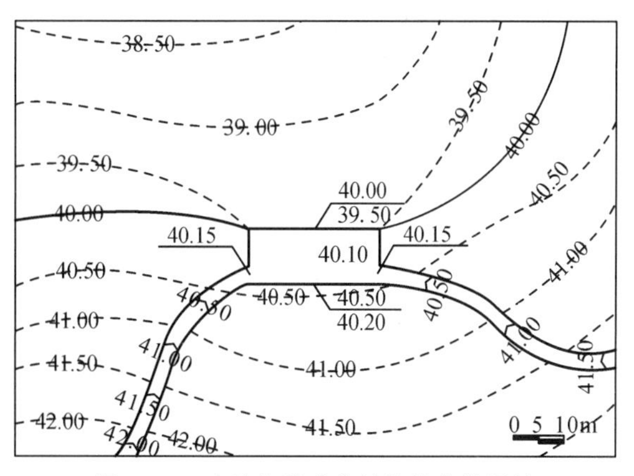


**图 1-21　水池与道路衔接的等高线设计**

## 1.1.6 竖向设计断面法和模型法

### 1. 断面法

断面法是指用许多断面表示原有地形和设计地形的状况的方法。此法便于计算土方量，详细的计算方法见后续场地土方工程量计算章节。

应用断面法设计风景园林用地，首先要有较精确的地形图。断面的取法可以沿所选定的轴线取设计地段的横断面，断面间距视所要求精度而定；也可以在地形图上绘制方格网，方格边长可依设计精度确定，设计方法是在每一方格角点上，求出原地形标高，再根据设计意图求取该点的设计标高。从断面图上可以了解各方格点上的原地形标高和设计地形标高，这种图纸便于土方量计算，也方便施工。其缺点是不能一目了然地显示出地形变化的趋势和地貌细节，另外这种方法在设计需要进行调整时，几乎需要重新设计和计算，比较麻烦，但在局部的竖向设计中，它还是一种常用的方法。

### 2. 模型法

模型法用于表现直观形象，较为具体。但制作费工费时，投资较多，大模型不便搬动。如需要保存，还需专门的放置场所，制作方法不在此赘述。

## 1.1.7 竖向设计和土方工程量

竖向设计合理与否，不仅影响着整个公园的景观和建成后的使用管理，而且直接影响着土方工程量，和公园的基建费用息息相关。一项好的竖向设计应该是以能充分体现设计意图为前提，而其土方工程量最少（或较少）的设计。

影响土方工程量的因素很多，大致有以下几方面：

①整个园基的竖向设计是否遵循“因地制宜”这一至关重要的原则。公园地形设计应顺应自然，充分利用原地形，宜山则山，宜水则水。《园冶》说：“高阜可培，低方宜挖。”其意就是要因高堆山，就低凿水。能因势利导地安排内容，设置景点。必要之处也可进行一些改造。这样做可以减少土方工程量，从而节约工力，降低基建费用。

②园林建筑和地形的结合情况。园林建筑、地坪的处理方式，以及建筑和其周围环境的联系，直接影响着土方工程。从图 1-22 看，土方工程量由大至小依次为(a)、(b)、(d)、(c)。可见园林中的建筑如能紧密结合地形，建筑体型或组合能随形就势，就可以少动土方。

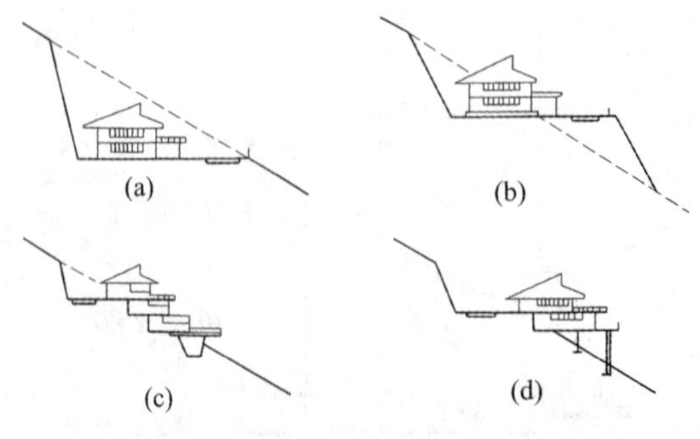


图 1-22 建筑结合地形的几种类型

③园路选线对土方工程量的影响。在山坡上修筑路基，大致有三种情况：全挖式(图 1-23(a))、半挖半填

式(图 1-23(b))、全填式(图 1-23(c))。在沟谷低洼的潮湿地段或桥头引道等处道路的路基需修成路堤(图 1-23(d));有时道路通过山口或陡峭地形,为了减小道路坡度,路基往往做成堑式路基(图 1-23(e))。

园路除主路和部分次路,因运输、养护车辆的行车需要,要求较平坦外,其余园路均可任其随地势蜿蜒起伏,有的甚至造奇设险以引人入胜,所以园路设计的余地较大。尤其是山道,应该在结合地形,利用地形、地物等方面,多动脑筋,避免大挖大填,避免或减少出现图 1-23 中(a)、(c)、(d)、(e) 的情况,道路选线除了满足其导游和交通目的外,还要考虑如何减少土方工程量。

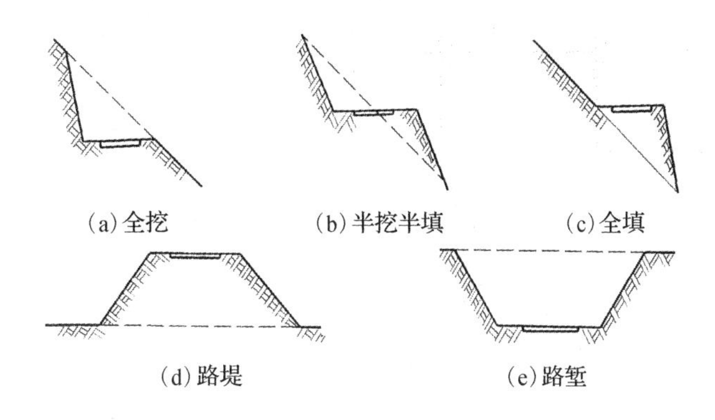


**图 1-23　道路结合地形的几种情况**

④多搞小地形,少搞或不搞大规模的挖湖堆山。杭州植物园分类区小地形处理,就是这方面的佳例,见图 1-24。

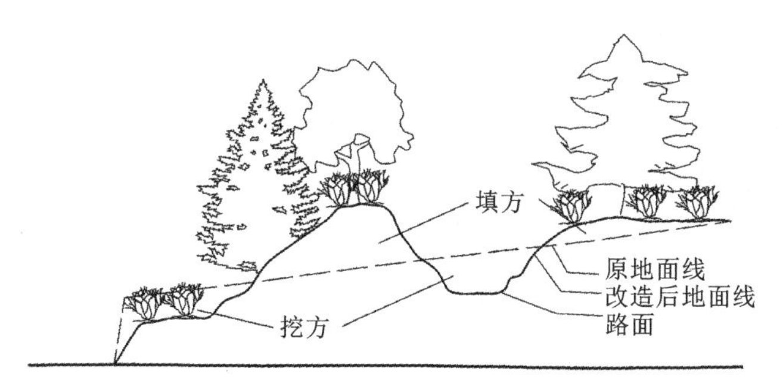


**图 1-24　用降低路面标高的方法丰富地形**

⑤缩短土方调配运距,减少小搬运。前者是设计时可以解决的问题,即在作土方调配图时,考虑周全,将调配运距缩到最短;而后者则属于施工管理问题,往往是因为运输道路不好或施工现场管理混乱等原因,卸土不到位,或卸错地方而造成的。

⑥合理的管道布线和埋深。重力流管要避免逆坡埋管。

## 1.1.8　竖向设计案例

前面已提到,园林用地的竖向设计是园林总体设计的重要组成部分,它包含的内容很多,而其中又以地形设计最为重要,以下介绍几项地形设计佳例。

### 1. 杭州植物园山水园

杭州植物园山水园(图 1-25) 面积约 4 $hm^2$,位于青龙山东北麓,是杭州植物园的一个局部,与“玉泉观鱼”景点浑然一体,地形自然多变,山明水秀。在建园之前,这里是一处山洼地,洼处是几块不同高程的稻田,两侧为坡地,坡地上有排水谷涧和少量裸岩。玉泉泉水流入洼地,出谷而去。

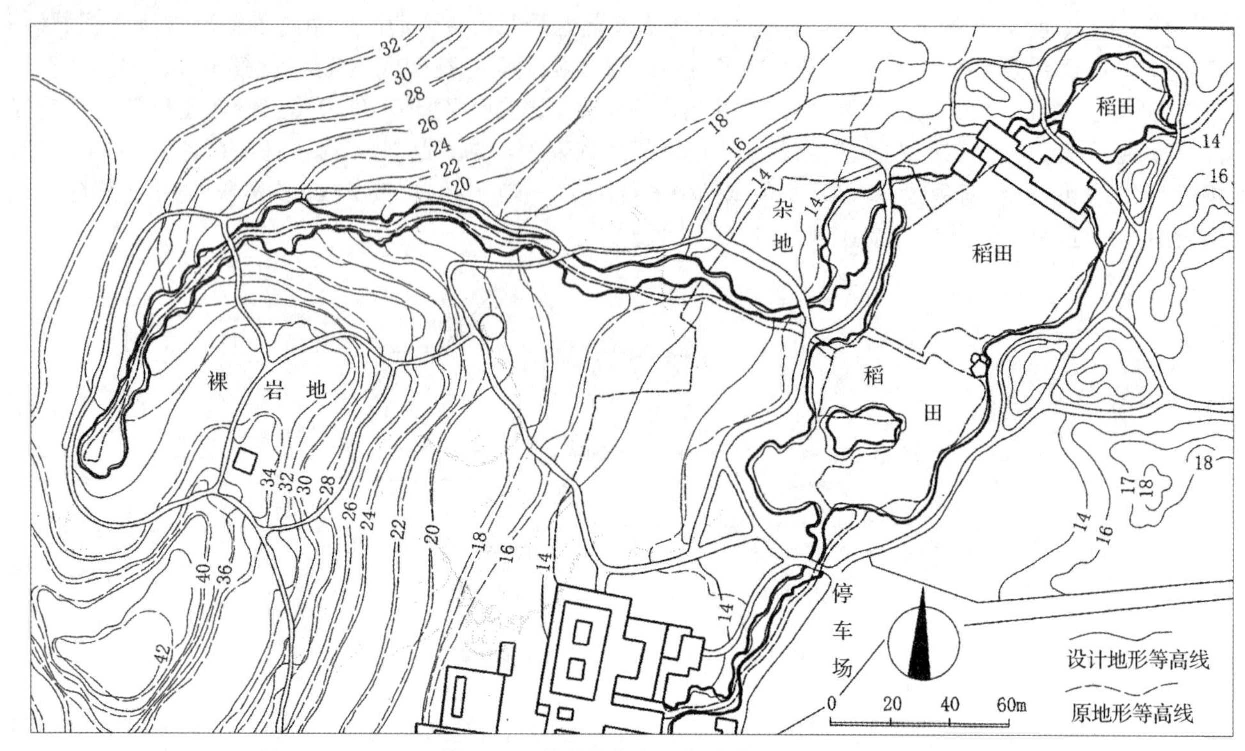


图 1-25 杭州植物园山水园地形设计

山水园的地形设计本着因地制宜、顺应自然的原则，将山洼处高低不等的几块稻田整理成两个大小不等的上、下湖。两湖间以半岛分隔。这样处理虽不如拉成一个湖面开阔，但却使岸坡贴近水面，同时这样处理也减少了土方工程量，增加水面的层次，且由于两湖间有落差，水声潺潺，水景自然多趣。湖周地形基本上是利用原有坡地，局部略加整理，山间小路适当降低路面，余土培于路两侧坡地上以增加局部地形的起伏变化。山水园有二溪涧，一通玉泉，一通山涧，溪涧处理甚好，这两条溪涧把园中湖面和四周坡地、建筑有机地结合起来。

### 2. 上海天山公园

早期的天山公园，南面是个大湖面，后因被体育部门占用，湖面被填平改做操场。湖上大桥大半被埋在土中。20 世纪 80 年代初，公园复归园林部门管理。在公园进行复建设计时，设计者本着既要改变现状，使地形符合造景和游人休息的功能要求，又不大动土方的基本设想，在原大桥南挖出一个作为荷花池的小水面，并使湮没土中的大桥显露出来，与荷花池南面相接的陆地则削成一处由南向北约成 5° 倾斜的缓地草地。草坡缓缓伸向荷池，地形自然和谐，水体和草坡连接，扩大了空间感。削坡的土方填筑于坡顶及两侧，形成岗阜地形，适当分隔了空间，挖填土方基本上就地平衡(图 1-26)。

### 3. 杭州太子湾公园

杭州太子湾公园(图 1-27) 始建于 1988 年，总面积 76.3 $hm^2$。在总体构思中，将太子之意延伸为龙种，故在整体布局中，突出龙脉，以水为“白龙”，以地形植被为“青龙”，两条龙相互渗透，形成动与静、内与外、上与下等不同关联，共同构建全园的山水骨架。太子湾公园以园路、水道为间隔，全园分为六个区域，即入口区、琵琶洲景区、逍遥坡景区、望山坪景区、凝碧庄景区及公园管理区。琵琶洲是全园最大的环水绿洲。 在地形塑造中，利用丰富的竖向设计手段，组织和创造出池、湾、溪、坡、坪、洲、台等园林空间，同时还根据功能与建设管理的需要，严格控制排水坡度，所有园路均低于绿洲，对园区排水及植物生长更为有利。全园地势南高北低，顺应引水需要，利用地形形成高差，促使水流顺畅地泄入西湖。

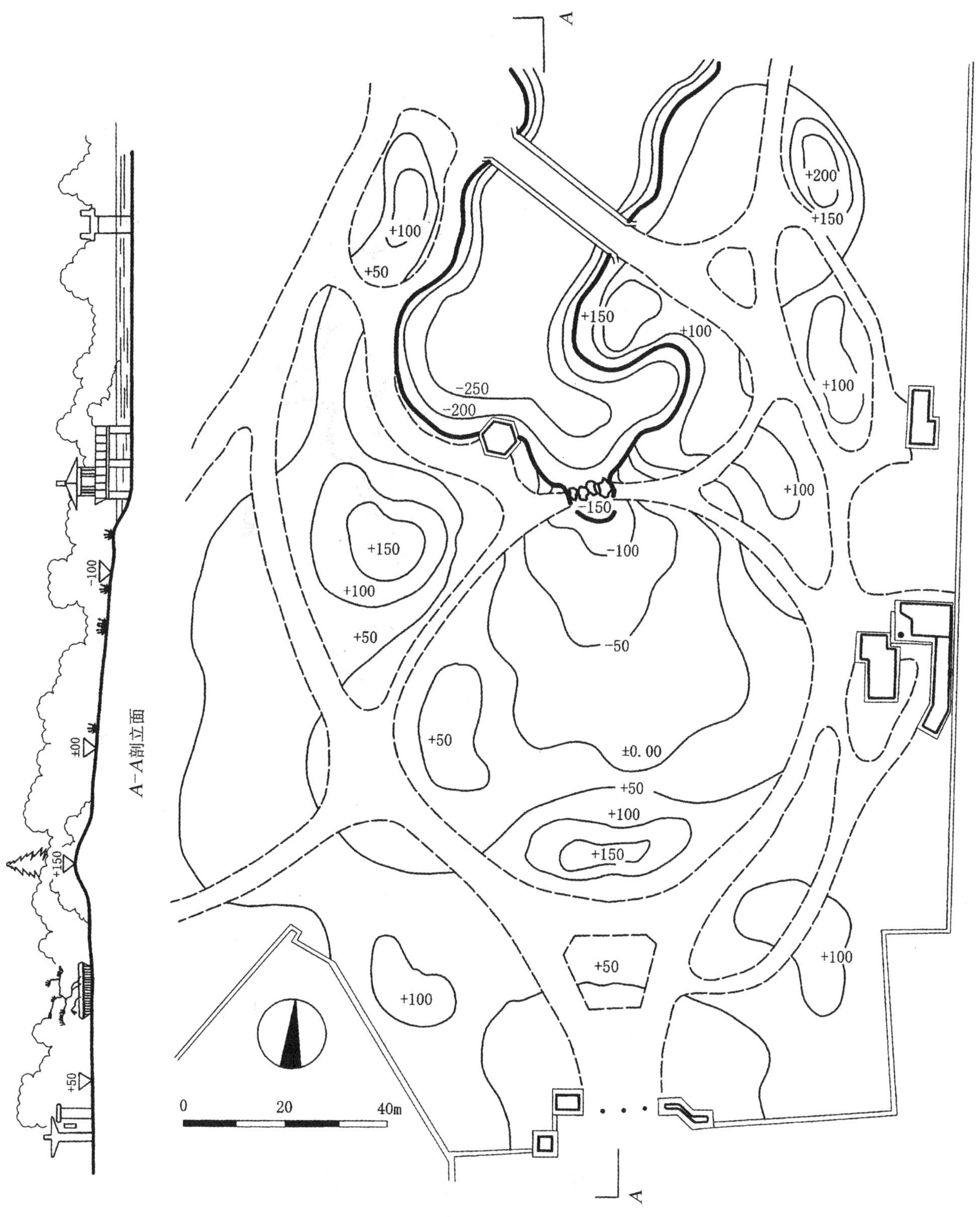


图 1-26　上海天山公园南部地形设计

图 1-27　杭州太子湾公园地形设计

## 1.2 场地土方工程量计算

土方量的计算一般是根据附有等高线的地形图进行的，通过计算，反过来又可以修改设计图，使图纸更加完善。另外，土方量计算资料又是工程预算和施工组织设计等工作的重要依据。所以，土方量的计算在地形设计工作中是必不可少的。

计算土方量的方法有很多，常用的有估算法、断面法和方格网法。

## 1.2.1 估算法

在建园过程中，经常会碰到一些近似规则几何形体的土体，如图 1-28 所示的山丘、池塘等。这些土体的体积可用相近的几何体体积公式(表 1-6) 计算。此法简单，但精度较差，多用于估算。

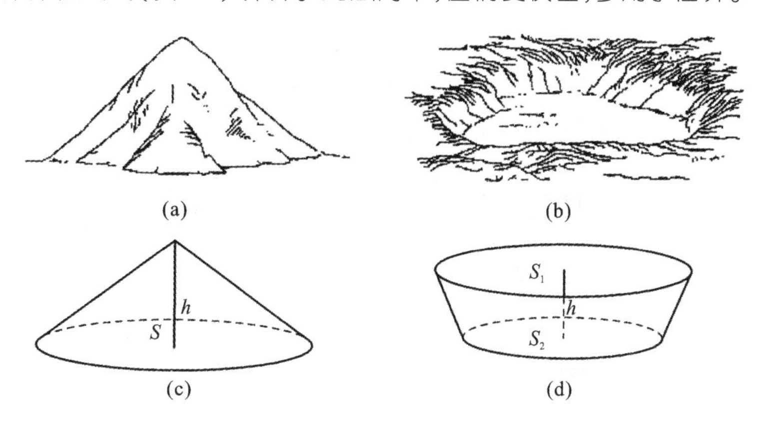


**图 1-28 套用近似的规则图形估算土方量**

**表 1-6 常见几何体体积公式**

| 序号 | 几何体名称 | 几何体形状 | 体　　积 |
|---|---|---|---|
| 1 | 圆锥 |  | $V=\frac{1}{3}\pi r^2 h$ |
| 2 | 圆台 |  | $V=\frac{1}{3}\pi h(r_1^2+r_2^2+r_1 r_2)$ |
| 3 | 棱锥 |  | $V=\frac{1}{3}S\cdot h$ |
| 4 | 棱台 |  | $V=\frac{1}{3}h(S_1+S_2+\sqrt{S_1 S_2})$ |
| 5 | 球缺 |  | $V=\frac{1}{6}\pi h(h^2+3r^2)$ |

注：表中，$V$—— 体积，$r$—— 半径，$S$—— 底面积，$h$—— 高，$r_1$、$r_2$—— 上、下底半径，$S_1$、$S_2$—— 上、下底面积。

## 1.2.2 断面法

断面法根据其取断面的方向不同可分为垂直断面法、水平断面法(也称等高面法) 及与水平面成一定角度的成角断面法。以下主要介绍前面两种方法。

## 1. 垂直断面法概述

此法适用于带状土体(如带状山体、水体、沟渠、路堑、路槽等)的土方量计算(图 1-29、图 1-30),是以若干相平行的截面将拟计算的土体,分截成若干“段”,分别计算这些“段”的体积,再将各段体积累加,即可求得该计算对象的总土方量。此法的计算精度取决于截取断面的数量,多则精,少则粗。

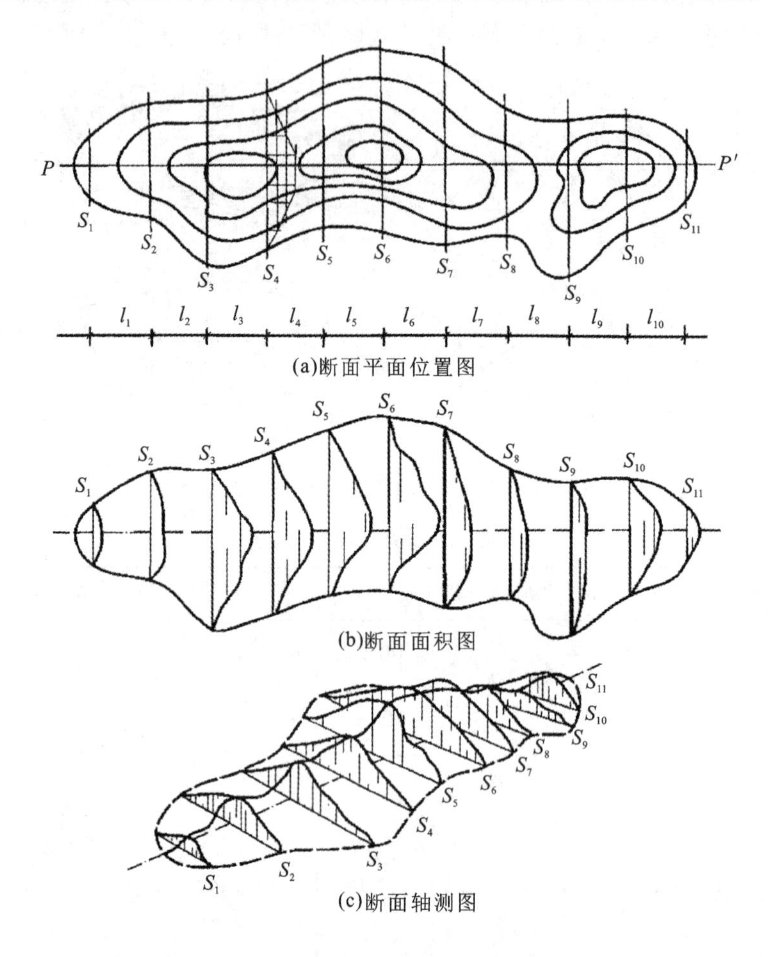


(a)断面平面位置图

(b)断面面积图

(c)断面轴测图

图 1-29 带状土山垂直断面取法

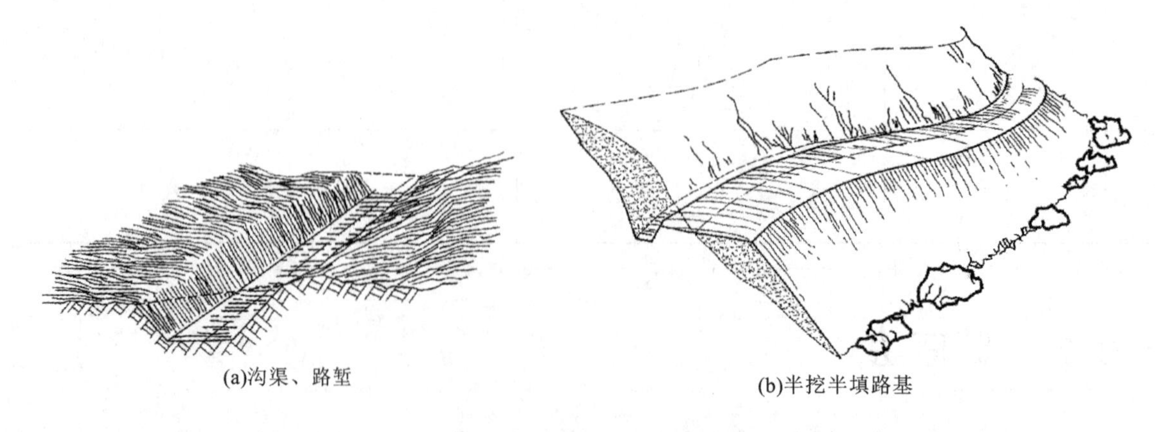

(a)沟渠、路堑

(b)半挖半填路基

图 1-30 沟渠、路堑、半挖半填路基示意

## 2. 垂直断面法计算方法

1）划分横断面

根据地形图、竖向布置图或现场测绘，在土方计算场地划分出若干个横断面，并应垂直于等高线或主要建筑物边长，各断面间距可以不等，一般为 10 m 或 20 m，在平坦地区可大些，但最大不超过 100 m。

2）画横断面图形

按比例绘制每个横断面的原地形和设计地面的轮廓线，此时原地面轮廓线与设计地面轮廓线之间的面积即为挖方或填方的断面面积。

3）计算横断面面积

用垂直断面法求土方体积，比较烦琐的工作是计算断面面积。计算断面面积的方法多种多样，对形状不规则的断面可用求积仪求其面积，也可用“方格纸法”“平行线法”或“割补法”等方法进行计算，也可以用计算机 CAD 软件直接在电子图形中读取。表 1-7 所示为几种常见的断面面积计算公式。

**表 1-7　常用断面面积计算公式**

| 断面形状图示 | 计算公式 |
|---|---|
| h；1∶n；b | $S=h(b+nh)$ |
| h；1∶m；1∶n；b | $S=h\left(b+h\frac{m+n}{2}\right)$ |
| $h_1$；$h_2$；1∶m；1∶n；b | $S=b\frac{h_1+h_2}{2}+\frac{(m+n)h_1h_2}{2}$ |
| $h_1$ $h_2$ $h_3$ $h_4$ $h_5$；$a_1$ $a_2$ $a_3$ $a_4$ $a_5$ $a_6$ | $S=h_1\frac{a_1+a_2}{2}+h_2\frac{a_2+a_3}{2}+\cdots+h_n\frac{a_n+a_{n+1}}{2}$ |
| $h_0$ $h_1$ $h_2$ $h_3$ $h_4$ $h_5$ $h_6$；a a a a a a | $S=\frac{a}{2}(h_0+2h+h_n)$<br>$h=h_1+h_2+h_3+\cdots+h_{n-1}$ |

4）计算土方工程量

$$V=\frac{S_1+S_2}{2}\times L$$

当 $S_1=S_2=S$ 时　　$V=SL$

式中：$V$—— 相邻两横断面间的土方量，$m^3$；

$S_1$，$S_2$—— 相邻两横断面的挖（或填）方断面面积，$m^2$；

$L$—— 相邻两横断面的间距，m。

当 $S_1$ 和 $S_2$ 的面积相差较大或两相邻断面之间的距离大于 50 m 时，计算的结果误差较大，可改为以下公式

$$V=\frac{L}{6}(S_1+S_2+4S_0)$$

式中：$S_0$—— 中间断面面积。

$S_0$ 有两种求法：

①用求棱台中截面面积公式求中截面面积(图 1-31)

$$S_0=\frac{1}{4}(S_1+S_2+2\sqrt{S_1S_2})$$

②用 $S_1$ 及 $S_2$ 各边的算术平均值求 $S_0$。

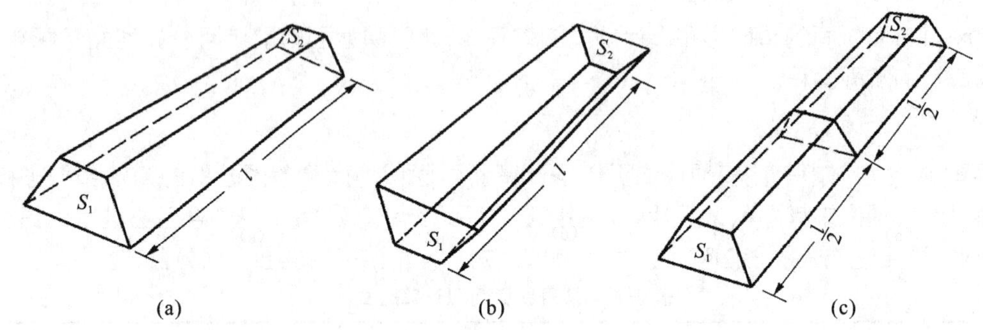


图 1-31　用求棱台中截面面积公式求 $S_0$ 示意

5)计算土方总工程量

将挖方区(或填方区)所有相邻两横断面间的计算土方量汇总，即得该场地挖方和填方的总土方工程量。将计算的挖、填土方量根据编号依次填入表 1-8。

$$V_{总}=\sum V_n \quad n=1,2,3,\cdots$$

表 1-8　填挖方土方量表

| 断面编号 | 横断面面积 /m² | | 平均面积 /m² | | 断面间的距离 /m | 土方量 /m³ | |
|---|---|---|---|---|---|---|---|
| | 填方(+) | 挖方(−) | 填方(+) | 挖方(−) | | 填方(+) | 挖方(−) |
| Ⅰ—Ⅰ′ | | | | | | | |
| Ⅱ—Ⅱ′ | | | | | | | |
| Ⅲ—Ⅲ′ | | | | | | | |
| Ⅳ—Ⅳ′ | | | | | | | |
| Ⅴ—Ⅴ′ | | | | | | | |
| 总计 | | | | | | | |

### 3. 水平断面法概述

水平断面法又称为等高面法，最适于大面积的自然山水地形的土方计算。我国园林崇尚自然，园林中山水布局讲究，地形的设计要求因地制宜，充分利用原地形，以节省工程量。同时，为了造景又要使地形起伏多变。总之，挖湖堆山常借助原地形高低不平的有利条件。所以计算土方量时必须考虑到原有地形的影响。这也是自然山水园林土方计算较繁杂的原因。由于园林设计图纸上的原地形和设计地形均用等高线表示，因而采用水平断面法进行计算最为便当。水平断面法既适用于山水地形的土方量计算，也可用于局部平整场地的土方计算。

水平断面法是沿等高线取断面，等高距即为两相邻断面的高(图 1-32)。

其计算公式如下：

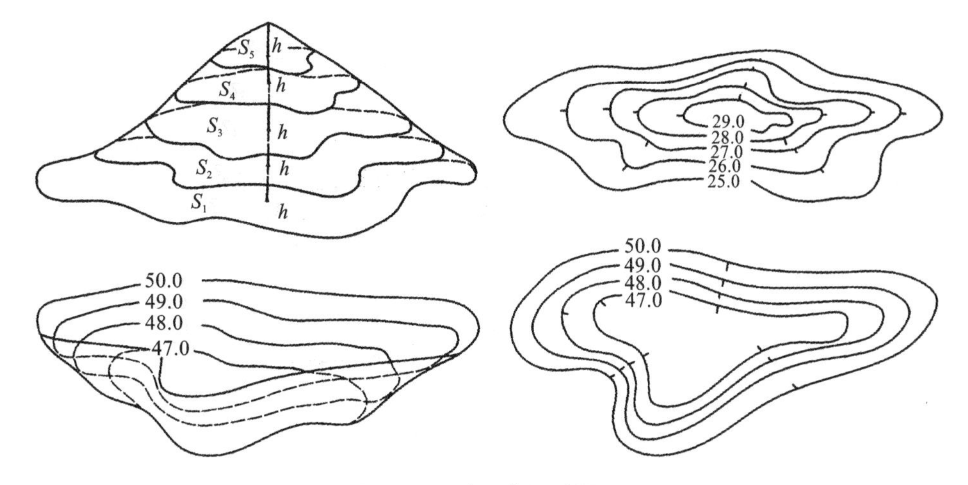


图 1-32 水平断面法图示

$$V=\frac{S_1+S_2}{2}h+\frac{S_2+S_3}{2}h+\cdots+\frac{S_{n-1}+S_n}{2}h+\frac{S_n}{3}h$$

$$=(\frac{S_1+S_n}{2}+S_2+S_3+S_4+\cdots+S_{n-1})h+\frac{S_n}{3}h$$

式中:$V$—— 土方体积,$m^3$;

$S$—— 断面面积,$m^2$;

$h$—— 等高距, m。

## 4.水平断面法计算方法

水平断面法计算步骤及方法结合以下实例加以说明。

**【例】** 某公园局部(为了便于说明,只取局部) 地形过于低洼,不适于一般植物的生长和游人活动。现拟按设计水体挖掘线将低洼处挖成水生植物栽植池(常水位为 48.50 m),挖出的土方加上自公园内其他局部调运来的1000 $m^3$ 土方,适当将地面垫高,以适应一般乔灌木的生长要求,并在池边堆一座土丘(图1-33),试计算其土方量。

其计算步骤如下:

①先确定一个计算填方和挖方的交界面 —— 基准面。基准面标高取设计水体挖掘线范围内的原地形标高的加权平均值,本例的基准面标高为 48.55 m。

②求设计陆地原地形高于基准面的土方量 $V_{原}$。

先逐一求出原地形各等高线所包围的面积,如 $S_{48.55}$(即 48.55 m 等高线所包围的面积)、$S_{49.00}$、$S_{49.50}$…代入公式 $V=\frac{S_1+S_2}{2}\times L$,式中 $L$ 改成 $h$,分别算出各层土方量。

$$S_{48.55}=4050\ m^2$$

$$S_{49.00}=2925\ m^2$$

$$h=(49.00-48.55)\ m=0.45\ m$$

$$V_{48.55\sim49.00}=(4050+2925)\times0.45/2\ m^3=1569.4\ m^3$$

$$V_{49.00\sim49.50}\cdots$$

以此类推,而后累计各层土方量即得。

③求设计陆地土方量 $V_{设}$,方法同上。

④求填方量 $V_{填}$,设计陆地土方量减去设计陆地原地形土方量即得。

$$V_{填}=V_{设}-V_{原}$$

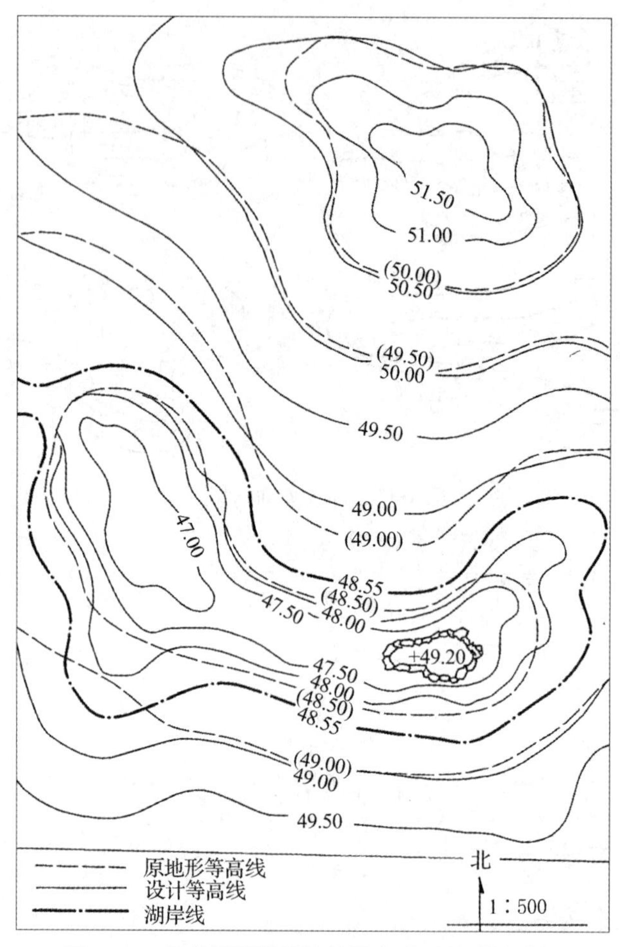


**图 1-33　某公园局部用地的原有地形及设计地形**

⑤求设计水体挖方量 $V_{挖}$，计算方法如下

$$V_{挖}=AH-\frac{mH^2L}{2}$$

式中：$A$—— 基准面(标高 48.55 m)范围内的面积，$\mathrm{m^2}$；

$H$—— 最大挖深值，m(也可以取挖深平均值)；

$m$—— 坡度系数；

$L$—— 岸坡的纵向长度，m。

在图 1-33 中测得设计湖岸线包围的面积 $A=950\ \mathrm{m^2}$，挖深 $H=(48.55-47.00)\ \mathrm{m}=1.55\ \mathrm{m}$，坡度系数 $m=4$，岸坡纵长 $L=150\ \mathrm{m}$，代入上述公式，得

$$V_{挖}=(950\times1.55-4\times1.55^2\times150/2)\ \mathrm{m^3}=751.75\ \mathrm{m^3}$$

⑥土方平衡

$$V_{挖}\approx V_{填}$$

$$V_{挖}-V_{填}=\pm(V_{挖}+V_{填})\times5\%$$

如果挖方和填方相差太大，应当调整设计地形，填高些或挖深些，直至达到精度要求为止。但是计算中单纯追求数字的绝对平均是没有必要的。因为作为计算依据的地形图本身就存在一定误差，同时施工中多挖或少挖几吨也是难以觉察出来的。在实际工作中计算土方量时虽要考虑土方就地平衡，但更应重视在保证设计意图的前提下如何尽可能减少动土量和不必要的搬运，这样做对节约投资、缩短工期有很大意义。

## 1.2.3 方格网法

方格网法是把平整场地的设计工作和土方量计算工作结合在一起进行的。园林中有许多各种用途的地坪需要整平。平整场地就是将原来高低不平、比较破碎的地形按设计要求整理为平坦的具有一定坡度的场地，如停车场、集散广场、体育场、露天演出场等，这时用方格网法计算土方量较为精确。

### 1. 方格网法工作程序

1) 划分方格网

将附有等高线的施工现场地形图划分若干方格而成网，其边线尽量与测量的纵横坐标对应，方格边长数值取决于所要求的计算精度和地形变化的复杂程度。在园林中一般以 10 ～ 50 m 为边长画格成网；在地形相对平坦地段，方格边长一般可采用 20 ～ 50 m；地形起伏较大地段，方格边长可采用 10 ～ 20 m。

2) 计算原地形标高

根据总平面图上的原地形等高线确定每一个方格交叉点(角点) 的原地形标高，或根据原地形等高线采用插入法计算出每个方格网角点的原地形标高，然后将原地形标高数字填入方格网角点的右下角。方格网的注写方法依据《总图制图标准》(GB/T 50103—2010)，见图 1-34。当方格网角点不在等高线上时，就要采用插入法计算出原地形标高，插入法求标高公式详见前述第 1.1.5 节。

3) 计算设计标高

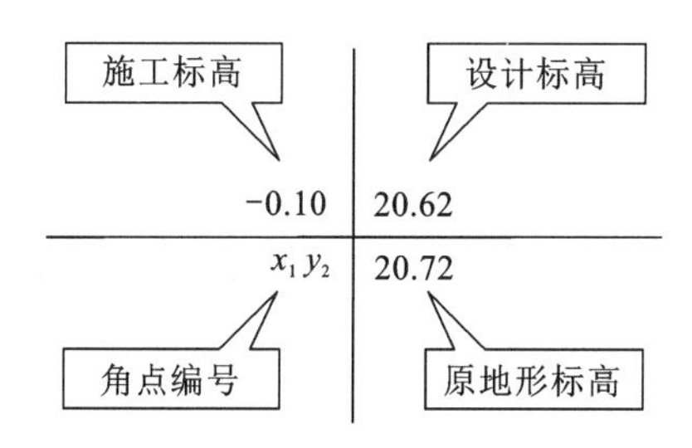


图 1-34 方格网交叉点(角点) 标高注写

在土方工程中平整就是把一块高低不平的地面在保证土方平衡的前提下，挖高垫低，使地面水平，这个水平地面的高程是平整标高。设计工作中通常以原地面高程的平均值(算术平均值或加权平均值) 作为平整标高 $H_0$。居于某一水准面之上而表面崎岖不平的土体，经平整后使其表面成为水平面，此时这块土体的标高即为平整标高，如图 1-35 所示。

设平整标高为 $H_0$，则

$$V = H_0 N a^2$$

所以

$$H_0 = \frac{V}{N a^2}$$

式中：$V$—— 该土体自水准面起算经平整后的体积；

$N$—— 方格数；

$H_0$—— 平整标高；

$a$—— 方格边长。

由于平整前后这块土体的体积是相等的，设 $V'$ 为平整前的土方体积，则 $V' = V$，如图 1-35 所示。计算土体平整后每个方格块的体积，求和相加即可求得 $V$。代入上述公式，简化后可得到平整标高 $H_0$ 的公式为

$$H_0 = \frac{1}{4N}\left(\sum h_1 + 2\sum h_2 + 3\sum h_3 + 4\sum h_4\right)$$

式中：$h_1$—— 计算时使用一次的角点高程；

$h_2$—— 计算时使用两次的角点高程；

$h_3$—— 计算时使用三次的角点高程；

$h_4$—— 计算时使用四次的角点高程。

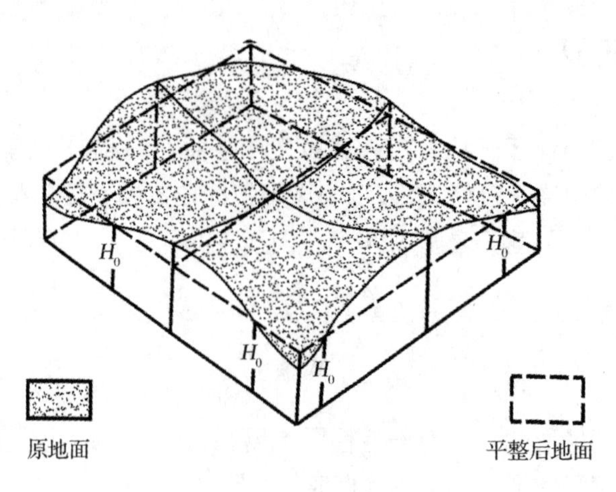


图 1-35　$V = V'$ 的图解

此时求得的 $H_0$ 只是初步的，实际工作中影响平整标高的还有其他因素，如外来土方和弃土的影响。施工场地有时土方有余，而其他场地又有需求，设计时便可考虑多挖；有时由于场地标高过低，为使场地标高达到一定高度，而需运进土方以补不足；此外土壤可松性等对土方的平衡也有影响，因此实际工作中需要结合多方面情况综合考虑。

根据平整标高 $H_0$，以及场地的设计坡度，可以用坡度公式确定平整后土体方格网角点的高程（详细计算方法见后述方格网法计算实例），在方格网点的右上角填入设计标高。

4）计算施工标高

施工标高＝设计标高－原地形标高。

得数为正(+)数时表示填方，得数为负(－)数时表示挖方，施工标高数值应填入方格网点的左上角。

5）求填挖零点线

求出施工标高以后，如果在同一方格中既有填土又有挖土部分，就必须求出零点线。所谓零点就是既不挖土也不填土的点，将零点互相连接起来的线就是零点线。零点线是挖方和填方区的分界线，它是土方计算的重要依据。

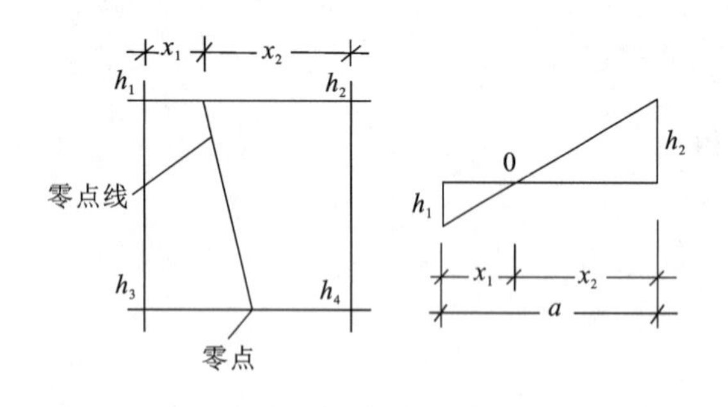


图 1-36　零点位置计算示意

在相邻两角点之间，若施工标高值一为正数，一为负数，则它们之间必有零点存在，如图 1-36 所示，其位置可用以下方法求得

$$x = \frac{h_1}{h_1 + h_2} a$$

式中：$x$—— 零点距 $h_1$ 一端的水平距离，m；

$h_1$，$h_2$—— 方格相邻两角点的施工标高绝对值，m；

$a$—— 方格边长，m。

6）土方计算

零点线为计算提供了填方、挖方的面积，而施工标高又为计算提供了填方和挖方的高度。依据这些条件，便可选择适宜的公式求出各方格的土方量。由于零点线切割方格的位置不同，形成各种形状的棱柱体，常见的棱柱体及其计算公式见表 1-9。

表 1-9 常见棱柱体及其计算公式

| 序号 | 挖填情况 | 平面图示 | 立体图示 | 计算公式 |
|---|---|---|---|---|
| 1 | 四点全为填方(或挖方)时 | | | $\pm V=\dfrac{a^{2}\times\sum h_{i}}{4}$ |
| 2 | 两点填方两点挖方时 | | | $\pm V=\dfrac{a(b+c)\times\sum h_{i}}{8}$ |
| 3 | 三点填方(或挖方)一点挖方(或填方)时 | | | $\mp V=\dfrac{b\times c\times\sum h_{i}}{6}$<br>$\pm V=\dfrac{(2a^{2}-bc)\times\sum h_{i}}{10}$ |
| 4 | 相对两点为填方(或挖方),其余两点为挖方(或填方)时 | | | $\mp V=\dfrac{b\times c\times\sum h_{i}}{6}$<br>$\mp V=\dfrac{d\times e\times\sum h_{i}}{6}$<br>$\pm V=\dfrac{(2a^{2}-bc-de)\times\sum h_{i}}{12}$ |

## 2. 方格网法计算实例

**【例】** 某公园为了满足游人游园活动的需要,拟将这块地面平整成为三坡向两面坡的"T"字形广场,要求广场具有1.5%的纵坡和2%的横坡,土方就地平衡,试求其设计标高并计算其土方量(图1-37)。

①作边长为20 m的方格控制网。标出各角点及方格网编号(图1-38),将各方格网角点测设到地面上,同时测量角点的地面高程并将高程值标记在图纸上,即为该点的原地形高程,标法见图1-34。如果有较精确的地形图,可用插入法(详见第1.1.5节)由图直接求得各角点的原地形高程。

图1-38中角点1-1位于相邻两等高线20.00和20.50之间,过1-1点作相邻两等高线间的距离最短的线段(图1-39)。由比例尺得$L=12.6$ m,$x=7.4$ m,等高线等高距$h=0.5$ m,代入插入法公式$H_{x}=H_{a}+\dfrac{xh}{L}$中,得出

$$H_{1\text{-}1}=(20.00+7.4\times0.5/12.6)\ \text{m}=20.29\ \text{m}$$

同理可依次求出其余各角点高程,并标写在图上(图1-40)。

②根据公式$H_{0}=\dfrac{1}{4N}(\sum h_{1}+2\sum h_{2}+3\sum h_{3}+4\sum h_{4})$,求平整标高$H_{0}$。

$$\begin{aligned}\sum h_{1}&=h_{1-1}+h_{1-5}+h_{2-1}+h_{2-5}+h_{4-2}+h_{4-4}\\&=(20.29+20.23+19.37+19.64+18.79+19.32)\ \text{m}\\&=117.64\ \text{m}\end{aligned}$$

$$\begin{aligned}2\sum h_{2}&=(h_{1-2}+h_{1-3}+h_{1-4}+h_{3-2}+h_{3-4}+h_{4-3})\times2\\&=(20.54+20.89+21.00+19.50+19.39+19.35)\times2\ \text{m}\\&=241.34\ \text{m}\end{aligned}$$

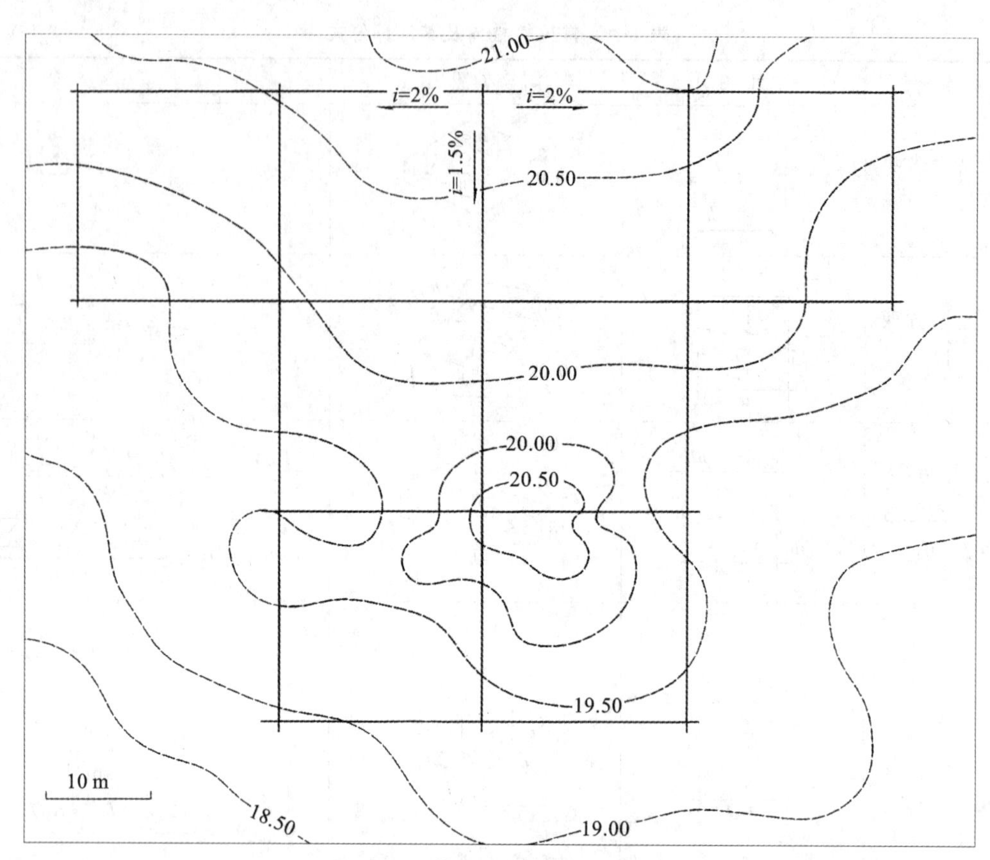


图 1-37　某公园广场现状地形图

$$3\sum h_3 = (h_{2-2} + h_{2-4}) \times 3$$

$$= (19.91 + 20.15) \times 3 \text{ m} = 120.18 \text{ m}$$

$$4\sum h_4 = (h_{2-3} + h_{3-3}) \times 4$$

$$= (20.21 + 20.50) \times 4 \text{ m} = 162.84 \text{ m}$$

$$H_0 = \frac{1}{4N}(\sum h_1 + 2\sum h_2 + 3\sum h_3 + 4\sum h_4)$$

$$= \frac{1}{4 \times 8} \times (117.64 + 241.34 + 120.18 + 162.84) \text{ m}$$

$$\approx 20.06 \text{ m}$$

③确定各方格网角点的设计标高。假设一个和我们所要求的设计地形完全一样(坡度、坡向、形状、大小完全相同)的土体,再从这块土体的假设标高反求其平整标高的位置。将图 1-37 按所给的条件画成立体图,如图 1-41 所示。

图中 1-3 点最高,设其设计标高为 $x$,则依给定的坡向、坡度和方格边长,可以立即算出其他各角点的假定设计标高。以点 1-2(或 1-4)为例,点 1-2(或 1-4)在 1-3 点的下坡,距离 $L=20$ m,设计坡度 $i=2\%$,则点 1-2(或 1-4)和点 1-3 之间的高差为:$h=iL=0.02\times 20$ m$=0.4$ m。所以点 1-2(或 1-4)的假定设计标高为 $x-0.4$。

而在纵向方向的点 2-3,因其设计纵坡为 1.5%,所以该点较 1-3 点低 0.3 m,其假定设计标高应为 $x-0.3$。依此类推,便可将各角点的假定设计标高求出,如图 1-41 所示。再将图中各角点假定标高值代入平整标高的公式 $H_0=\frac{1}{4N}(\sum h_1+2\sum h_2+3\sum h_3+4\sum h_4)$ 中 ,则

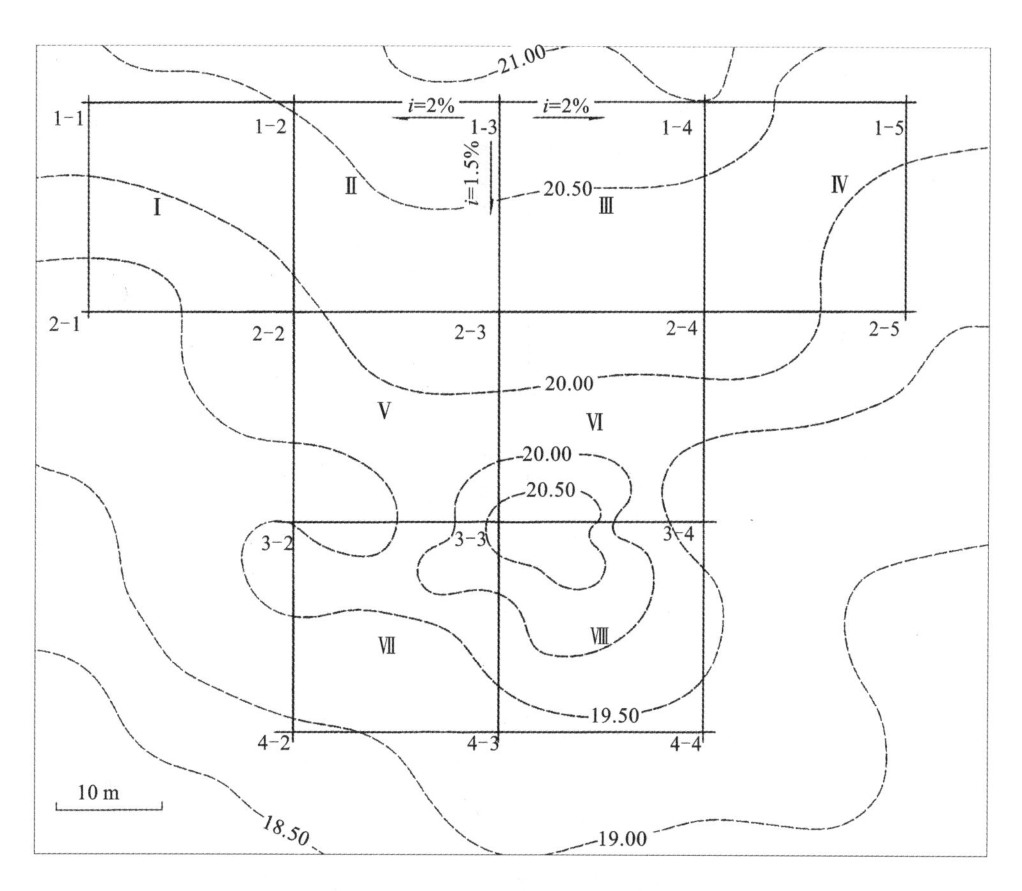


**图 1-38　某公园广场方格控制网角点及方格网编号**

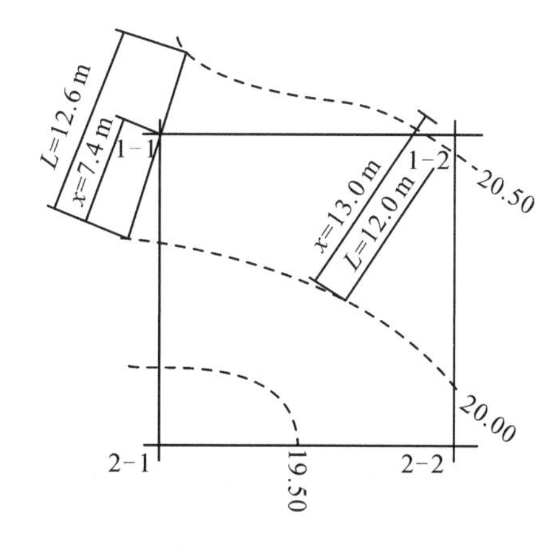


**图 1-39　插入法求方格网角点高程**

$$
\begin{aligned}
\sum h'_1 &= h'_{1-1} + h'_{1-5} + h'_{2-1} + h'_{2-5} + h'_{4-2} + h'_{4-4} \\
&= x - 0.8 + x - 0.8 + x - 1.1 + x - 1.1 + x - 1.3 + x - 1.3 \\
&= 6x - 6.4
\end{aligned}
$$

$$
\begin{aligned}
2\sum h'_2 &= (h'_{1-2} + h'_{1-3} + h'_{1-4} + h'_{3-2} + h'_{3-4} + h'_{4-3}) \times 2 \\
&= (x - 0.4 + x + x - 0.4 + x - 1.0 + x - 1.0 + x - 0.9) \times 2 \\
&= 12x - 7.4
\end{aligned}
$$

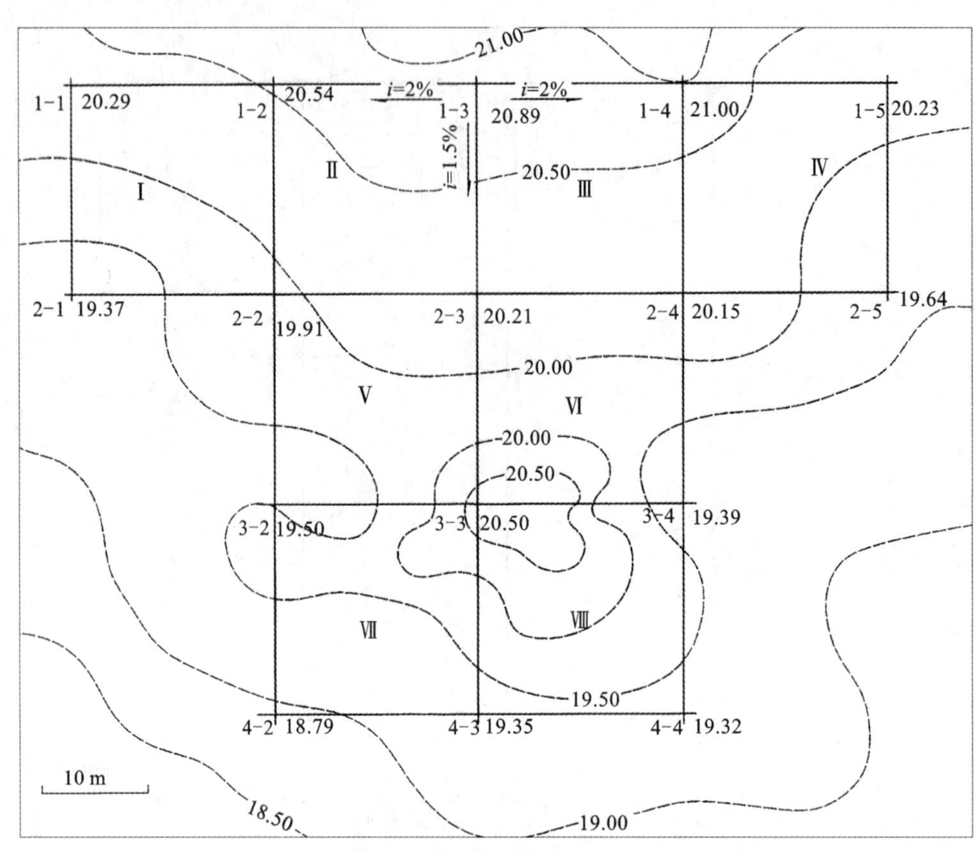


**图 1-40　某公园广场方格控制网各角点原地形标高**

$$3\sum h'_3=(h'_{2-2}+h'_{2-4})\times 3$$

$$=(x-0.7+x-0.7)\times 3=6x-4.2$$

$$4\sum h'_4=(h'_{2-3}+h'_{3-3})\times 4$$

$$=(x-0.3+x-0.6)\times 4=8x-3.6$$

$$H'_0=\frac{1}{4N}(\sum h'_1+2\sum h_2'+3\sum h'_3+4\sum h'_4)$$

$$=\frac{1}{4\times 8}(6x-6.4+12x-7.4+6x-4.2+8x-3.6)$$

$$=x-0.675$$

因为
$$H_0=H'_0\quad H_0=20.06\ \text{m}$$

所以
$$20.06=x-0.675$$

$$x\approx 20.74\ \text{m}$$

将 $x$ 的值代入图 1-41，可将其他各角点的设计标高求出(图 1-42)，根据这些设计标高求得的挖方量和填方量比较接近。

④求施工标高，施工标高＝设计标高－原地形标高，将结果标写在图 1-43 中。

⑤求零点线，图 1-43 中角点 1-1 的施工标高为－0.35，角点 2-1 的施工标高为＋0.27，取绝对值代入公式 $x=\frac{h_1}{h_1+h_2}\times a$ 中，则

$$x=\frac{0.35}{0.35+0.27}\times 20\ \text{m}=11.29\ \text{m}$$

零点位于距角点 1-1 下方 11.29 m 处(或距角点 1-2 上方 8.71 m 处)。同法可求出其余零点，按零点线

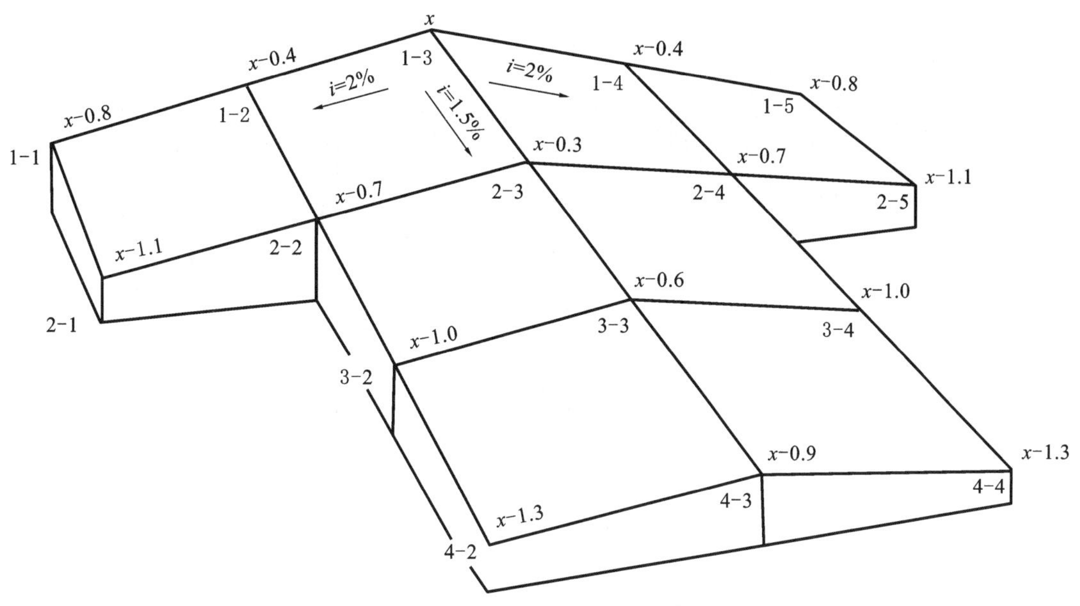


图 1-41 求设计标高立体图

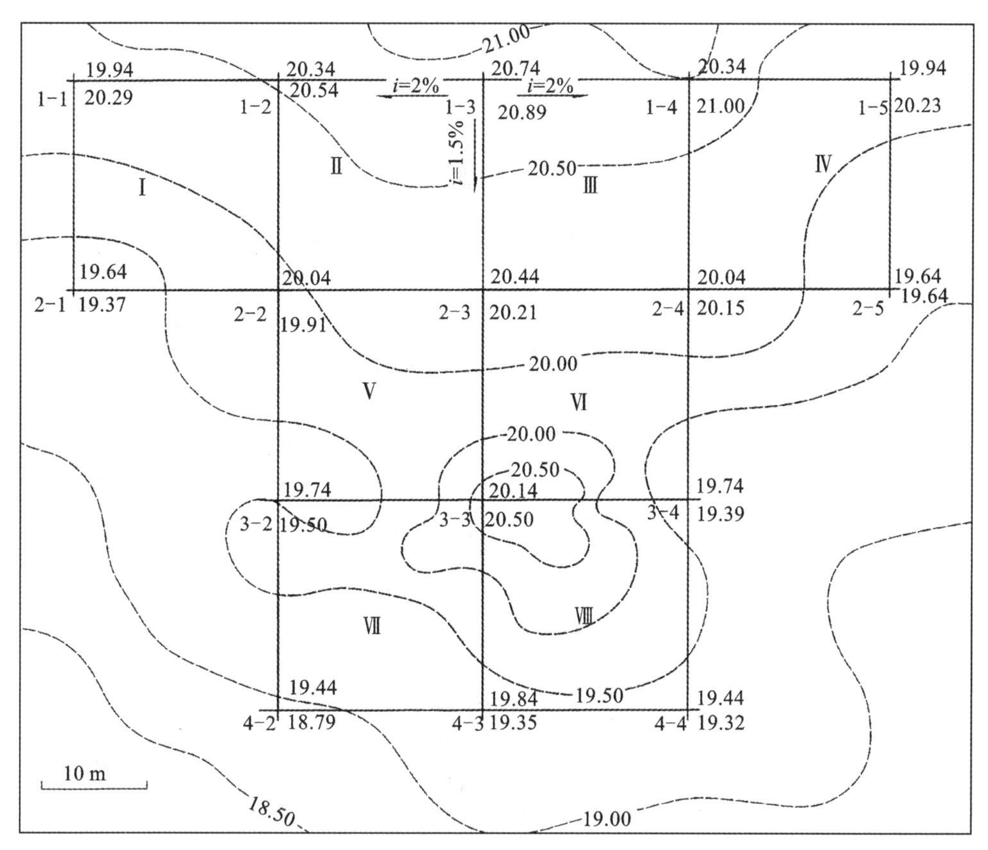


图 1-42 某公园广场方格控制网设计标高

将挖方区和填方区分开，画挖填方分区图，如图 1-43 所示，以便计算其土方工程量。

⑥土方计算。根据表 1-9 中的棱柱体和计算公式，计算图 1-43 中零点线切割的各棱柱体体积。

方格 Ⅳ 的 3 个角点的施工标高值为“－”号，1 个角点的施工标高值为 0，是挖方，则

$$-V_{Ⅳ}=-\frac{a^2\times\sum h}{4}=-\frac{400}{4}\times(0.66+0.29+0.11+0)\ \mathrm{m}^3=-106\ \mathrm{m}^3$$

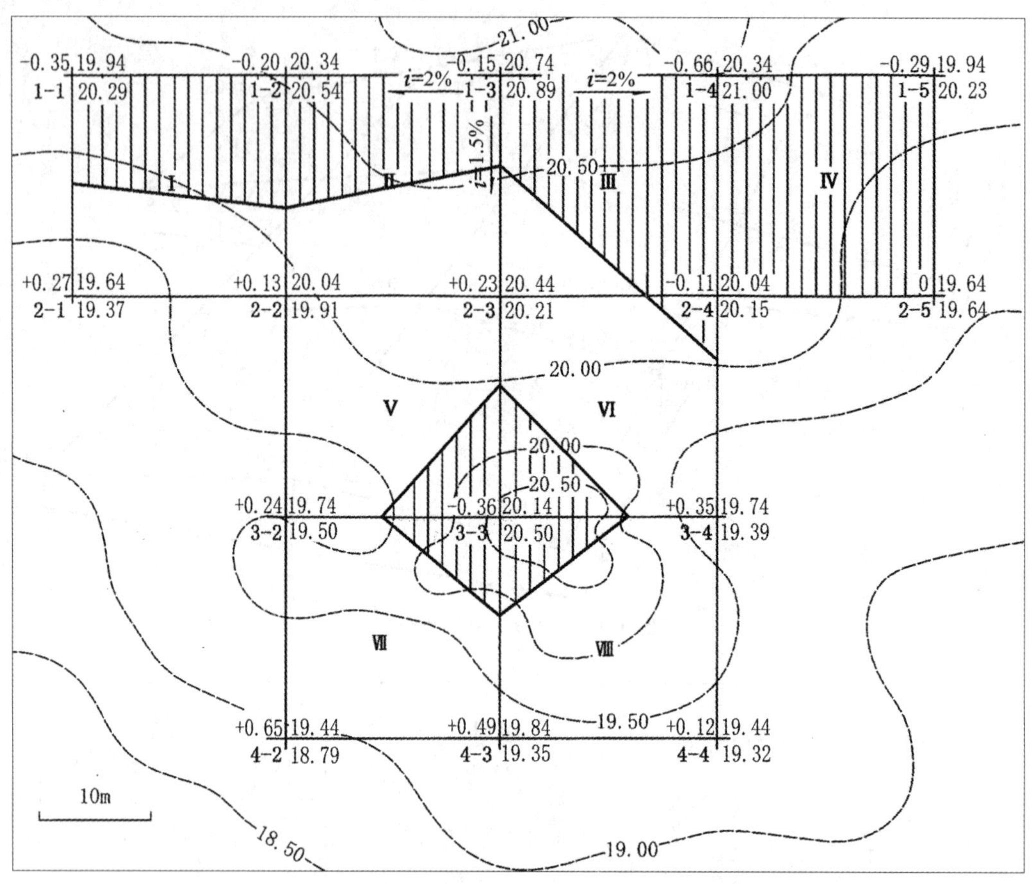


**图 1-43　某公园广场挖填方分区划图**

方格 Ⅰ 中两点为挖方，两点为填方，则

$$-V_{\text{I}}=-\frac{a(b+c)\sum h}{8}=-\frac{20\times(11.29+12.12)\times(0.35+0.20)}{8}\ \text{m}^3=-32.19\ \text{m}^3$$

$$+V_{\text{I}}=+\frac{a(b+c)\sum h}{8}=+\frac{20\times(8.71+7.88)\times(0.27+0.13)}{8}\ \text{m}^3=+16.59\ \text{m}^3$$

依此类推，可将其余各个方格的土方量逐一求出，并将计算结果逐项填入土方量计算表(表 1-10)。

**表 1-10　土方量计算表**

| 方格编号 | 挖方 / $\text{m}^3$ | 填方 / $\text{m}^3$ | 备　注 |
|---|---|---|---|
| $V_{\text{I}}$ | −32.19 | +16.59 | |
| $V_{\text{II}}$ | −17.43 | +18.07 | |
| … | … | … | |
| 总计 | … | … | |

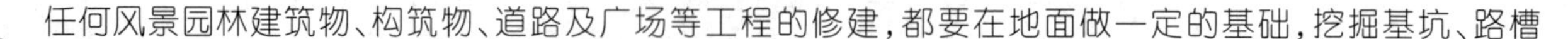

## 1.3 场地土方施工

任何风景园林建筑物、构筑物、道路及广场等工程的修建，都要在地面做一定的基础，挖掘基坑、路槽等，以及风景园林中地形的利用、改造或创造，如挖湖堆山、平整场地都要依靠动土方来完成。土方工程一般来说，在风景园林建设中是一项大工程，而且在建园中又是先行的项目。它完成的速度和质量，直接影响着后续工程，所以它和整个建设工程的进度关系密切。土方工程的投资和工程量一般都很大。有的大工程施工期很长，如上海植物园，由于地势过低，需要普遍垫高，挖湖堆山，动土量近百万方，施工期从 1974 年到 1980 年，断断续续前后达六七年之久。为了使工程能多快好省地完成，必须做好土方工程的设计和施工的安排工作。

## 1.3.1 土方施工基本知识

### 1. 土方工程的种类及其施工要求

土方工程根据其使用期限和施工要求，可分为永久性和临时性两种，但不论是永久性还是临时性的土方工程，都要求具有足够的稳定性和密实度，使工程质量和艺术造型都符合设计的要求。同时在施工中还要遵守有关的技术规范和设计的各项要求，以保证工程的稳定和持久。

### 2. 土的工程分类

土的种类繁多，其分类的方法也很多。在建筑施工中，根据土的开挖难易程度(即硬度系数大小)，将土分为松软土、普通土、坚土、砂砾坚土、软石、次坚石、坚石、特坚石 8 类。前 4 类属一般土，后 4 类属岩石。土的这 8 种分类及开挖方法见表 1-11。由于土的类别不同，单位工程消耗的人工或机械台班不同，因而施工费用就不同，施工方法也不同。因此，正确区分土的种类、类别，对合理选择开挖方法、准确套用定额和计算土方工程费用关系重大。

表 1-11 土的工程分类及开挖方法

| 类别 | 土的名称 | 密度/(kg/m$^3$) | 开挖方法 |
|---|---|---|---|
| Ⅰ类(松软土) | 砂，粉土，冲积砂土层，种植土，泥炭(淤泥) | 600～1500 | 用锹、锄头挖掘 |
| Ⅱ类(普通土) | 粉质黏土，潮湿的黄土，加有碎石、卵石的砂土，种植土等 | 1100～1600 | 用锹、锄头挖掘，少许用镐翻松 |
| Ⅲ类(坚土) | 软及中等密度黏土，重粉质黏土，粗砾石，干黄土及含碎石、卵石的黄土，压实填筑土等 | 1800～1900 | 主要用镐，少许用锹、锄头，部分用撬棍 |
| Ⅳ类(砂砾坚土) | 重黏土及含碎石、卵石的黏土，粗卵石，密实的黄土，天然级配砂土，软泥炭土等 | 1900 | 先用镐、撬棍，然后用锹挖掘，部分用楔子和大锤 |
| Ⅴ类(软石) | 硬石炭纪黏土，中等密实度的页岩，软的石灰岩等 | 1200～2700 | 用镐或撬棍、大锤，部分用爆破 |
| Ⅵ类(次坚石) | 泥岩、砂岩、砾岩、坚实的页岩、泥灰岩等 | 2200～2900 | 用爆破方法，部分用风镐 |
| Ⅶ类(坚石) | 大理岩，粗、中花岗岩，砂岩，石灰岩等 | 2500～2900 | 用爆破方法 |
| Ⅷ类(特坚石) | 安山岩，玄武岩，坚实的细粒花岗岩，石英岩等 | 2700～3300 | 用爆破方法 |

### 3. 土的工程性质

土壤的工程性质与土方工程的稳定性、施工方法、工程量及工程投资有很大关系，也涉及工程设计、施工技术和施工组织的安排。因此，要研究并掌握土壤的一些性质，以下是土壤的几种主要的工程性质：

1）土壤的质量密度

土的质量密度分为天然密度和干密度。

土的天然密度指土在天然状态下单位体积的质量，又称湿密度。它影响土的承载力、土压力及边坡稳定性。土的天然密度 $\rho$ 的公式为

$$\rho = m/V$$

式中：$m$—— 土的总质量，kg；

$V$—— 土的体积，$m^3$。

土的干密度是指单位体积土中固体颗粒的质量，土的干密度越大，表示土越密实。土的干密度在一定程度上反映了土颗粒排列的紧密程度，因而工程上常用它作为填土压实质量的控制指标(表 1-12)。土的干密度 $\rho_d$ 的公式为

$$\rho_d = m_s / V$$

式中：$m_s$—— 土中固体颗粒的质量，kg；

$V$—— 土的体积，$m^3$。

2）土壤的含水量

土壤的含水量是土壤孔隙中的水重和土壤颗粒重的比值。土的含水量表示土的干湿程度，含水量在 5% 以内的土，称为干土；含水量在 5% ～ 30% 的土，称为潮湿土；含水量大于 30% 的土，称为湿土。它对挖土的难易、土方边坡的稳定性及填土压实等均有直接影响，还影响到土壤的稳定性。因此，土方开挖时应采取排水措施。回填土时，应使土的含水量处于最佳含水量的变化范围之内，如表 1-12 所示。

在施工中，通常采用最佳含水量的土。最佳含水量是指能使填土夯实至最密实的含水量。现场判定的方法就是“手握成团，落地开花”。

**表 1-12　土的最佳含水量和干密度参考值**

| 土的种类 | 最佳含水量和干密度参考值 | |
|---|---|---|
| | 最佳含水量 /(%) | 最大干密度 / ($g/cm^3$) |
| 砂土 | 8 ～ 12 | 1.80 ～ 1.88 |
| 粉土 | 16 ～ 22 | 1.61 ～ 1.80 |
| 亚砂土 | 9 ～ 15 | 1.85 ～ 2.08 |
| 亚黏土 | 12 ～ 15 | 1.85 ～ 1.95 |
| 重亚黏土 | 16 ～ 20 | 1.67 ～ 1.79 |
| 粉质亚黏土 | 18 ～ 21 | 1.65 ～ 1.74 |
| 黏土 | 19 ～ 23 | 1.58 ～ 1.70 |

3）土壤的自然倾斜角(安息角)

土壤自然堆积，经沉落稳定后的表面与地平面所形成的夹角(图 1-44)，就是土壤的自然倾斜角，以 $\alpha$ 表示。在工程设计时，为了使工程稳定，其边坡坡度数值应参考相应土壤的自然倾斜角的数值。土壤自然倾斜角还受到其含水量的影响(表 1-13)。

土方工程中不论是挖方还是填方都要求有稳定的边坡。进行土方工程的设计和施工时，应该结合工程本身的要求(如填方或挖方，永久性或临时性)以及当地的具体条件(如土壤的种类及分层情况、压力情况等)，使挖方或填方的坡度合乎技术规范的要求，如情况在规范之外，则需进行实地测试来决定。

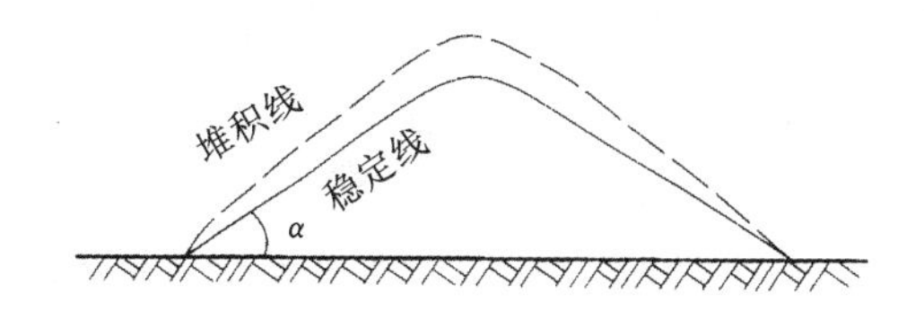


图 1-44　土壤自然倾斜角 α 示意

表 1-13　土壤的自然倾斜角

| 土壤名称 | 土壤含水量 | | | 土壤颗粒尺寸/mm |
|---|---|---|---|---|
| | 干的 | 潮的 | 湿的 | |
| 砾石 | 40° | 40° | 35° | 2～20 |
| 卵石 | 35° | 45° | 25° | 20～200 |
| 粗砂 | 30° | 32° | 27° | 1～2 |
| 中砂 | 28° | 35° | 25° | 0.5～1 |
| 细砂 | 25° | 30° | 20° | 0.05～0.5 |
| 黏土 | 45° | 35° | 15° | 0.001～0.005 |
| 壤土 | 50° | 40° | 30° | |
| 腐殖土 | 40° | 35° | 25° | |

4）土壤的可松性

土壤的可松性是指自然状态下的土壤经开挖后，其原有紧密结构遭到破坏，土体松散而使体积增加，虽经回填夯实，仍不能完全恢复到原状态土的体积。这一性质与土方工程的挖土和填土量的计算以及运输等都有很大关系。土的可松性程度一般用土的可松性系数表示。

最初可松性系数 $K_s$

$$K_s = V_{松散} / V_{原状}$$

最终可松性系数 $K_s'$

$$K_s' = V_{压实} / V_{原状}$$

式中：$V_{原状}$ —— 土在自然状态下的体积，$m^3$；

$V_{松散}$ —— 土经开挖后松散状态下的体积，$m^3$；

$V_{压实}$ —— 土经压(夯)实后的体积，$m^3$。

土的可松性系数对确定场地设计标高、土方量的平衡调配、计算运土机具的数量和弃土量及填土所需挖方体积等影响很大。各类土的可松性系数见表 1-14。

表 1-14　各类土的可松性系数

| 土的类别 | 体积增加百分率/(%) | | 可松性系数 | |
|---|---|---|---|---|
| | 最初 | 最终 | $K_s$ | $K_s'$ |
| 一类(种植土除外) | 8～17 | 1～2.5 | 1.08～1.17 | 1.01～1.03 |
| 一类(种植土、泥炭) | 20～30 | 3～4 | 1.20～1.30 | 1.03～1.04 |
| 二类 | 14～28 | 1.5～5 | 1.14～1.25 | 1.02～1.05 |
| 三类 | 24～30 | 4～7 | 1.24～1.30 | 1.04～1.07 |
| 四类(泥灰岩、蛋白石除外) | 26～32 | 6～9 | 1.26～1.32 | 1.06～1.09 |
| 四类(泥灰岩、蛋白石) | 33～37 | 11～15 | 1.33～1.37 | 1.11～1.15 |
| 五类至七类 | 30～45 | 10～20 | 1.30～1.45 | 1.10～1.20 |
| 八类 | 45～50 | 20～30 | 1.45～1.50 | 1.20～1.30 |

【例】 如果要开挖体积为 100 $m^3$ 的基坑，开挖后用运输能力为 2.5 $m^3$ 的汽车外运，土的可松性系数 $K_s=1.12$，问所挖土方全部外运一共要运多少车？

解：土的天然体积 $V_{原状}=100\ m^3$

开挖后土的松散体积 $V_{松散}=K_sV_{原状}=1.12\times100\ m^3=112\ m^3$

运松散土的车数 $n=V_{松散}\div2.5=112\div2.5=44.8$

一共要运 45 车。

【例】 上例中如果基坑开挖后，进行基础垫层和基础的施工，其所占体积为 50 $m^3$，问需要留多少土方回填(以天然状态土计算)？其余土方外运，余土要运多少车？$K_s'=1.05$，$K_s=1.12$。

解：需要回填土的体积 $V_{压实}=(100-50)\ m^3=50m^3$

需要预留回填土方量(天然土) $V_{原状}=V_{压实}/K_s'=50/1.05\ m^3=47.62\ m^3$

多余天然土的体积： $V_{余}=(100-47.62)\ m^3=52.38\ m^3$

运输土的车数： $n=52.38\times1.12/2.5=23.47$

一共要运 24 车。

注：正常施工时，回填土要求回填夯实，所以需要的回填土的体积即为回填夯实后的体积。

## 1.3.2 土方施工准备工作

在风景园林工程建设施工中，由于土方工程是一项比较艰巨的工作，所以准备工作和组织工作不仅应该先行，而且要做到周全仔细，否则因为场地大或施工点分散，容易造成窝工甚至返工而影响工效。准备工作主要包括清理场地、排水、定点放线 3 个步骤。

### 1. 清理场地

在施工地范围内，凡有碍工程的开展或影响工程稳定的地面物或地下物都应该清理，例如不需要保留的树木、废旧建筑物或地下构筑物等。

①伐除树木。凡土方开挖深度大于 50 cm，或填方高度较小的土方施工，现场及排水沟中的树木必须连根拔除，清理树墩。直径在 50 cm 以上的大树应慎之又慎，凡能保留者尽量设法保留。因为老树大树，特别难得。

②建筑物和地下构筑物的拆除，应根据其结构特点进行，并遵循建筑工程安全技术规范的规定。

③如果施工场地内的地面下或水下发现有管线通过或其他异常物体时，应事先请有关部门协同查清，未查清前，不可动工，以免发生危险或造成其他损失。

### 2. 排水

场地积水不仅不便于施工，而且也影响工程质量，因此在施工之前，应设法将施工场地范围内的积水或过高的地下水排走。

①排除地面积水。在施工之前，根据施工区地形特点，在场地周围挖好排水沟(在山地施工为防山洪，在山坡上应做截洪沟)，使场地内排水通畅，而且场外的水也不致流入。

②地下水的排除。排除地下水方法很多，但多采用明沟将水引至集水井(图 1-45)，并用水泵排出。一般按排水面积和地下水位的高低来安排排水系统，先定出主干渠和集水井的位置，再定支渠的位置和数目。土壤含水量大的、要求排水迅速的，支渠分布应密些，其间距约 1.5 m；反之可疏些。在挖湖施工中应先挖排水沟，排水沟应深于水体挖深。沟可一次挖掘到底，也可以依施工情况分层下挖(图 1-46)，采用哪种方式可根据出土方向决定。

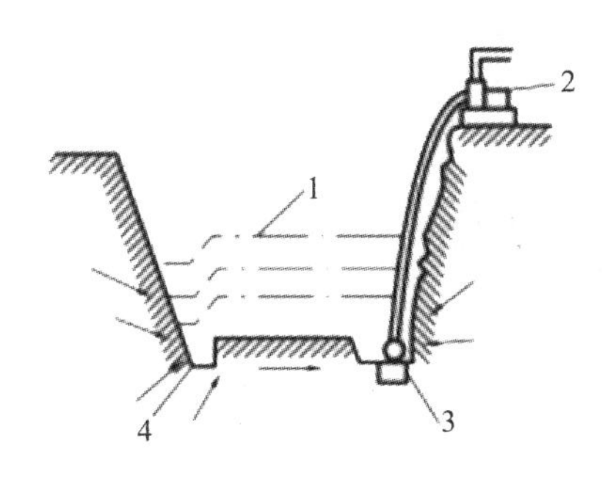


图 1-45　集水井降水

1— 基坑；2— 水泵；3— 集水井；4— 排水沟

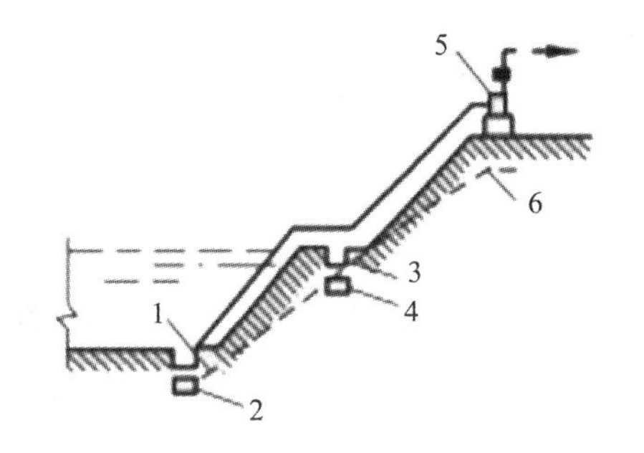


图 1-46　分层明沟排水法

1— 底层排水沟；2— 底层集水井；3— 二层排水沟；4— 二层集水井；5— 水泵；6— 水位降低线

### 3. 定点放线

在清场之后，为了确定施工范围及挖土或填土的标高，应按设计图纸的要求，用测量仪器在施工现场进行定点放线工作。这一步工作很重要，为使施工充分表达设计意图，测设时应尽量精确。

①平整场地的放线。用经纬仪将图纸上的方格测设到地面上，并在每个交点处立桩木，边界上的桩木依图纸要求设置。桩木的规格及标记方法：侧面平滑，下端削尖，以便打入土中，桩上应标示出桩号（施工图上方格网的编号）和施工标高，如图 1-47 所示。

②自然地形的放线。挖湖堆山，首先确定堆山或挖湖的边界线，但将这样的自然地形放到地面上去是较难的。特别是在缺乏永久性地面物的空旷地上，在这种情况下应先在施工图上画方格网，再把方格网放到地面上，而后将设计地形等高线和方格网的交点一一标到地面上并打桩（图 1-48），桩木上也要标明桩号及施工标高。堆山时由于土层不断升高，桩木可能被土埋没，所以桩的长度应大于每层的标高，不同层可用不同颜色标示，以便识别。另一种方法是分层放线、分层设置标高桩，这种方法适用于较高的山体（图 1-49）。

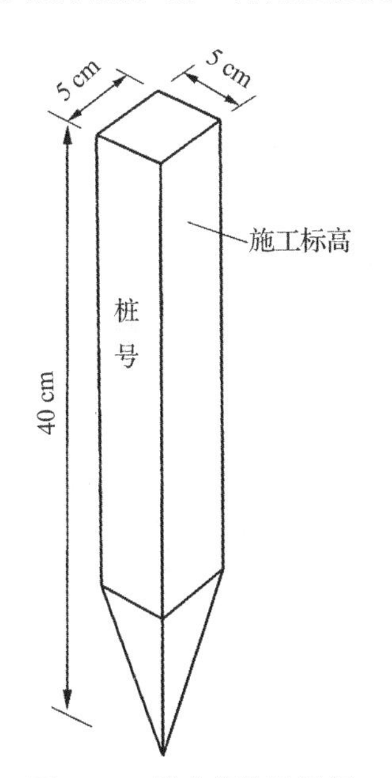


图 1-47　桩木规格及标记

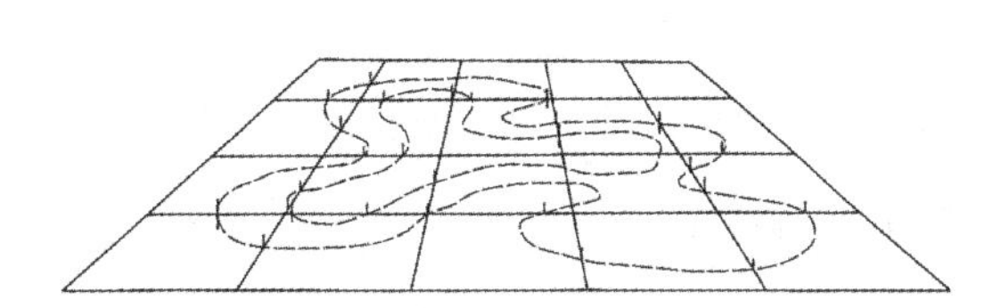

图 1-48　设计等高线和方格网交点打桩示意图

挖湖工程的放线工作和山体的放线基本相同，但由于水体挖深一般较一致，而且池底常年隐没在水下，放线可以粗放些，但水体底部应尽可能整平，不留土墩，这对养鱼、捕鱼有利。岸线和岸坡的定点放线应该准确，这不仅因为它是水上部分而影响造景，而且和水体岸坡的稳定有很大关系。为了精确施工，可以用边坡样板（图 1-50）来控制边坡坡度。

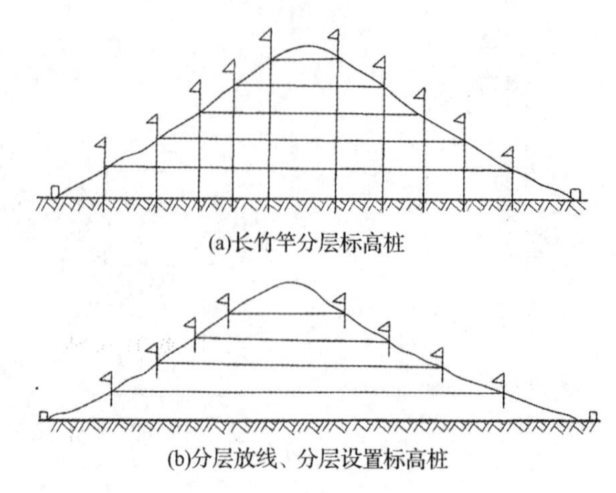

(a)长竹竿分层标高桩

(b)分层放线、分层设置标高桩

**图 1-49　土山标高桩**

开挖沟槽时，用打桩放线的方法，在施工中桩木容易被移动甚至被破坏，从而影响了校核工作。所以，应使用龙门板(图 1-51)。龙门板的构造简单，使用也很方便。每隔 30～100 m 设龙门板一块，其间距视沟渠纵坡的变化情况而定。板上应标明沟渠中心线位置，沟上口、沟底的宽度等。板上还要设坡度板，用坡度板来控制沟渠纵坡。

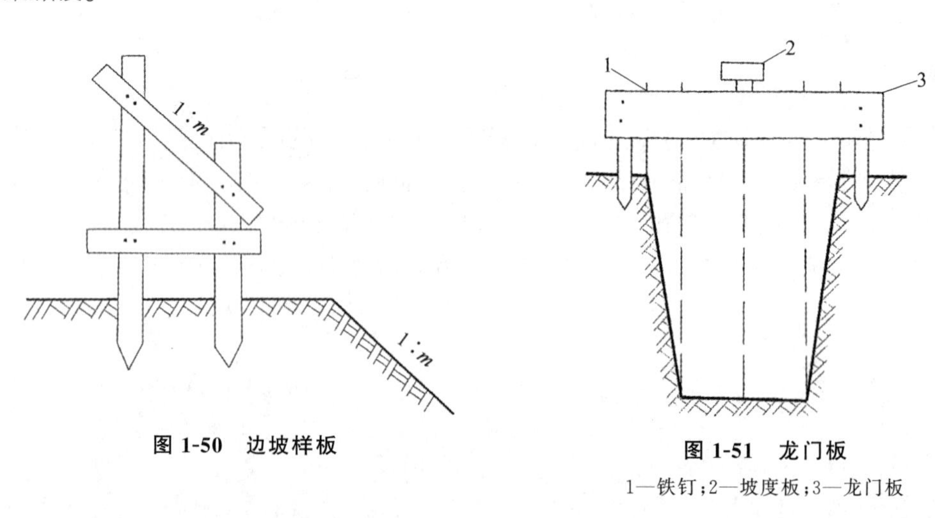


**图 1-50　边坡样板**

**图 1-51　龙门板**

1—铁钉；2—坡度板；3—龙门板

## 1.3.3　土方施工方法

土方工程施工包括挖、运、填、压 4 个内容。其施工方法可采用人力施工，也可用机械化或半机械化施工。这要根据场地条件、工程量和当地施工条件决定。在规模较大、土方较集中的工程中，采用机械化施工较经济；但对工程量不大、施工点较分散的工程，或因受场地限制，不便于采用机械施工的地段，应用人力施工或半机械化施工。以下按上述 4 个内容简单介绍。

### 1. 常见施工机械

1）推土机

推土机是土方工程施工的主要机械之一，是在履带式拖拉机上安装推土铲刀等工作装置而成的机械。按铲刀的操纵机构不同，分为索式和液压式推土机两种。索式推土机的铲刀借本身自重切入土中，在硬土中切土深度较小。液压式推土机由于用液压操纵，能使铲刀强制切入土中，切入深度较大。同时，液压式推土机铲刀还可以调整角度，具有更大的灵活性，是目前常用的一种推土机，如图 1-52 所示。

推土机操纵灵活，运转方便，所需工作面较小，行驶速度快，易于转移，能爬 30°左右的缓坡，因此应用范围较广。适用于开挖一至三类土。多用于挖土深度不大的场地平整，开挖深度不大于 1.5 m 的基坑，回填基坑和沟槽，堆筑高度在 1.5 m 以内的路基、堤坝，平整其他机械卸置的土堆；推送松散的硬土、岩石和冻土，配合铲运机进行助铲；配合挖土机施工，为挖土机清理余土和创造工作面。此外，将铲刀卸下后，还能牵引其他无动力的土方施工机械，如拖式铲运机、松土机、羊足碾等，进行土方其他施工过程的施工。推土机的运距宜在 100 m 以内，效率最高的推运距离为 40～60 m。

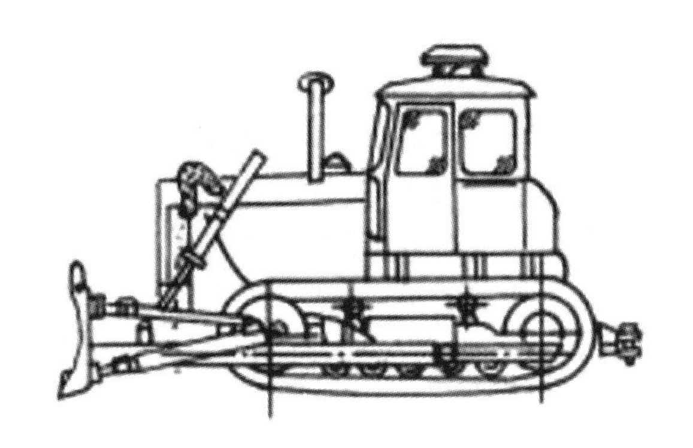

图 1-52　液压式推土机外形图

2）铲运机

铲运机是一种能够独立完成铲土、运土、卸土、填筑、整平的土方机械。按行走机构可分为拖式铲运机（图 1-53）和自行式铲运机两种（图 1-54）。拖式铲运机由拖拉机牵引，自行式铲运机的行驶和作业都靠本身的动力设备。

图 1-53　拖式铲运机外形图

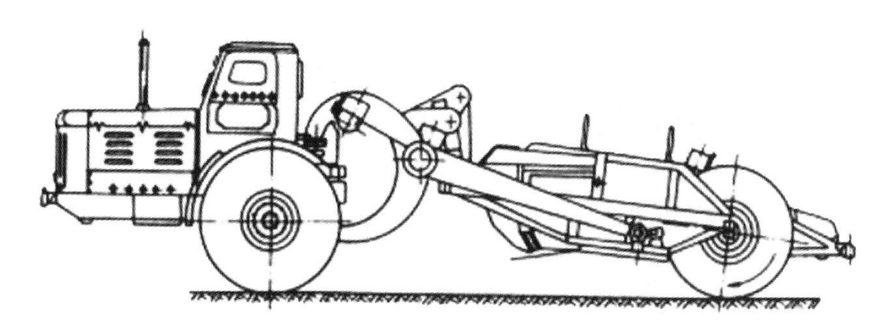

图 1-54　自行式铲运机外形图

铲运机的工作装置是铲斗，铲斗前方有一个能开启的斗门，铲斗前设有切土刀片。切土时，铲斗门打开，铲斗下降，刀片切入土中。铲运机前进时，被切入的土挤入铲斗；铲斗装满土后，提起铲斗，放下斗门，将土运至卸土地点。

铲运机对行驶的道路要求较低，操纵灵活，生产率较高。可在一至三类土中直接挖、运土，常用于坡度在20°以内的大面积土方挖、填、平整和压实，大型基坑、沟槽的开挖，路基和堤坝的填筑。不适于砾石层、冻土地带及沼泽地区使用。坚硬土开挖时要用推土机助铲或用松土机配合。

在土方工程中，常使用的铲运机的铲斗容量为2.5～8 $m^3$。自行式铲运机适用于运距为800～3500 m的大型土方工程施工，以运距在800～1500 m的范围内的生产效率最高；拖式铲运机适用于运距为80～800 m的土方工程施工，而运距在200～350 m时效率最高。运距越长，生产率越低，因此，在规划铲运机的运行路线时，应力求符合经济运距的要求。

3）单斗挖土机

单斗挖土机是基坑（槽）土方开挖常用的一种机械，按其行走装置的不同，分为履带式和轮胎式两类。根据工作需要，其工作装置可以更换。依其工作装置的不同，分为正铲、反铲、拉铲和抓铲4种（图1-55）。

①正铲挖土机。正铲挖土机的挖土特点是：前进向上，强制切土。它适用于开挖停机面以上的一至三类土，且需与运土汽车配合完成整个挖运任务，其挖掘力大、生产率高。开挖大型基坑时需设坡道，挖土机在坑内作业，因此适宜在土质较好、无地下水的地区工作。当地下水位较高时，应采取降低地下水位的措施，把基坑土疏干。

②反铲挖土机。反铲挖土机的挖土特点是：后退向下，强制切土。其挖掘力比正铲小，能开挖停机面以下的一至三类土（机械传动反铲挖土机只宜挖一至二类土）。不需设置进出口通道，适用于一次开挖深度在4 m左右的基坑、基槽、管沟，亦可用于地下水位较高的土方开挖。在深基坑开挖中，依靠止水挡土结构或井点降水，反铲挖土机通过下坡道，采用台阶式接力方式挖土也是常用方法。反铲挖土机可以与自卸汽车配合，装土运走，也可弃土于坑槽附近。

③拉铲挖土机。拉铲挖土机的土斗用钢丝绳悬挂在挖土机长臂上，挖土时土斗在自重作用下落到地面切入土中。其挖土特点是：后退向下，自重切土。其挖土深度和挖土半径均较大，能开挖停机面以下的一至二类土，但不如反铲挖土机动作灵活准确。适用于开挖较深较大的基坑（槽）、沟渠，挖取水中泥土以及填筑路基、修筑堤坝等。

④抓铲挖土机。机械传动抓铲挖土机是在挖土机臂端用钢丝绳吊装一个抓斗。其挖土特点是：直上直下，自重切土。其挖掘力较小，能开挖停机面以下的一至二类土。适用于开挖软土地基基坑，特别是窄而深的基坑、深槽、深井；抓铲挖土机还可用于疏通旧有渠道以及挖取水中淤泥等，或用于装卸碎石、矿渣等松散材料。抓铲挖土机也有采用液压传动操纵抓斗作业，其挖掘力和精度优于机械传动抓铲挖土机。

⑤挖土机和运土车辆配套的选型。基坑开挖采用单斗（反铲等）挖土机施工时，需与运土车辆配合，将挖出的土随时运走。因此，挖土机的生产率不仅取决于其本身的技术性能，还应与所选运土车辆的运土能力相协调。为使挖土机充分发挥生产能力，应配备足够数量的运土车辆，以保证挖土机连续工作。

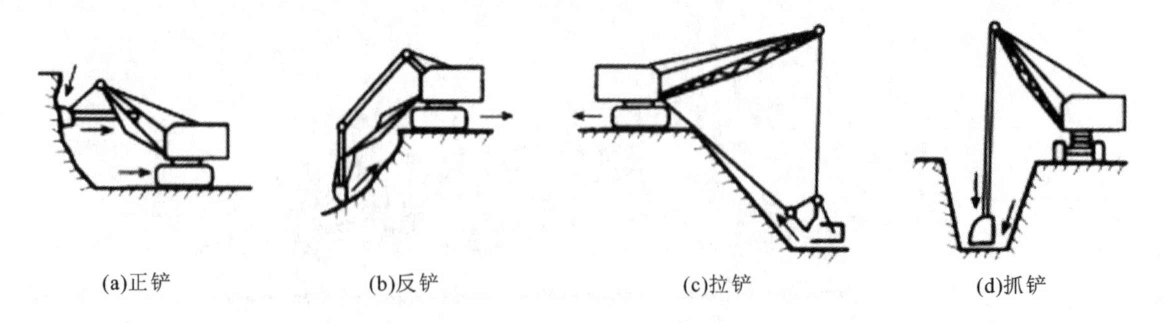


**图1-55　单斗挖土机的类型**

4）碾压机械

①平碾，又称光碾压路机（图1-56），是一种以内燃机为动力的自行式压路机。按重力等级分为轻型、中

型和重型 3 种,适于压实砂类土和黏性土,适用土类范围较广。轻型平碾压实土层的厚度不大,但土层上部变得较密实。当用轻型平碾初碾后,再用重型平碾碾压松土,就会取得较好效果。如直接用重型平碾碾压松土,则由于强烈的起伏现象,其碾压效果较差。

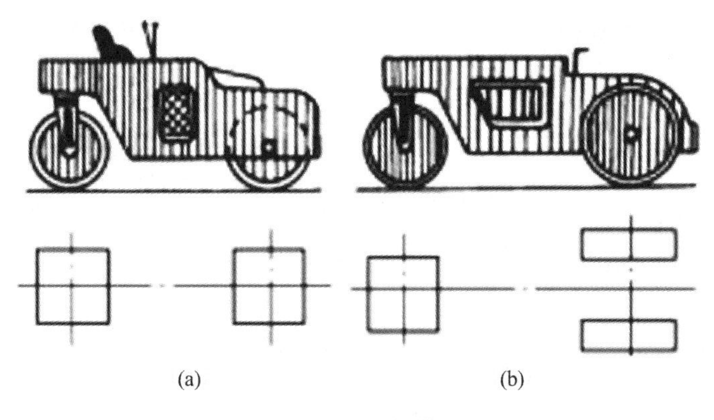


图 1-56 平碾

②羊足碾(图 1-57),一般无动力而靠拖拉机牵引,有单筒和双筒两种。根据碾压要求,又可分为空筒及装砂、注水 3 种。羊足碾虽然与土接触面积小,但单位面积的压力比较大,土的压实效果好。羊足碾只能用来压实黏性土。

图 1-57 羊足碾

③气胎碾,又称轮胎压路机(图 1-58)。它的前后轮分别密排着 4 个、5 个轮胎,既是行驶轮,也是碾压轮。由于轮胎弹性大,在压实过程中,土与轮胎都会发生变形,而随着几遍碾压后铺土密实度的提高,沉陷量逐渐减少,因而轮胎与土的接触面积逐渐缩小,但接触应力则逐渐增大,最后使土料得到压实。由于在工作时是弹性体,其压力均匀,填土压实质量较好。

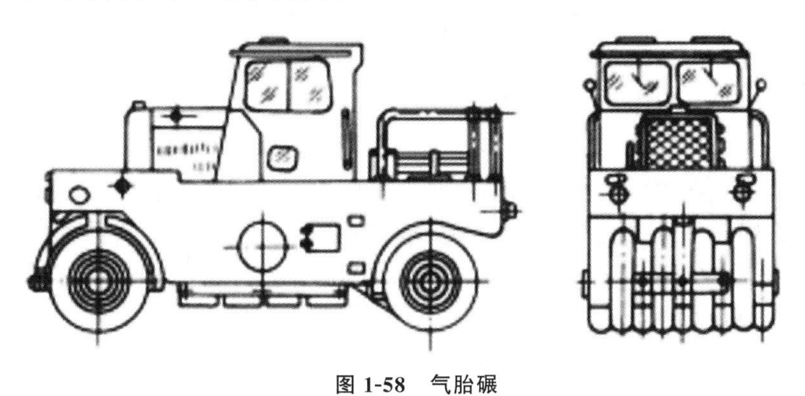

图 1-58 气胎碾

## 2. 土方的挖掘

1)人力施工

人力施工适用于一般园林小型建筑、构筑物的基坑,以及小溪流和假植沟、带状种植沟和小范围整地的挖方工程。

①施工工具:主要是锹、镐、钢钎等。

②施工流程:确定开挖顺序—确定开挖边界和深度—分层开挖—修整边缘部位—清底。

③施工注意事项:人力施工不但要组织好劳动力,而且要注意安全和保证工程质量。

a. 施工者要有足够的工作面,一般平均每人应有 4~6 $m^2$。

b. 开挖土方附近不得有重物及易坍落物。

c. 在挖土过程中,随时注意观察土质情况,要有合理的边坡,必须垂直下挖者,松软土不得超过 0.7 m,中等密度者不超过 1.25 m,坚硬土不超过 2 m,超过以上数值的须设支承板或保留符合规定的边坡。

d. 挖方工人不得在土壁下向里挖土,以防坍塌。

e. 在坡上或坡顶施工者,要注意坡下情况,不得向坡下滚落重物。

f. 施工过程中注意保护基桩、龙门板或标高桩。

2)机械施工

主要施工机械有推土机、挖土机等。在园林施工中推土机应用较广泛,例如,在挖掘水体时,以推土机推挖,将土推至水体四周,再行运走或堆置地形,最后岸坡用人工修整。

用推土机挖湖堆山,效率较高,但应注意以下几个方面:

①推土前应识图或了解施工对象的情况。在动工之前应向推土机司机介绍拟施工地段的地形情况及设计地形的特点,最好结合模型,使之一目了然。另外施工前还要了解实地定点放线情况,如桩位、施工标高等。这样施工起来司机心中有数,推土铲就像他手中的雕塑刀,能得心应手地按照设计意图去塑造地形。这一点与提高施工效率有很大关系,这一步工作做得好,在修饰山体(或水体)时便可以省去许多劳力物力。

②注意保护表土。在挖湖堆山时,先用推土机将施工地段的表层熟土(耕作层)推到施工场地外围,待地形整理停当,再把表土铺回来。这样做较麻烦费工,但对公园的植物生长却有很大的好处,有条件之处应该这样做。

③桩点和施工放线要明显。推土机施工进进退退,其活动范围较大,施工地面高低不平,加上进车或退车时司机视线存在某些死角,所以桩木和施工放线很容易受破坏。为了解决这一问题,应加高桩木的高度,桩木上可做醒目标志(如挂小彩旗或在桩木上涂明亮的颜色),以引起施工人员的注意。施工期间,施工人员应该经常到现场,随时随地用测量仪器检查桩点和放线情况,掌握全局,以免挖错(或堆错)位置。

## 3. 土方的运输

一般竖向设计都力求土方就地平衡,以减少土方的搬运量。土方运输是较艰巨的劳动,人工运土一般都是短途的小搬运。车运人挑,这在有些局部或小型施工中还经常采用。运输距离较长的,最好使用机械或半机械化运输。不论是车运人挑,运输路线的组织很重要,卸土地点要明确,施工人员随时指点,避免混乱和窝工。如果使用外来土垫地堆山,运土车辆应设专人指挥,卸土的位置要准确,否则乱堆乱卸,必然会给下一步施工增加许多不必要的小搬运,从而浪费了人力物力。

## 4. 土方的填筑

填土应该满足工程的质量要求,土壤的质量要根据填方的用途和要求加以选择。在绿化地段土壤应满足种植植物的要求,而作为建筑用地则以要求将来地基的稳定为原则。利用外来土垫地堆山,对土质应检定放行，劣土及受污染的土壤不应放入园内，以免将来影响植物的生长和妨害游人健康。

①大面积填方应分层填筑，一般每层 20～50 cm，有条件的应层层压实。

②在斜坡上填土，为防止新填土方滑落，应先把土坡挖成台阶状，然后再填方，这样可保证新填土方的稳定。

③挚土或挑土堆山，土方的运输路线和下卸，应以设计的山头为中心并结合来土方向进行安排（图 1-59）。一般以环形线为宜，车辆或人挑满载上山，土卸在路两侧，空载的车（人）沿路线继续前行下山，车（人）不走回头路，不交叉穿行，所以不会顶流拥挤。随着卸土，山势逐渐升高，运土路线也随之升高，这样既组织了人流，又使土山分层上升，部分土方边卸边压实，这不仅有利于山体的稳定，山体表面也较自然。如果土源有几个来向，运土路线可根据设计地形特点安排几个小环路，小环路以人流车辆不相互干扰为原则。

图 1-59 土方运输与下卸路线

## 5. 土方的压实

在压实过程中应注意以下几点：

①压实工作必须分层进行。

②压实工作要注意均匀。

③压实松土时夯压工具应先轻后重。

④压实工作应自边缘开始逐渐向中间收拢，否则边缘土方外挤易引起坍落。

填方每层的铺土厚度和压实遍数如表 1-15 所示。

表 1-15 填方每层的铺土厚度和压实遍数

| 压实机具 | 每层铺土厚度/mm | 每层压实遍数/遍 |
|---|---|---|
| 平碾 | 200～300 | 6～8 |
| 羊足碾 | 200～350 | 8～16 |
| 蛙式打夯机 | 200～250 | 3～4 |
| 推土机 | 200～300 | 6～8 |
| 拖拉机 | 200～300 | 8～16 |
| 人工打夯 | 不大于 200 | 3～4 |

注：人工打夯时，土块粒径不应大于 5 cm。

利用运土工具压实填方时，每层填土的最大厚度如表 1-16 所示。

表 1-16　利用运土工具压实填方时，每层填土的最大厚度

| 填土方法和采用的运土工具 | 土壤名称 | | |
|---|---|---|---|
| | 粉质黏土和黏土 | 亚砂土 | 砂土 |
| 窄轨和宽轨火车、拖拉机拖车和其他填土方法并用机械平土 | 0.7 | 1.0 | 1.5 |
| 汽车和轮式铲运机 | 0.5 | 0.8 | 1.2 |
| 人推小车和马车运土 | 0.3 | 0.6 | 1.0 |

注：表中土的最大密度应以现场实际达到的数字为准。

土方工程，施工面较宽，工程量大，施工组织工作很重要，大规模的工程应根据施工力量和条件决定，工程可全面铺开，也可以分区分期进行。施工现场要有人指挥调度，各项工作要有专人负责，以确保工程按期、按计划高质量地完成。

# 第2章

# 风景园林给排水工程

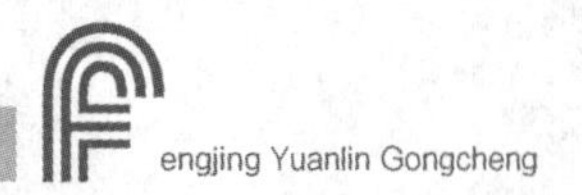


风景园林给排水工程即建设园林内部给水系统和排水系统的工程，是以室外配置的完善的管渠系统为主，包括风景园林景观区内部生活用水与排水系统、水景工程给排水系统、景区灌溉系统、生活污水系统和雨水排放系统等内容，同时也包括景区的水体、堤坝、水闸等附属项目，是城市给排水工程的一个重要组成部分，也是保证园林绿地实现其功能和效益的重要基础设施。

# 2.1 风景园林给水工程

## 2.1.1 风景园林给水工程概述

### 1. 风景园林用水的类型及要求

风景园林用水类型根据使用情况主要分为以下几个方面：

（1）生活用水：生活用水是指如餐厅、茶室、消毒饮水器及卫生设备等的用水。生活饮用水对水质要求较高，必须经过严格的净化和消毒，符合国家颁布的水质标准才可投入使用。

（2）生产用水：生产用水是指如植物养护、动物养殖及广场道路的喷洒等的用水。生产用水需求量较大，但对水质要求不高，有时可直接从园内或附近的河湖、池塘中抽取。

（3）造景用水：造景用水指各种水景如溪涧、湖池、喷泉、瀑布、跌水等的用水，对水质的要求与养护用水基本相同，通常采用循环供水。

（4）消防用水：公园中的古建筑或主要建筑物的周围应设置消防栓。消防用水是为防火而设置，因此对水压有一定的要求。

（5）游乐用水：游乐用水是指戏水池、游泳池、划水池等设施的用水。游乐设施的用水量较大，且水质要求也比较高。

园林中除生活用水外，其他方面用水的水质要求可以根据情况适当降低。例如无害于植物、不污染环境的水可用于植物灌溉和水景用水。大型喷泉、瀑布用水量较大时，可考虑循环使用。为节省管网投资，消防用水可与生活用水系统综合考虑，进行科学布设。对于一些著名古建筑应设立专用消防给水管道。近几年，我国许多地区采用经处理的生活污水即中水进行园林灌溉和作为水景用水。

总之，园林给水工程的任务就是要考虑如何经济合理、安全可靠地满足用水的要求。

### 2. 风景园林给水的特点和方式

#### 1）风景园林用水特点

风景园林用水情况受使用者、使用时间、场地地形等多方面因素的影响，其特点主要有以下几个方面：

（1）生活用水量相对较少，其他类型的用水量较多，针对不同水质分别利用。

（2）园林内多数功能点不是密集布置的，因此园林中用水点较分散。

（3）各用水点分布于起伏的地形上，高程变化大，所要求的水头即水压也不同。

（4）用水高峰时段可以错开。园林中灌溉用水、娱乐用水、造景用水等的使用时间都可以自由确定，不会出现用水高峰。

（5）饮用水（沏茶用水）的水质要求较高，以水质好的山泉最佳。

2)给水方式

根据给水性质和给水系统构成的不同,可将风景园林给水分成三种方式:

(1)从属式:处于城市给水管网辐射范围内的城市公园或绿地可直接从城市给水管网引水用于各种用水类型。风景园林给水系统是城市给水系统的组成部分,称为从属式的给水方式。

(2)独立式:园林绿地或风景区周围没有城市给水管网,需通过取水、净水和输水等工程措施自行建立完备的供水系统,称之为独立式给水方式。

(3)复合式:在城市给水管网通过的地区,同时还有地下或地表水资源可以开采,可以引用城市给水用于生活用水,而其他对水质要求较低的用水可自地表、地下取水,用物理和生物等方法净水,从而可以大大节约水务投资和管理费用。

总之,在选择给水方式时应根据场地的具体使用情况进行合理的选择。

## 2.1.2 风景园林给水的水源与水质

### 1. 水源

1)水源的分类与特点

水源主要分为地表水、地下水和自来水三种类型。

(1)地表水:来源于大气降水,包括江、河、湖水。地表水易受周围环境污染,浑浊度一般较高,细菌含量大,水质较差。但地表水水量充沛,取用较方便。因此地表水如比较清洁或受污染较轻可直接用于植物养护或水景用水。而作为生活用水则需净化消毒处理。

(2)地下水:由大气降水渗入地层,或者河水通过河床渗入地下而形成的水源。地下水一般水质澄清、无色无味、水温稳定、分布面广,不易受到污染,水质较好。通常可直接使用,即使用作生活用水也仅需做一些必要的消毒,不再净化处理。

(3)自来水。城市给水管网中的水已经过净化消毒,一般能满足各类用水对水质的要求。自来水中的余氯若浓度较高,则需放置 2 至 3 天再用于植物养护。

2)水源的选择原则

合理地选择水源有助于水资源的利用和管理。在选择时需注意以下方面:

(1)园林中的生活用水要优先选用城市给水系统提供的水源,其次则主要应选用地下水。地下水的优先选择次序为泉水、浅层水、深层水。

(2)造景用水、植物栽培用水等,应优先选用河流、湖泊中符合地表水环境质量标准的水层。

(3)各景区内,当必须筑坝蓄水作为水源时,应尽可能结合水力发电、防洪、林地灌溉及园艺生产等多方面的用水需要进行综合考虑。

(4)在水资源比较缺乏的地区,园林中的生活用水使用过后,可收集起来,经过初步净化处理,再作为苗圃、林地等灌溉所用的二次水源,可以大大节约水务投资和管理费用。

(5)各项园林用水水源,都要符合相应的水质标准。

(6)在地方性甲状腺肿地区及高氟地区,应选用含碘氟量适宜的水源。

### 2. 水质

1)水质的类型

水质的类型根据使用范围主要分为生活用水、养护用水、造景用水和消防用水。

(1)生活用水:须经过严格净化消毒,水质应无色、无臭、无味、不浑浊、无有害物质,特别是不含传染病菌,须符合国家颁布的《生活饮用水卫生标准》的规定。

(2)养护用水:对水质要求相对较低,只要无害于动植物,不污染环境且满足设备要求即可。

(3)造景用水:依据地表水水域环境功能和保护目标划分为 5 类。Ⅰ～Ⅲ类水质适用于各种水景要求,如儿童戏水池、游泳区、喷泉等。Ⅳ类水质适用于人体非直接接触的水景用水。Ⅴ类水质较差,主要适用于一般景观要求水域。

(4)消防用水:备用水源,对水质无特殊要求,允许使用有一定污染的水。备用的消防水池应定期维护,保持一定的水量和水质,以备不时之需。

2)净化水的方法

水必须经过净化处理后才能作为生活饮用水使用。净化水的基本方法包括混凝沉淀(澄清)、过滤(砂滤)和消毒三个步骤。

## 2.1.3 给水管网的布置与计算

给水系统主要由三部分组成:一是取水工程,选择水源和取水地点,建造适宜的取水构筑物,保证用水量;二是净水工程,对天然水质进行处理,以满足用水水质标准;三是输配水工程,将足够的水量输送和分配到各用水地点,且保证水压和水质。此外,还包括输水管道、配水管道、泵站以及水塔、水池等调节构筑物。

### 1. 给水管网的基本布置形式

给水管网的基本布置形式主要有树枝状管网和环状管网(图 2-1)两种。

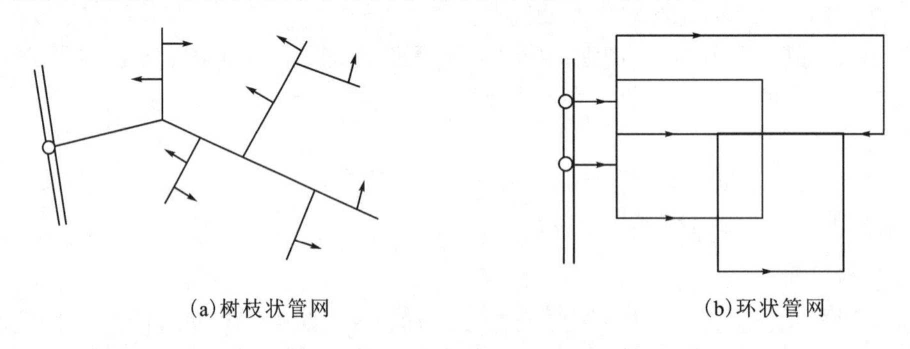

(a)树枝状管网　　(b)环状管网

图 2-1　给水管网的基本布置形式

1)树枝状管网

树枝状管网是指从引水点至用水点的管线布置呈树枝状,管径随用水点的减少而逐步变小。它适合于用水点较分散的情况,对分期发展的景观场地有利。

树枝状管网优点是构造简单,造价低,管线长度短;缺点在于其供水的安全可靠性差,并且在树状网末端,因用水量小,管中水流缓慢,甚至停流,致使水质容易变坏,易出现浑浊水和红水的情况。

2)环状管网

环状管网是指给水管线纵横相互接近,形成闭合的环状管网。

其优点是环状管网中任何管道都可由其余管道供水,能够保证供水的可靠性,此外,还可降低管网中的水头损失,减轻水锤造成的影响。缺点是环状网增加了管线长度,投资增加。

现今,城市的给水管网大多数是将树状网和环状网结合起来布置。在中心地区或供水可靠性要求较高的地方,布置成环状网,在边远地区或供水可靠性要求不高的地方则以树状网形式向四周延伸。

因此在管网布置时,既要考虑供水的安全,又要尽量以最短的路线埋管,并考虑分期建设的可能,即先按近期规划埋管，随着用水量的增长逐步增设管线。

### 2. 给水管网的布置要点

由于场地情况较复杂，在进行管网布置时应根据具体情况综合分析场地条件，具体应注意以下几个方面：

（1）管网布置应力求经济，且满足最佳水力条件。因此在设置干管时应靠近用水量最大处及主要用水点，且靠近调节设施，如高位水池或水塔等。管网布设力求短而直。

（2）管网布置应便于检修维护。干管应尽量埋设于绿地下，在保证不受冻的情况下，干管宜随地形起伏敷设。在阀门、仪表、附件等处应留有检查井。给水管网应有不小于 0.003 的坡度坡向泄水阀门井以便于放空检修。

（3）管网布置应保证使用安全，避免损坏和受到污染。给水管网和其他管道应按规定保持一定的安全距离，避免受污染。管道埋深及敷设应符合规定，避免受冻、受压和不均匀沉降。当穿越道路、水面及其他构筑物等时应设置必要的防护措施。

### 3. 管网布置的一般规定

在管网布置时需要考虑管道埋深尺度、阀门及消防栓等内容的布设。

1）管道埋深

风景园林给水干管的覆土深度应该根据土壤冰冻深度、车辆荷载、管道材质及管道交叉等因素来确定。

冰冻地区，应埋设于冰冻线以下 0.4 m 处；不冻或轻冻地区，覆土深度也不小于 0.7 m。

此外，管顶覆土深度不得小于土壤冰冻线以下 0.15 m，行车道下的管线覆土深度不宜小于 0.70 m，埋设在绿地中的给水支管埋深不应小于 0.50 m。但是，管道也不是埋得越深越好，埋得过深，工程造价也会相应提高。

2）阀门及消防栓

给水管网的交点称为节点，在节点上设有阀门等附件，为了检修管理方便，节点处应设阀门井。

阀门除安装在支管和干管的连接处外，为便于检修养护，要求每 500 m 直线距离设一个阀门井。

消防栓应沿路布置，为了便于消防车补水，离车行道不大于 2 m，距建筑物不得小于 5 m，消防栓间距一般为 120 m。

### 4. 管道材料的选择(包含排水管道)

管材的选择影响水质，管材的抗压强度也影响着管网的使用寿命。管网属于地下永久性隐蔽工程设施，要求有很高的安全可靠性，目前常用的给水管材有下列几种：

1）铸铁管

铸铁管（图 2-2）分为灰口铸铁管和球墨铸铁管（碳在铸铁中存在的形式不同）。

灰口铸铁管具有经久耐用、耐腐蚀性强、使用寿命长等优点；缺点在于质地较脆，不耐振动和弯折，质量大。灰口铸铁管是以往使用最广的管材，主要用在 DN 80～1000 mm 的地方，但运用中易发生爆管，不适应城市的发展，在国外已被球墨铸铁管代替。

球墨铸铁管在抗压、抗震上有提高，适应了城市建设的发展需求。

2）钢管

钢管（图 2-3）有焊接钢管和无缝钢管两种。焊接钢管又分为镀锌钢管（白铁管）和非镀锌钢管（黑铁管）。

钢管的优点在于有较好的机械强度，耐高压、振动，质量较轻，单管长度长，连接方便，有强的适应性；缺点是耐腐蚀性差，防腐造价高。

镀锌钢管就是防腐处理后的钢管，它防腐、防锈，水质不易变坏，并延长了使用寿命，是生活用水的室内主要给水管材。

3）钢筋混凝土管

钢筋混凝土管（图 2-4）的优点是防腐能力强，不需任何防腐处理，有较好的抗渗性和耐久性；缺点体现在水管质量大，质地脆，装卸和搬运不便。

其中自应力钢筋混凝土管后期会膨胀，可使管疏松，不用于主要管道。

预应力钢筋混凝土管能承受一定压力，在国内大口径输水管中应用较广，但由于接口问题，易爆管、漏水。

为克服这个缺陷，现采用预应力钢筒混凝土管（PCCP）。它是利用钢筒和预应力钢筋砼管复合而成，具有抗震性好，使用寿命长，不易腐蚀、渗漏等特点，是较理想的大水量输水管材。

图 2-2　铸铁管

图 2-3　钢管

图 2-4　钢筋混凝土管

4）塑料管

塑料管（图 2-5）的种类比较多，常用的有聚氯乙烯（PVC）、聚乙烯（PE）和聚丙烯（PP）等塑料管。

塑料管优点在于表面光滑，不易结垢，水头损失小，耐腐蚀，质量轻，加工连接方便；缺点是管材强度低，质脆，抗外压和冲击性差。多用于小口径，一般小于 DN200，同时不宜安装在车行道下。国外在新安装的管道中占 70%左右，国内许多城市已大量应用，特别是绿地、农田的喷灌系统中。

5）其他管材

玻璃钢管（图 2-6）价格高，石棉水泥管易破碎，已逐渐被淘汰。

管材选用取决于承受的水压、价格、输送的水量、外部荷载、埋管条件、供应情况等。

6）管件

给水管的管件种类很多，有接头、弯头、三通（图 2-7）、四通、管堵以及活性接头等。每类又有很多种，如接头分内接头、外接头、同径或异径接头等。

图 2-5　塑料管

图 2-6　玻璃钢管

图 2-7　三通管件

## 5. 给水管网水力计算

确定园林给水管网的布置形式后，需要对给水管网进行水力计算。给水管网水力计算的目的在于，由最高日最高时用水量确定管段的流量，继而确定管段管径，再计算管网的水头损失，确定所需供水水压。

1)用水量及用水标准

公园绿地用水量包括综合生活用水量、消防用水量、水景及娱乐设施用水量、浇洒道路和绿地用水量、未预见用水量和管网漏失水量。用水量的大小需要根据用水量标准来计算。

用水量标准亦称用水定额，它是对不同的用水对象，在一定时期内制定的相对合理的单位用水量的数值标准，是国家根据我国各地区、城镇的性质、生活水平、习惯、气候、建筑卫生设备设施等不同情况而制定的(表 2-1)。

国家用水定额较多，可以参照《室外给水设计标准》(GB 50013—2018)、《建筑给水排水设计规范(2009年版)》(GB 50015—2003)、《建筑设计防火规范(2018 版)》(GB 50016—2014)等。

**表 2-1 风景园林绿地用水量标准及小时变化系数**

<table>
<tr><th colspan="2">建筑物名称</th><th>单　位</th><th>生活用水量标准最高日 L/(cap·d)</th><th>小时变化系数</th><th>备　注</th></tr>
<tr><td rowspan="4">公共食堂</td><td>营业食堂</td><td>每顾客每次</td><td>15～20</td><td>2.0～1.5</td><td rowspan="4">1.食堂用水包括主副食加工、餐具洗涤清洁用水和工作人员及顾客的生活用水，但未包括冷冻机冷却用水。<br>2.营业食堂用水比内部食堂多，中餐餐厅又多于西餐餐厅。<br>3.餐具洗涤方式是影响用水量标准的重要因素，以设有洗碗机的用水量大。<br>4.内部食堂设计人数即为实际服务人数；营业食堂按座位数、每位顾客就餐时间及营业时间计算顾客人数</td></tr>
<tr><td>内部食堂</td><td>每人每次</td><td>10～15</td><td>2.0～1.5</td></tr>
<tr><td>茶室*</td><td>每顾客每次</td><td>5～10</td><td>2.0～1.5</td></tr>
<tr><td>小卖部*</td><td>每顾客每次</td><td>3～5</td><td>2.0～1.5</td></tr>
<tr><td colspan="2">电影院</td><td>每观众每场</td><td>3～8</td><td>2.5～2.0</td><td rowspan="2">1.附设有厕所和饮水设备的露天或室内文娱活动的场所，都可以按电影院或剧场的用水量标准选用。<br>2.俱乐部、音乐厅和杂技场可按剧场标准，影剧院用水量标准介于电影院与剧场之间</td></tr>
<tr><td colspan="2">剧场</td><td>每观众每场</td><td>10～20</td><td>2.5～2.0</td></tr>
<tr><td rowspan="2">体育场</td><td>运动员淋浴</td><td>每人每次</td><td>50</td><td>2.0</td><td rowspan="2">1.体育场的生活用水用于运动员淋浴部分系考虑运动员在运动场进行1次比赛或表演活动后需淋浴1次。<br>2.运动员人数应按假日或大规模活动时的运动员人数计</td></tr>
<tr><td>观众</td><td>每人每次</td><td>3</td><td>2.0</td></tr>
<tr><td rowspan="3">游泳池</td><td>游泳池补充水</td><td>每日占水池容积</td><td>10%～15%</td><td></td><td rowspan="3">当游泳池为完全循环处理(过滤消毒)时，补充水量可按每日水池容积5%考虑</td></tr>
<tr><td>运动员淋浴</td><td>每人每场</td><td>60</td><td>2.0</td></tr>
<tr><td>观众</td><td>每人每场</td><td>3</td><td>2.0</td></tr>
<tr><td colspan="2">办公楼</td><td>每人每班</td><td>30～50</td><td>2.5～2.0</td><td>1.企事业、科研单位的办公及行政管理用房均属此项。<br>2.用水只包括便溺冲洗、洗手、饮用和清洁用水</td></tr>
<tr><td colspan="2">公共厕所</td><td>每小时每冲洗器</td><td>100</td><td></td><td></td></tr>
</table>

续表

| 建筑物名称 | | 单　位 | 生活用水量标准最高日 L/(cap·d) | 小时变化系数 | 备　注 |
|---|---|---|---|---|---|
| 喷泉 | 大型 | 每小时 | ≥10 000 | | 不考虑水循环使用时的数据 |
| | 中型 | 每小时 | 2000 | | |
| 洒水用水量 | 广场及道路 | 每天每平方米 | 2.0～3.0 | | 干旱地区可酌加 |
| | 庭园及草地 | 每天每平方米 | 1.0～3.0 | | |

注：* 为国外资料，茶室、小卖部用水量只是据一些公园的使用情况做的统计，不是国家标准，仅供参考。

2)日变化系数和时变化系数

园林中的用水量随着气候、游人量以及人们不同的生活方式而不同，把一年中用水量最多的一天的用水量称为最高日用水量。最高日用水量与平均日用水量的比值，叫日变化系数，以 $K_d$ 表示。

$$日变化系数\ K_d = 最高日用水量 / 平均日用水量$$

$K_d$ 值在城镇一般取 1.2 ～ 2.0；农村一般取 1.5 ～ 3.0。在园林中，由于节假日游人较多，其值为 2 ～ 3。

一天中每小时用水量随着使用人群不同的需要也不相同，把用水量最高日那天用水最多的一小时的用水量称为最高时用水量，它与这一天平均时用水量的比值，叫时变化系数，以 $K_h$ 表示。

$$时变化系数\ K_h = 最高时用水量 / 平均时用水量$$

$K_h$ 值在城镇一般取 1.3 ～ 2.5；农村一般取 5 ～ 6。在园林中，由于白天、晚上差异较大，其值为 4 ～ 6。

为保证用水高峰时水的正常供应，需要计算和汇总公园或风景区的最高时用水量，可以编制逐时用水量表求得。

3) 设计用水量的计算

(1)最高日用水量 $Q_d$

$$Q_d = N \cdot q_d$$

式中：$Q_d$—— 最高日用水量，L/d；

$q_d$—— 用水定额，L/cap · d；

$N$—— 服务的人数或面积或用水设施的数目。

(2) 最高日最高时用水量 $Q_h$

$$Q_h = Q_d \cdot K_h / T = N \cdot q_d \cdot K_h / T$$

式中：$Q_h$—— 最高日最高时用水量，L/h；

$T$—— 建筑物或其他用水点的用水时间，h；

$K_h$—— 时变化系数。

在计算用水时间时，要切合实际，否则会造成误差过大，造成管网的供水不足或投资浪费。

(3)未预见用水量及管网漏失水量。

这类用水包括未预见的突击用水、管道漏水等，根据《室外给水设计标准》(GB 50013—2018) 的规定，未预见用水量可按最高日用水量的 15% ～ 25% 计算。

(4)计算用水量。

总用水量 $= (1.15 \sim 1.25) \sum Q_h$，换算成管道设计所需的秒流量 $q_g$

$$q_g = Q_h / 3600$$

如果公园或风景区是分期发展、分期建设，在管网计算时，必须考虑近远期相结合，不要使管网一次建设投资太大，但必须保证能适应发展的需要。

4）沿线流量、节点流量和管段计算流量

管网的水力计算主要针对干管网，管网由多个管段组成。

单位时间内水流通过管道的量，称为管道流量。沿线流量是指供给该管段两侧用户所需流量。节点流量是从沿线流量计算得出并且假设的水的流量。管网水力计算，须求出沿线流量和节点流量，并以此求得各管段的计算流量。

（1）沿线流量。

干管沿线流量分为集中流量 $Q_n$（大用水户）和沿程流量 $q_n$（零散用水点）。

在城市给水管网中，干管接出许多支管（配水管），配水管上接出许多用户，供水沿管线配水。

管线上各用户用水量大小差异较大，间距也不相同。其中，工厂、学校、机关等用水量大，但数量较少，易计算；而居民和小用水户用水量少，但数量多，计算较复杂。

如图 2-8 所示，沿线有大用水户的集中流量 $Q_1$、$Q_2$…，也有数量较多的沿程流量 $q_1$、$q_2$…。

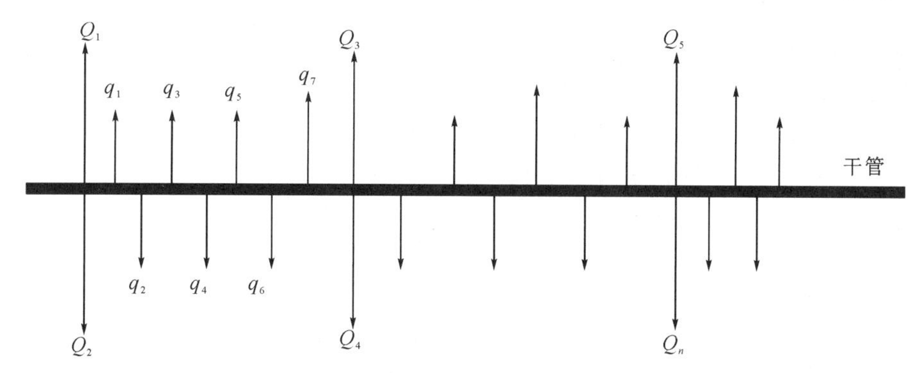


**图 2-8　干管配水情况**

为便于计算沿程流量，假定沿程流量均匀分布在全部干管上，可以将繁杂的沿程流量简化为均匀的途泄流，从而计算每米管线长度所承担的配水流量，可用长度比流量 $q_s$ 表示。

$$q_s = \frac{Q - \sum Q_n}{\sum L}$$

式中：$q_s$—— 长度比流量，L/(s · m)；

$Q$—— 管网供水总流量，L/s；

$\sum Q_n$—— 大用水户集中流量总和，L/s；

$\sum L$—— 配水管网干管总长度，m，不包括无用户地区的管线。

根据长度比流量可计算该管段的沿线流量 $q_L$，计算公式为

$$q_L = q_s \cdot L$$

式中：$L$—— 该管段计算长度，m。

（2）节点流量。

每一管段的流量包括沿线流量 $q_L$ 和流入下游管线的传输流量 $q_t$，$q_L$ 从管段开始逐渐减少至零，$q_t$ 在整个管段中不变（图 2-9）。由于沿线流量是沿管段变化的，难以确定供水管径和水头损失，所以有必要把沿线流量简化为从节点流出的节点流量，即沿线不再有流量流出，而是从管段的始、末两点流出（图 2-10），这样管段的流量不再沿管线变化，就可由流量求出管径。

简化的原理是求出一个沿线不变的折算流量 $q$，使它产生的水头损失等于实际上沿管线变化的流量产生的水头损失。即在进行管段流量的计算时，根据用水量标准分别求出各用水点的需水量，管段的计算流量等于该管段所负担的传输流量加上与该节点相连各管段的沿线流量总和的一半（即节点流量的总和）。

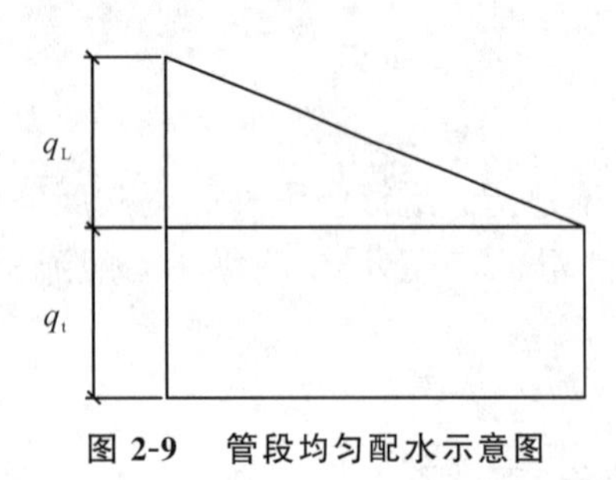


图 2-9　管段均匀配水示意图

(图片引自张建林．园林工程[M]．北京：中国农业出版社，2002，第 49 页．)

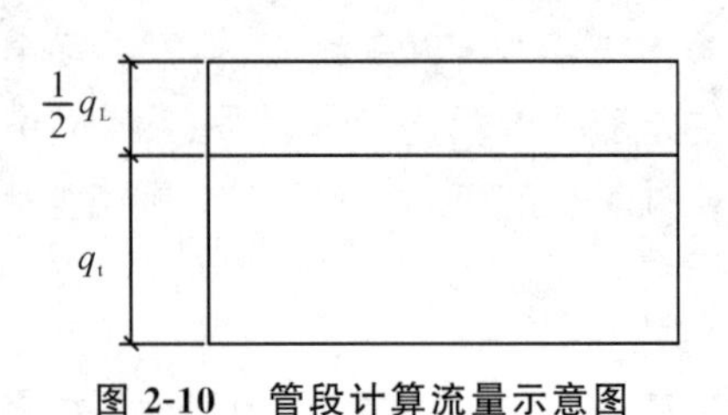


图 2-10　管段计算流量示意图

管段的计算流量 $q$

$$q = q_t + \frac{1}{2} q_L$$

式中：$q$—— 管段计算流量，L/s；

$q_t$—— 管段传输流量，L/s；

$q_L$—— 管段沿线流量，L/s。

**【例】** 如图 2-11 所示管网，给水区的范围如虚线所示，长度比流量为 $q_s$，求各节点的流量。

解：以节点 3、5、8、9 为例，节点流量如下

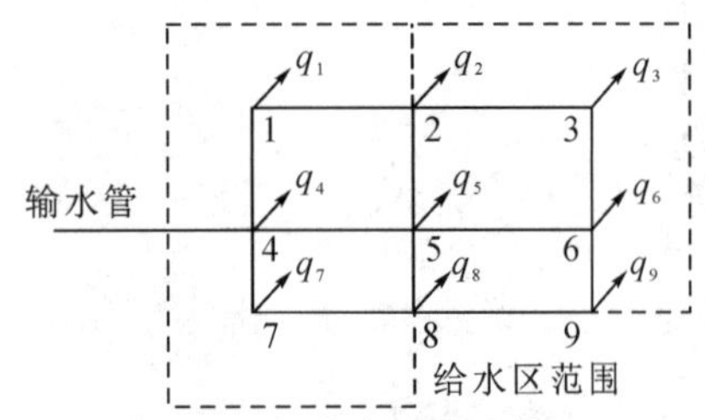


图 2-11　节点流量计算图

(图片引自蒋柱武，黄天寅．给排水管道工程[M]．上海：同济大学出版社，2011，第 27 页．)

$$q_3 = \frac{1}{2} q_s (L_{2-3} + L_{3-6})$$

$$q_5 = \frac{1}{2} q_s (L_{4-5} + L_{2-5} + L_{5-6} + L_{5-8})$$

$$q_8 = \frac{1}{2} q_s \left(L_{7-8} + L_{5-8} + \frac{1}{2} L_{8-9}\right)$$

$$q_9 = \frac{1}{2} q_s \left(L_{6-9} + \frac{1}{2} L_{8-9}\right)$$

因管段 8—9 单侧供水，求节点流量时，将管段长度按 1/2 计算。

(3) 管段计算流量。

管网各管段的沿线流量简化成节点流量后，每一管段就可拟定水流方向和计算流量 $q_j$。

树枝状管网各管段的计算流量容易确定，是由于供水管网送水至每个用水点只能沿唯一一条管路通道，管网中每一管段的水流方向和计算流量都是确定的。因此，每一管段的计算流量等于该管段后的各集中流量和节点流量之和。如图 2-12 所示管段 3—4 的流量：$q_{3-4} = q_4 + q_5 + q_7 + q_8$。由此可知，树状网的每一管段流量只有一个。

按照质量守恒原理，流向某节点的流量等于该节点流出的流量，即流进等于流出。若以流向节点的流量为正值，以流出节点的流量为负值，则两者代数和等于零，即 $\sum q = 0$。依此条件，用二级泵站、水塔输送至管网的总流量，沿各节点进行流量分配，所得出的每条管段通过的初步流量，即为各管段的计算流量。

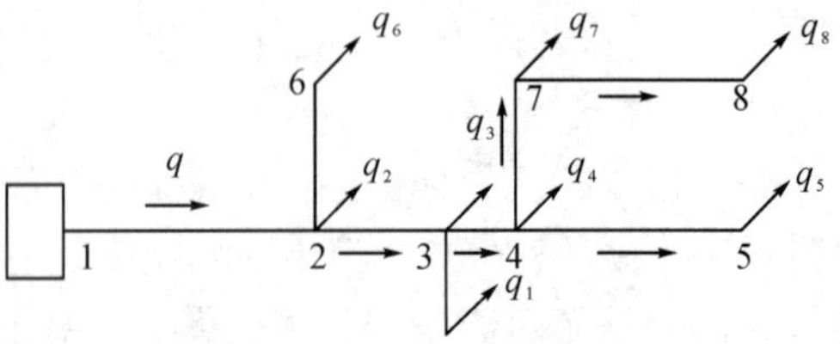

图 2-12　树状网流量分配

(图片引自邹金龙，代莹．室外给排水工程概论[M]．哈尔滨：黑龙江大学出版社，2014，第 107 页．)

流量分配时，应按以下原则进行：

①确定供水主要流向，拟定各管段的水流方向，并力求使水流沿最短线路到达大用水户及调节构筑物。

②在平行的干管中，分配给每条管线的流量应基本相同，以免一条干管损坏时其余干管负荷过重。

③分配流量时，各节点必须满足$\sum q=0$的条件。

环状网各管段的计算流量不是唯一确定解。是因为配水干管相互连接环通，环路中每一用户所需水量可以沿两条或两条以上的管路通道供给，各管环每条配水干管管段的水流方向和流量值都是不确定的，拟定和计算各管段的流量比较复杂。

例如，图2-13中供给节点10的流量，可以由管段9—10和7—10共同供给，也可由管段9—10单独供给。即使由管段9—10和7—10共同供给，两条管段各承担多少流量也有多种方案。又如，进入管网的总流量$q$，在供给$q_2$以后，其余流量必须经管段2—3和2—5输送至后面管段。$q_{2-3}$和$q_{2-5}$各占多少，也有多种方案。

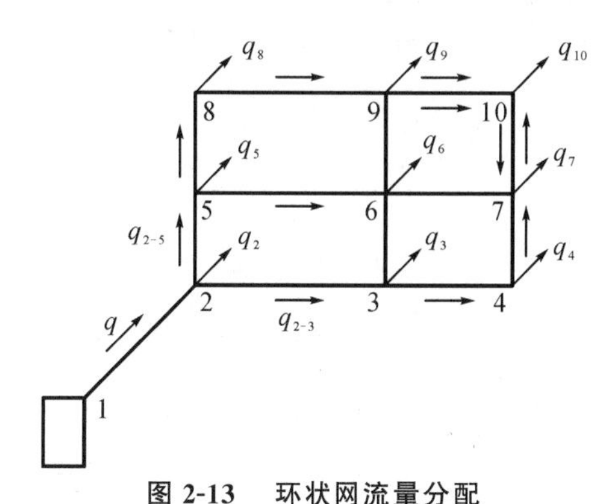


**图2-13　环状网流量分配**

（图片引自邹金龙，代莹．室外给排水工程概论[M]．哈尔滨：黑龙江大学出版社，2014，第108页．）

尽管流量分配有多种方案，但作流量分配时，必须保持节点处流量平衡，即对任一节点而言，进入该节点的流量必须等于流出该节点的流量（箭头方向表示流量的进出），以保持水流的连续性。

环状网流量分配涉及供水安全可靠性和经济性两种因素。供水安全可靠性和经济性两者不可兼顾，一般是在满足供水安全可靠性要求下力求经济。在此必须说明以下两点：

第一，这是按最高日、最高时用水量计算的流量，是用以计算管道直径的，其他时间流量是不同的，而且是不断变化的。

第二，这只是初步的流量分配，在确定管径并通过水力计算后，各管段流量还会有所调整。

5）确定管径

管道流量与管道断面积和水的流速成正比，如式

$$q=\omega v$$

式中：$q$—— 管段计算流量，L/s 或 $m^3/h$；

$\omega$—— 管道断面积，$cm^2$ 或 $m^2$；

$v$—— 流速，m/s。

因为

$$\omega=\frac{\pi}{4}D^2$$

所以

$$D=\sqrt{\frac{4Q}{\pi v}}=1.13\sqrt{\frac{Q}{v}}$$

式中：$D$—— 管径，mm。

从公式可知：当$q$不变时，$\omega$和$v$互相制约。管径$D$大，则管道断面积也大，流速$v$可小；反之，流速$v$大则管径$D$可小。但是管径大，基建投资也大；管径小，管材投资节省了，但流速大，水头损失大，从而使远处用水点水压不足，因此管道运行费用增大。故管径的选择，应在流速和水头损失两者之间进行比较后综合考虑。

一般情况下，生活给水管道的水流速度不宜大于2.0 m/s，不宜小于0.6 m/s。生活给水主干管水流速度一般采用1.2～2.0 m/s，支管水流速度一般采用0.8～1.2 m/s。居住区室外管网管道内水流速度一般可为1～1.5 m/s。消防可为1.5～2.5 m/s。

此外，从经济上考虑应根据当地的管网造价和输水电价，选用经济合理的流速。一般情况下，经济流速可参照下述范围数值。

$D=100\sim350$ mm 时，$v=0.5\sim1.1$ m/s；

$D=350\sim600$ mm 时，$v=1.1\sim1.6$ m/s；

$D=600\sim1000$ mm 时,$v=1.6\sim2.1$ m/s。

6) 水压力和水头损失

(1)水压力。

在给水管上任意点接上压力表,都可测得一个读数,这个数值就是该点的水压力值($kg/cm^2$),通常以"水柱的高度($mH_2O$)"表示,水力学上将"水柱的高度"称为水头。

$$1\ kg/cm^2\approx10\ mH_2O$$

$$1\ Pa\approx10^{-5}\ kg/cm^2$$

$$1\ kPa\approx0.01\ kg/cm^2\approx0.1\ mH_2O$$

式中:$mH_2O$—— 水柱的高度;

Pa—— 帕斯卡,压力的国际单位;

kPa—— 千帕。

(2)水头损失。

水在管中流动时和管壁发生摩擦,为了克服这些摩擦力而消耗的势能称为水头损失。水头损失包含沿程水头损失($h_y$)和局部水头损失($h_j$)。

沿程水头损失

$$h_y=iL$$

式中:$h_y$—— 沿程水头损失,$mH_2O$;

$i$—— 单位长度的水头损失,或水力坡度、管道阻力系数,$mH_2O/m$;

$L$—— 管段长度,m。

(3)局部水头损失($h_j$)。

局部水头损失是由于局部阻力增大而产生的水头损失,如在弯头、三通、四通、接头、变径、阀门、过滤器、计量器等处。

一般情况下,局部水头损失按经验采用管段沿程水头损失的百分数计算:

生活给水管网 25% ~ 30%;

生产给水管网 20%;

生活 — 消防共用给水管网 20%;

生活 — 生产 — 消防共用给水管网 20%;

消防系统给水管网 10%;

生产 — 消防共用给水管网 15%。

**【例】** 有一长度为 150 m、管径为 50 mm 的铸铁管,其流速为 0.79 m/s,管道阻力为 $1000i=36.3$,在通过水量为 1.5 L/s 时,求其管道阻力(沿程水头损失)。

**解** 已知管道流速为 0.79 m/s,管道阻力为 $1000i=36.3$,故 $i=36.3‰$。

$$hy=iL=150\times36.3‰\ mH_2O=5.445\ mH_2O$$

即该管的管道阻力(沿程水头损失)为 5.445 $mH_2O$。

## 6. 树枝状管网水力计算及步骤

树状网的计算过程,根据计算流量和经济流速选定管径,由流量、管径和管线长度计算出水头损失,由地形标高和控制点所需水压求出各点的水压,进而计算出水压线标高,最后确定城市给水管网的水压是否满足公园用水的要求。

管网的设计与计算步骤如下:

1) 有关图纸、资料的搜集与研讨

主要为公园或风景区的设计图纸、说明书等,用于了解原有的或拟建的建筑物、设施等的用途及用水要求、各用水点的高程等。根据城市给水管网情况，掌握其位置、管径、水压及引用的可能性等。如自设设施取水，则须了解水源常年的水量变化、水质优劣。

2) 布置管网

在公园设计平面图上，定出给水干管的位置、走向，并对节点进行编号，量出节点间的长度。

3) 求公园中各用水点的用水量及水压要求

①求某一用水点的最高日用水量 $Q_d$

$$Q_d = q_d N$$

②求该用水点的最高时用水量 $Q_h$

$$Q_h = Q_d \times K_h / T$$

③求设计秒流量 $q_g$

$$q_g = Q_h / 3600$$

4) 各管段管径的确定

根据设计秒流量及要求的水压，查表确定干管和用水点之间的管段的管径。同时查得相应的流速和单位长度的水头损失值。

5) 水头计算

计算水头的目的有两个，一是使管中的水流在经上述消耗后到达用水点仍有足够的自由水头以保证用水点有足够的水量和水压；二是校核城市自来水配水管的水压是否能满足公园内最不利点配水水压要求。

在计算水压的过程中应考虑克服管道阻力产生的水头损失、用水点和引水点的高程差，以及用水点建筑层数(高低) 和用水点的水压要求。

水压计算公式

$$H = h_1 + h_2 + h_3 + h_4$$

式中：$H$—— 引水管处所需的总压力，m；

$h_1$—— 引水点和用水点之间的高程差，m；

$h_2$—— 用水点与建筑进水管的高差，m；

$h_3$—— 用水点所需的工作水头，m；

$h_4$—— 沿程水头损失和局部水头损失之和，m。

其中 $h_2 + h_3$ 的值，在估算总水头时，可依建筑层数不同按规定采用：平房为 10 m；二层楼房为 12 m；三层楼房为 16 m；三层以上楼房每增一层，增加 4 m。

$$h_4 = h_y + h_j$$

$$h_y = iL$$

通过水头计算，如果引水点的自由水头高于用水点的总水压要求，说明管段设计是合理的。

园林给水系统设计还要注意消防用水，对于大型建筑特别是有价值的古建筑应有专门的防火设计。二、三层建筑灭火水压不小于 25 m。

完成各用水点用水量计算和确定各点引水管的管径之后，进一步计算干管各节点的总流量，据此确定干管各管段的管径，并对整个管网的总水头要求进行复核。

复核方法是找出管网中的最不利点。最不利点是指处在地势高、距离引水点远、用水量大或要求工作水头特别高的用水点。如果最不利点的水压可以满足，则同一管网的其他用水点的水压也能满足。

**【例】** 某公园最高日用水量为 200 L/(cap·d)，日接待能力为 1548 人。如图 2-14 所示，已知 $a$ 点的地面标高为 60.00 m，自由水头为 17.39 m，试求出 $b$ 点的水压线标高和自由水头。$b$ 点的地面标高为 65.68 m，试校核水压是否满足。

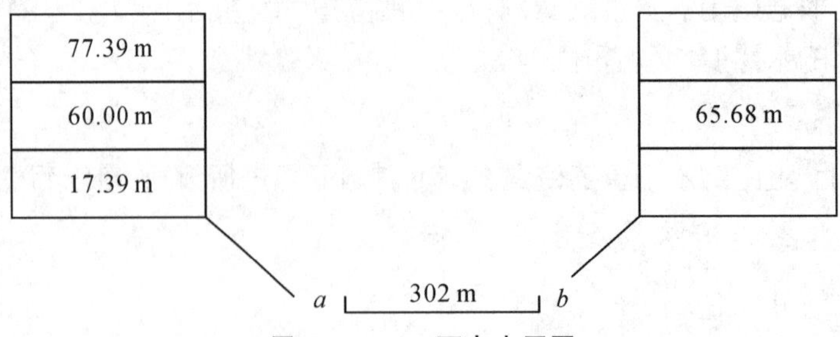


图 2-14 $a$、$b$ 两点水压图

（图片引自肖慧，王俊涛. 庭园工程设计与施工必读[M]. 天津：天津大学出版社，2012，第 82 页.）

**解**

（1）求通过 $b$ 点的水量

$$Q_d = q_d N = 200 \times 1548\ \mathrm{L/d} = 309\ 600\ \mathrm{L/d}$$

$$Q_h = (Q_d/24)K_h = (309\ 600/24) \times 6\ \mathrm{L/h} = 77\ 400\ \mathrm{L/h}$$

$$q_g = Q_h/3600 = 77\ 400/3600\ \mathrm{L/s} = 21.5\ \mathrm{L/s}$$

查表得 DN＝200 mm，$v = 0.69$ m/s，$1000i = 4.53$。

（2）求 $b$ 点的水压

$$h_1 = (65.68 - 60.00)\ \mathrm{m} = 5.68\ \mathrm{m}$$

$$h_2 + h_3 = 12\ \mathrm{m}$$

$$h_y = iL = 4.53/1000 \times 302\ \mathrm{m} = 1.37\ \mathrm{m}$$

$$h_4 = 1.25h_y = 1.25 \times 1.37\ \mathrm{m} = 1.71\ \mathrm{m}$$

$$h = h_1 + h_2 + h_3 + h_4 = (5.68 + 12 + 1.71)\ \mathrm{m} = 19.39\ \mathrm{m}$$

（3）$b$ 点水压线标高＝$a$ 点水压线标高－$h_4$＝(77.39－1.71) m＝75.68 m

$b$ 点的自由水头＝$b$ 点水压线标高－$b$ 点地面标高＝(75.68－65.68) m＝10.00 m

（4）$b$ 点的总水压为 19.39 m，而 $b$ 点需要的自由水头为 10.00 m，所以 $b$ 点的水压完全可以得到满足。图 2-15 为公园给水管网的布置图。

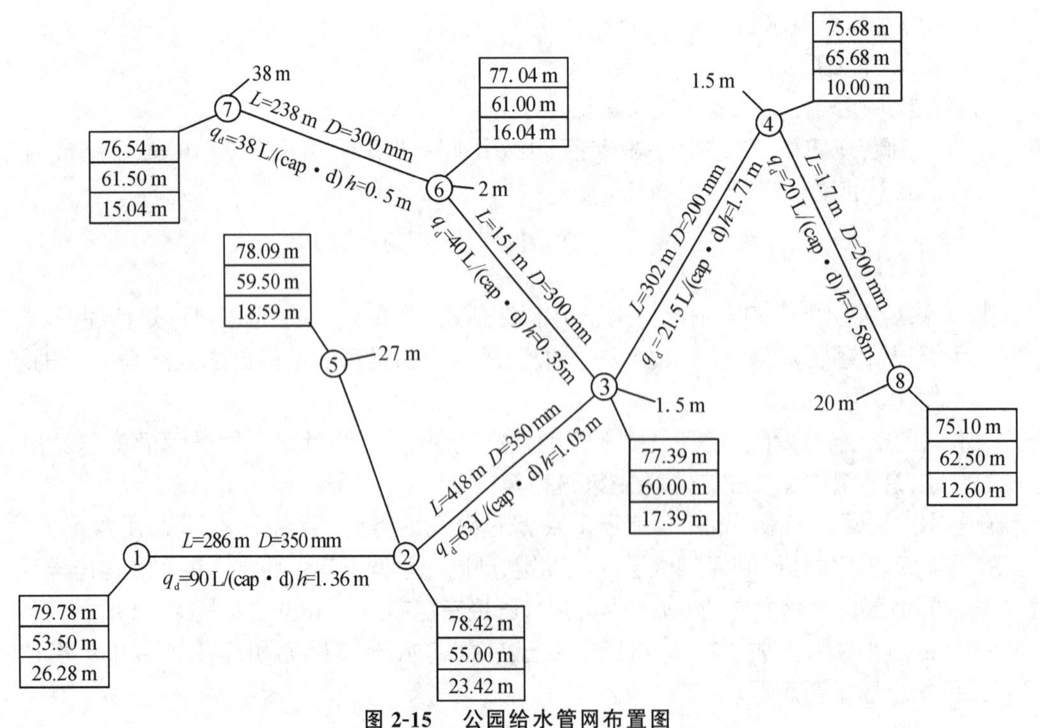


图 2-15 公园给水管网布置图

（图片引自肖慧，王俊涛. 庭园工程设计与施工必读[M]. 天津：天津大学出版社，2012，第 83 页.）

# 2.2 风景园林喷灌系统

喷灌是喷洒灌溉的简称，是借助一套专门的设备将具有压力的水喷洒到空中，散成水滴降落到地面，供给植物水分的一种灌溉方法。

风景园林喷灌系统属于风景园林给水工程，其布置类似于给水系统。水源可取自市政供水系统，取自附近江河湖泊，也可取自中水系统。喷灌系统的设计要求是一个完善的供水管网体系，通过这一管网能为喷头提供足够的水量和必要的工作压力，使其能正常地工作运行。

喷灌的优点在于其近似于天然降水，对植物全面进行浇灌，可以洗去树叶上的尘土，增加空气的湿度，节约用水，节省空间。喷灌的缺点是投资较高，技术要求高，且受风和空气温度影响大，高、中压灌耗能较大。

## 2.2.1 喷灌系统的分类

风景园林喷灌系统主要分为移动式喷灌系统、固定式喷灌系统和半固定式喷灌系统。

### 1. 移动式喷灌系统

移动式喷灌系统(图 2-16)就是水泵、管道、喷头等相应的喷灌设施是可移动的喷灌体系。

优点在于喷灌设施是可移动的，管道设备不必埋入地下，比较省投资，机动性也比较强。缺点是其管理劳动强度较大。这种方式的喷灌系统适用于有天然水源的园林景观、苗圃、花圃等的灌溉。

图 2-16　移动式喷灌系统

### 2. 固定式喷灌系统

固定式喷灌系统(图 2-17)指泵站是固定的，供水的管道均埋于地下，喷头固定于竖管之上的喷灌方式。

这种方式的喷灌优点是操作方便，节约劳动力，便于自动化与遥控操作。缺点是喷灌设备费用比较高。多用于需要经常进行灌溉的草坪、大型花坛、庭园绿地等。

### 3. 半固定式喷灌系统

半固定式喷灌系统(图 2-18)指其系统中的泵站和干管是固定的,而支管与喷头是可移动的。其优缺点介于上述两个系统之间,多用于大型花圃、苗圃以及菜地,公园的树林区也可以运用。

图 2-17 固定式喷灌系统

图 2-18 半固定式喷灌系统

以上三种形式根据基地条件灵活采用,这里主要介绍固定式喷灌系统设计。

## 2.2.2 固定式喷灌系统设计

### 1. 基础资料的收集

根据园林绿地的实际情况,收集设计所依据的基本资料,从造景或育苗角度出发,对喷灌系统进行合理布局。

(1)地形图:比例尺为 1/1000 ～ 1/500 的地形图,灌溉区面积、位置、地势情况。

(2)气象资料:包括气温、雨量、湿度、风向、风速等,其中尤以风对喷灌的影响最大。

(3)土壤资料:包括土壤的质地、持水能力、吸水能力和土层厚度等,主要用以确定灌溉制度和允许喷灌强度。

(4)植被情况:包括植被(或作物)的种类、种植面积、耗水量、根系深度等。

(5)水源条件:灌溉区水的来源(自来水或天然水源)。

(6)动力来源:有柴油机、电动机、潜水泵等。

### 2. 管道布置及管径的确定

1)管线定位

首先对喷灌地进行勘察,根据水源和喷灌地的具体情况、用水量和用水特点,确定主干管的位置,而支管一般与干管垂直。当选定喷头后,根据喷头的覆盖半径、喷洒方式,计算喷头间距和支管间距,从而确定支管的位置。距边缘最近的一条支管距边缘的间距为喷头的覆盖半径。

2)管径确定

(1)立管直径。

立管是支管与喷头的连接段。现在有些喷灌系统的立管已缩入地下。其管径的确定以喷头上的标注为准。每个立管上均应设一阀门,用以调节水量和水压。

(2)支管直径。

将支管上的所有喷头流量相加,计算支管的总流量。根据支管总流量和管道经济流速两项指标查水力计算表,确定管径。经济流速 $v$ 可以按下列经验数值采用:小管径 $D=100\sim400$ mm,$v=0.6\sim1.0$ m/s;大管径 $D>400$ mm,$v=1.0\sim1.4$ m/s。

3)干管的管径

干管总流量为喷灌区内干管供水范围内所有喷头流量之和。根据干管的总流量和经济流速,查水力计算表求得干管管径。

### 3. 喷洒方式和喷头组合形式

喷头的喷洒方式有圆形喷洒和扇形喷洒两种。一般在管道式喷灌系统中,除了位于地块边缘的喷头采用扇形喷洒,其余均采用圆形喷洒。

喷头的组合形式(也叫布置形式),是指各喷头相对位置的安排,应等间距、等密度布置,最大限度满足喷灌均匀度的要求。

喷灌系统喷头的布置形式有矩形、正方形、正三角形和等腰三角形四种。

在实际工作中采用什么样的喷头布置形式,主要取决于喷头的性能和拟灌溉的地段情况。在喷头射程相同的情况下,不同的布置形式,其支管和喷头的间距是不同的。常用的几种喷头布置形式和有效控制面积及使用范围如表 2-2 所示。

表 2-2 喷头的布置形式

| 序号 | 喷头组合图形 | 喷洒方式 | 喷头间距 $L$、支管间距 $b$ 与射程 $R$ 的关系 | 有效控制面积 $S$ | 适用情况 |
| --- | --- | --- | --- | --- | --- |
| 1 | R, b, L, 正方形 | 全圆形 | $L=b=1.42R$ | $S=2R^2$ | 在风向改变频繁的地方效果较好 |
| 2 | R, b, L, 正三方形 | 全圆形 | $L=1.73R$<br>$b=1.5R$ | $S=2.6R^2$ | 在无风的情况下喷灌的均匀度最好 |
| 3 | R, b, L, 矩形 | 扇形 | $L=R$<br>$b=1.73R$ | $S=1.73R^2$ | 较 1、2 节省管道 |

续表

| 序号 | 喷头组合图形 | 喷洒方式 | 喷头间距 $L$、支管间距 $b$ 与射程 $R$ 的关系 | 有效控制面积 $S$ | 适用情况 |
|---|---|---|---|---|---|
| 4 | 等腰三角形 | 扇形 | $L=R$<br>$b=1.87R$ | $S=1.865R^2$ | 较 1、2 节省管道 |

注：$R$ 是喷头的设计射程，应小于喷头的最大射程。根据喷灌系统形式、当地的风速、动力的可靠程度等来确定一个系数，对于移动式喷灌系统一般可采用 0.9；对于固定式系统由于竖管装好后就无法移动，如有空白就无法补救，故可以考虑采用 0.8；对于多风地区可采用 0.7。

（表格引自李玉萍，武文婷. 园林工程[M]. 2 版. 重庆：重庆大学出版社，2012，第 43 页.）

### 4. 喷灌系统设计的要点

喷灌系统设计时要结合场地需水特性、布局、地形地貌、水源等实际情况来考虑设计方法、位置和形式等内容，具体有以下几个方面：

(1) 根据水源及灌溉地的实际情况，确定供水部分的位置及主干管的位置，进行合理规划布局。

(2) 先确定适宜的喷头数量，再确定接管直径、工作压力、覆盖半径、流量。

(3) 确定支管位置、间距、布设的喷头位置。

(4) 计算支管及干管流量，再根据经济流速查水力计算表，确定干管和支管管径。

(5) 计算最不利点所需的压力。

(6) 根据总流量和最不利点的压力确定配套动力。

喷灌系统的设计较复杂，管道的布置应该注意以下几方面：

(1) 山地干管沿主坡向、脊线布置，支管沿等高线布置。在缓坡地，干管尽可能沿路放置，支管与干管垂直。且管道埋深应距地面 80 cm 以下，以防破坏。

(2) 支管不可过长，支管首端与末端压力差不超过工作压力的 20%。支管应适当向干管倾斜，在干管的低端应设泄水阀，以便于检修或冬季排空管内存水。此外，支管竖管的间距按选用的喷头射程、布置方向及风向、风速而定。在经常刮风的地区，支管需与主风向垂直。

(3) 压力水源（泵站）尽可能布置在喷灌系统中心。

总之，提高风景园林绿化用水的效率，节约使用有限的水资源，对于改善我国城乡生态环境及经济可持续发展意义重大。

### 5. 轮灌区划分

喷灌工作制度是指喷灌工程运行中，喷头在固定位置的喷灌时间，同时工作的喷头数以及喷头轮灌组的划分等内容。喷灌的工作制度分轮灌和续灌两种。

轮灌区是指受单一阀门控制且同步工作的喷头和相应管网构成的局部喷灌系统，即喷灌系统中能够同时喷洒的最小单元。轮灌区划分是指根据水源的供水能力将喷灌区域划分为相对独立的工作区域，以便轮流灌溉。轮灌区划分还便于分区进行控制性供水，以满足不同植物的需水要求，也有助于降低喷灌系统工程造价和运行费用。

轮灌可使管道的利用率提高，从而降低设备投资。确定轮灌方案时，应考虑以下要点：

(1) 轮灌的编组应该使操作简单方便，便于运行管理。

(2)各轮灌组的工作喷头总数应尽量接近,使系统的流量保持在较小的变动范围之内。

(3)轮灌编组应该有利于提高管道设备利用率,应考虑流量分散原则,避免流量集中于某一条干管。

(4)轮灌编组时,应使地势较高或路程较远组别的喷头数略少,地势较低或路程较近组别的喷头数略多,以利于保持水泵始终工作在高效区。

**【例】** 有一块长方形耕地,布置固定管道式喷灌系统,水源和泵站位于地块一侧的中部,干管布置在田块中央,进行编组后需要两条支管同时工作,每条支管装有 5 个流量为 $q$ 的喷头。按两个工作方案考虑其轮灌顺序,支管移动中的两种极限情况如图 2-19 所示。

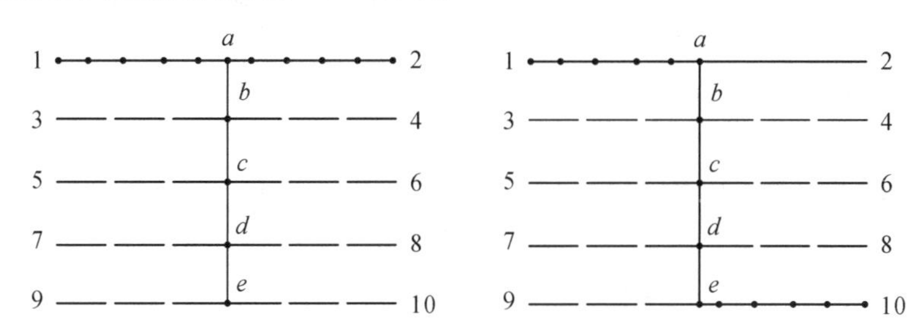


**图 2-19 支管移动过程中的两种极限情况**

(图片引自周世峰. 喷灌工程学[M]. 北京:北京工业大学出版社,2004,第 126 页.)

**解**

方案(一) 两条支管在干管的同一端同时向另一端移动,其支管移动过程中的两种极限情况是:

(1)两支管位于 $a$ 点,干管 $L_{ac}$ 段和 $L_{ce}$ 段均为 $Q=0$。

(2)支管从 $a$ 点向 $e$ 点移动,到达 $e$ 点,干管 $L_{ac}$ 段和 $L_{ce}$ 段流量均为两条支管的流量和,即 $Q=10q$。

方案(二) 两条支管分别由干管的两端开始工作,相对移动,其支管移动过程中的两种极限情况是:

(1)两条支管各在地块的一头,干管 $L_{ac}$ 段流量为一条支管的流量,即流量 $Q=5q$;干管 $L_{ce}$ 段流量为 $Q=5q$。

(2)两条支管都在地块中央,干管 $L_{ac}$ 段流量为两条支管的流量和,即 $Q=10q$;干管 $L_{ce}$ 段流量为 $Q=0$。

干管的设计流量应取两种极限情况的较大值。方案(一)中,干管 $L_{ce}$ 的设计流量应为 $10q$,而方案(二)中干管 $L_{ce}$ 的设计流量为 $5q$。经比较方案(二)较优。

进行轮灌编组和轮灌顺序的确定是一项琐碎而细致的工作,应认真进行多方案比较,从中选择最佳方案。

## 2.3 风景园林排水工程

城市污水,是指排入城镇污水排水系统的生活污水、工业废水和截流的雨水。污水量是以 L 或 $m^3$ 计量的。单位时间(s、h、d)内的污水量称污水流量。排水的收集、输送、处理和排放等设施以一定方式组合成的总体,称为排水系统。

排水系统通常由管道系统(或称排水管网)和污水处理系统(污水处理厂)组成。管道系统是收集和输送废水的设施,把废水从产生处输送至污水处理厂或出水口,主要包括排水设备、检查井、管渠、水泵站等工程设施。污水处理系统是处理和利用废水的设施,它包括城市及工业企业污水处理厂(站)中的各种处理构筑物及除害设施等。

## 2.3.1 排水的种类及排水系统的体制

### 1. 风景园林排水的种类

从需要排除的水的种类来说，风景园林绿地所排放的主要是一些生活污水、生产废水、雨雪水和游乐废水。这些废污水所含有害污染物质很少，主要含有一些泥沙和有机物。

(1)生活污水。在园林中生活污水主要指从办公楼、餐厅、茶室、公厕等排出的水。生活污水中多含酸、碱、病菌等有害物质，需经过处理后方能排放、灌溉等。

(2)生产废水。生产废水主要指盆栽植物浇水时多浇的水，喷泉池、鱼池等较小的水景池排放的水，一般可直接向河流等流动水体排放。

(3)天然降水。天然降水主要指雨水和雪水。降水比较集中，流量比较大，可直接排入园林水体和排水系统中。

(4)游乐废水。游乐设施中的水体一般面积不大，积水太久会使水质变差，需定期换水。游乐废水中所含的污染物不算多，可根据具体情况向园林湖池中排放。

### 2. 排水系统的体制

对生活污水、生产废水和天然降水所采用的不同排除方式所形成的排水系统，称为排水体制，分为合流制和分流制两类。

合流制排水系统是将生活污水、工业废水和雨水混合在一个管渠内排除的系统。分为直排式合流制、截流式合流制和全处理合流制。

分流制排水系统是指将生活污水、工业废水和雨水分别在两个或两个以上各自独立的管渠内排除的系统。可分为完全分流制、不完全分流制和半分流制。

### 3. 排水系统布置形式

影响城市排水系统布置的因素有地形、竖向规划、污水处理厂位置、土壤条件、河流情况、污水种类和污染程度等几个方面。下面介绍以地形为主要因素的几种布置形式：

(1)正交式布置。其特点是干管长度短、管径小，方便、经济，排除污水迅速，但是易受污染，适用于分流制排水系统。

(2)截流式布置。适用于分流制污水排水系统。

(3)平行式布置。适用于地势向河流有较大倾斜的地区。

(4)分区式布置。适用于地势有高、低区的地区。

(5)辐射分散式布置。适用于城市四周有河流、中间地势高的地区。

(6)环绕式布置。

## 2.3.2 风景园林排水特点与方式

### 1. 风景园林排水特点

风景园林排水主要是排除雨水和少量生活污水，主要有以下特点：

(1)由于场地中的地形起伏多变，水可以依托地形的高差变化进行排除。

(2)园林绿地通常植被丰富，地面吸收能力强，地面径流较小，雨水一般采取以地面排除为主、沟渠和管道排除为辅的综合排水方式。

(3)考虑土壤能吸收到足够的水分,以利于植物生长,干旱地区应注意保水。

(4)在选择排水方式时应尽量结合造景,可以利用排水设施创造瀑布、跌水、溪流等景观。

(5)在必要时考虑在园中建造小型水处理构筑物或水处理设备。

## 2. 风景园林排水方式

风景园林的排水是城市排水系统的一个重要组成部分。在风景园林绿地中雨水的排放采取地面排水为主、沟渠排水和管道排水为辅的方式。

### 1)地面排水

地面排水是最经济、最常用的园林排水方式,即利用地面竖向变化使雨水汇集,再通过沟、谷、涧、山道等加以组织引导,就近排入附近水体或城市雨水管渠。

在利用地面排除雨水时,不仅要考虑到排除过多的地表径流,还要考虑到防止水土流失。地表径流是指在一定坡度的斜面上,当降水的强度超过林冠、地被物、凋落物等的截留和土壤下渗强度的时候,部分水量可能暂留于地表,当水量超过一定限度时,会从高处向低处流动而形成的水流。反映一个流域或区域地表径流常用流量、径流总量、径流深度、径流模数、径流系数等进行描述。

地面排水的方式可归结为五个字:拦、阻、蓄、分、导。

拦,就是将地表水有组织地拦截于园地或某局部之外,减少地表径流对场地建筑及其他重要景观的影响。阻,是指在径流流经的路线上设置障碍物挡水,消力降速、减少冲刷。蓄,可利用绿地保水、土壤蓄水或利用地表洼处和池塘蓄水。分,是指可用山石、地形、建筑墙体等将大股地表径流分成多股细流,以减少危害。导,利用地面、明沟、道路边沟或地下管道将多余地表水及时导向水体或雨水管渠中。

实施地面排水时除了合理采用不同的排水方式还应注意以下几个方面:

第一,地形设计时充分考虑排水要求,合理进行竖向设计。为防止地表径流冲刷地面,保持水土,注意控制地面最小坡度为5%。同一坡度的情况下即使坡度不大,其坡面也不宜延伸过长,应该有起伏变化,以阻碍缓冲径流速度,以防形成大流速的径流,同时也丰富了园林地貌景观。

第二,发挥地被植物的护坡作用。地被植物具有对地表径流加以阻碍、吸收以及固土等作用,因此加强绿化、合理种植可以有效地避免地表水土流失的情况。

第三,采取工程措施。在过长或纵坡较大的汇水线上以及较陡的出水口处,地表径流速度很大,需利用工程措施进行护坡。具体的工程措施主要有以下几种:

布置谷方(图2-20),即在谷线或山洼处等汇水线上布置一些山石,借以减缓水流的压力,达到降低流速、保护地表的作用。

置挡水石(图2-21),即在台阶两侧或陡坡处置石挡水以减少冲刷。

埋置护土筋(图2-22),是指沿山路两侧坡度较大或边沟沟底纵坡较陡的地段,将砖或其他块材成行埋置土中以便降低水流流速的做法。

设置出水口(图2-23),是指当利用地面或明渠将水排入园内水体时,为了保护岸坡结合造景的工程措施。

这些工程措施应根据具体的场地情况合理地选择和使用。

### 2)沟渠排水

沟渠排水主要指运用明沟、盲沟等设施进行排水的方式。

明沟是指设置在道路两侧或一侧可以汇集道路和绿地中的雨水的工程结构。

其优点是工程费用较少、造价较低。缺点是明沟容易淤积,滋生蚊蝇,影响环境卫生。因此在建筑物密度较高、交通繁忙的地区,可采用加盖明沟。

明沟可根据场地现状合理地选择构筑材料。常见的明沟断面形式如图2-24所示。

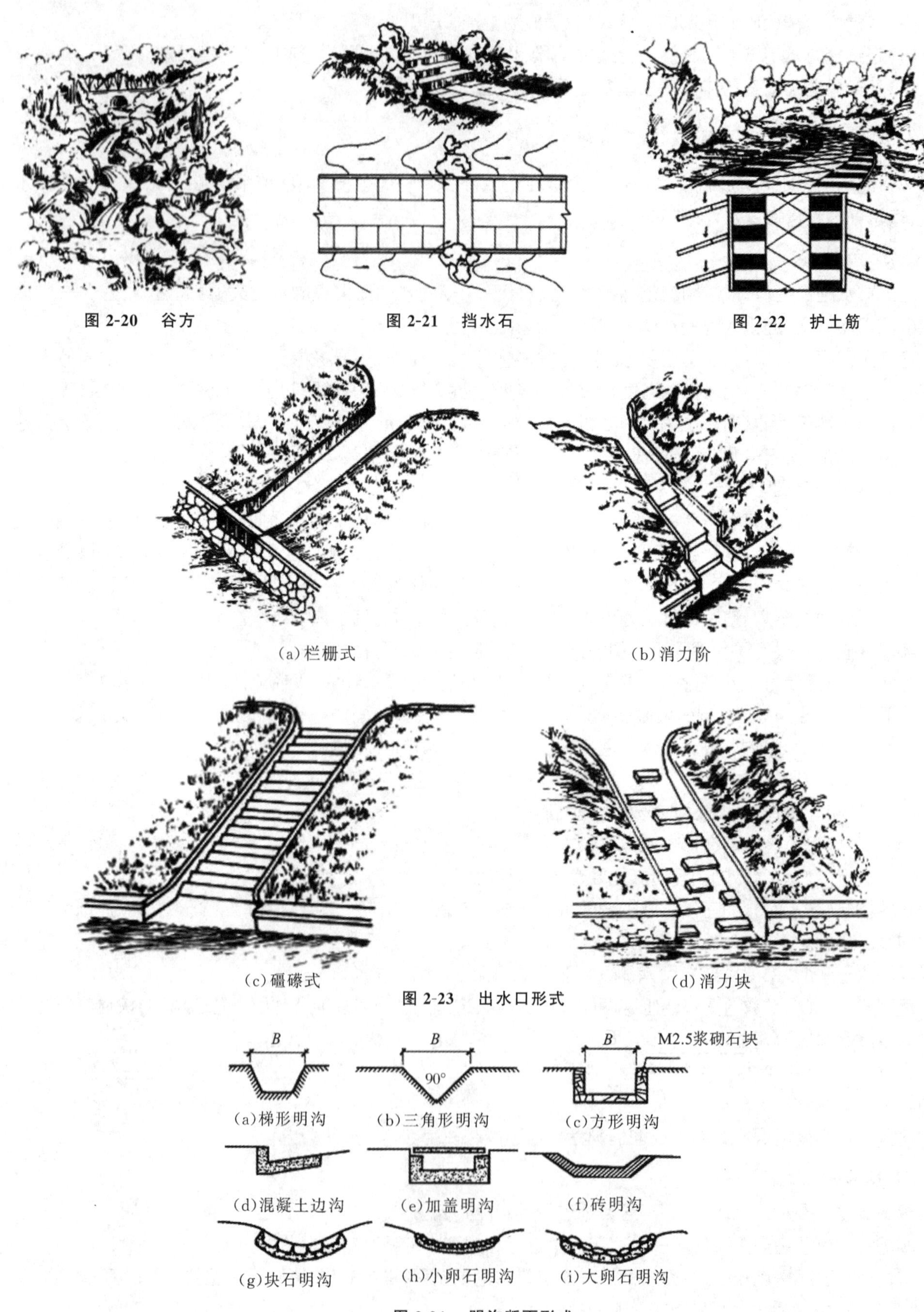


图 2-20　谷方

图 2-21　挡水石

图 2-22　护土筋

(a)栏栅式

(b)消力阶

(c)礓礤式

(d)消力块

图 2-23　出水口形式

(a)梯形明沟　(b)三角形明沟　(c)方形明沟

(d)混凝土边沟　(e)加盖明沟　(f)砖明沟

(g)块石明沟　(h)小卵石明沟　(i)大卵石明沟

图 2-24　明沟断面形式

盲沟是指用于排除地下水，降低地下水位的一种地下排水渠道，又名暗沟、盲渠。

优点在于取材方便，可废物利用，造价低廉，且不需附加雨水口、检查井等构筑物，保持了园林绿地、草坪及其他活动场地的完整性。

其布置形式主要有四种：一是自然式(图 2-25)，适于地势周边高中间低的园林；二是截流式(图 2-26)，适于一侧较高的园林，地下水来自高地，可在地下水来向一侧设暗沟截流；三是篦式(图 2-27)，适于地处溪谷的园林；四是耙式(图 2-28)，适合于一面坡的园林。

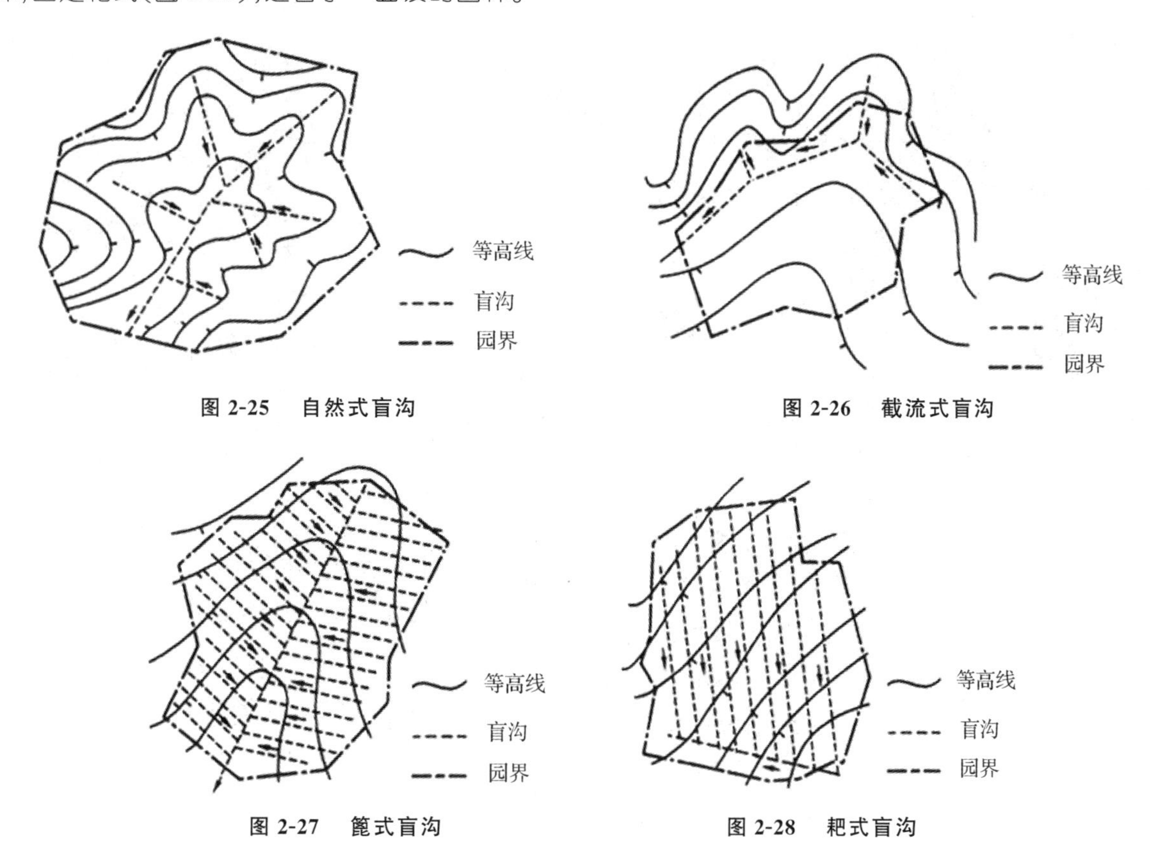


图 2-25 自然式盲沟

图 2-26 截流式盲沟

图 2-27 篦式盲沟

图 2-28 耙式盲沟

3) 管道排水

管道排水是指将管道埋于地下，利用路面或路两侧明沟将雨水引至管网中，并设置一定坡度，通过管网将雨水输送至濒水地段或排放点，设雨水口埋管将水排出的方式。

优点是不妨碍地面活动，卫生、美观，排水效率高；缺点在于其造价高，检修困难。

## 2.3.3 雨水管渠系统设计

### 1. 管渠系统的组成

为了排除污水，除管渠本身外，还需在管渠系统中设置一些附属构筑物，包括检查井、跌水井、雨水口、出水口、闸门井、倒虹管等构筑物，它们共同组成一整套工程设施。下面分别介绍主要附属构筑物的功能及设置要求。

(1)检查井(图 2-29)。检查井是管段的连接点，其功能是便于管道维护人员检查和清理管道。检查井主要由井基、井底、井身、井盖座和井盖等组成。通常设置在管道方向、坡度和管径改变的地方，井与井之间的最大间距在管径小于 500 mm 时为 50 m。为了检查和清理方便，相邻检查井之间的管段应在一直线上。

(2)跌水井(图 2-30)。跌水井是设有消能设施的检查井。在地形较陡处，为了保证管道有足够覆土深度，管道有时需跌落若干高度。在这种跌落处设置的检查井便是跌水井。常用的跌水井有竖管式和溢流堰式两种类型。实际工作中如上下管底标高落差不大于 1 m，只需将检查井底部做成斜坡，不必采用专门的跌水措施。

(3)雨水口(图 2-31)。雨水口通常设置在道路边沟或地势低洼处，是雨水排水管道收集地面径流的孔道。雨水口设置的间距，在直线上一般控制在 30～80 m，它与干管常用 200 mm 的连接管连接，其长度不得超过 25 m。

图 2-29　检查井

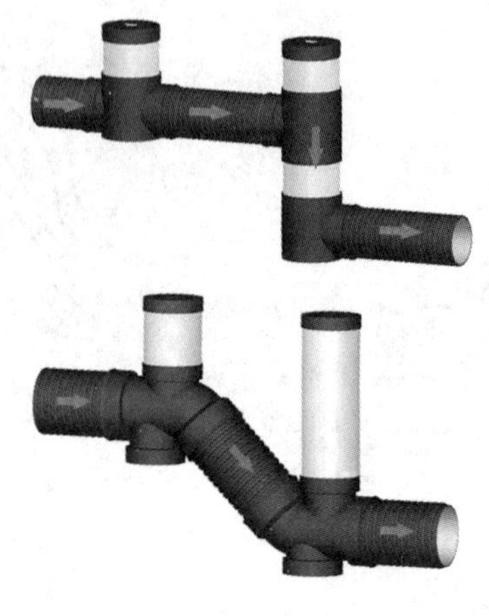

图 2-30　跌水井

图 2-31　雨水口

(4)出水口(图 2-32)。出水口是排水管渠排入水体的构筑物，其形式和位置视水位、水流方向而定。管渠出水口不要淹没于水中，需露在水面上。为了保护河岸或池壁及固定出水口的位置，通常在出水口和河道连接部分应做护坡或挡土墙。

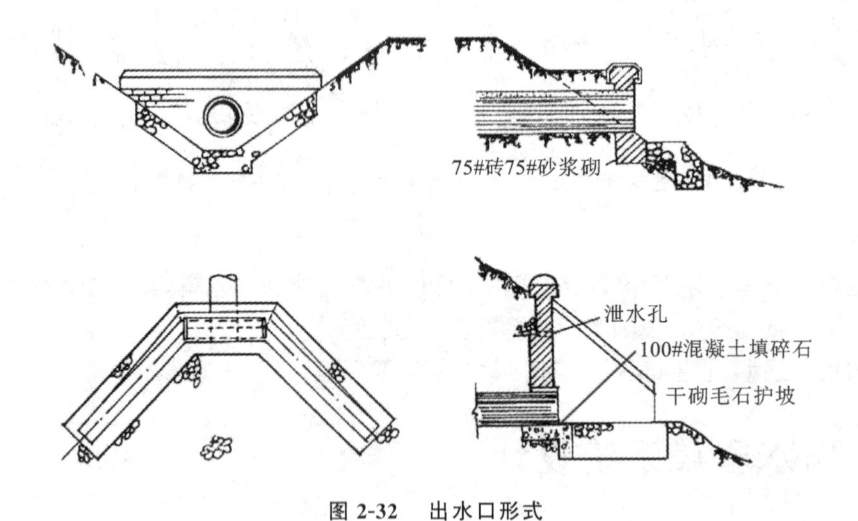


图 2-32　出水口形式

(5)闸门井。当园林水体水位增高时，为了防止排水管倒灌，或者为了防止无雨时污水对园林水体的污染，控制排水管道内水的方向与流量，就要在排水管网中或排水泵站的出口处设置闸门井。闸门井由基础、井室和井口组成。

(6)倒虹管。受地形所限，遇到要穿过沟渠和地下障碍物时，排水管道以一个下凹的折线形式从障碍物下面穿过，这段管道就成了倒置的虹吸管，即所谓的倒虹管。它主要解决管道交叉时管道之间的标高关系。

## 2. 雨水管渠系统设计的程序和要点

雨水管渠系统设计时，应准备好图板、图纸、绘图工具及计算机制图工具和软件，并合理安排设计程序，具体内容如下：

1）任务分析

园林绿地尽可能利用地形排除雨水，在难以利用地面排水的局部，可以设置暗管，或开渠排水。这些管渠可分散或直接排入附近水体或城市雨水管，不必做完整的系统。

2）基础资料的收集

(1)地形图与竖向设计图，比例尺为 1/1000 ～ 1/500 的地形图，灌溉区面积、位置、地势。

(2)气象资料，包括当地的水文、地质、暴雨等资料。

(3)周围的管线条件，如雨水的走向。

3）划分汇水区

汇水区根据排水区域地形、地物等情况划分，通常沿山脊线（分水岭）、建筑外墙、道路等进行划分。并给各汇水区进行编号和求其面积。

4）作管道布置草图

根据汇水区划分、水流方向及附近城市雨水干管分布情况等，确定管道走向以及雨水口、检查井的位置。给各检查井编号并求其地面标高，标出各段管长。

5）求单位面积的径流量

根据当地的降雨强度公式计算单位面积的径流量。

6）雨水管道的水力计算

求出各管段的设计流量，以便确定出各管段所需的管径、坡度、流速、管底标高及管道埋深等值。

7）绘制雨水干管平面图和纵剖面图

图上应标出各检查井的井口标高、各管段的管底标高、管段的长度、管径、水力坡降及流速等。

8）作该管道系统排水构筑物的构造图

管渠设置的附属构筑物包括雨水井、检查井、跌水井、闸门井、倒虹管、出水口等，需分别绘制其构造图纸。

### 3. 雨水管渠系统设计布置原则

为了合理安排各种管线，综合解决各种管线在平面和竖向上的相互影响，以避免在各种管线埋设时发生矛盾，应遵循以下原则：

(1)地下管线的布置，一般是按管线的埋深，由浅至深（由建筑物向道路）布置，常用的顺序如下：建筑物基础 — 电信电缆 — 电力电缆 — 热力管道 — 煤气管 — 给水管 — 雨水管道 — 污水管道。

(2)管线的竖向综合布置应遵循小管让大管，有压管让自流管，临时管让永久管，新建管让已建管的原则。

(3)管线平面应做到管线短、转弯小，减少与道路及其他管线的交叉，并同主要建筑物和道路的中心线平行或垂直敷设。

(4)干管应靠近主要使用单位和连接支管较多的一侧敷设。

(5)地下管线一般布置在道路以外，但检修较少的管线如污水管、雨水管、给水管也可布置在道路下面。管道尽量布置在人行道或草地下，不允许布置在乔木下。雨水管应尽量布置在路边，带消防栓的给水管也应沿路敷设。

(6)池塘和坑洼处可考虑雨水的调蓄。

(7)为保证安全，避免各种管线、建筑物和树木之间相互影响，便于施工和维护，各种管线间水平距离应满足最小水平净距。

(8)当地形坡度变化大时,雨水干管布置在地形较低处或溪谷线上;当地形平坦时,雨水干管布置在排水流域的中间。

(9)检查井内同高度上接入的管道数量不宜多于 3 条,车行道上应采用重型铸铁井盖。

(10)雨水口每隔 25 ~ 40 m 设置一个,当道路纵坡大于 0.02 时,间距可大于 50 m。

## 4. 雨水管渠的水力计算设计数据

为使雨水管渠正常工作,避免发生淤积、冲刷等现象,对雨水管渠水力计算的基本数据作如下技术规定:

### 1) 设计充满度

雨水中主要含有泥沙等无机物质,由于暴雨径流量大,而相应较高设计重现期的暴雨强度的降雨历时一般不会很长,故管道设计充满度按满流考虑,即$h/D=1$。明渠则应具有等于或大于 0.20 m 的超高。街道边沟应具有等于或大于 0.03 m 的超高。

### 2) 设计流速

为避免雨水所携带的泥沙等无机物质在管渠内沉淀下来而堵塞管道,雨水管渠的最小设计流速应大于污水管道。《室外排水设计规范》规定,满流时管道内最小设计流速为 0.75 m/s;明渠内最小设计流速为 0.40 m/s。

为防止管壁受到冲刷而损坏,影响及时排水,对雨水管渠的最大设计流速规定为:金属管最大流速为 10 m/s;非金属管最大流速为 5 m/s。明渠中水流深度为 0.4 ~ 1.0 m 时,最大设计流速宜按表 2-3 采用。当水流深度在 0.4 ~ 1.0 m 范围以外时,表 2-3 所列最大设计流速应乘以下列系数(注:$h$ 为水流深度):

$h<0.4$ m 时,取 0.85;

1.0 m $<h<$ 2.0 m 时,取 1.25);

$h\geq 2.0$ m 时,取 1.40。

**表 2-3　水流深度 $h$ 为 0.4 ~ 1.0 m 时的明渠最大设计流速**

| 序号 | 明 渠 类 别 | 最大设计流速 /(m/s) |
|---|---|---|
| 1 | 粗砂及贫砂质黏土 | 0.8 |
| 2 | 砂质黏土 | 1.0 |
| 3 | 黏土 | 1.2 |
| 4 | 石灰岩及中砂岩 | 4.0 |
| 5 | 草皮护面 | 1.6 |
| 6 | 干砌块石 | 2.0 |
| 7 | 浆砌块石及浆砌石 | 3.0 |
| 8 | 混凝土 | 4.0 |

(表格引自丁绍刚. 风景园林景观设计师手册[M]. 上海:上海科学技术出版社,2009,第 617 页.)

### 3) 最小坡度

雨水管道一般采用圆形断面,但当直径超过 2 m 时,也可采用矩形、半椭圆形或马蹄形。

为了保证管渠内不发生淤积,雨水管渠的最小坡度(表 2-4) 应按最小流速计算确定。《室外排水设计规范》规定:在街坊和厂区内,当管径为 200 mm 时,最小设计坡度为 0.004;在街道下,当管径为 250 mm 时,最小设计坡度为 0.003;雨水口连接管的最小坡度为 0.01;明渠的最小坡度为 0.0005。

表 2-4　雨水管渠的最小坡度

| 管径 /mm | 200 | 300 | 350 | 400 |
|---|---|---|---|---|
| 最小坡度 /(%) | 0.4 | 0.33 | 0.3 | 0.2 |

(表格引自丁绍刚. 风景园林景观设计师手册[M]. 上海:上海科学技术出版社，2009,第 616 页.)

明渠一般采用矩形或梯形。断面底宽一般不小于 0.3 m。边坡视土壤及护面材料而不同。用砖石或混凝土块铺砌的明渠,一般采用 1∶0.75～1∶1 的边坡。边坡在无铺装情况下,根据其土壤性质选择边坡数值(表 2-5)。

表 2-5　各种土质的明渠边坡值

| 序号 | 明 渠 土 质 | 边　坡 |
|---|---|---|
| 1 | 粉砂 | 1∶3～1∶3.5 |
| 2 | 松散的细砂、中砂、粗砂 | 1∶2～1∶2.5 |
| 3 | 细实的细砂、中砂、粗砂 | 1∶1.5～1∶2 |
| 4 | 黏质砂土 | 1∶1.5～1∶2 |
| 5 | 砂质黏土和黏土 | 1∶1.25～1∶1.5 |
| 6 | 砾石土和卵石土 | 1∶1.25～1∶1.5 |
| 7 | 半岩性土 | 1∶0.5～1∶1 |

(表格引自丁绍刚. 风景园林景观设计师手册[M]. 上海:上海科学技术出版社，2009,第 616 页.)

4) 最小管径

为了保证管道养护上的便利,防止管道发生阻塞,《室外排水设计规范》规定街道下的雨水管道的最小管径为 250 mm,街坊和厂区的雨水管道的最小管径为 200 mm。

### 5. 雨水管渠的水力计算步骤

排水系统的布置和计算不仅要保证排水管渠有足够的过水断面,而且要有合理的水力坡降,使雨水或污水能顺利排除。设计流量 $Q$ 是排水管网计算中最重要的依据之一。

1) 设计流量计算公式

$$Q=\varphi \cdot q \cdot F$$

式中:$Q$—— 管段雨水设计流量,L/s;

$\varphi$—— 径流系数;

$q$—— 管段设计降雨强度,$L/(s \cdot hm^2)$;

$F$—— 管段设计汇水面积,$hm^2$。

下面介绍与计算有关的几个因子:

(1) 径流系数 $\varphi$:是指流入管渠中的雨水量和落到地面的雨水量的比值,即

$$\varphi = 径流量 / 降雨量$$

由于雨水降落到地面后,部分被土壤或其他地面物吸收,不会全部流入管渠,所以径流系数值取决于地表或地面物的性质。

此外,径流系数还受降雨历时、暴雨强度、暴雨雨型等因素影响,因此径流系数通常采用按地面覆盖种类确定的经验数值,如表 2-6 所示。

表 2-6　径流系数 $\varphi$ 值

| 序　号 | 地面种类 | $\varphi$ 值 |
|---|---|---|
| 1 | 硬屋面、未铺石子的平屋面、沥青屋面 | 0.9 |
| 2 | 铺石子的平屋面 | 0.8 |
| 3 | 绿化屋面 | 0.4 |
| 4 | 混凝土和沥青路面 | 0.9 |
| 5 | 块石等铺砌路面 | 0.7 |
| 6 | 干砌砖、石和碎石路面 | 0.5 |
| 7 | 非铺砌的土地面 | 0.4 |
| 8 | 公园绿地 | 0.25 |
| 9 | 水面 | 1 |
| 10 | 地下建筑覆土绿地(覆土厚度 ≥ 500 mm ) | 0.25 |
| 11 | 地下建筑覆土绿地(覆土厚度 < 500 mm ) | 0.4 |

如果汇水区覆盖类型较多,平均径流系数可用加权平均法求取

$$\varphi_{平均}=(\varphi_1F_1+\varphi_2F_2+\varphi_3F_3+\cdots+\varphi_nF_n)/\sum F$$

式中:$F_1$、$F_2$、$F_3$、…、$F_n$:汇水区内各类地面所占面积,$hm^2$;

$\varphi_1$、$\varphi_2$、$\varphi_3$、…、$\varphi_n$:对应的各类地面的径流系数;

$\sum F$—— 汇水区总面积,$hm^2$。

(2) 设计降雨强度 $q$:指单位时间内的降雨量。

$$降雨强度\ i=降雨量\ h/降雨历时\ t$$

将 $i$(mm/ min) 换算成 $q[L/(s\cdot hm^2)]$,即

$$q=167i$$

式中:$q$—— 技术强度,$L/(s\cdot hm^2)$;

$i$—— 物理强度,mm/min。

我国常用的降雨强度公式为

$$q=\frac{167A_i(1+c\lg P)}{(t+b)^n}$$

式中:$q$—— 降雨强度,$L/(s\cdot hm^2)$;

$P$—— 重现期,a;

$t$—— 集水时间,min。

$A_i$、$c$、$b$、$n$:地方参数。

(3)设计重现期 $P$:指某一强度的降雨重复出现一次的平均间隔时间,强度越大的降雨出现的频率越小。一般可选 1 ~ 3 年,怕水淹或重要活动区域,$P$ 值可选大一些。在同一排水系统中也可采用同一设计重现期或不同的设计重现期。

(4)集水时间 $t$:指连续降雨的时段,可指整个降雨历程,也可指降雨过程中的某个连续时段,由地面集水时间 $t_1$ 和雨水在计算管段中流行的时间 $t_2$ 组成。

$$t=t_1+mt_2$$

式中:$t$—— 集水时间,min;

$t_1$—— 地面集水时间,min;

$t_2$—— 雨水在管渠内流行的时间,min;

$m$—— 延迟系数,暗管 $m=2$,明渠 $m=1.2$,陡坡地区管道 $m=1.2\sim2$。

其中,地面集水时间 $t_1$ 是指雨水从汇水区上最远点流到第一个雨水口的时间,受汇水区面积大小、地形陡缓、屋顶及地面的排水方式、土壤的干湿程度及地表覆盖情况等因素的影响,通常取经验数值,$t_1=5\sim15$ min。如在地形较陡、建筑密度较大或铺装场地较多及雨水口分布较密的地区,$t_1=5\sim8$ min。在地势较平坦、建筑稀疏、汇水区面积较大、雨水口少的地区,$t_1=10\sim15$ min。起点井上游地面流行距离以不超过 120 ~ 150 m 为宜。

雨水在管渠内流行的时间 $t_2$ 按公式计算

$$t_2=\sum\frac{L}{60v}$$

式中:$L$—— 各管段的长度,m;

$V$—— 各管段满流时的水流速度,m/s。

(5)汇水区面积 $F$:根据地形和地物划分,通常沿山脊线、沟谷或道路等进行划分。汇水区面积以公顷为单位。

2)设计计算步骤

(1)根据地形及地物情况划分汇水区。

(2)给各汇水区编号并求面积。

(3)作雨水管道布置草图,标出检查井位置、管段长度、管道走向及雨水排放口,并对检查井编号。

(4)根据所在地的降水设计重现期 $P$、设计降雨历时 $t$、降雨强度公式,求得降雨强度 $q$、单位面积径流量 $q_0$。

(5)雨水管道的水力计算。求各管段的设计流量,确定各管段所需的管径、坡度、流速、管底标高及管道埋深等数值,并逐一填入管道水力计算表格。

(6)绘制雨水干管平面图,标出各检查井的井口标高、各管段的管底标高、管段的长度、管径、水力坡降及流速等。

(7)绘制雨水干管纵剖面图。

(8)作该管道系统排水构筑物的构造图。

3)雨水管渠水力计算示例

**【例】** 某居住区部分雨水管道平面布置如图 2-33 所示。该地区暴雨强度公式 $q=\frac{500(1+1.47\lg P)}{t^{0.65}}$,设计重现期 $P=1$ a,管材采用钢筋混凝土圆管,管道起点 1 的管底标高定为 2.0 m,各类地面面积见表 2-7,试进行雨水管道设计计算。

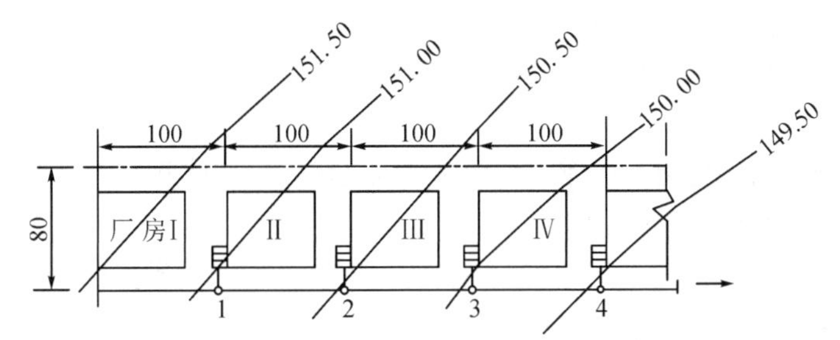


**图 2-33 某居住区部分雨水管道平面图**(单位:m)

(图片引自黄敬文,马建锋. 城市给排水工程[M]. 郑州:黄河水利出版社,2008,第 191 页.)

**表 2-7　径流系数 $\varphi$ 及 $\varphi F$ 值**

| 地面种类 | 面积 $F_i$/hm² | 径流系数 $\varphi_i$ | $\varphi_i F_i$ |
|---|---|---|---|
| 屋顶 | 0.69 | 0.9 | 0.621 |
| 柏油马路 | 0.84 | 0.9 | 0.756 |
| 人行道 | 0.39 | 0.9 | 0.351 |
| 草地 | 1.28 | 0.15 | 0.192 |
| 合计 | 3.2 | | 1.920 |

（表格引自黄敬文，马建锋．城市给排水工程[M]．郑州：黄河水利出版社，2008，第 191 页．）

**解**

（1）依据地形及管道布置情况，确定各汇水面积的水流方向、划分设计管段、计算各管段汇水面积、量出各管段长度，并将管段编号、各管段汇水面积、管长填入水力计算表中，见表 2-8。

例如管段 1—2 的汇水面积 $F_{1-2}=\dfrac{100\times 80}{10\ 000}\ \text{hm}^2=0.8\ \text{hm}^2$，管段 1—2 长度从图中量得为 100 m。

**表 2-8　雨水管道水力计算**

| 管段编号 | 管段长度 $L$/m | 管内雨水流行时间/min | | 单位面积流量 $q_0$/[L/(s·hm²)] | 汇水面积 $F$/hm² | | | 设计流量 $Q$/(L/s) | 管径 $D$/mm | 坡度 $i$/(‰) | 流速 $v$/(m/s) |
|---|---|---|---|---|---|---|---|---|---|---|---|
| | | $\sum t_2$ | $t_2$ | | 沿线 | 传输 | 合计 | | | | |
| 1—2 | 100 | 0 | 1.85 | 105 | 0.8 | 0 | 0.8 | 84.0 | 350 | 4 | 0.9 |
| 2—3 | 100 | 1.85 | 1.7 | 74 | 0.8 | 0.8 | 1.6 | 118.4 | 400 | 4 | 0.98 |
| 3—4 | 100 | 3.55 | 1.38 | 59 | 0.8 | 1.6 | 2.4 | 141.6 | 400 | 5 | 1.18 |

| 管段编号 | 输水能力/(L/s) | 管底坡度 $iL$/m | 管底降落/m | 原地面标高 | | 设计地面标高 | | 管底标高 | | 埋深 | | |
|---|---|---|---|---|---|---|---|---|---|---|---|---|
| | | | | 起点/m | 终点/m | 起点/m | 终点/m | 起点/m | 终点/m | 起点/m | 终点/m | 平均/m |
| 1—2 | 86.5 | 0.4 | 0.05 | 150.950 | 150.450 | 150.950 | 150.450 | 148.950 | 148.550 | 2.0 | 1.90 | 1.95 |
| 2—3 | 123.5 | 0.4 | 0.05 | 150.450 | 149.950 | 150.450 | 149.950 | 148.500 | 148.100 | 1.95 | 1.85 | 1.90 |
| 3—4 | 142.2 | 0.5 | 0.05 | 149.950 | 149.450 | 149.950 | 149.450 | 148.100 | 147.600 | 1.85 | 1.85 | 1.85 |

（表格引自黄敬文，马建锋．城市给排水工程[M]．郑州：黄河水利出版社，2008，第 192 页．）

（2）依据管道平面图和地形图，确定各管段起讫点的地面高程，并填入水力计算表。从图中量得 1 号和 2 号检查井的地面高程分别为 150.950 m 和 150.450 m。

（3）求居住区平均径流系数 $\varphi$。已知 4 块街区的总面积为 3.2 hm²，各类面积 $F_i$ 及 $\varphi_i$ 值列入表 2-7 中，根据平均径流系数公式，得

$$\varphi=\frac{\sum F_i\varphi_i}{F}=\frac{1.920}{3.2}=0.6$$

（4）求单位面积径流量 $q_0$。单位面积径流量即为设计降雨强度 $q$ 与平均径流系数 $\varphi$ 的乘积

$$q_0 = q\varphi$$

将重现期 $P=1$ a 代入暴雨强度公式有

$$q = \frac{500(1+1.47\lg P)}{t^{0.65}} = \frac{500}{t^{0.65}}$$

所以

$$q_0 = q \cdot \varphi = \frac{500}{t^{0.65}} \times 0.6 = \frac{300}{t^{0.65}}$$

由于街区面积较小，取地面集水时间 $t_1 = 5$ min；由于采用暗管，取 $m=2.0$，所以集水时间 $t = t_1 + m\sum t_2 = 5 + 2\sum t_2$，将其代入上式有

$$q_0 = \frac{300}{\left(5+2\sum t_2\right)^{0.65}}$$

(5)进行雨水管道流量计算及水力计算。计算可在表中进行，先从管道起端开始，依次向下游进行，其方法如下：先根据设计断面上游管段的管内雨水流行时间 $\sum t_2$，按 $q_0 = \frac{300}{\left(5+2\sum t_2\right)^{0.65}}$ 公式求得单位面积径流量 $q_0$，然后根据流量计算公式 $Q = qF\varphi = q_0 F$ 求出设计管段的设计雨水流量。根据管段设计流量 $Q$，并参考地面坡度，查满流水力计算表确定出管径 $D$、坡度 $i$、流速 $v$，再进一步计算出管段起讫点管底高程及埋设深度，并填入计算表中相应的栏目。管道在检查井处的衔接方法采用管顶平接，计算结果见表 2-8。

(6)根据表中的水力计算结果绘制雨水管道纵剖面图。

## 2.3.4 风景园林污水的处理与排放

风景园林污水是城市污水的一部分。其成分相对较单一，主要是生活污水，且污水量较少。污水中含有大量的碳水化合物、蛋白质、脂肪等有机物，具有一定的肥效，可用于农用灌溉。污水中一般不含有毒物质，但含有大量细菌、寄生虫卵或致病菌，具有一定的危害性，必须经过处理后才能排入自然水体。

### 1. 污水处理技术

污水处理技术就是采用有效的方法将污水中含有的污染物分离出来，或将其转化为无害和稳定的物质，使水得到净化，排出时水质达到国家标准。处理的基本方式主要有物理法、生物法和化学法。

物理法，是指采用物理方法来分离去除污水中的非溶解性物质，如重力分离法、离心分离法、过渡法等。

生物法，是指利用微生物活动，将污水中的有机物分解氧化成稳定的无机物，有天然生物处理法和人工生物处理法两类。

化学法，是指利用化学反应处理或回收活水中有毒害的溶解物质或胶体物质，常有投药法和传质法。

### 2. 污水处理构筑物

在风景园林绿地净化污水时应根据其不同的性质分别进行有效的处理，并设置相应的构筑物。

1)化粪池

化粪池(图 2-34、图 2-35)就是流经池子的污水与沉淀污泥直接接触，有机固体通过厌氧细菌作用分解的一种沉淀池，园林中常用于粪便污水的处理。

2)稳定塘

稳定塘(图 2-36)也叫生物塘、氧化塘，是利用经过人工适当修整的土地，设围堤和防渗层的污水池塘，

主要依靠自然生物净化功能对污水进行处理。稳定塘多用于处理已经过二级处理的中水或雨水。

3)湿地处理系统

湿地处理系统(图 2-37)是将污水投放到土壤经常处于水饱和状态而且生长有耐水植物的沼泽地上,污水沿一定方向流动,在耐水植物和土壤联合作用下污水得到净化的一种土地处理工艺。

图 2-34　水泥预制化粪池

图 2-35　玻璃钢化粪池

图 2-36　法国南部 Meze 氧化塘污水处理系统

图 2-37　湿地处理系统

# 2.4 中水系统

## 2.4.1　中水的概念

中水是指各种排水经处理后,达到规定的水质标准,可在生活、市政、环境等范围内杂用的非饮用水(图 2-38),是由上水(给水)和下水(排水)派生出来的。

我国现行《建筑中水设计规范》(GB 50336—2018)中规定,缺水城市和缺水地区适合建设中水设施的工程项目,应按照当地有关规定配套建设中水设施。中水设施必须与主体工程同时设计、同时施工、同时使用。

因此,对于淡水资源缺乏、城市供水严重不足的缺水地区,采用中水技术既能节约水资源,又可使污水无害化,是开源节流、防治污染的重要途径。

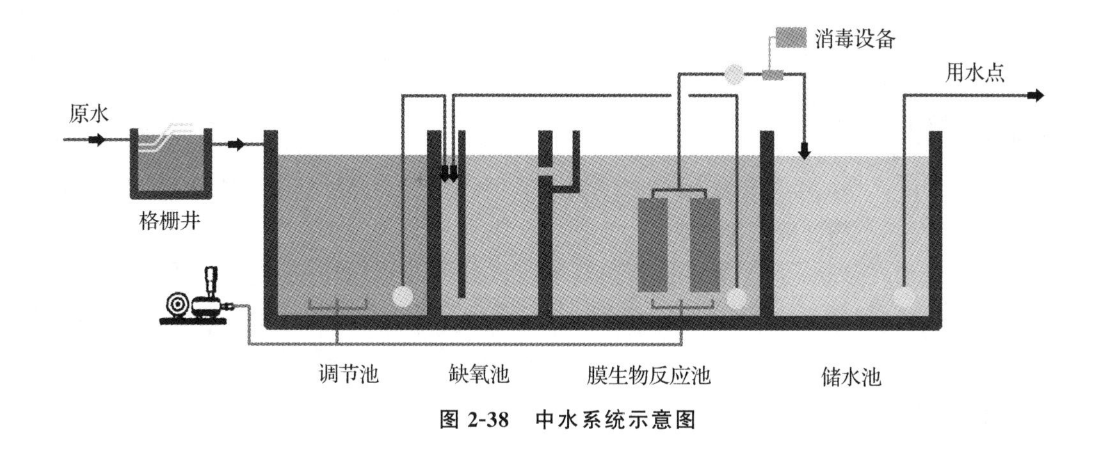


图 2-38 中水系统示意图

## 2.4.2 中水系统的分类

中水回用系统按其供应的范围大小和规模，一般分为建筑中水系统、小区中水系统、城镇中水系统三大类。

### 1. 建筑中水系统

建筑中水系统是指民用建筑物或小区内使用后的各种排水（如生活排水、冷却水及雨水等）经过适当处理后，回用于建筑物或小区内，作为冲洗便器、冲洗汽车、绿化和浇洒道路等杂用水的供水系统。中水处理设施一般可设置在地下室或建筑物外部。

由于投资少、见效快，这种系统目前在国内外被普遍采用，适用于排水量大的宾馆、饭店、公寓等建筑。

### 2. 小区中水系统

小区中水系统以居住小区内各建筑物排放的生活废水或污水为中水水源并集中处理后回用于小区。

小区中水系统由于供水需求量较大，可将雨水作为补充水源，同时也应设置应急水源，可用于住宅小区、学校以及机关团体大院。

### 3. 城镇中水系统

城镇中水系统以城镇二级生物污水处理厂的出水和部分雨水为中水水源，经过中水处理站处理后，达到《城市污水再生利用　城市杂用水水质》(GB/T 18920—2002)和《城市污水再生利用　景观环境用水水质》(GB/T 18921—2002)规定的水质，供城镇杂用水使用，可用于城镇绿化、道路清扫、汽车冲洗、景观河湖以及工业循环冷却水系统的补水等。

因规模较大，往往与城镇污水处理统筹考虑。设置该系统时，城镇和建筑内部应采用饮用给水和杂用给水双管分质给水系统，并不一定要求排水采用分流制。

## 2.4.3 中水系统的组成

中水系统由中水原水系统、中水处理设施和中水供水系统组成。

### 1. 中水原水系统

中水原水是指选作中水水源而未经处理的排水。中水原水系统是指收集、输送中水原水到中水处理设施的管道系统和一些附属构筑物。

它分为污、废水合流系统和污、废水分流系统。

### 2. 中水处理设施

中水处理设施是中水系统的关键组成部分，任务是将中水原水净化为符合水质标准的回用中水，分为预处理设施、主要处理设施和后处理设施三类。

预处理设施有化粪池、格栅、调节池和毛发聚集器等，其主要作用是截留较大的悬浮物和漂浮物。主要处理设施有沉淀池、生物接触氧化池、曝气生物滤池、生物转盘等。后处理设施根据需要增加深度处理，一般包括滤池、消毒处理设备等。

### 3. 中水供水系统

中水供水系统的任务是将中水处理设施处理的出水(符合中水水质标准)先流入中水储水池，再经水泵提升后与建筑内部的中水供水系统连接，保质保量地通过中水输送管网送至各个中水用水点。

该系统由中水储水池、中水增压设施、中水配水管网、控制和配水附件、计量设备等组成。

## 2.5 “海绵城市”

“海绵城市”(sponge city)是借海绵的物理特性来形容城市的某种功能，具体指城市能够像海绵一样，在适应环境变化和应对自然灾害等方面具有良好的“弹性”，下雨时吸水、蓄水、渗水、净水，需要时将蓄存的水“释放”并加以利用(图 2-39)。通过渗、滞、蓄、净、用、排等多种技术，完成对雨水的吸收和释放双重功能，实现城市良性水循环，确保水生态安全。

图 2-39　海绵城市示意图

其深层内涵包括三方面：

一是，海绵城市面对洪涝或者干旱时能灵活应对和适应各种水环境的危机，体现出弹性城市应对自然灾害的能力；

二是，海绵城市要求基本保持开发前后的水文特征不变，主要通过低影响开发的开发思想和相关技术

实现;

三是,海绵城市要求保护水生态环境,将雨水作为资源合理储存起来,以解城市出现的缺水之急,体现出对水环境及雨水资源可持续的综合管理思想。

总之,在海绵城市建设过程中,应统筹自然降水、地表水和地下水的系统性,协调给水、排水等水循环利用各环节,并考虑其复杂性和长期性。

《海绵城市建设技术指南》明确提出,通过海绵城市建设,最大限度地减少城市开发建设对生态环境的影响,将70%的降雨就地消纳和利用。到2020年,城市建成区20%以上的面积达到目标要求;到2030年,城市建成区80%以上的面积达到目标要求。2015年国务院办公厅印发指导意见提出上述工作目标,敲定推进海绵城市建设的"时间表"和"路线图"。

## 2.5.1 海绵城市建设技术要素

《海绵城市建设技术指南》将源头式的低影响开发措施扩展至涵盖水循环中途和末端环节的多种灰色和绿色雨洪管理措施,提出"渗、滞、蓄、净、用、排"6种典型技术要素(图2-40),以塑造城市良性的水文循环过程,全面提高城市雨水径流的渗透、调蓄、净化、利用和排放能力,维护水环境健康并保障城市水安全,赋予城市"海绵"功能。

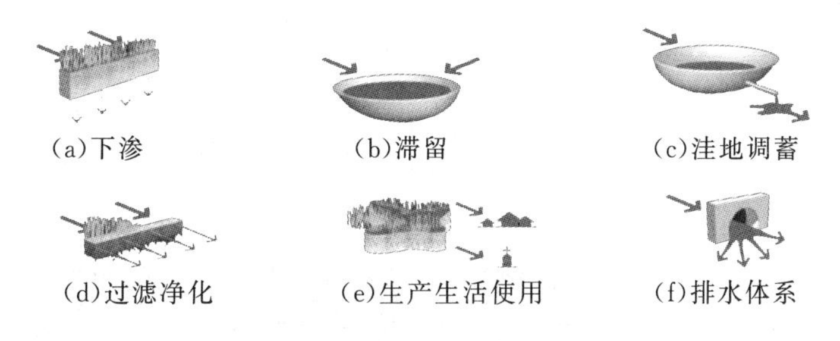


**图2-40 "渗、滞、蓄、净、用、排"6种典型技术要素**

"渗"以鼓励雨水径流透过下垫面孔隙(土壤孔隙、透水铺装孔隙等)渗入地下、回补地下水为核心目标。一方面可以有效减少地表雨水径流的产生量,从而起到削峰的作用,减轻城市排涝压力;另一方面还可促进地下壤中流的形成,保证河流基流稳定。可推广透水铺装、充分利用自然下垫面渗透作用,减缓地表径流的产生,涵养生态与环境,积存水资源。

"滞"用以减缓雨水径流汇集速度,通过迫使雨水径流暂时停滞在地表凹地内,阻碍径流向下游的集中汇集,化整为零,有效减轻场地排水压力。可通过雨水花园、储水池塘、湿地公园、下沉式绿地等雨水滞留设施,以空间换时间,提高雨水滞渗的作用,同时也降低雨水汇集速度,延缓峰现时间,既降低排水强度,又缓解了灾害风险。

"蓄"是指在产汇流过程的源头或根据实际情况在水文循环系统的末端,将产生的雨水径流集中收集并储存起来,同时兼顾削减峰值流量和错峰的功能。可因地制宜地提高雨水就地蓄积比例,调节时空分布,为雨水利用创造条件。

"净"是指有效降低产汇流过程中产生的面源污染,降解化学需氧量(COD)、悬浮物(SS)、总氮(TN)、总磷(TP)等主要污染物,洁净水体,改善城市水环境。按照水体净化的原理不同,可分为物理净化、生物净化和化学净化。

"用"是以从产流源头提高地表雨水径流资源利用效率为核心目标,将蓄积起来的雨水资源经净化处理,用于城市生产、生活以及生态建设等方面,以期通过加强人工与自然水循环系统间的联系,提高水资源利用率。可鼓励企事业单位、社区和居民家庭充分利用雨水资源和再生水,提高用水效率,缓解水资源短缺的情况。

“排”是指在面对强降雨甚至超强降雨，面对城市地下水位高、下渗能力有限的情况下，海绵城市系统能具备适宜的洪涝排泄能力。可构建灰绿结合的市政排水体系，避免内涝等灾害，确保城市运行安全。

## 2.5.2 海绵城市建设技术措施

海绵城市的建设实施可通过多种技术措施实现，如透水铺装、绿色屋顶、下沉式绿地、生物滞留设施、渗透塘、雨水湿地、储水池、植物缓冲带、初期雨水弃流设施、人工土壤渗滤等构造。

规划设计者应针对特定的雨洪管理需求和场地环境条件选择适宜措施，具体的措施有以下几个方面：

### 1. 生物滞留池

生物滞留池(图 2-41)：是指在地势较低的区域内，通过土壤、植被以及微生物系统蓄渗、净化雨水径流的一种雨水过滤渗透设施。按照应用位置的不同又可称作雨水花园、生态滞蓄池、高位植台、生态树池等。

### 2. 植草沟

植草沟(图 2-42)：是指种有植被的地表沟渠，可收集、输送和排放雨水径流，并通过植物根系的生物过滤处理以及土壤颗粒的物理过滤处理，产生一定的雨水净化作用，从而去除径流中大部分大颗粒悬浮物和一部分溶解态污染物。类型包括传输型植草沟、渗透型的干式植草沟及常有水的湿式植草沟。

### 3. 渗透沟

渗透沟(图 2-43)：是指多掩于植物绿化带下，利用填充层对汇入雨水进行净化处理，使其渗入地下，并有明显的截污、回补地下水作用的结构。

图 2-41 生物滞留池

图 2-42 植草沟

图 2-43 渗透沟

### 4. 透水铺装

透水铺装(图 2-44)：按照面层材料的不同，可分为透水砖铺装、透水混凝土铺装和透水沥青混凝土铺装、嵌草砖等，园林铺装中的鹅卵石、碎石铺装等也属于透水铺装。雨水径流在透水路面不同层间缓慢下渗的过程中，可以去除污染杂质，得到有效的过滤和净化。透水铺装适宜在交通量不大的区域使用，如人行道、停车场、广场、园林小路等。

### 5. 集水箱

. 集水箱(图 2-45)：又称作雨水罐或者雨水桶，是与建筑的落水管相连收集雨水的容器，可以安置在地表建筑旁或设置于地下。地下集水箱可以储存和收集与容器体积相等的雨水，并对其进行二次利用。集水箱的材料多为木、玻璃、金属或者塑料，经过加工改造，造型美观，便于安装维护，造价也相对低廉，适宜结合建筑庭院进行设置。

### 6. 净水湿地

净水湿地(图 2-46):是指通过模拟天然湿地的结构与功能,利用水生植物、基质和微生物等构建湿地生态体系,通过过滤、吸附、沉淀、离子交换、植物吸收和微生物分解等物理、化学、生物作用,实现对雨水径流乃至富营养化水体的净化功能。根据湿地内水流方式的不同,净水湿地分为表面流型人工湿地、水平潜流型人工湿地以及复合垂直流型人工湿地。

图 2-44　透水铺装

图 2-45　集水箱

图 2-46　武汉植物园湿地

# 第3章

# 风景园林砌体工程

风景园林砌体工程是指在风景园林工程建设中利用各种砖材、石材和混凝土块等块材砌筑各类构筑物的工程，如花坛、水池、挡土墙、驳岸、围墙、景墙、管沟、检查井等都应用到砌体工程。砖石结构取材容易，施工方便，造价低，可节约钢材、木材和水泥，耐火、隔热、隔声性能好。但同时也存在一些缺点，如结构强度低、自重大、抗震性能差等。砖石砌体在风景园林中被广泛采用，它既是承重构件、围护构件，也是主要的造景元素之一。风景园林砌体工程主要包括花坛砌体、挡土墙砌体和景墙砌体三部分，其中景墙工程与挡土墙工程有许多相通之处，故本章主要从花坛工程和挡土墙工程的使用材料、特点、类型以及设计与施工等方面进行相关介绍。

# 3.1 砌体材料的认识

砌体材料是构筑物的主体材料，需具有较强的承重性、抗压性及稳定性。风景园林砌体工程的基本材料是砖、石、混凝土和砂浆，以及根据设计需要而使用的其他材料，如钢材、木材、瓦、竹子、玻璃等。在学习砌体工程的设计与施工技术之前，必须掌握砌体材料的基本规格、性能和使用特点。

## 3.1.1 砖材

在风景园林建设中，砖材是砌体工程的基本材料，既可承重，又可通过砖的错缝叠砌、凹凸砌筑、空斗砌筑等多种方法以及砖的色彩、肌理、质感来展示不同的设计理念和景观效果。

### 1. 砖材的种类

砖材依据生产方式可分为烧结黏土砖、其他烧结砖和不烧结砖三类。

①烧结黏土砖：是以黏土为原料，按照国家统一规格标准烧结而成。标准砖的尺寸规格为 240 mm×115 mm×53 mm，小砖的尺寸规格为 220 mm×105 mm×43 mm。砖的抗压强度等级主要有 MU7.5、MU10、MU15、MU20 和 MU25，其中常用的抗压强度等级为 MU7.5 和 MU10。

烧结黏土砖又可分为实心砖、空心砖和多孔砖三种。实心砖是无孔的砖，规格尺寸按标准砖和小砖尺寸。实心砖按制作方法又可分为手工砖和机制砖；按颜色可分为青砖和红砖，一般青砖比红砖结实，耐碱、耐久性好。空心砖又称大孔砖，在砖体上一般有 3 或 5 个大孔，主要有 3 个规格型号：$KP_1$ 标准尺寸为 240 mm×115 mm×90 mm；$KP_2$ 标准尺寸为 240 mm×180 mm×115 mm；$KM_1$ 标准尺寸为 190 mm×190 mm×90 mm（图 3-1）。空心砖主要用来砌框架维护墙、隔断墙等非承重墙。多孔砖是为了节省黏土和减轻自重而由实心砖改进而来，可以用来砌筑承重墙体，其规格为 240 mm×115 mm×90 mm（图 3-2）。

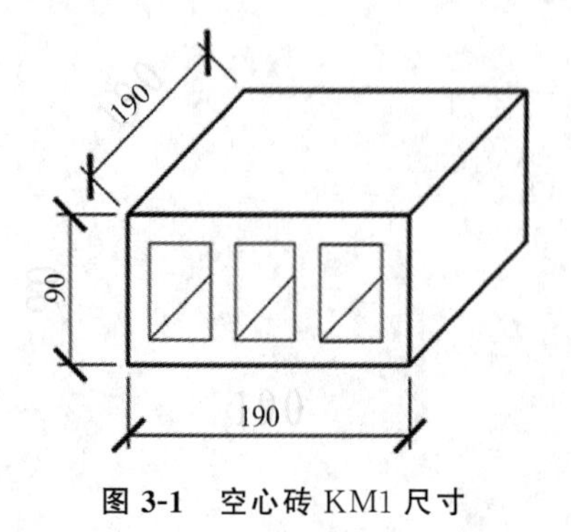


图 3-1　空心砖 KM1 尺寸

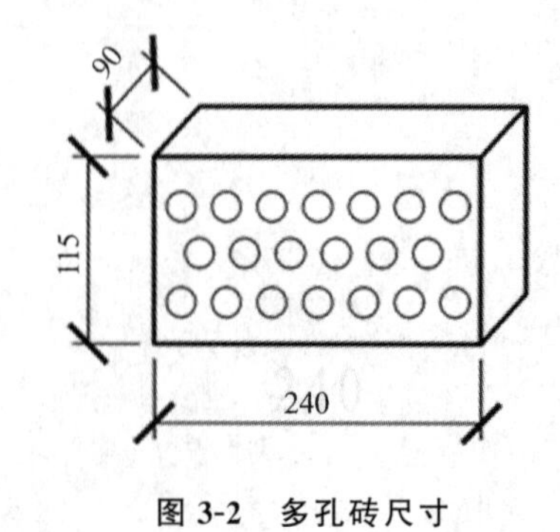


图 3-2　多孔砖尺寸

②其他烧结砖：主要指除烧结黏土砖以外的其他采用烧结方法生产的砖，包括烧结煤矸石砖、烧结粉煤灰砖和页岩砖等，其规格尺寸与强度等级和烧结黏土砖相同。

③不烧结砖：由硅酸盐材料压制成型并经高压釜蒸压而成，又称硅酸盐类砖。它们主要利用工业废料制成，能化废为宝、节约土地资源、节约能源，但化学稳定性不强，耐久性较差，其应用没有烧结砖广泛。硅酸盐类砖的规格尺寸也与烧结砖相同，强度等级在 MU 7.5～MU 15 之间，其种类主要有灰砂砖、粉煤灰砖、炉渣砖等。

风景园林中的花坛、挡土墙、景墙等砌体多采用黏土烧结实心砖、煤矸石砖、页岩砖，而灰砂砖、炉渣砖、粉煤灰砖则不宜使用。

### 2. 砖墙的厚度和砌筑方式

砖墙的厚度习惯上以砖长为基数来称呼，如半砖墙(115 mm)，通称 12 墙；3/4 砖墙(178 mm)，通称 18 墙；一砖墙(240 mm)，通称 24 墙；一砖半墙(365 mm)，通称 37 墙；两砖墙(490 mm)，通称 50 墙。其厚度一般取决于对墙体强度、稳定性及功能的要求，同时还应符合砖的规格。

砖在墙体的放置方式有顺式(砖的长方向平行于墙面砌筑)和丁式(砖的长方向垂直于墙面砌筑)，常见的砖墙的砌筑方式有一顺一丁(图 3-3)、三顺一丁、梅花丁、全顺法、全丁法等。

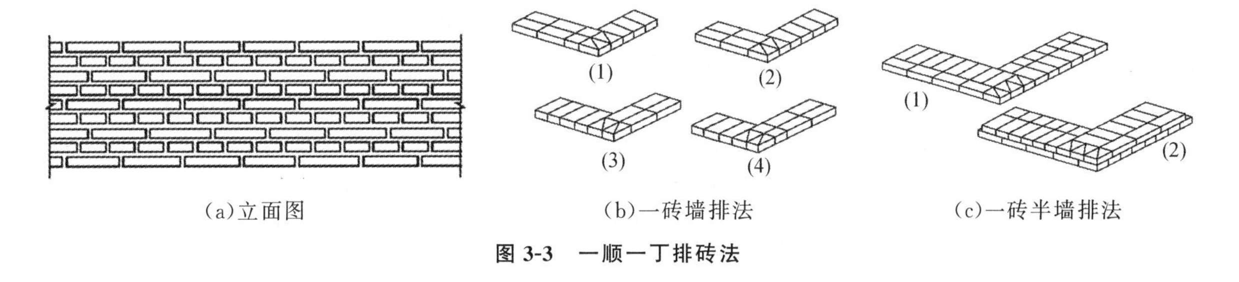


图 3-3　一顺一丁排砖法

## 3.1.2　石材

石材的抗压强度高，耐久性好。用于砌体工程的石材的强度等级可分为 MU200、MU150、MU100、MU80、MU60、MU50 等。砌筑用石材从外观上可分为料石和毛石两类。

### 1. 料石

料石亦称条石，是由人工或机械开采的较规则的六面体石块，经人工略加凿琢而成，依其表面加工的平整程度分为毛料石、粗料石、半细料石和细料石四种。

①毛料石：外观大致方正，一般仅稍加修整，厚度不小于 200 mm，长度为厚度的 1.5～3 倍。

②粗料石：表面凹凸深度要求不大于 20 mm，厚度和宽度均不小于 20 mm，且长度不大于厚度的 3 倍。

③半细料石：除表面凹凸深度要求不大于 10 mm 外，其余同粗料石。

④细料石：经过细加工，外形规则，除表面凹凸深度要求不大于 2 mm 外，其余同粗料石。

料石常由砂岩、花岗岩、大理石等质地比较均匀的岩石开采琢制，至少有一面的边角整齐，以便互相合缝，主要用于墙身、踏步、地坪、挡土墙等。

### 2. 毛石

毛石又称片石或块石，是人工采用撬凿法和爆破法开采出来的不规则石块，由于岩石层理的关系，往往可以获得相对平整的和基本平行的两个面，按其表面平整程度分为乱毛石和平毛石。

①乱毛石：形状不规则的毛石，一般在一个方向的尺寸达 300～400 mm，质量为 20～30 kg，强度大

于 10 MPa,软化系数不小于 0.75,常用于砌筑基础、勒脚、墙身、堤坝、挡土墙等,也可用作混凝土的骨料。

②平毛石:乱毛石略经加工而成的石块,形状较整齐,表面粗糙,其中部厚度不应小于 200 mm。

### 3.1.3 混凝土

混凝土简称为"砼",是用胶凝材料将集料胶结成整体的工程复合材料的统称。通常讲的混凝土是指用水泥作为胶凝材料,砂、石作为集料,与水(或加外加剂和掺合料)按一定比例配合,经搅拌、成型、养护而得的水泥混凝土,它广泛应用于土木工程中。混凝土具有原料丰富、价格低廉、生产工艺简单的特点,因而使其用量越来越大。同时混凝土还具有抗压强度高、耐久性好、强度等级范围宽等特点。在风景园林砌体工程中,既可利用预制混凝土块进行砌筑;也可在侧向压力大、高差大,不宜采用块石、砌块等重力式墙体的区域使用钢筋混凝土。

### 3.1.4 砂浆

砂浆是由骨料(砂)、胶结料(水泥)、掺和料(石灰膏)和外加剂(如微沫剂、防水剂、抗冻剂等)加水拌和而成。砂浆是风景园林中各种砌体材料中块体的胶结材料,使砌块通过它黏结成一个整体。砂浆还能填充块体之间的缝隙,阻止块体的滑动,并把上部传下来的荷载均匀地传到下面去。同时因砂浆填满了块体间的缝隙,也减少了透气性,提高了砌体的隔热性和抗冻性等。砂浆应具有一定的强度、黏结力和工作度(或叫流动性、稠度)。砂浆按其抗压强度分为 M15、M10、M7.5、M5、M2.5、M1 和 M0.4 等几个等级,其中砌体工程常用 M10、M7.5 和 M5 三种等级,砖砌体最常用的砂浆强度是 M7.5,石材挡土墙常用 M15。

根据组成材料不同,砌筑用砂浆可分为水泥砂浆、石灰砂浆和混合砂浆。

①水泥砂浆:由水泥、砂和水按一定配比搅拌而成,强度较高,黏结力强,凝固硬化速度快,但稠度较差,须即配即用。可用作基础和墙体砌筑中块状砌体材料的黏合剂或室内外的抹灰材料,一般用于潮湿环境或水中的砌体、墙面或地面等。

②石灰砂浆:由石灰膏、砂和水按一定比例拌和而成,强度较低,一般只有 0.5 MPa 左右,凝固、硬化的时间较长,但稠度较好。可作临时性墙体的砌筑砂浆,但不能用作水下、地面以下或防潮层以下砌体用的砂浆。

③混合砂浆:以水泥、石灰膏、砂和水按一定比例混合搅拌而成。这类砂浆具有一定的强度和耐久性,且保水性、和易性较好,便于施工,质量容易得到保证,主要用作质量要求较高的永久性墙体的砌筑砂浆。

## 3.2 面层装饰工程

风景园林砌体工程除必须满足工程特性要求外,还应突出其美化空间、美化环境的功能。结合周边环境和设计主题,选取合适的面层装饰材料和处理方式,是其中重要的手段之一。在风景园林中砌体工程的常用面层装饰方式有砌体材料外露、贴面装饰和抹灰装饰三大类。

## 3.2.1 砌体材料外露

风景园林中的砌体可直接将砌体材料，如砖、石等暴露出来，用砌体作为饰面。外露的砌体材料可通过选择其颜色、质感以及砌块的组合变化、砌块之间勾缝的变化，形成不同的外观，石材表面加工还可通过留自然荒包、打钻路、扁光、钉麻丁等方式得到不同的表面效果。其中在工程施工中最主要的装饰体现便是勾缝。勾缝是指用砂浆将相邻两块砌块之间的缝隙填塞饱满，其作用是有效地让上下左右砌块之间的连接更加牢固，防止风雨侵入墙体内部，并使墙面清洁、整齐、美观。

### 1. 勾缝类型

砖砌体的勾缝类型主要有平缝、斜面缝、凸缝、凹缝等(图 3-4)，同时砖砌体的勾缝类型也可用于石砌体表面，但勾缝形状略有不同(图 3-5)。

①平缝：砂浆缝口表面与两侧砖面基本相平，也称为“齐平”。采用平缝操作简单，勾成的墙面平整，不易剥落和积污，雨水直接流经墙面，防雨水渗透作用较好，适用于露天的情况，但墙面较为单调。

②斜缝：把灰缝的上口压进墙面 3～4 mm，下口与墙面平齐，使其成为斜面向上的缝，也称为“风蚀”。斜缝有单斜面和双斜面两种，双斜面又分为内斜和外斜。这种缝的坡形剖面有助于排水，其上的凹陷在每一行砖产生阴影线，适用于外墙面。

③凸缝：在灰缝面做一个矩形或半圆形的凸线，突出墙面 5 mm 左右。凸缝墙面线条明显、清晰，外观美丽，但操作比较费事。圆凸缝又称为“突出”，缝口断面呈外凸的半圆形或小半圆形，能伴随着日晒雨淋而形成迷人的乡村式外观。

④凹缝：将灰缝凹进墙面 5～8 mm 的一种形式。勾凹缝的墙面有立体感，但容易导致雨水渗漏，而且耗工量大，一般宜用于气候干燥地区。凹缝的类型主要有三种：圆凹缝，缝口断面呈凹陷的半圆形，又称为“钥匙”；浅圆凹缝，缝口断面呈凹陷的浅浅的小半圆形，也称为“提桶把手”；方凹缝，缝口凹陷较深，断面形状为矩形。

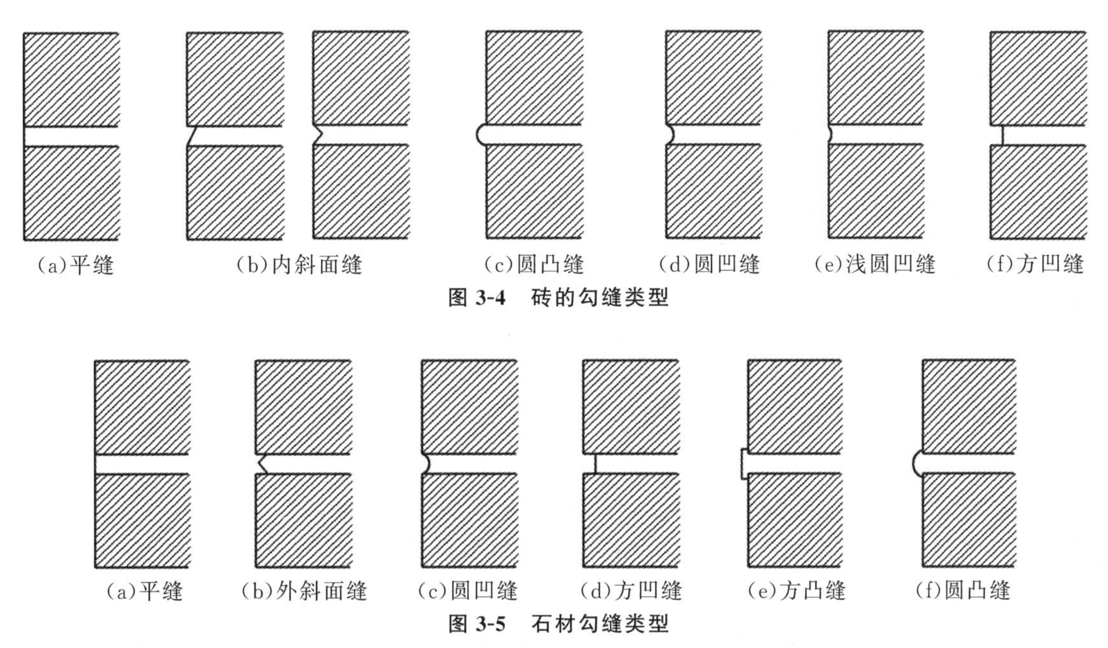

图 3-4 砖的勾缝类型


图 3-5 石材勾缝类型

### 2. 勾缝的方法及要求

砖砌体(清水墙)和石砌体的勾缝方法和要求不尽相同。根据是否使用胶结材料，石材的砌筑方式分为干砌和浆砌，浆砌石材需要进行勾缝处理。以下主要介绍清水墙、浆砌片石、浆砌块石和浆砌料石四种常用砌体的勾缝方法和要求。

①清水墙：勾缝时需先将墙面清理冲刷干净，开缝需用薄而锋利的扁锥子细致操作，确保勾好缝后，缝道均匀一致，外观顺畅美观。

②浆砌片石：勾缝时砂浆要嵌满压实，其面不宜超出片石表面，仅把砌缝抹平抹满为宜，片石上不要有多余的砂浆。

③浆砌块石：用作镶面的块石的灰缝宽度最大为 20 mm，不应有干缝和瞎缝。

④浆砌料石：砌体表面勾缝一般采用平缝，勾缝所用的砂浆标号和砌体所用的一致。砌石表面勾缝，除设计有特殊要求之外，一般应在砌筑时留出 20 mm 深的空隙，随砌随用灰刀将灰缝刮平。否则，待砌体砂浆凝固后，应将空缝清洗干净再勾缝。

## 3.2.2 贴面装饰

贴面装饰主要是针对砖砌墙体或混凝土墙体，采取不同的贴面材料及规格、颜色和面层处理方式，可获得独特的装饰效果。在目前的风景园林工程中常用的贴面材料有饰面砖、饰面板等，还常用一些不同颜色和大小的卵石来贴面。

### 1. 饰面砖

适用于砌体表面装饰的饰面砖主要有外墙面砖、陶瓷锦砖和玻璃锦砖。

①外墙面砖(墙面砖)：外墙面砖是镶嵌于建(构)筑物外墙面上的片状陶瓷制品，是采用品质均匀而耐火度较高的黏土经压制成型后焙烧而成的。根据面砖表面的装饰情况可分为表面不施釉的单色砖(又称墙面砖)、表面施釉的彩釉砖、表面既有彩釉又有凸起的花纹图案的立体彩釉砖、表面施釉并做成花岗岩花纹的仿花岗岩釉面砖等。为了与基层墙面很好地黏结，面砖的背面均有肋纹。外墙面砖的主要规格尺寸很多，质感、颜色多样化，具有强度高、防潮、抗冻、耐用、不易污染和装饰效果好的特点。

②陶瓷锦砖(陶瓷马赛克)：是由各种颜色、多种几何形状的小块瓷片(长边一般不大于 50 mm)铺贴在牛皮纸上的陶瓷制品(亦称纸皮砖)。陶瓷马赛克质地坚实，经久耐用，色泽图案多样，耐酸、耐碱、耐火、耐磨，吸水率小，不渗水，易清洗，热稳定性好。用作外墙饰面可形成别具风格的马赛克壁画艺术，其装饰性和艺术性均较好，且可增强建筑物的耐久性。

③玻璃锦砖(玻璃马赛克)：是一种小规格的彩色饰面玻璃，由天然矿物质和玻璃粉制成，具有化学稳定性和冷热稳定性好、耐酸碱、耐腐蚀、不变色、不积尘、容重轻、黏结牢等特性，能形成多种图案，组合变化多。

### 2. 饰面板

饰面板装饰是将天然石材、人造石材、金属饰面板等安装到砌体墙面上的一种装饰方法。饰面板的安装工艺有传统湿作业法、干挂法和直接粘贴法。

*1)天然石材饰面板*

风景园林中常用的天然石材饰面板主要有花岗岩、板岩、青石、砂岩等。

①花岗岩：花岗岩由火成岩形成，以石英、长石和云母为主要成分，结构致密，质地坚硬，耐酸碱、耐气候性好，可以在室外长期使用，是风景园林中最常见的石材种类。花岗岩分布广泛，我国自产的花岗岩就有 300 余种，内蒙古、新疆、山东、河北、河南、山西、四川、广西、福建等地均有出产。花岗岩饰面板是采用天然花岗岩为原料，经过锯切、研磨、抛光及切割，形成厚度为 20 mm 左右的装饰面板。

花岗岩面层处理方法见表 3-1。

表 3-1 天然花岗岩常见表面加工方法

| 名称 | 加工工艺 |
| --- | --- |
| 粗磨面 | 表面磨平但不磨光 |
| 亚光面 | 表面平滑，但是低度磨光，产生漫反射，无光泽，不产生镜面效果，无光污染 |
| 抛光面 | 表面非常平滑，高度磨光，有镜面效果，有高光泽 |
| 机切面 | 直接由圆盘锯、砂锯或桥切机等设备切割成型，表面较粗糙，带有明显的机切纹路 |
| 机刨面 | 也称拉丝面，用锯片或者专用磨轮在石材表面拉出浅沟或者凹槽 |
| 火烧面 | 是用火焰加工装置在适宜的喷射速度和火焰温度条件下，加热石材表层，使石材晶体膨胀爆裂脱落，进行剥落处理，形成非常艳丽的仿梨皮面的特殊工艺 |
| 荔枝面 | 是用形如荔枝皮的锤在石材表面敲击而成，从而在石材表面形成形如荔枝皮的粗糙表面 |
| 龙眼面 | 也叫剁斧面，是用一字形锤在石材表面交错敲击，形成形如龙眼皮的板材 |
| 菠萝面 | 表面加工得比荔枝面更加凹凸不平，就像菠萝的表皮一般 |
| 开裂面 | 俗称自然面，通常是用手工切割或在矿山錾以露出石头自然的开裂面 |
| 蘑菇面 | 一般是用人工劈凿，效果和自然劈相似，但石材的上表面却是呈中间突起、四周凹陷的高原状 |
| 翻滚 | 表面光滑或稍微粗糙，边角光滑且呈破碎状 |
| 酸洗 | 用强酸腐蚀石材表面，使其有小的腐蚀痕迹，外观比磨光面更为质朴 |
| 刷洗 | 处理过程是刷洗石头表面，模仿石头自然的磨损效果，表面古旧 |
| 水冲 | 用高压水直接冲击石材表面，剥离质地较软的成分，形成独特的毛面装饰效果 |
| 喷砂 | 用普通河沙或是金刚砂代替高压水来冲刷石材的表面，形成有平整的磨砂效果的装饰面 |
| 仿古 | 所谓"仿古石材"就是把天然的花岗岩经特殊的处理，使石材的表面出现类似风化后的自然波面或裂纹，同时石材经过长久使用而出现自然磨损效果（近似亚光或丝光的效果） |
| 酸洗仿古 | 先酸洗后再做仿古加工 |
| 火烧仿古 | 先火烧后再做仿古加工 |

②板岩：由黏土岩、沉积页岩（有时由石英石）形成的变质岩，矿物颗粒微细，薄而易碎，具有明显的板状构造，一般不做面层加工。板面微具光泽，有灰、黑、灰绿、紫、暗红等多种颜色，加上其劈裂后的自然形状，可掺杂使用，形成色彩富有变化又具有一定自然风格的装饰效果。

③青石：又称石灰石，属于沉积岩类，多数是在海底形成，主要矿物成分为方解石，表面平滑，呈小颗粒状，硬度不一。常用青石板的色泽为豆青色、深豆青色以及青色带灰白结晶颗粒等多种。青石板质地密实，强度中等，易于加工，可采用简单工艺凿割成薄板或条形材。青石板也可如花岗岩进行面层加工，分为粗毛面板、细毛面板和剁斧板等多种，有些致密石灰石可以进行抛光。常用于建（构）筑物墙裙、地面铺贴以及庭院栏杆（板）、台阶、景观小品等，具有古建筑的独特风格。

④砂岩：砂岩也是一种沉积岩，由石英颗粒（沙子）形成，结构稳定，通常呈淡褐色或红色，主要含硅、钙、黏土和氧化铁。砂岩常用作浮雕装饰砌体表面，可以按照要求任意着色、彩绘、打磨明暗、贴金，并可通过技术处理使作品表面呈现粗犷、细腻、龟裂、自然缝隙等效果，纯手工打造，耐磨，经久耐用，使用美观。

2）人造石材饰面板

人造石材饰面板一般有人造大理石（花岗岩）和预制水磨石饰面板。

①人造大理石(花岗岩)饰面板：是用天然大理石或花岗岩的碎石为填充料，用水泥、石膏和不饱和聚酯树脂为黏结剂，经搅拌成型、研磨和抛光后制成，所以人造大理石或花岗岩有许多天然大理石或花岗岩的特性。人造大理石或花岗岩是模仿大理石或花岗岩的表面纹理加工而成的，具有类似大理石或花岗岩的肌理特点，并且花纹图案可由设计者自行控制确定，重现性好。而且人造大理石或花岗岩抗污染，并有较好的可加工性，能制成弧形、曲面等形状，施工方便。

②预制水磨石饰面板：水磨石是由水泥(或其他胶结材料)、带色石渣和颜料，经加水拌和、涂抹、硬化、磨光而成的人造石面层。预制水磨石是在工厂制成定型的或按设计要求大小的板块，再运至现场进行施工。水磨石有很好的耐磨性能，并有一定的耐酸碱度，表面光亮美观，可以按设计要求制成各种花饰图案，满足建(构)筑物的使用功能及艺术上的要求。

3)金属饰面板

金属饰面板主要有铝合金板、塑铝板、彩色涂层钢板、彩色不锈钢板、镜面不锈钢面板、耐候钢板等。金属与砌块的结合可以使建筑物的外观色彩鲜艳、线条清晰、庄重典雅，这种独特的装饰效果越来越受到设计师的青睐。

## 3.2.3 抹灰装饰

抹灰饰面根据使用材料、施工方法和装饰效果的不同，分为普通抹灰、水刷石、水磨石、斩假石、干粘石、喷砂、喷涂、彩色抹灰等。普通抹灰采用水泥砂浆、石灰砂浆等材料，虽然施工简单，成本低，但装饰效果差。而其他饰面所采用的主要是起色彩作用的石渣、彩砂、颜料及水泥等。

①彩色石渣：是由大理石、白云石等石材经破碎而成，用于制作水刷石、干粘石等。要求颗粒坚硬、洁净，含泥量不超过2%。使用前根据设计要求选择好品种、粒径和色泽，并进行清洗，除去杂质，按不同规格、颜色、品种分类保洁放置。

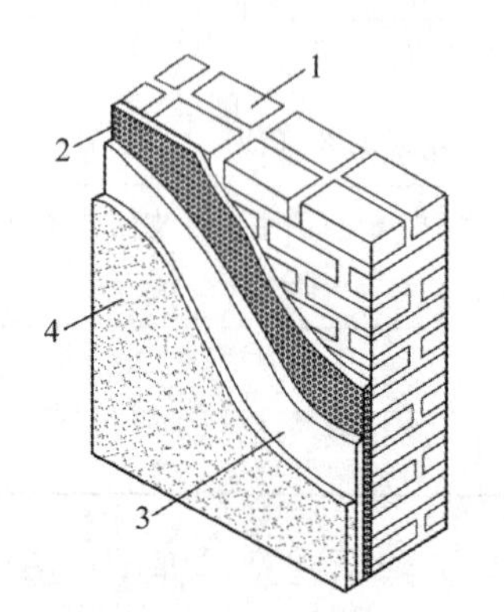

**图3-6 砌体墙面抹灰分层示意图**
1—基体；2—底层；3—中层；4—面层

②花岗岩石屑：这种石屑主要用于斩假石面层，平均粒径为2～5 mm，要求洁净、无杂质和泥块。

③彩砂：为天然石质的细砂或彩色瓷粒组成的细砂，粒径1～3 mm，可喷涂在普通抹灰层表面做成仿石效果。要求其色彩稳定性好，颗粒均匀，含泥量不大于2%。

④颜料：要求用耐碱、耐光晒的矿物颜料，掺量不大于水泥用量的12%，作为配制装饰抹灰色彩的调刷材料。

为使抹灰层与基体粘得牢固，防止起鼓开裂，并使抹灰表面平整，保证工程质量，一般应分层涂抹，即底层、中层和面层，如图3-6所示。底层主要起与基体黏结的作用，中层主要起找平的作用，面层起装饰作用。

# 3.3 花坛的设计与施工

花坛虽然不是景观中的主导元素，但却是最常见的风景园林小品。花坛看似简单，但只要精心构思，与周围环境相协调，就常常能起到烘托、点缀、衬托、填白等强化景观的作用。狭义的花坛指我们平时所看到的较大的、没有底部的种植池，包括花坛、花池、花台。而广义的花坛还包括盛放容纳各种观赏植物的箱体式种植容器，如树池、花钵、花盆盒、花盆箱等。

## 3.3.1　花坛的作用和分类

### 1. 花坛的作用

1）美化装饰作用

花坛表现在风景园林构图中常作为主景或配景，布置在街头绿地、道路两旁、广场、公园、滨河绿地、庭园及建筑物前，不但大大延伸扩展了植物的丰富表现力，也为美化城市环境增色添彩；再加上与喷泉、灯光、音乐等现代技术的配合，营造出较高的文化品位，成为城市中一道道亮丽的风景，在城市建设中具有独特的美化装饰作用。

2）分隔空间作用、屏障作用

用花坛分隔空间也是风景园林设计中一种艺术的处理手法。花坛的形状、大小，特别是花木枝叶的浓密度，花卉栽植的密度及其生长的高度等，可作为划分和装饰场地、分隔空间的手段。如用花坛来布置广场的入口不仅能突出入口的位置所在，还能美化入口环境，同时起到界定广场与外界的作用；在较大的场地，用花坛划分出几个幽静的私密小空间，和嘈杂的环境隔开，成为一个谈话、休息的好去处。同时花坛还可起到一种似隔非隔、通而不透的生物屏障作用。如在小游园的入口设置一组作为障景和对景用的立体花坛，既可使入口有景可赏，又不至于一览无余。

3）组织交通的导向作用

设置在城市街道的安全岛、分车带、道路交叉口等处的花坛可以分流车辆或行人，强化分区，提高驾驶员的注意力，增加车行、人行的美感与安全感，有效地组织交通。

4）宣传及烘托气氛作用

绚丽多彩的花坛常常能够吸引人们的注意力，成为视线的焦点，在美化环境的同时又可以凭借其生动的造型和鲜明的主题意义，寓文化教育于观赏之中，对民族文化、环境保护等方面起到一定的宣传作用。如在汽车站、火车站、机场、码头广场的花坛，通常代表着一个城市环境，起着对外界宣传的橱窗作用，对提升一个城市的城市印象和艺术面貌十分重要。另外，各式各样的花坛是装饰盛大节日和喜庆场面所不可缺少的。每到节假日，在广场、绿地等人流集中的地方设置各式花坛，增加了热烈的节日气氛。

5）生态保护作用

大面积的花坛还可以净化污染、防尘、调节小气候，具有十分明显的生态保护作用。

### 2. 花坛的分类

花坛在城市景观中运用十分广泛，其形式也多种多样，并越来越丰富，大致可按以下几种形式分类。

1）按是否可以移动分类

①可移动式花坛：多为预制装配，可以搬卸、堆叠、拼接，移动方便，可根据需要随意组合，形式丰富多变。

②固定花坛：建成后固定一处，不可变动位置，多为砖砌式花坛和种植穴。

2）按形式分类

①规则式：具有规则的几何式外部轮廓，内部植物配置也是规则式的，讲究整齐一致、均衡对称，一般具有明确的轴线，构图讲究几何体的组合和搭配。

②自然式：轮廓为自然曲线，以不规则形式布置的一种花坛，一般没有轴线，设计中注重把自然美跟人工美巧妙结合。

③混合式：将上述规则式和自然式的花坛组合起来的花坛构图形式。

3)按组合方式分类

①独立花坛:单个花坛独立设置,作为局部构图的主体,是静止景观花坛,一般设置在广场中心、交通道路口、公园入口、建筑物的前庭等。独立花坛不能太大,否则会减少或失去艺术感染力,并且其长轴和短轴之比不宜大于 3∶1,其外形平面轮廓可以是三角形、正方形、长方形、菱形、梯形、正多边形、半圆形、圆形、椭圆形及其他单面对称或多面对称的花式图形。

②花坛群:当许多个花坛组成一个不能分割的构图整体时,就称为花坛群。花坛和花坛间为草坪或铺装,有时甚至可以设置花架、坐凳等。花坛群中个体花坛的排列组合是有规则的,因此大多都是对称的。在大型场地,为表现气势庞大,将几个花坛群组合成一个构图整体时,称为花坛组群。

③带状花坛:宽度 1 m 以上,长度为宽度的 3 倍以上的长形花坛称为带状花坛。带状花坛是连续风景花坛,可设置在道路中央或作为草坪的镶边、道路两侧的装饰、建筑物墙基的装饰等。

④连续花坛群:许多个独立花坛或带状花坛成直线排列成一行,组成一个有节奏、有规律的构图整体时,称为连续花坛群。

⑤与其他功能相结合的花坛:指花坛与坐凳、隔断、栏杆、景灯、标志等结合在一起,兼具两种或两种以上功能的花坛。这样的组合能使风景园林小品内容更加丰富,形式更加多样。

花坛的类型还可按空间位置分为平面花坛、斜面花坛、台阶花坛、花台、多层式花坛(叠级花坛)、俯视花坛;按表现主题分为花丛式花坛(盛花花坛)、模纹花坛(嵌镶花坛)、盆景式花坛、混合花坛和草坪花坛等。

## 3.3.2 花坛的设计

### 1. 花坛设计要点

以个体花坛为例,花坛的设计包括花坛的外形轮廓、花坛的高度、边缘的处理、花坛内部纹样、色彩的设计、植物的选择等。其设计要点包括以下几点:

①花坛的大小:作为主景设计的花坛是全对称的,如果作为建筑物的陪衬则可是单面对称的。设在广场的花坛,它的大小应与广场的面积成一定的比例,一般最大不超过广场面积的 1/3,最小不小于 1/10。独立花坛过大时,观赏和管理都不方便,一般花坛的直径在 8～10 m,过大时内部要用道路或草地分割构成花坛群。带状花坛的长度不小于 2 m,也不宜超过 4 m,并在一定的长度内分段。

②花坛的边缘:花坛的边缘处理方法很多。为了避免游人踩踏装饰花坛,在花坛的边缘应设有边缘石及矮栏杆,一般边缘石有磷石、砖、条石以及假山等,也可在花坛边缘种植一圈装饰性植物。边缘石的高度一般为 10～15 cm,最高不超过 30 cm,宽度为 10～15 cm,若兼作坐凳则可增至 50 cm,具体视花坛大小而定。花坛边缘的矮栏杆可有可无,矮栏杆主要起保护作用,矮栏杆的设计宜简单,高度不宜超过 40 cm,边缘石与矮栏杆都必须与周围道路及广场的铺装材料相协调。若为木本植物花坛,矮栏杆可用绿篱代替。

③花坛的高度:凡供四面观赏的圆形花坛,花坛栽植时,一般要求中间高、渐向四周低矮,倾斜角 5°～10°,最大 25°,既利于排水又利于增加花坛的立体感。角度小时,可选择不同高度花卉增加立体感。种植土厚度视植物种类而异,草本 1～2 年生花卉,保证 20～30 cm 厚的土壤,多年生及灌木为 40 cm 厚的种植土层。

### 2. 典型花坛结构

典型的花坛结构包含压顶、墙身、结合层、面层和基础,常见结构如图 3-7 所示。

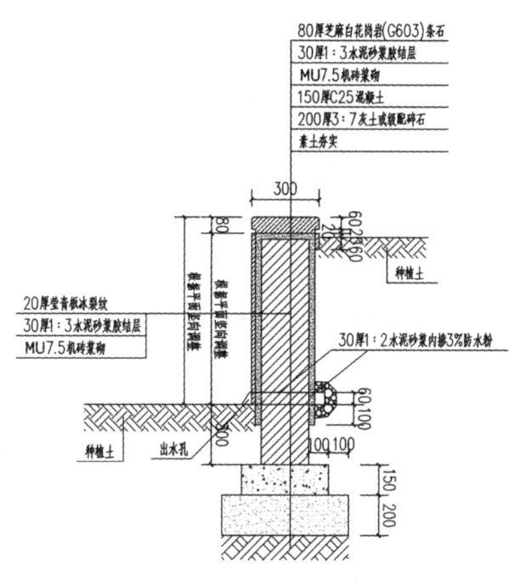


(a)砖砌花坛

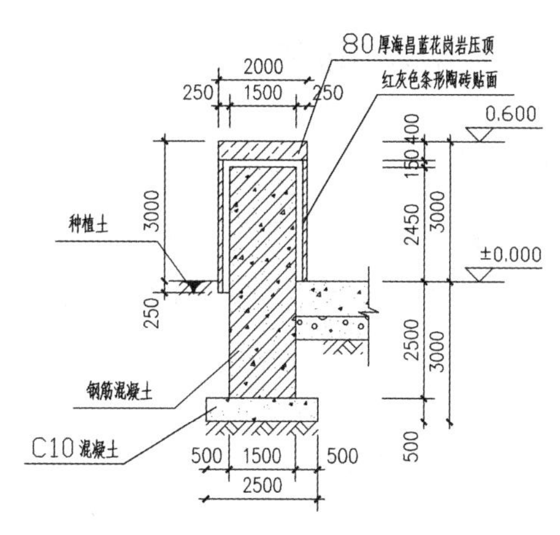


(b)钢筋混凝土花坛

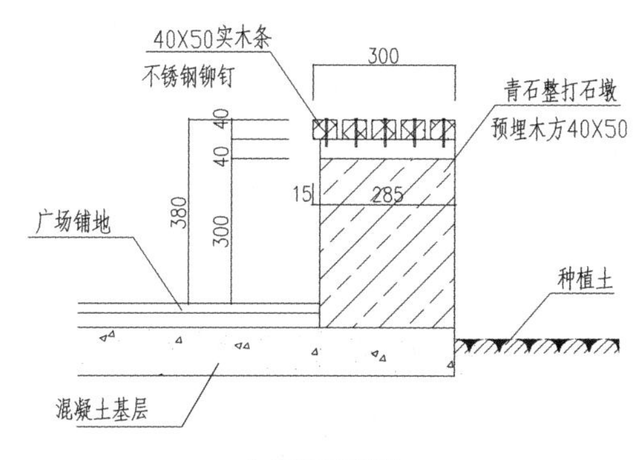


(c)整石花坛

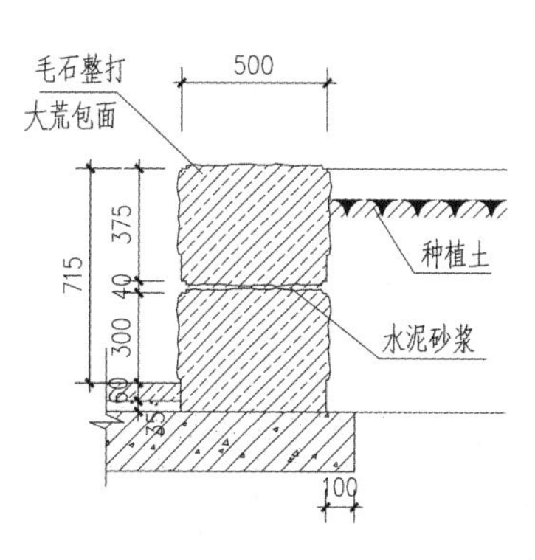


(d)石砌花坛

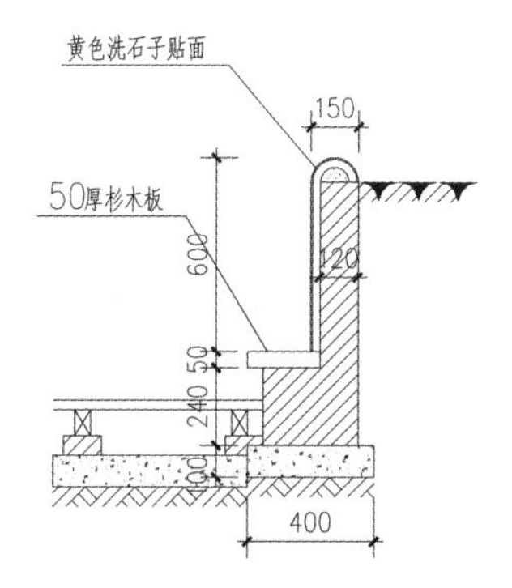


(e)水洗石饰面花坛

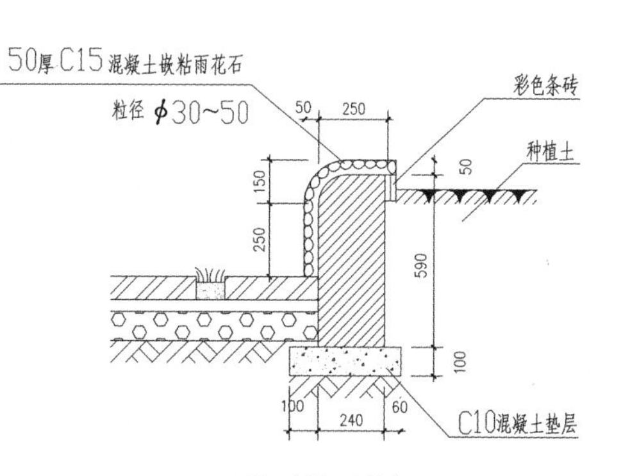


(f)雨花石饰面花坛

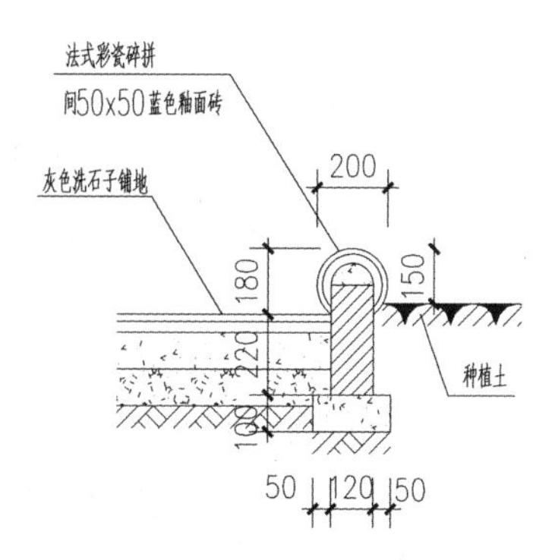


(g)彩瓷碎拼饰面花坛

**图 3-7　典型花坛结构图**

## 3.3.3 花坛的施工

### 1. 花坛砌筑

1)定位放样

根据花坛设计坐标网络将花坛测设到施工现场并打坑定点,然后根据各坐标点放出其中心线及边线位置并确定其标高。

2)土方开挖

各尺寸经过复核无误后进行土方开挖,并按规范留出加宽工作面。待土方开挖基本完成后,对各点标高进行复核。

3)基层施工

施工顺序:基层素土夯实 → 塘渣灰土垫层 → 压实 → 碎石垫层 → 摊铺碾压 → 素砼垫层施工。

①塘渣灰土垫层:采用人工摊铺压实,根据各桩点设计标高进行,塘渣灰土要求回填厚度一致,颗粒大小均匀。摊铺完成后采用重锤夯实,用平拱板及小线检验其平整度。

②碎石垫层施工:在已完成的塘渣灰土垫层上采用人工摊铺,按各坐标桩标高确定摊铺厚度。碎石应尽量一次性上齐,其厚度应一致,颗粒均匀分布。

③素砼垫层施工 :在已完成的基层上定点放样,根据设计尺寸确定其中心线、边线及标高,并打设龙门桩。在砼垫层边处,放置施工挡板,挡板高度应比垫层设计高度略高,但不宜太高,并在挡板上画出标高线。对基层杂物等应清理干净,并浇水湿润,待稍干后进行浇筑。在浇筑过程中,根据设计配合比确定施工配合比,严格按施工配合比进行搅拌、浇筑、捣实,稍干后用抹灰砂板抹平至设计标高。砼垫层施工完成后应及时养护。

4)花坛砌筑

砌砖前,应首先对花坛位置尺寸及标高进行复核,并在砼垫层上弹出其中心线、边线及水平线。对红砖进行浇水湿润,其含水率一般控制在10%～15%。对基层砂灰、杂物进行清理并浇水湿润。砌筑时,在花坛四周转角处设置皮数杆,并挂线控制(一般控制在每10皮砖63～65 cm)。砖砌花坛要求砂浆饱满,上下错缝,内外搭接,灰缝均匀。

### 2. 花坛装饰

1)材料选用

严格按设计图纸及甲方要求选用材料、块料,面层要求尺寸、规格一致,无缺棱掉角、开裂等现象。

2)基层抹灰

在基层抹灰前,应先对花坛砌体表面杂物进行清理,并浇水湿润。基层抹灰应分遍进行,不能一次性完成,应特别注意抹灰表面平整度及边线角方正,其表面平整度可用2 m长直尺进行检查,使其表面平整度严格控制在允许偏差范围内。

3)面层铺贴

根据块料面层尺寸在已做好的基层上预摆,达到满意效果后在基层上弹线控制。应先进行两边转角处的铺贴,转角接缝处铺装需切边处理,使其转角方正密实。转角两边贴好后,进行拉线铺贴,严格控制面层平整度和灰缝平面度。铺贴完成后,应用1∶1水泥砂浆嵌缝,要求灰缝粗细均匀、深浅一致。施工完成后,面层应无空鼓、缺棱掉角现象。

# 3.4
# 挡土墙的设计与施工

## 3.4.1 挡土墙的作用及类型

由自然土体形成的陡坡超过所容许的极限坡度时，土体的稳定性就遭到了破坏，易产生滑坡和塌方，若在土坡外侧修建人工墙体，便可维持稳定。这种在斜坡或一堆土方的底部起抵挡泥土崩散作用的工程结构体称为挡土墙。风景园林中的挡土墙总是以倾斜或垂直的面迎向游人，其对环境视觉、心理的影响要比其他景观工程更为强烈。因此，要求设计者和施工者在考虑工程安全性的同时，必须进行空间构思，把它作为风景园林硬质景观的一部分来设计、施工，即做到"市政工程的园林化"。

### 1. 挡土墙的作用

挡土墙在风景园林中应用非常广泛，除了基本的固土作用，还在空间营造、丰富立面景观等多个方面产生重要影响，具体表现如下：

1）固土护坡，防止坍塌

挡土墙的主要功能是在较高地面与较低地面之间充当阻挡物，以防止陡坡坍塌。因此，对于超过极限坡度的土坡，必须设置挡土墙，以保证陡坡的安全。

2）节约用地，扩大用地面积

在一些面积较小的园林局部，当自然地形为斜坡地时，为了获得最大面积的平地，可以将地形设计为两层或多层台地。这时，上下台地之间若以斜坡相连接，则斜坡本身需占用较大的面积，坡度越缓，所占面积越大。如果用挡土墙来连接台地，则可以少占面积，从而获得更大面积的平地。

3）分层修筑，削减高差

若上下台地之间高差过大，下层台地空间感受强烈压抑，在设计地块之间的挡土墙时可将其化整为零，分作几层台阶形的挡土墙，以缓和台地之间高差变化太强烈的矛盾。

4）围合空间，形成边界

当挡土墙采用两面或三面围合的状态布置时，就可以在所围合之处形成一个半封闭的独立空间。有时这种半封闭的空间能为风景园林造景提供具有一定环绕性的良好的外在环境。

5）丰富立面效果

由于挡土墙是风景园林空间的一种竖向界面，在这种界面上进行一些造型设计和艺术装饰可以使风景园林的立面景观更加丰富多彩，进一步增强风景园林空间的艺术效果。

### 2. 挡土墙的类型

1）依据材料划分

①石砌挡土墙：不同大小、形状和地区的石块都可用于砌筑挡土墙，一般有毛石（或天然石块）和料石两种形式。无论是毛石或料石都可用浆砌法和干砌法两种方法来建造。浆砌法是指将各石块用黏结材料黏合在一起；干砌法是指不使用任何黏结材料，将各个石块巧妙地镶嵌成一道稳定砌体，由于重力的作用，每

块石头相互咬合，十分牢固，增加了墙体的稳定性。

②砖砌挡土墙：砖也是挡土墙的建造材料，比起石块，它能形成更平滑、光亮的表面。砖砌挡土墙必须用浆砌法，主要用于高度不超过 0.7 m 的墙体。

③混凝土和钢筋混凝土挡土墙：用混凝土建造挡土墙，既可现场浇筑，也可预制。现场浇筑具有灵活性和可塑性；预制混凝土构件则有不同大小、形状、色彩和结构标准。有时为了进一步加固，常在混凝土中加钢筋，成为钢筋混凝土，也可分为现浇和预制两种，外表与混凝土挡土墙相同。

④木质挡土墙：粗壮的木材也可以做挡土墙，但必须进行加压和防腐处理。木质挡土墙的立面不突出，具有较强的自然气息，特别能与木质建筑产生统一感。其缺点是没有其他材料耐用，而且还需定期维护，以防止风化和水的侵蚀。

随着社会的发展，人们的生态环保意识不断增强，相关技术行业也取得了巨大的进步，在保证安全稳固的前提下，很多生态材料开始广泛应用于风景园林挡土墙工程中，如钢筋石笼挡土墙、自嵌式挡土墙、生态袋挡土墙、植生生态混凝土挡土墙等。

2)依据构造划分

①重力式挡土墙：是以挡土墙自身重力来维持挡土墙在土压力作用下的稳定，可用石砌或混凝土建成，一般都做成简单的梯形。对于挡土高度不超过 5 m 的挡土墙，常选用重力式挡土墙。

重力式挡土墙常见的形式有直立式、倾斜式、台阶式 3 种(图 3-8)。直立式挡土墙指墙面基本与水平面垂直，但也允许有 10∶0.2～10∶1 倾斜度的挡土墙。由于其墙背所承受的水平压力大，只适用于高度不超过 2 m 的挡土墙。倾斜式挡土墙即墙背向土体倾斜 20°左右的挡土墙。这种形式水平压力相对减少，同时墙背坡度与天然土层比较密贴，可以减少挖方和墙背回填土的数量，适用于中等高度的挡土墙。对于更高的挡土墙，为了适应不同土层的土压力和利用土的垂直压力增加其稳定性，可将墙背做成台阶状。

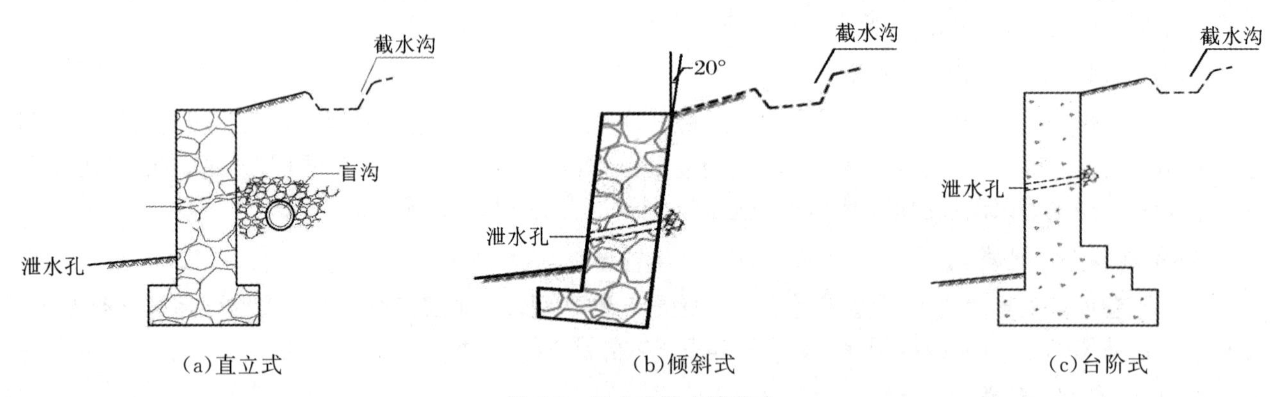


图 3-8　重力式挡土墙形式

②衡重式挡土墙：利用衡重平台上部填土的重力而墙体重心后移以抵抗土体侧压力的挡土墙(图 3-9)。当挡土高度超过 5 m 时，采用衡重式挡土墙为宜。其最大优点是可利用下墙的衡重平台迫使墙身整体重心后移，使得基底应力趋于平衡，这样可适当提高挡土高度。但衡重式挡土墙的构造形式又限制了挡土墙基底宽度不可能做得很大，所以其能提高的挡土高度也是有限的。

③悬臂式挡土墙：由底板和固定在底板上的直墙构成，主要靠底板上的填土重量来维持稳定的挡土墙(图 3-10)。其主要由立壁、趾板及踵板三个钢筋混凝土构件组成。悬臂式挡土墙的优点主要体现在结构尺寸较小、自重轻，便于在石料缺乏和地基承载力较低的填方地段使用。此类挡土墙高度不宜大于 6 m。当墙高大于 4 m 时，宜在墙面板前加肋。

④扶壁式挡土墙：是沿悬臂式挡土墙的立壁，每隔一定距离加一道扶壁，将立壁与踵板连接起来的挡土墙(图 3-11)。其主要特点是构造简单、施工方便，墙身断面较小，自身质量轻，可以较好地发挥材料的强度性能，能适应承载力较低的地基。一般在较高的填方路段采用来稳定路堤，以减少土石方工程量和占地面

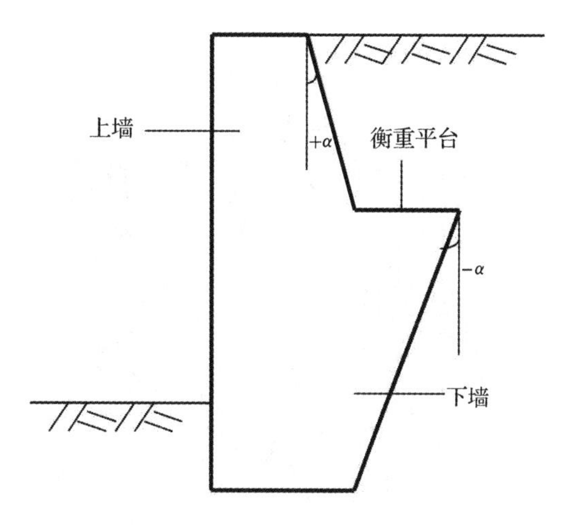


图 3-9 衡重式挡土墙

积。扶壁式挡土墙相对悬臂式挡土墙受力更好，适用于 6～12 m 高的填方边坡，可有效地防止填方边坡的滑动。

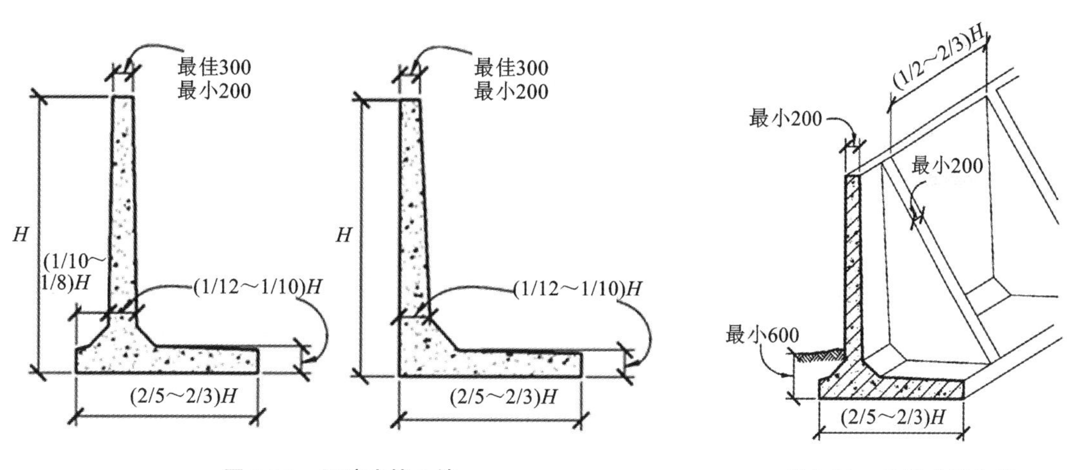


图 3-10 悬臂式挡土墙

图 3-11 扶壁式挡土墙

⑤加筋挡土墙：是在土中加入拉筋，利用拉筋与土之间的摩擦作用，改善土体的变形条件和提高土体的工程特性，从而达到稳定土体的目的的挡土墙。加筋挡土墙由填料、在填料中布置的拉筋以及墙面板三部分组成。一般应用于地形较为平坦且宽敞的填方路段。在挖方路段或地形陡峭的山坡，由于不利于布置拉筋，一般不宜使用。

## 3.4.2 挡土墙的设计

### 1. 典型挡土墙的结构

在挡土墙横断面中，与被支承土体直接接触的部位称为墙背；与墙背相对的、临空的部位称为墙面；与地基直接接触的部位称为基底；与基底相对的、墙的顶面称为墙顶；基底的前端称为墙趾；基底的后端称为墙踵。挡土墙的结构还包括墙背后的排水层和防水层、墙面前的排水沟、墙身上的泄水孔等(图 3-12)。

挡土墙的结构形式和断面尺寸的大小，受挡土墙背后的土壤产生的侧向压力的大小、方向及地基承载能力、防止滑移情况、结构稳定性等方面的因素影响，因而挡土墙力学计算是十分复杂的工作，实际工作中较高的挡土墙必须经过结构工程师专门计算，确保稳定，方可施工。

以浆砌块石挡土墙为例，其断面的结构尺寸常根据墙高来确定墙的顶宽和底宽，表 3-2 可作为参考。

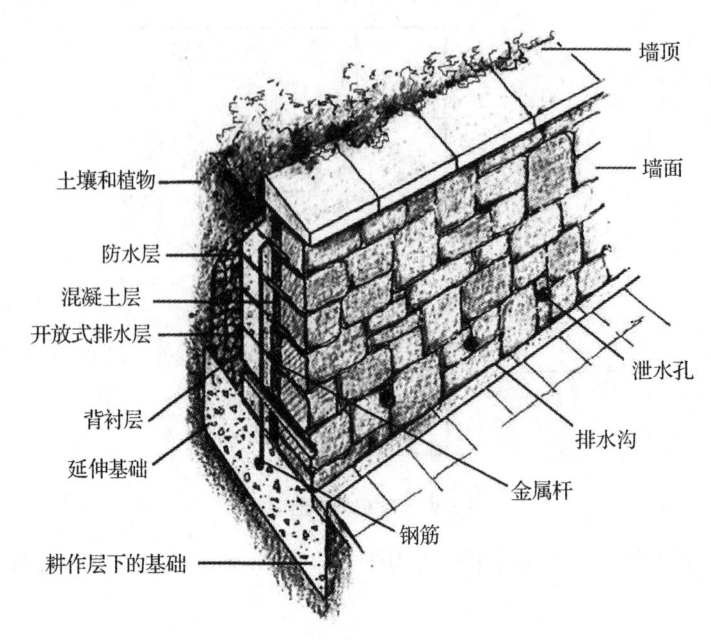


图 3-12　典型挡土墙结构

表 3-2　浆砌块石挡土墙尺寸

（单位：cm）

| 类　别 | 墙高 | 顶宽 | 底宽 | 类　别 | 墙高 | 顶宽 | 底宽 |
|---|---|---|---|---|---|---|---|
| 1∶3 白灰浆砌 | 100 | 35 | 40 | 1∶3 水泥浆砌 | 100 | 30 | 40 |
| | 150 | 45 | 70 | | 150 | 40 | 50 |
| | 200 | 55 | 90 | | 200 | 50 | 80 |
| | 250 | 60 | 115 | | 250 | 60 | 100 |
| | 300 | 60 | 135 | | 300 | 60 | 120 |
| | 350 | 60 | 160 | | 350 | 60 | 140 |
| | 400 | 60 | 180 | | 400 | 60 | 160 |
| | 450 | 60 | 205 | | 450 | 60 | 180 |
| | 500 | 60 | 225 | | 500 | 60 | 200 |
| | 550 | 60 | 250 | | 550 | 60 | 230 |
| | 600 | 60 | 300 | | 600 | 60 | 270 |

## 2. 挡土墙的排水处理

挡土墙的排水处理对于维持挡土墙的正常使用有重大影响，特别是雨量充沛和冻土地区。可分别从墙后的土坡、墙背和墙前对挡土墙进行排水处理。

### 1）墙后土坡排水

在大片山林、游人稀少的地带，根据不同地形和汇水量，设置一道或数道平行于挡土墙的明沟，利用明沟纵坡将降水和地表径流排除，以减少墙后地面渗水。

在墙后地面上，根据各种填土和使用情况可采用不同的地面封闭处理方式来减少地面渗水（图 3-13）。在土壤渗透性较大且没有特殊使用要求时，可作 200～300 mm 厚夯实黏土层或种植草皮进行封闭；必要时还可用胶泥、混凝土或浆砌毛石封闭。

2)墙背排水

在墙体背后的填土之中,可用乱毛石做排水盲沟,盲沟宽不小于 500 mm。经盲沟截下的地下水,再经墙身的泄水孔排出墙外。

在墙面水平方向上每隔 2～4 m,竖向上每隔 1～2 m 设一个泄水孔,上下层交错设置。石砌挡土墙泄水孔一般宽 20～40 mm,高以一层砖石的高度为准;混凝土挡土墙可以用直径 50～100 mm 的圆孔或毛竹筒作泄水孔。

有的挡土墙由于美观上的要求不允许墙面留泄水孔,则可以在墙背面刷防水砂浆或填一层厚度 500 mm 以上的黏土隔水层,并在墙背面盲沟以下设置一道平行于墙体的排水暗沟。墙后积水可以通过盲沟、暗沟再从沟端引出墙外(图 3-14)。

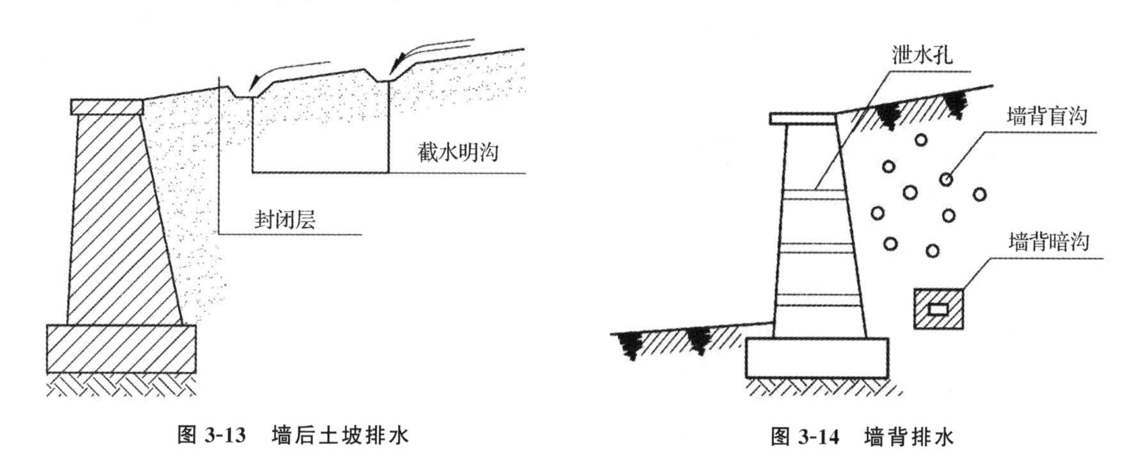


图 3-13　墙后土坡排水　　图 3-14　墙背排水

3)墙前排水

在土壤或已风化的岩层上修建的挡土墙前,地面应做散水、明沟或暗管(图 3-15),必要时还要做灰土或混凝土隔水层,以免地面水浸入地基而影响稳定。明沟距墙底水平距离以不小于 1 m 为宜。

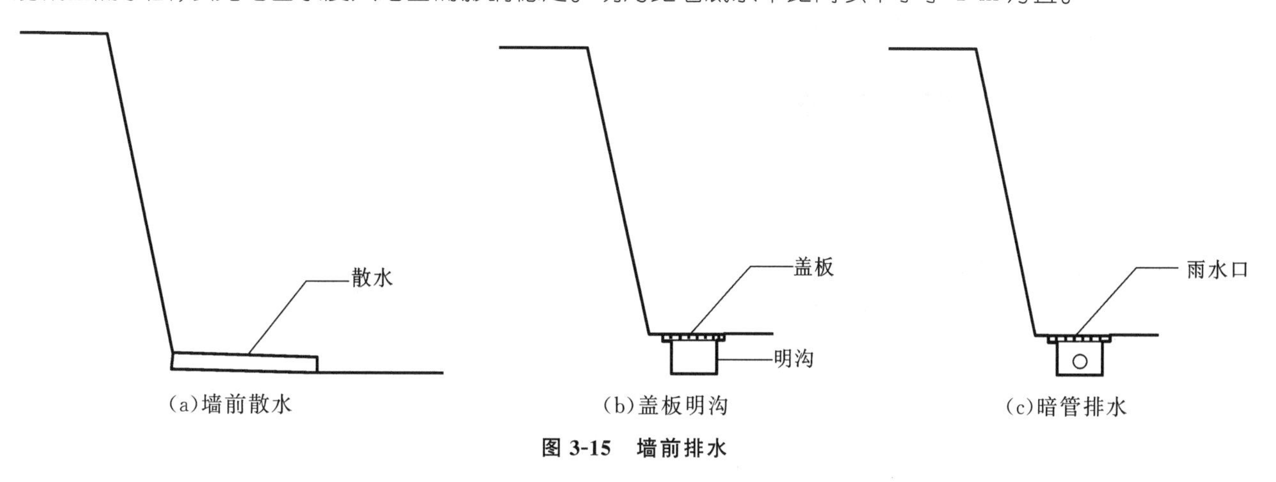


(a)墙前散水　(b)盖板明沟　(c)暗管排水

图 3-15　墙前排水

## 3.4.3　挡土墙的美化设计手法

风景园林挡土墙除必须满足工程特性要求外,更要突出其美化空间的功能。通过必要的设计手法,打破挡土墙界面僵化所造成的闭合感,巧妙地重新安排界面曲线的设计,运用周围各种有利条件,把它潜在的“阳刚之美”挖掘出来,设计建造出满足功能、协调环境、有强烈空间艺术感的挡土墙。常用美化设计手法如下:

1)"五化":化高为低、化整为零、化大为小、化陡为缓、化直为曲(折)

①化高为低:土质好,高差在 1 m 以内的台地,尽可能不设挡土墙而按斜坡台阶处理,以绿化作为过渡;即使高差较大,放坡有困难的地方,也可在其下部设台阶式挡土墙,或于坡地上加做石砌连拱式发券,既保证了土坡稳定,空隙处也便于绿化,同时也降低了挡土墙高度,节省工程造价。

②化整为零:高差较大的台地,挡土墙不宜一次砌筑完成,以免墙体过于庞大,而宜化整为零,分成多阶的挡土墙修筑,中间跌落处可设平台绿化。

③化大为小:在一些景观上有特殊要求的地段或土质不佳时,则要使挡土墙外观由大变小,可一分为二,将下部变宽大,更加稳定。上下部之间的联系部分可设种植穴或多级跌落式人工瀑布的水潭。总之,应遵循"小、巧、精"原则。

④化陡为缓:由于人的视觉所限,同样高度的挡土墙,对人产生的压抑感常常由于挡土墙界面到人眼的距离远近的不同而不同。故当有足够的放坡空间时,尽量减小挡土墙的坡度,化陡为缓,这样空间变得开敞了,环境也显得明快了。

⑤化直为曲(折):曲线或折线比直线更能吸引人的视线,给人以舒美的感觉。在一些特殊场合,如露天剧场、纪念碑、球场等,挡土墙可以化直为曲(折),突出动态,结合功能之需成为灵活流畅的空间曲线。

2)结合园林小品,设计多功能挡土墙

将画廊、宣传栏、廊架、假山、花坛、台阶、座椅、标识等与挡土墙结合统一设计,可以分散人们对墙面的注意力,使之更能吸引游人,产生和谐的亲切感。同时还可以节省费用和缩小挡土墙面积。

3)精心设计垂直绿化,丰富挡土墙空间环境

可将挡土墙分层,于墙上设置立体花坛、种植穴等,种植藤蔓花木或草本花卉,用植物遮蔽挡土墙之劣处,同时渲染色彩、突出季相。

4)表现挡土墙面层的质感、纹路、色调,巧于细部设计

质感的造成可分自然与人工两种,前者突出一个"粗"字,粗犷夺人;后者突出一个"细"字,细腻耐看。纹路则可借凹凸纹样、拼缝、形状、图案、深浅、光影等造成。而色彩则与石料本色和混凝土配色有关。

## 3.4.4　挡土墙的砌筑

风景园林中常以砖、石砌筑挡土墙,其施工要求如下:

### 1. 挡土墙材料要求

①石材应坚硬,不易风化,毛石等级大于 MU10,最小边尺寸不小于 15 cm。黏土砖等级不小于 MU10,一般用于低挡土墙。

②砌筑砂浆标号不小于 M5,浸水部分用 M7.5;墙顶用 1∶3 水泥砂浆抹面,厚 20 mm。

③干砌挡土墙不准用卵石,地震地区不准用干砌挡土墙。

### 2. 挡土墙砌筑基本要求

①地基:应在老土层至实土层上,若为回填土层,应把土夯实。

②砌筑砂浆:水泥∶石灰膏∶砂(粗砂)=1∶1∶5 或 1∶1∶4。

③墙身应向后倾斜,保持稳定性。用条石砌筑时,应有丁有顺,注意压茬。

④墙面上每隔 3~4 m 作泄水缝一道,缝宽 20~30 mm。

⑤墙顶应作压顶,并挑出 6~8 cm,厚度由挡土墙高度而定。

## 3. 施工工艺流程

施工工艺流程如图 3-16 所示。

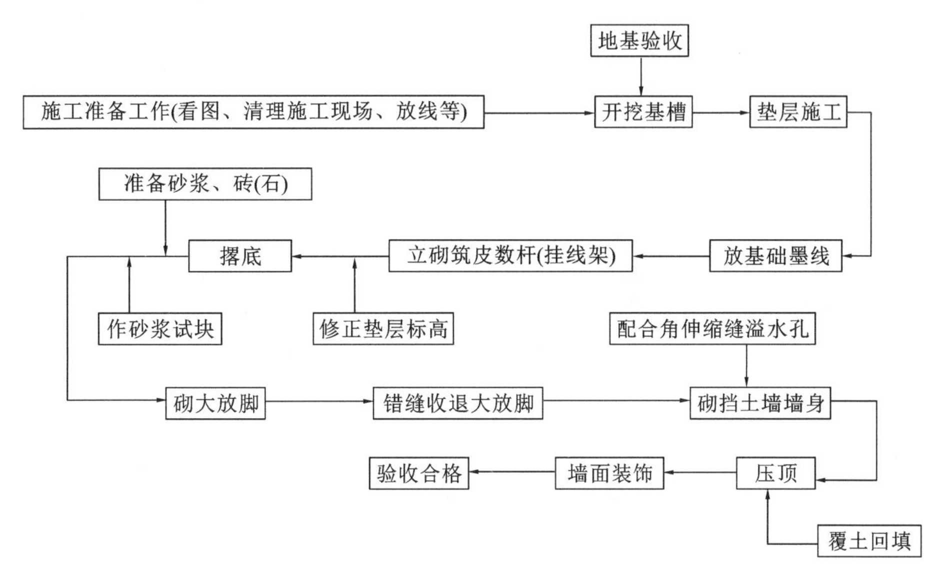


图 3-16 施工工艺流程

# 第4章

# 风景园林道路工程

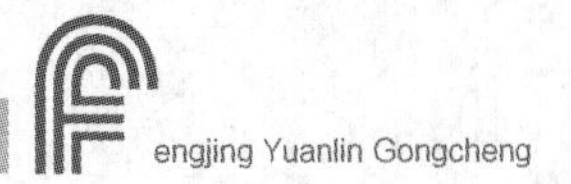


风景园林道路是风景园林构成要素之一，在风景园林设计中起着组织交通、划分空间、引导游览、构成园景等重要作用。本章从工程学的角度介绍了风景园林道路的功能和分类等基本知识，风景园林道路、铺装、广场以及台阶、路沿等的技术设计和施工要求。要求重点掌握风景园林道路的横断面、平面线形、纵断面线形、结构与面层铺装材料等的技术设计以及园林道路的施工要点。

# 4.1 园路概述

道路的修建在我国有着悠久的历史。根据《诗经·小雅·大东》记载："周道如砥，其直如矢"，说明古代道路笔直、平整。周礼《考工记》中又载："匠人营国，方九里，旁三门，国中九经九纬，经涂九轨……环涂七轨，野涂五轨……"这说明都城道路有较好的规划设计，并分等级。从考古和出土文物来看，我国铺地的结构和图案都十分精美。如战国时代的"米"字纹砖，秦咸阳宫出土的太阳纹铺地砖，西汉遗址中的卵石路面，东汉的席纹铺地，唐代以莲纹为主的各种"宝相纹"铺地，西夏的火焰宝珠纹铺地，明清时的雕砖卵石嵌花路及江南庭园的各种花街铺地等。在古代园林中铺地多以砖、瓦、卵石、碎石片等组成各种图案，具有雅致、朴素、多变的风格，为我国风景园林艺术的成就之一。近年来，随着科技、建材工业及旅游业的发展，园林铺地中又陆续出现了新材料、新工艺，反映新风貌的路面，如彩色水泥混凝土路面、彩色沥青混凝土路面、透水透气性路面和压印艺术路面等，为风景园林道路工程增添新的血液。

## 4.1.1 园路的定义

道路是供各种车辆和行人等通行的基础工程设施。道路按使用范围分为公路、城市道路、厂矿道路、林间道路和乡村道路等。园路特指城市园林绿地和风景名胜区中的各种室外道路和所有硬质铺装场地。

园路是贯穿全园的交通网络，是联系若干景区和景点的纽带，并为游人提供活动和休息的场所。园路作为空间界面的一个方面存在着，自始至终伴随着游览者，影响着风景的效果，它与山、水、植物、建筑等共同构成优美丰富的园林景观。园路的工程设计包括线形设计和路面设计，路面设计又分为结构设计和铺装设计。

## 4.1.2 园路的功能与特点

园路除了具有与人行道路相同的交通功能外，还有许多特有的功能。

### 1. 划分、组织空间

园林功能分区的划分多是利用地形、建筑、植物、水体或道路进行。对于地形起伏不大、建筑比重小的现代园林绿地，用道路围合、分隔不同景区则是主要方式。同时，借助道路面貌（地形、轮廓、图案等）的变化可以暗示空间性质、景观特点的转换以及活动形式的改变，从而起到组织空间的作用。尤其在专类园中，划分空间的作用十分明显。

### 2. 组织交通和导游

首先，经过铺装的园路能耐践踏、碾压和磨损，可为游人提供舒适、安全、方便的交通条件；其次，园林景点间的联系是依托园路进行的，为动态序列的展开指明了前进的方向，引导游人从一个景区进入另一个景区；最后，园路还为欣赏园景提供了连续的不同的视点，可以取得步移景异的效果。

### 3. 提供活动场地和休息场所

在建筑小品周围、花坛、水旁、树下等处，园路可扩展为广场（可结合材料、质地和图案的变化），为游人提供活动和休息的场所。

### 4. 参与造景

园路作为空间界面的一个方面而存在着，自始至终伴随游览者，影响着风景效果，它与山、水、植物、建筑等，共同构成优美丰富的园林景观。

1）渲染气氛，创造意境

意境绝不是某一独立的艺术形象或造园要素的单独存在所能创造的，它还必须有一个能使人深受感染的环境，共同渲染这一气氛。中国古典园林中园路的花纹和材料与意境相结合，有其独特的风格与完善的构图。

2）参与造景

通过园路的引导，将不同角度、不同方向的地形地貌、植物群落等园林景观展现在眼前，形成系列动态画面，即所谓“步移景异”，此时园路也参与了风景的构图，即因景得路。再者，园路本身的曲线质感、色彩、纹样、尺度等与周围环境协调统一，都是园林中不可多得的风景要素。

3）影响空间比例

园路的每一块铺料的大小以及铺砌形状的大小和间距等，都能影响整个园林空间的视觉比例。形体较大，较开展，会使一个空间产生一种宽敞的尺度感；而较小、紧缩的形式，则使空间具有压缩感和亲密感。例如，在园路铺装中加入第二类铺装材料，能明显地将整个空间分割得较小，形成更易被感受的副空间。

4）统一空间环境

园路设计中，其他要素会在尺度和特性上有着很大差异，但在总体布局中，处于共同的铺装地面上，其相互之间连接成一整体，在视觉上统一起来。

5）构成空间个性

园路的铺装材料及其图案和边缘轮廓，具有构成和增强空间个性的作用，不同的铺装材料和图案造型能形成和增强不同的空间感，如细腻感、粗犷感、宁静感、亲切感等。并且，丰富而独特的园路可以创造视觉趣味，增强空间的独特性和可识性。

### 5. 组织排水

园路可以借助其路缘或边沟组织排水。一般园林绿地都高于路面，方能实现以地形排水为主的原则。园路汇集两侧绿地径流之后，利用其纵向坡度即可按预定方向将雨水排除。

### 6. 进行园务管理

公园要为广大游客提供必要的便餐、饮料、小卖部等方面的服务，要经常进行维修、养护、防火等方面的管理工作，要安排职工的生活，这一切都必须提供必要的交通条件，在设计时要考虑这些活动车辆通行的地段、路面的宽度和质量。在一般情况下，可以和游览道路合用，但有时，特别是在大型园林中，由于园务运输交通量大，还要补充专用的园务道路和出入口。

## 4.1.3　园路的分类

### 1. 根据功能划分

1)主干道

园林主要出入口、园内各功能分区、主要建筑物和重点广场游览的主线路是全园道路系统的骨架，多呈环形布置。其宽度视公园性质和游人量而定，一般为 3.5～6.0 m。

2)次干道

次干道为主干道的分支，贯穿各功能分区、景点和活动场所，宽度一般为 2.0～3.5 m。

3)游步道

游步道是景区内连接各个景点、深入各个角落的游览小路。宽度一般为 1～2 m，有些游览小路宽度为 0.6～1 m。

《公园设计规范》中对园区内园路宽度(m)有一定的要求，见表 4-1。

表 4-1　园路宽度　（单位：m）

| 园路级别 | 公园总面积 $A$(hm²) | | | |
|---|---|---|---|---|
| | $A<2$ | $2\leqslant A<10$ | $10\leqslant A<50$ | $A>50$ |
| 主路 | 2.0～4.0 | 2.5～4.5 | 4.0～5.0 | 4.0～7.0 |
| 次路 | — | — | 3.0～4.0 | 3.0～4.0 |
| 支路 | 1.2～2.0 | 2.0～2.5 | 2.0～3.0 | 2.0～3.0 |
| 小路 | 0.9～1.2 | 0.9～2.0 | 1.2～2.0 | 1.2～2.0 |

### 2. 根据构造形式划分

1)路堑型

道牙位于道路边缘，路面低于两侧地面，利用道路排水，见图 4-1。

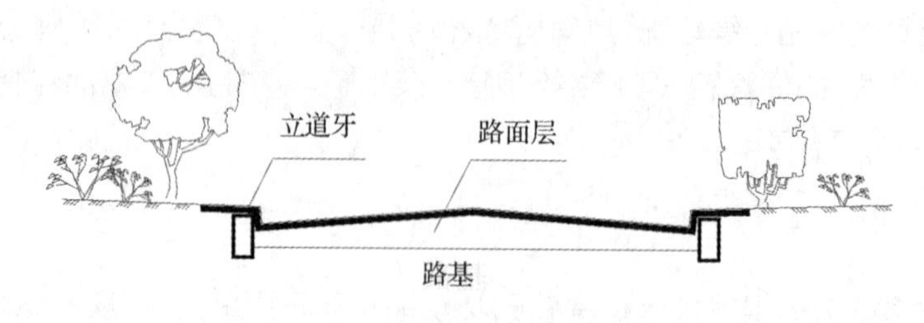


图 4-1　路堑型园路断面

2)路堤型

道牙位于道路靠近边缘处，路面高于两侧地面，利用明沟排水，见图 4-2。

3)特殊型

包括步石、汀步、蹬道、攀梯等，见图 4-3。

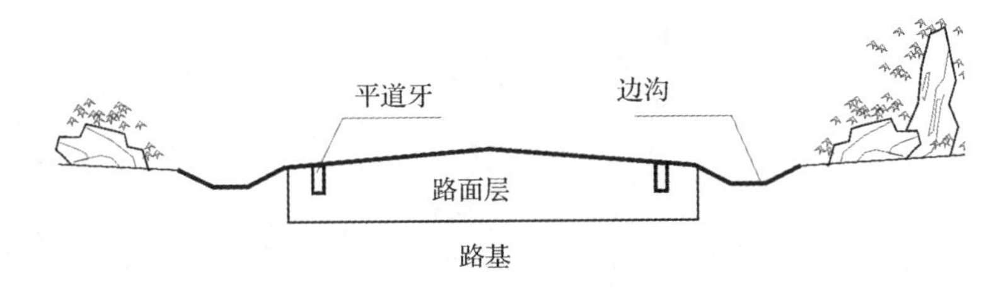


图 4-2 路堤型园路断面

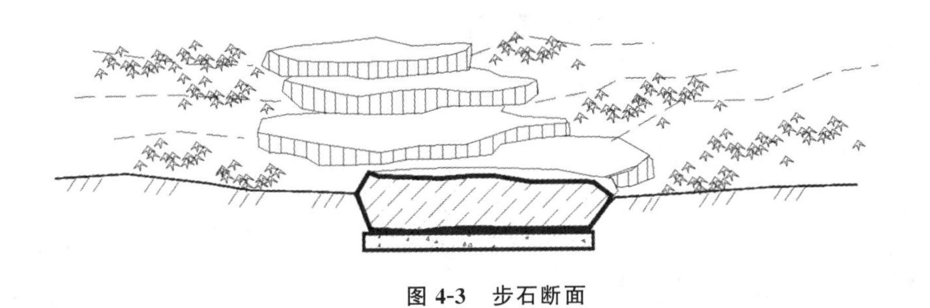

图 4-3 步石断面

## 3. 依据使用材料分类

1)整体路面

整体路面包括水泥混凝土路面(图 4-4)和沥青混凝土路面(图 4-5)。

图 4-4 水泥混凝土路面

图 4-5 沥青混凝土路面

2)块料路面

块料路面包括各种天然块石或各种预制块料铺装的路面(图 4-6)。其优点是修复性好,装饰性强;缺点是受力不均匀。

3)碎料路面

碎料路面是指用各种碎石(图 4-7)、瓦片(图 4-8)、卵石等组成的路面。其优点是更易修复、装饰性强、造价低廉;缺点是易受污染、不易清扫。

4)简易路面

简易路面是指由煤屑、三合土等组成的路面(图 4-9),多用于临时性或过渡性园路。

图 4-6　混凝土预制块十天然块石路面

图 4-7　碎石路面

图 4-8　瓦片路面

图 4-9　三合土路面

# 4.2 园路设计

## 4.2.1　园路的规划设计要点

### 1. 园路的尺度、分布密度要主次分明

园路的尺度、分布密度，应该是人流密度客观、合理的反映。人流量相对较大的区域如各类场地设施的出入口，园路的尺度和密度就需要相对大一些；而人流量相对较少的场地、边缘地区等，园路的尺度和密度就可以相应地降低、调整。

### 2. 园路路口的规划要合理有序

园路路口的规划是园路建设的重要组成部分。从规则式园路系统和自然式园路系统的相互比较情况来看，自然式园路系统中以三岔路口为主，而在规则式园路系统中则以十字路口比较多。但从加强巡游性来考虑，路口设置应少一些十字路口，多一点三岔路口。

道路相交时，除山地陡坡地形之外，一般场地应尽量采用正相交方式。斜相交时斜交角度如成锐角，其角度也尽量不要小于 60°。锐角过小，车辆不易转弯，人行易穿踏绿地。锐角部分还应采用足够的转弯半径设为圆形的转角。路口处形成的道路转角如属于阴角,可保持直角状态;如属于阳角,应设计为斜边或改成圆角。路口要有景点和特点,在三岔路口中央可设计花坛等,要注意各条道路都要以其中心线与花坛的轴心相对,不要与花坛边线相切。路口的平面形状,应与中心花坛的形状相似或相适应。具有中央花坛的路口,都应按照规则式的地形进行设计。

### 3. 园路与建筑

在园路与建筑物的交接处常常能形成路口。从园路与建筑相互交接的实际情况来看,一般都是在建筑物近旁设置一块较小的缓冲场地,园路则通过这块场地与建筑物交接。多数情况下都应这样处理,但有些起过道作用的建筑,如游廊等,也常常不设缓冲小场地,根据对园路和建筑物相互关系的处理和实际工程设计中的经验,可以采用以下方式来处理二者之间的交接关系。

我们常见的平行交接和正对交接,是指建筑物的长轴与园路中心线平行或垂直。还有一种侧对交接,是指建筑长轴与园路中心线相垂,并同建筑物正面朝向的一侧相交接,或者园路从建筑物的侧面与其交接。实际处理园路与建筑物的交接关系时,一般都避免斜路交接,特别是正对建筑物某一角的斜角,冲突感很强。对不得不斜交的园路,要在交接处设一段短的直路作为过渡,或者将交接处形成的路角改成圆角以缓和对接。

### 4. 园路与水体

中国园林常常以水面为中心,而主干道环绕水面,联系各景区,这是较理想的处理手法。当主路临水面布置时,路不应该始终与水面平行,这样会因缺少变化而显得平淡乏味。较好的设计是根据地形的起伏、周围的自然景色和功能景色,使主路和水面若即若离。落入水面的道路可用桥、堤或汀步相接。

另外,还应注意滨河路的规划。滨河路是城市中临江、河、湖、海等水体的道路。滨河路在城市道路中往往是交通繁忙而景观要求又较高的城市干道。因此,对邻近水面的步道布置有一定的要求。游步道宽度最好不小于 5 m,并尽量接近水面。如滨河路比较宽,最好布置两条游步道,一条邻近道路人行道,便于行人来往,另一条邻近水面的游步道要宽些,供游人漫步或驻足眺望。

### 5. 园路与山石

在园林中,经常在园路两侧布置一些山石,组成夹景,形成一种幽静的氛围。在园路的交叉路口、转弯处也常设置假山,既疏导交通,又能起到美观的作用。

### 6. 园路与种植

塑造林荫夹道可以形成视觉效果良好的园路绿化,在郊区大面积绿化中,行道树可与路两旁的绿化种植结合在一起,不按间距,灵活种植,形成路在林中走的意境,这就是我们所说的夹景。同时,可以在局部稍作浓密布置,形成阻隔,成为障景。障景常会呈现出“山重水复疑无路,柳暗花明又一村”的优美意境。也可以利用植物强调园路的转弯处,比如种植大量五颜六色的花卉,既有引导游人的功能,又极其美观。

园路的交叉路口处,常常可以设置中心绿岛、回车岛、花钵、花树坛等,同样具有美观和疏导游人的作用。还应注意园路和绿地的高低关系,设计好的园路,常是浅埋于绿地之内,隐藏于绿丛之中的。尤其山麓边坡处,园路一经暴露便会留下道道穿行路径,不甚美观。所以要求路比“绿”低,比“土”低。

### 7. 园路的竖向设计

园路的竖向设计应紧密地结合地形,依山就势,盘旋起伏。这样既可以获得较好的风景效果,又可以减少土方工程量。在保证路基稳定的同时,园路应有 0.3%～0.8%的纵坡度和 1.5%～3%的横坡度,以保证地面水的排除。由于所使用铺装材料的不同,某些路面的坡度要求会相应地有些变化。园路的竖向变化要组织地面水的排除,并保证地下管道有合理的埋置深度。在其主干道上不宜设置台阶,否则会引起通车不

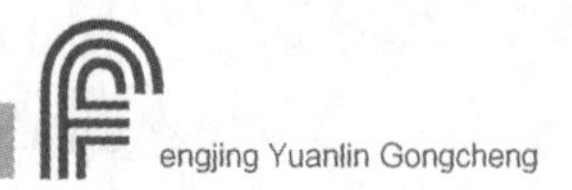


畅。路基应尽量控制在两侧地面之下，将其隐于岩石、花草间，保持园路的整体观赏效果。

## 4.2.2 园路设计的主要内容

本小节主要介绍园路设计的几个主要内容，包括园路的几何线形设计、结构设计、面层装饰设计三大方面。

### 1. 园路的几何线形设计

在自然式园林绿地中，园路多表现为迂回曲折、流畅自然的曲线形，中国古典园林所讲的峰回路转、曲折迂回、步移景异即是如此。园路的自然曲折，可以使人们从不同角度去观赏景观。在私家园林中，由于所占面积有限，园路的曲折更产生了小中见大、延长景深、扩大空间的效果。除了这些自由曲线的形式外，也有规则的几何形和混合形式，由此形成不同的园林风格。西欧的古典园林(如凡尔赛宫)讲究平面几何形状。当然，采用以一种形式为主，另一种形式作补充的混合式布局方式，在现代园林绿地中也比较常见。园路的线形主要包括平面线形与横断面、纵断面线形。线形合理与否，不仅关系到园林景观序列的组织与表现，也直接影响道路的交通和排水功能。

1)园路的平面线形设计

园路的平面线形即园路中心线的水平投影形态。平面线形三要素：直线、圆曲线、缓和曲线(图 4-10)。

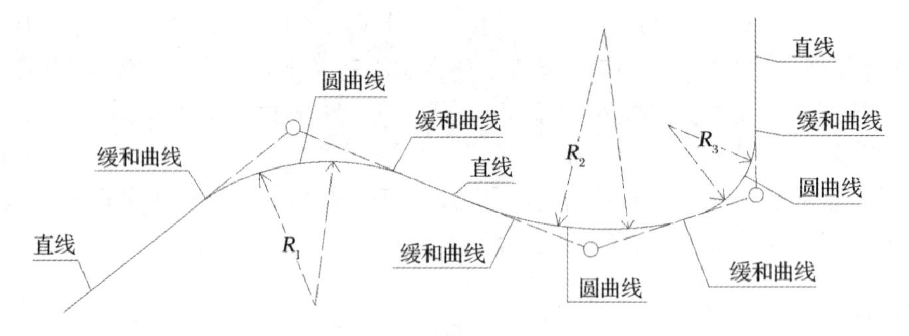


图 4-10 平面线形三要素

(1)线形种类。

①直线 在规则式园林绿地中多采用直线形园路，其线形平直规则，方便交通。

②圆弧曲线 道路转弯或交汇时，考虑行驶机动车的要求，弯道部分应取圆弧曲线连接，并具有相应的转弯半径。

③自由曲线 指曲率不等且随意变化的自然曲线。在以自然式布局为主的园林游步道中多采用此种线形，可随地形、景物的变化而自然弯曲，园路柔顺、流畅、协调。

(2)设计与施工要求。

①对于总体规划时确定的园路平面位置及宽度，应再次核实，并做到主次分明。在满足交通要求的情况下，道路宽度应趋于下限值，以扩大绿地面积的比例。

②行车道路转弯半径在满足机动车最小转弯半径条件下，可结合地形、景物灵活处置。

③园路的曲折迂回应有目的性。园路曲折一方面是为了满足地形地物及功能上的要求，如避绕障碍、串联景点、围绕草坪、组织景观、增加层次、延长游览路线、扩大视野等；另一方面应避免无艺术性、功能性和目的性的过多弯曲。

(3)圆曲线半径的选择。

当车辆在弯道上行驶时，为了使车体顺利转弯，保证行车安全，要求弯道外侧部分应为圆弧曲线，该曲线称为圆曲线(图 4-11)，其半径称为圆曲线半径。由于园路设计的车速较低，一般可以不考虑行车速度，只要满足汽车本身(前后轮间距)的最小转弯半径即可。因此,圆曲线最小半径一般不小于 6 m。

(4)曲线加宽。

当汽车在弯道上行驶时,由于前轮的轮迹较大,后轮的轮迹较小,会出现轮迹内移现象;同时,本身所占宽度也较直线行驶时为大。弯道半径越小,这一现象越严重。为了防止后轮驶出路外,车道内侧(尤其是小半径弯道)需适当加宽,称为曲线加宽,见图 4-12。

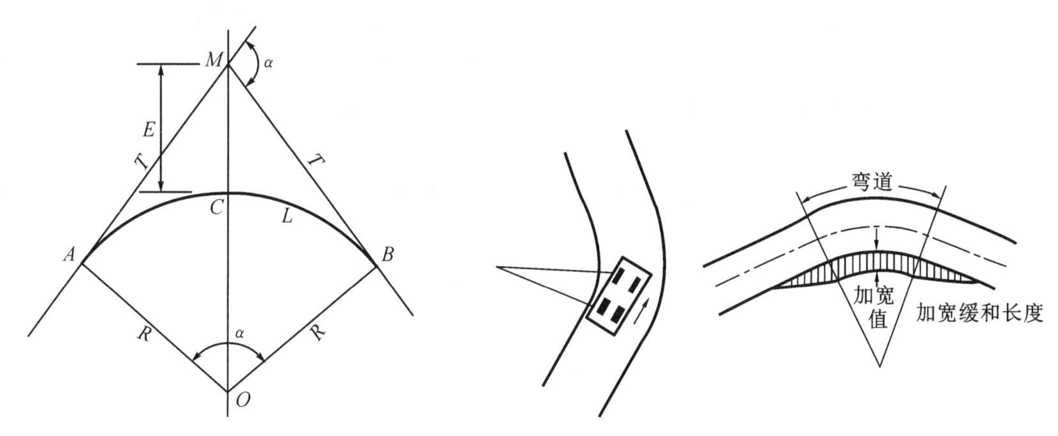


**图 4-11 圆曲线图**

$T$—切线长;$E$—曲线外距;$L$—曲线长;

$\alpha$—路线转折角度;$R$—圆曲线半径

**图 4-12 弯道行车后轮轮迹与曲线加宽图**

①曲线加宽值与车体长度的平方成正比,与弯道半径成反比。

②当弯道中心线曲线半径 $R>200$ m 时可不必加宽。

③为使直线路段上的宽度逐渐过渡到弯道上的加宽值,需设置加宽缓和段。

④为了通行方便,园路的分支和交汇处应加宽其曲线部分,使其线形圆润流畅,形成优美的视角。

(5)弯道超高。

为了平衡汽车在弯道上行驶时所产生的离心力所设置的弯道横向坡度所形成的高差称弯道超高,设置超高的弯道部分(从平曲线起点至终点)形成了单一向内侧倾斜的横坡。为了便于直线路段的双向横坡与弯道超高部分的单一横坡衔接平顺,应设置超高缓和段。

2)园路的纵断面设计

园路纵断面,是指路面中心线的竖向断面。路面中心线在纵断面上为连续相折的直线,为使路面平顺,在折线的交点处要设置成竖向的曲线状,这就叫作园路的竖曲线。竖曲线的设置,使园林道路多有起伏,路景生动,视线俯仰变化,游览、散步感觉舒适、方便。

(1)园路纵断面设计的基本内容。

①确定路线合适的标高。设计标高需符合技术、经济以及美学等多方面要求。

②设计各路段的纵坡及坡长。坡度和坡长影响汽车的行驶速度和运输的经济以及行车的安全,其部分临界值的确定和必要的限制是以通行的汽车类型及行驶性能决定的。

③保证视距要求,选择各处竖曲线的合适半径,设置竖曲线并计算施工高度等。

(2)园路纵断面设计与施工要求。

①在满足造景艺术要求的情况下,尽量利用原地形,以保证路基稳定,减少土方量。行车路段应避免过大的纵坡和过多的折点,使线形平顺。

②园路根据造景的需要,应随形就势,一般随地形的起伏而起伏。园路应与相连的广场、建筑物和城市道路在高程上有合理的衔接。

③行车道路的竖曲线应满足车辆通行的基本要求,应考虑常见机动车辆外形尺寸对竖曲线半径及行车

安全的要求。

④园路应配合组织地面排水，纵断面控制点应与平面控制点一并考虑，使平、竖曲线尽量错开，注意与地下管线的关系，达到经济、合理的要求。

(3)园路纵坡设计。

①最大纵坡：指在纵坡设计时各级道路允许采用的最大坡度值。它是道路纵断面设计的重要控制指标。风景园林道路纵坡值宜取 $i_{max} \leqslant 8\%$。在不考虑车速的条件下，公园局部地段可允许达到 12%。游步道一般在 12°以下为舒适的坡度，超过 15°应设台阶，超过 20°必须设台阶。

②最小纵坡：道路挖方及低填方路段，为保证排水，采用不小于 0.3%的纵坡。当采用最小纵坡值时应使用大的横坡值。

③桥上及桥头路线的纵坡：小桥与涵洞处的纵坡应按路线规定设计；大、中桥上的纵坡不宜大于 4%；桥头引道的纵坡不宜大于 5%。

④陡坡坡长限制：最短坡长的限制主要是从汽车行驶平顺性的要求考虑的，要求不小于相邻两竖曲线的切线长度之和。为保证车辆的行车安全，应限制陡坡坡长，当园路上有大量非机动车行驶时，在可能的情况下宜在不超过 500 m 处设置一段 2%～3%的缓坡。

(4)园路竖曲线设计。

纵断面上两个坡段的转折处，为了便于行车，用一段曲线来缓和，称为竖曲线。转折处称为变坡点，变坡点处的转角称为变坡角。变坡点在曲线上方为凸形竖曲线，变坡点在曲线下方为凹形竖曲线(图 4-13)。

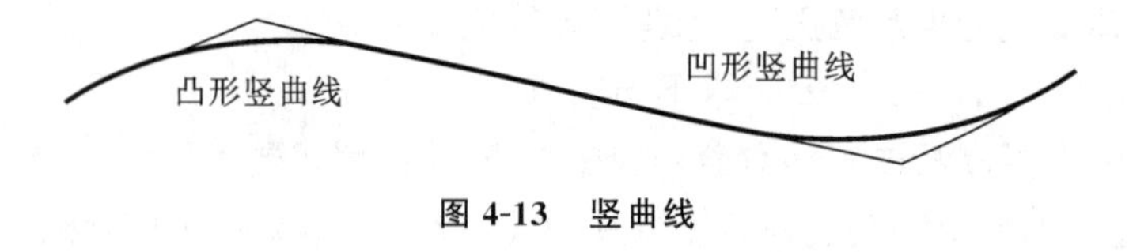


**图 4-13　竖曲线**

### 3)园路的横断面设计

垂直于园路中心线方向的断面叫园路的横断面，它能直观地反映路宽、道路和横坡及地上、地下管线位置等情况。园路横断面设计的内容主要包括：依据规划道路宽度和道路断面形式，结合实际地形确定合适的横断面形式，确定合理的路拱横坡，综合解决路与管线及其他附属设施之间的矛盾等。

(1)道路横断面基本形式。

园林道路的横断面形式依据车行道的条数通常可分为“一块板”(机动与非机动车辆在一条车行道上混合行驶，上行下行不分隔)、“两块板”(机动与非机动车辆混驶，但上下行由道路中央分隔带分开)等几种。

通常在总体规划阶段会初步定出园路的分级、宽度及断面形式等，但在进行园路技术设计时仍需结合现场情况重新进行深入设计，选择并最终确定适宜的园路宽度和横断面形式。

园路宽度的确定依据其分级而定，应充分考虑所承载的内容。园路的横断面形式最常见的为“一块板”形式，在面积较大的公园主路中偶尔也会出现“两块板”的形式。园林中的道路不像城市中的道路那样程式化，有时道路的绿化带会被路侧的绿化所取代，变化形式较灵活，在此不再详述。

(2)园路路拱设计。

为使雨水快速排出路面，道路的横断面通常设计为拱形、斜线形等形状，称之为路拱，不同路面类型的路拱横坡坡度要求不同，见表 4-2。路拱设计主要是确定道路横断面的线形和横坡坡度。园路路拱基本设计形式有抛物线形、折线形、直线形和单坡形 4 种(图 4-14)。

表 4-2 不同路面类型的路拱横坡坡度

| 路面面层类型 | 路拱横坡坡度/(%) |
|---|---|
| 水泥混凝土、沥青混凝土路面 | 1.0～2.0 |
| 其他黑色路面、整齐石块路面 | 1.5～2.5 |
| 半整齐石块、不整齐石块路面 | 2.0～3.0 |
| 碎、砾石等粒料路面 | 2.5～3.5 |
| 低级路面 | 3.0～4.0 |

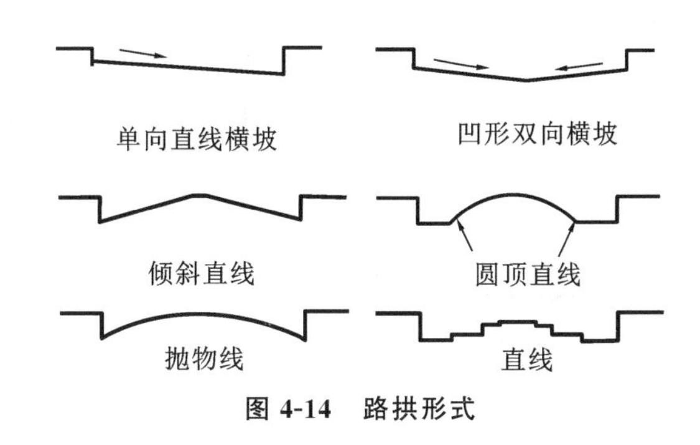

图 4-14 路拱形式

①抛物线形路拱是最常用的路拱形式，其特点是路面中部较平，越向外侧坡度越陡，横断路面呈抛物线形。这种路拱对游人行走、行车和路面排水都很有利，但不适于较宽的道路以及低级的路面。

②折线形路拱系将路面做成由道路中心线向两侧逐渐增大横坡坡度的若干短折线组成的路拱。这种路拱的横坡坡度变化比较徐缓，路拱的直线较短，近似于抛物线形路拱，对排水、行人、行车也都有利，一般用于比较宽的园路。

③直线形路拱适用于路面横坡坡度较小的双车道或多车道水泥混凝土路面。最简单的直线形路拱是由两条倾斜的直线所组成的。为了行人和行车方便，通常可在横坡 1.5%的直线形路拱的中部插入两段 0.8%～1.0%的对称连接折线，使路面中部不至于呈现屋脊形。在直线形路拱的中部也可以插入一段抛物线或圆曲线，但曲线的半径不宜小于 50 m，曲线长度不应小于路面总宽度的 10%。

④单坡形路拱可以看作是以上三种路拱各取一半所得到的路拱形式，其路面单向倾斜，雨水只向道路一侧排出。在山地园林中，常常采用单坡形路拱。但这种路拱不适宜较宽的道路，道路宽度一般都不大于 9 m；并且夹带泥土的雨水总是从道路较高一侧通过路面流向较低一侧，容易污染路面，所以在园林中采用这种路拱也要受到很多限制。

(3)园路横断面综合设计。

园路横断面的设计必须与道路管线相适应，综合考虑路灯的地下线路、给水管、排水管等附属设施，采取有效措施解决矛盾。

在自然地形起伏较大的地方，园路横断面设计应和地形相结合(图 4-15)。当道路两侧的地形高差较大时可以采取以下几种布置形式：

①结合地形将人行道与车行道设置在不同高度上，人行道与车行道之间用斜坡隔开，或用挡土墙隔开。

②将两个不同行车方向的车行道设置在不同高度上。

③结合岸坡倾斜地形，将沿河一边的人行道布置在较低的不受水淹的河滩上，供居民散步休息之用，车行道设在上层，以供车辆通行。

④当道路沿坡地设置，车行道和人行道在同一个高度上，横断面布置应使车行道中心线的标高接近地面，并向土坡靠拢，这样可避免出现多填少挖的不利现象(一般为了使路基比较稳固，而出现多挖少填的情况)，以减少土方和护坡工程量。

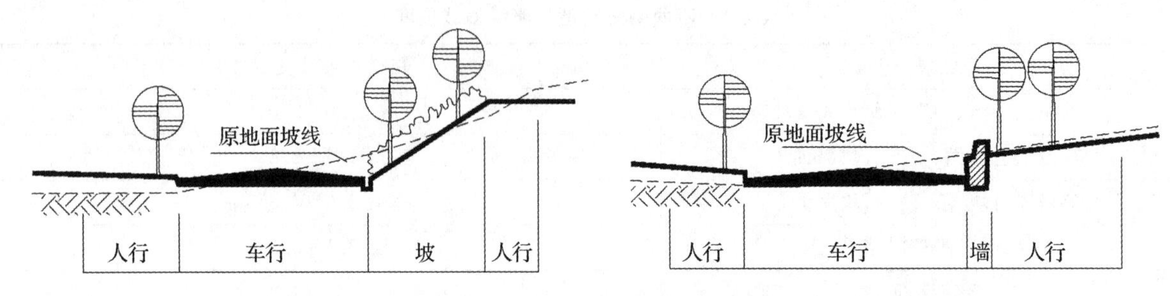


(a)人行道与车行道设置在不同高度

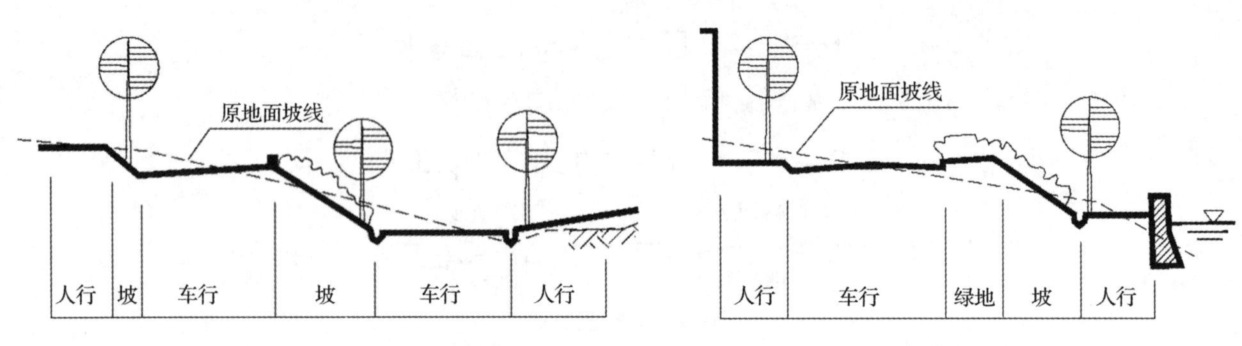


(b)不同行车方向的车行道设置在不同高度

(c)岸坡倾斜地形道路布置

**图 4-15 园路横断面设计和地形相结合**

(4)路面材料不同影响园路坡度。

不同材料路面的排水能力不同,因此,各类型路面对纵横坡度的要求也不同(表 4-3)。

**表 4-3 各种类型路面的纵横坡度表**

| 路面类型 | 纵坡/(%) | | | | 横坡/(%) | |
|---|---|---|---|---|---|---|
| | 最小 | 最大 | | 特殊 | 最小 | 最大 |
| | | 游览大道 | 园路 | | | |
| 水泥混凝土路面 | 0.3 | 6 | 7 | 10 | 1.5 | 2.5 |
| 沥青混凝土路面 | 0.3 | 5 | 6 | 10 | 1.5 | 2.5 |
| 块石、炼砖路面 | 0.4 | 6 | 8 | 11 | 2 | 3 |
| 拳石、卵石路面 | 0.5 | 7 | 8 | 7 | 3 | 4 |
| 粒料路面 | 0.5 | 6 | 8 | 8 | 2.5 | 3.5 |
| 改善土路面 | 0.5 | 6 | 6 | 8 | 2.5 | 4 |
| 游步小道 | 0.3 | — | 8 | — | 1.5 | 3 |
| 自行车道 | 0.3 | 3 | — | — | 1.5 | 2 |
| 广场、停车场 | 0.3 | 6 | 7 | 10 | 1.5 | 2.5 |
| 特别停车场 | 0.3 | 6 | 7 | 10 | 0.5 | 1 |

注:路肩横坡应比路面横坡增大 1%~2%。

## 4)停车场设计

停车场由停放车位、停车出入口、通道和其他附属设施组成。根据停放车辆的性质可分为机动车停车场和非机动车停车场。按照停放地点又可分为路边停车场和路外停车场(库)。

(1)停车场设计的基本参数。

①车辆类型及基本尺寸(图 4-16、表 4-4):

a. 小型车；

b. 大型车；

c. 特殊大型车。

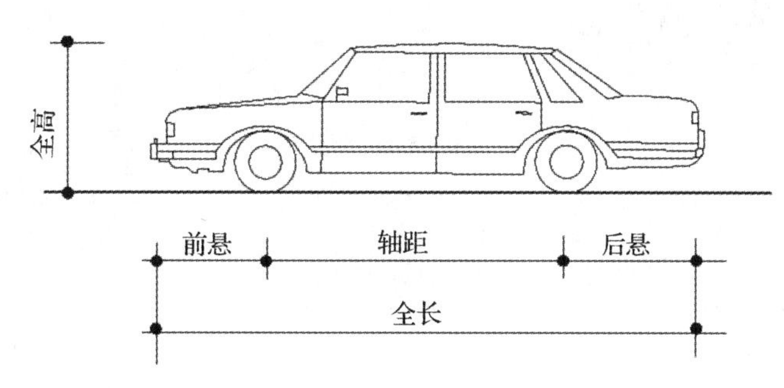


图 4-16　车辆数据名称

表 4-4　车辆类型及基本尺寸　（单位：m）

| 车辆类型 | | 总长 | 总宽 | 总高 | 前悬 | 轴距 | 后悬 |
|---|---|---|---|---|---|---|---|
| 机动车 | 小型汽车 | 5 | 1.8 | 1.6 | 1.0 | 2.7 | 1.3 |
| | 普通汽车 | 12 | 2.5 | 4.0 | 1.5 | 6.5 | 4.0 |
| | 铰接车 | 18 | 2.5 | 4.0 | 1.7 | 5.8 及 6.7 | 3.8 |
| 非机动车 | 自行车 | 1.93 | 0.60 | 2.25 | — | — | — |
| | 三轮车 | 3.40 | 1.25 | 2.50 | — | — | — |

②停车场的位置与规模。

停车场的选址应邻近城市道路和公园绿地入口，并注意减少对居住区等的环境干扰。停车场的车辆出入口应设置在次要干道以下等级的道路上。若设置在主要干道旁，应尽量远离交叉口。

确定停车场规模的基本依据是风景园林用地的瞬时环境容量。

停车场设计参数见表 4-5。

表 4-5　停车场设计参数

| 项　　目 | 平行式 | 垂直式 | 斜交式 |
|---|---|---|---|
| 单行停车道宽度(m) | 2.5～3 | 7～9 | 6～8 |
| 双行停车道宽度(m) | 5～6 | 14～18 | 12～16 |
| 单向行车时两行车停车道之间通行道宽度(m) | 3.5～4 | 5～6.5 | 4.5～6 |
| 一辆汽车所需面积(包括通道，$m^2$) | | | |
| 小汽车 | 22 | 22 | 26 |
| 公共汽车、载重汽车 | 40 | 36 | 28 |
| 100 辆汽车停车场所需面积($hm^2$) | | | |
| 小汽车 | 0.3 | 0.2 | 0.3～0.4 |
| 公共汽车、载重汽车 | 0.4 | 0.3 | 0.7～1.0(特大型) |
| 100 辆自行车停车场所需面积($hm^2$) | 0.14～0.18 | | |

(2)停车场设计。

①停车设施类型。

a. 路边停车带，见图 4-17。

b. 路外停车场：含露天的地面停车场(图 4-18)和室内停车库(图 4-19)。

图 4-17　路边停车带

图 4-18　露天地面停车场(路外停车)

图 4-19　室内停车库(路外停车)

②设计原则。

a. 按照城市规划等要求进行总体布局。

b. 停车设施出入口不得设置在交叉口、人行横道、公交车停靠站及桥隧引道处。

c. 应在重要景点进出口边缘地带及通向尽端式景点的道路附近，设置专用停车场或留有备用地。

d. 停车场应按不同类型及性质的车辆，分别安排场地停车，以确保进出安全与交通疏散，提高停车场使用效率，同时应尽量远离交叉口，避免使交通组织复杂化。

e. 停车场交通路线必须明确，宜采用单向行驶路线，避免交叉，并与进出口行驶的方向一致。

f. 残疾人专用停车位应靠近停车场出入口。

g. 停车场设计需综合考虑场内路面结构、绿化、照明、排水以及停车场的性质，配置相应的附属设施。

③出入口的数量及宽度。

a. 出入口的数量：

机动车停车场的出入口一般不宜少于 2 个；

停车位少于 50 个的机动车停车场，可设置 1 个出入口；

50～300 个停车位的停车场，应设 2 个出入口，出入口之间的净距须大于 10 m；

大于 300 个停车位的停车场，出口和入口应分开设置，出入口之间的距离应大于 20 m；

大于 500 个停车位的停车场，出入口不得少于 3 个；

出入口距人行天桥、桥梁及交叉口处应大于 50 m。

b. 出入口的宽度：

机动车停车场出入口的宽度一般不小于车行道的宽度，即 6～7 m，条件困难时，单向行驶的出入口宽度不得小于 5 m。如出口和入口不得已合用时，其进出通道的宽度宜采用 9～10 m。

④车辆停放方式：平行式、垂直式、斜列式，见图 4-20。

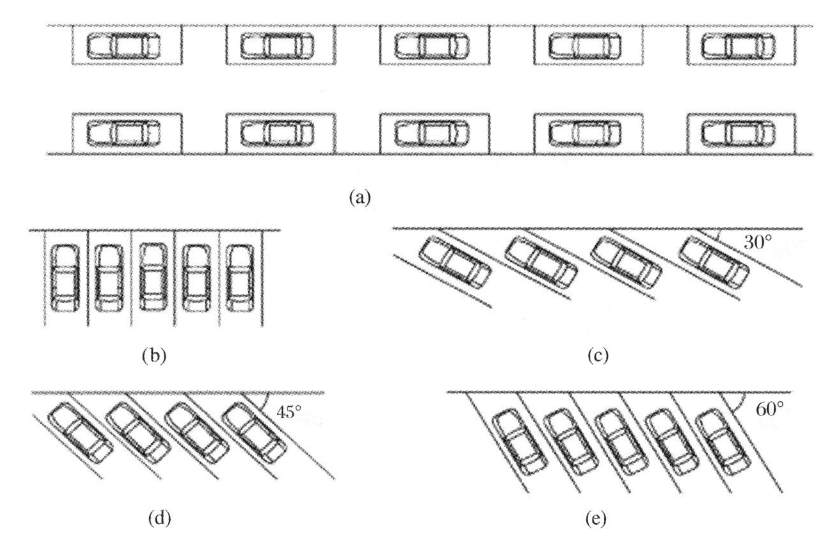


图 4-20　车辆停放方式

⑤车辆停驶方式：前进停车，后退发车；前进停车，前进发车；后退停车，前进发车(图 4-21)。

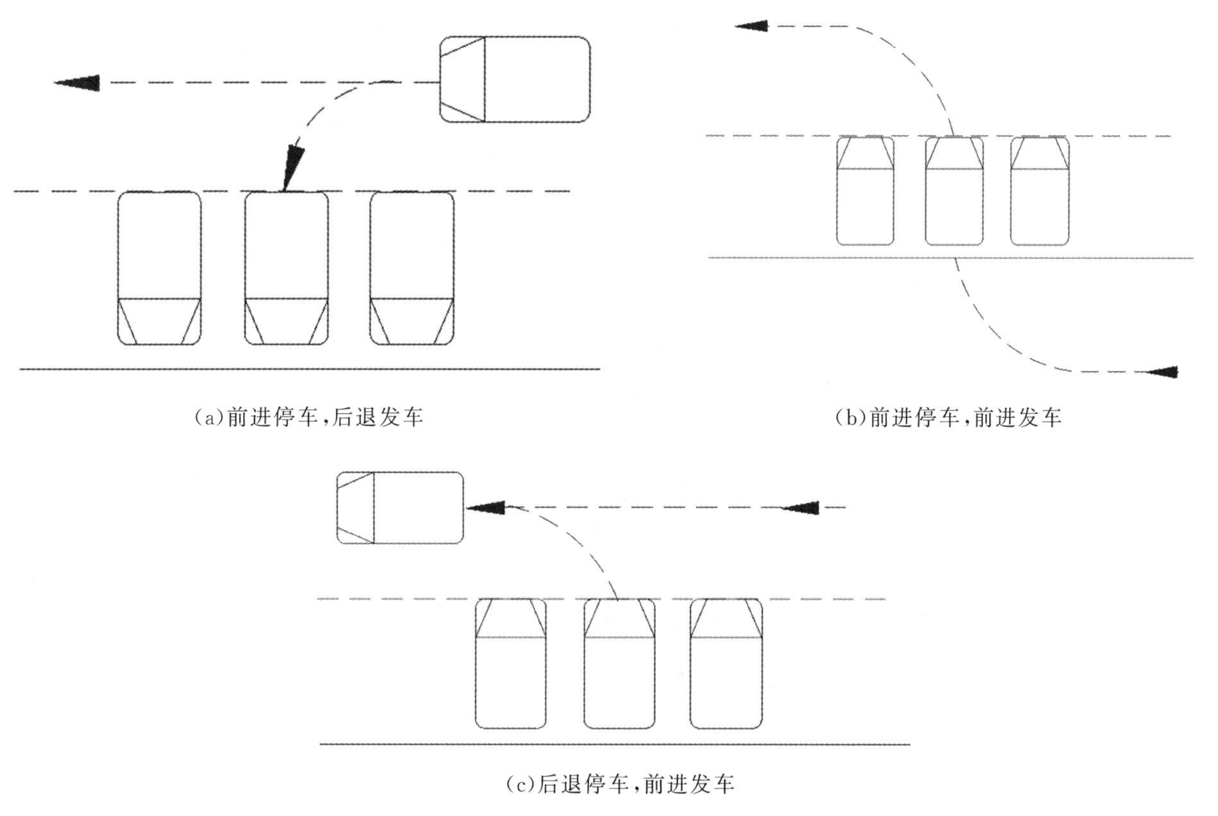


图 4-21　车辆停驶方式

⑥停车场的布置形式：停车道式、浅盆式、转角式、袋式(图 4-22)。

(3)停车场竖向处理及其他。

①停车场的竖向处理与排水。

a. 最小坡度为 0.3%，与通道平行方向最大坡度为 1.0%，垂直方向最大坡度为 3.0%。

b. 连接停车场与外部道路间通路的纵坡坡度以 0.5%～2.0%为宜，困难时最大坡度不应大于 7.0%。

c. 在与城市道路连接处应设置纵坡坡度小于或等于 2.0%的缓坡段。

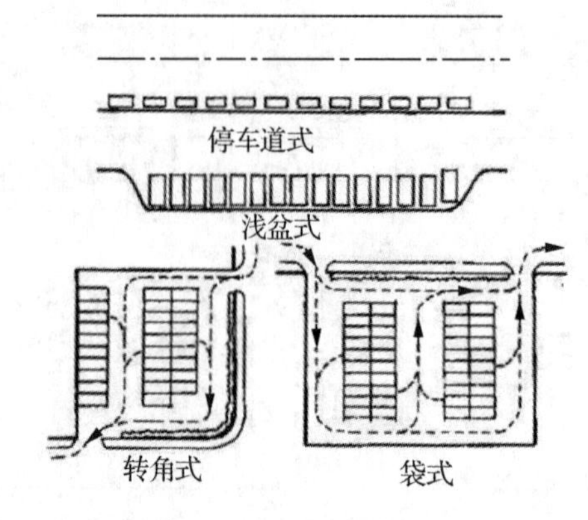

图 4-22 停车场的布置形式

②环保型停车场地面构造。

草皮保护垫做法及预制混凝土块嵌草铺地做法见图 4-23。

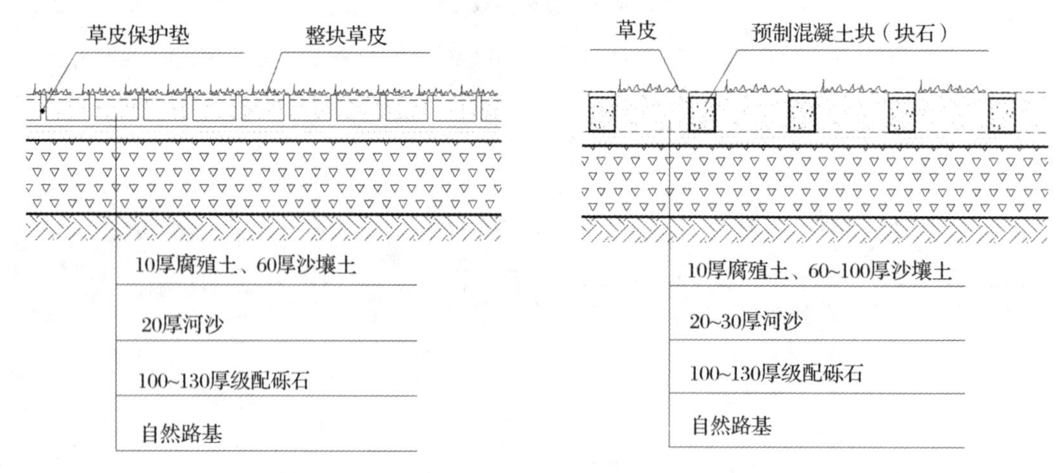

图 4-23 环保型停车场地面构造

(4)回车场的设计。

当道路为尽端式时，为方便汽车进退、转弯和掉头，需要在该道路的端头或接近墙头处设置回车场地。回车场的用地面积一般不小于 12 m×12 m(图 4-24)。

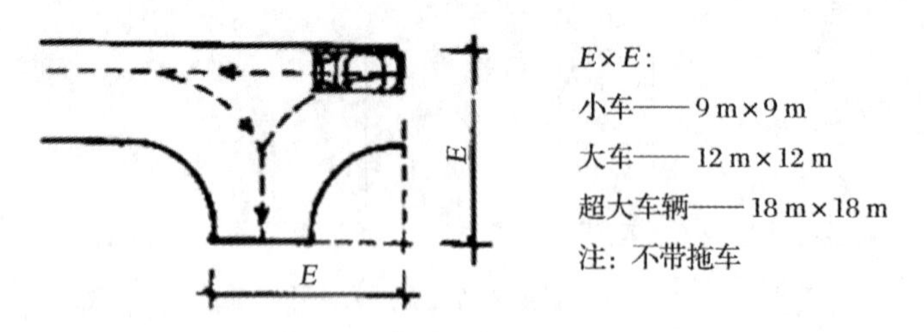

图 4-24 回车场最小面积

### 5)园路的无障碍设计

(1)供无障碍使用的园林道路的设计要求。

①路面宽度不宜小于 1.2 m，回车路段路面宽不宜小于 2.5 m。路面应尽可能减小横坡。

②道路纵坡一般不宜超过 4%，且坡长不宜过长，在适当距离应设水平路段，并不应有阶梯。坡道坡度为 1/20～1/15 时，其坡长一般不宜超过 9 m，每逢转弯处，应设不小于 1.8 m 的休息平台。

③道路一侧为陡坡时，为防止轮椅从边侧滑落，应设高 10 cm 以上的挡石，并设扶手栏杆。

④排水沟、箅子等不得突出路面，并注意不得卡住轮椅的车轮和盲人的拐杖。

具体做法参照《无障碍设计规范》(GB 50763—2012)。

(2)盲道设计应符合下列规定。

①人行道设置的盲道位置和走向，应方便视残者安全行走和顺利到达无障碍设施位置。

②指引残疾者向前行走的盲道应为条形的行进盲道(图 4-25)；在行进盲道的起点、终点及拐弯处应设圆点形的提示盲道（图 4-26）。

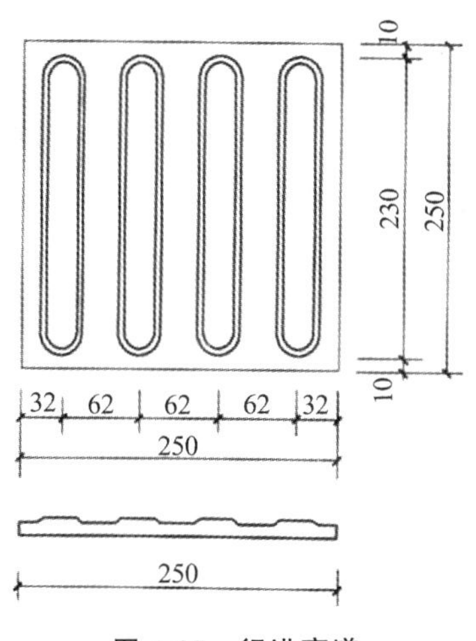

图 4-25 行进盲道

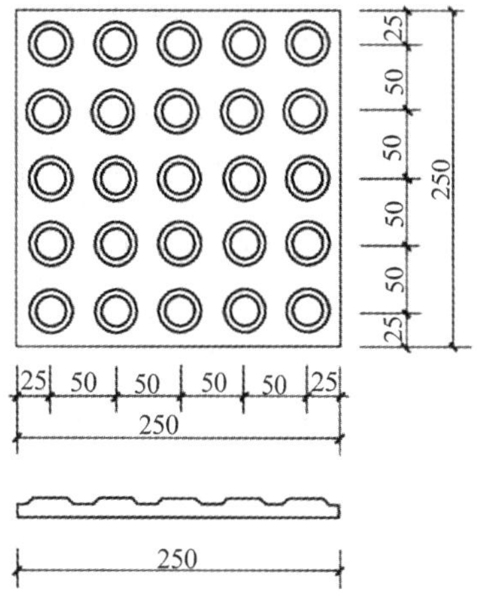

图 4-26 提示盲道

③盲道表面触感部分以下的厚度应与人行道砖一致。

④盲道应连续，中途不得有电线杆、拉线、树木等障碍物。

⑤盲道宜避开井盖铺设。

⑥盲道的颜色宜为中黄色。

(3)坡道。

①缘石坡道设计应符合下列规定：

a. 人行道的各种路口必须设缘石坡道；

b. 缘石坡道应设在人行道的范围内，并应与人行横道相对应；

c. 缘石坡道可分为单面缘石坡道和三面缘石坡道；

d. 缘石坡道的坡面应平整，且不应光滑；

e. 缘石坡道下口高出车行道的地面不得大于 20 mm。

②单面坡缘石坡道设计应符合下列规定：

a. 单面坡缘石坡道可采用正方形、长方形或扇形；

b. 正方形、长方形单面坡缘石坡道应与人行道的宽度相对应（图 4-27、图 4-28、图 4-29）；

c. 扇形单面坡缘石坡道下口宽度不应小于 1.50 m(图 4-30)；

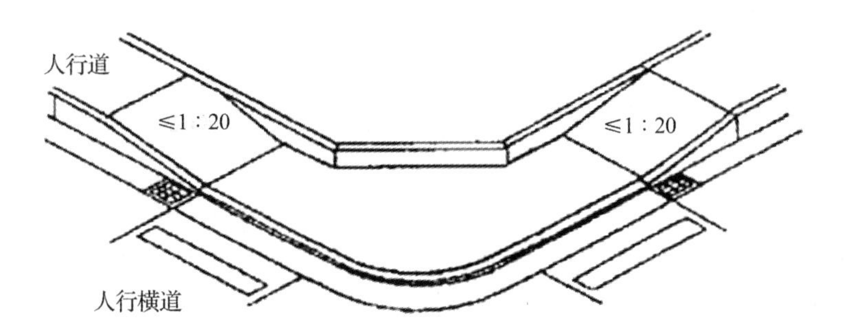

图 4-27 交叉路口单面坡缘石坡道

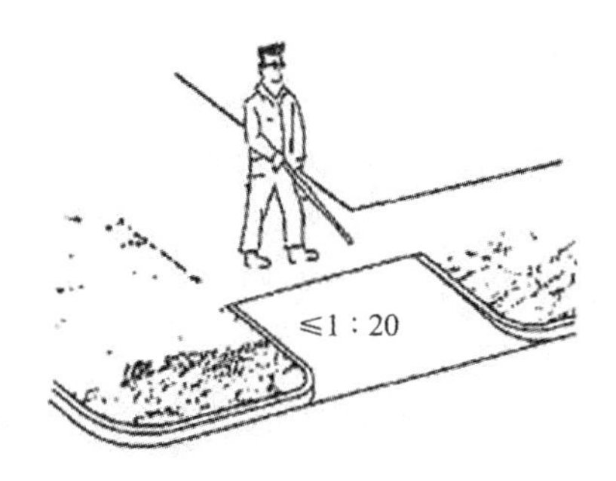

图 4-28 街坊路口单面坡缘石坡道

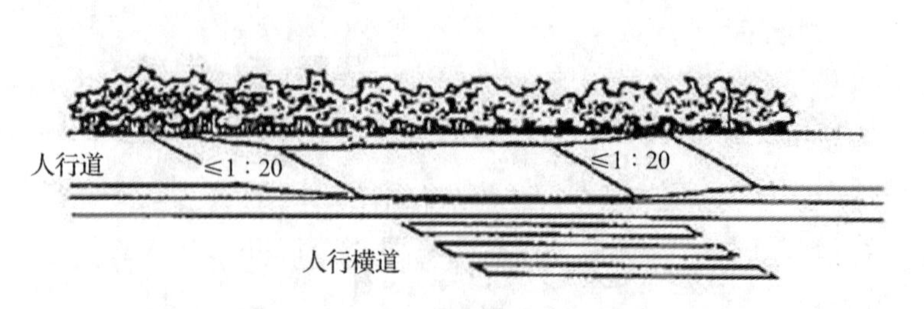

图 4-29 人行道单面坡缘石坡道

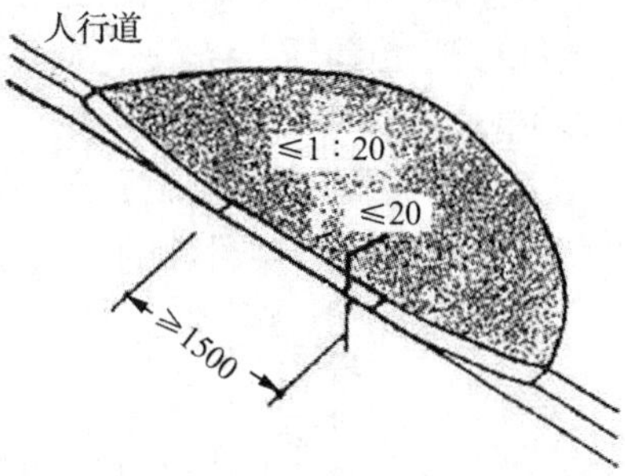

图 4-30 扇形坡缘石坡道

d. 设在道路转角处单面坡缘石坡道上口宽度不宜小于 2.00 m（图 4-31）；

e. 单面坡缘石坡道的坡度不应大于 1∶20。

③三面坡缘石坡道设计应符合下列规定：

a. 三面坡缘石坡道的正面坡道宽度不应小于 1.2 m(图 4-32)；

b. 三面坡缘石坡道的正面及侧面的坡度不应大于 1∶12(图 4-32)。

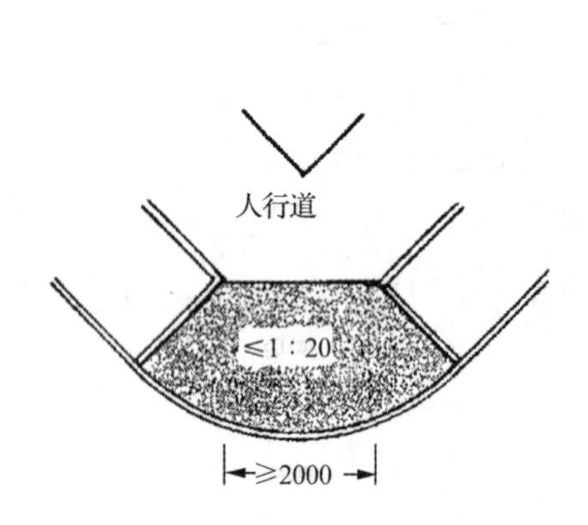

图 4-31 转角处单面直线缘石坡道

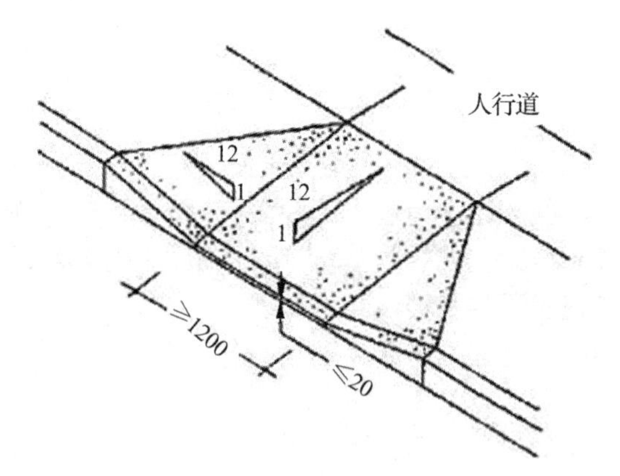

图 4-32 三面坡缘石坡道

## 2. 园路的结构设计

1)园路常见的破坏形式及其原因

一般常见的园路破坏有裂缝与凹陷、啃边、翻浆等。现就造成各种破坏的原因分述如下：

(1)裂缝与凹陷：造成这种破坏的主要原因是基土过于湿软或基层厚度不够，强度不足，在路面荷载超过土基的承载力时便会造成裂缝或凹陷，见图 4-33。

(2)啃边：路肩和道牙直接侧面支承路面，使之横向保持稳定。因此路肩与其基土必须紧密结实，并有一定的坡度。否则由于雨水的侵蚀和车辆行驶时对路面边缘的啃食作用，使之损坏，并从边缘起向中心发展，这种破坏现象叫啃边，见图 4-34。

(3)翻浆：在季节性冰冻地区，地下水位高，特别是对于粉砂性土基，由于毛细管的作用，水分上升到路面下，冬季气温下降，水分在路面下形成冰粒，体积增大，路面就会出现隆起现象，到春季上层冻土融化，而下层尚未融化，这样使土基变成湿软的橡皮状，路面承载力下降，这时如果车辆通过，就会出现路面下陷，邻近部分隆起，并将泥土从裂缝中挤出来，使路面破坏，这种现象叫翻浆，见图 4-35。

园路这些常见的破坏，在进行结构设计时，必须给予充分重视。

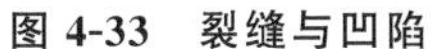
图 4-33　裂缝与凹陷

图 4-34　啃边

图 4-35　翻浆

2）园路的结构

根据地形地质、交通量及荷载等条件，确定园路结构中各个组成部分所使用的材料、厚度要求。园路一般由地面、路基和附属工程三部分组成。

(1)地面的结构：面层、结合层、基层、垫层。

①面层。

直接承受行车荷载的竖向力，特别是水平力和冲击力的作用，同时又受到降水的侵蚀作用和温度变化的影响。应具有较高的结构强度和刚度、耐磨性、不透水性和温度稳定性，并且表面还应具有良好的平整度和粗糙度(抗滑性)。

②结合层。

在采用块料铺筑面层时，在面层和基层之间，为了结合和找平而设置的一层。

常用材料：

白灰干砂：施工时操作简单，遇水后会自动凝结，由于白灰体积膨胀，密实性好。

净干砂：施工简便，造价低。经常遇水会使砂子流失，造成结合层不平整。

混合砂浆(水泥砂浆)：由水泥、白灰、砂组成，整体性好，强度高，黏结力强。适用于铺筑块料路面，造价较高。

③基层。

主要承受由面层传递下来的车轮荷载的竖向力，并将其扩散到下面的结构层中。应具有足够的抗压强度和刚度，并具有良好的扩散应力的能力，同时还应具有足够的水稳定性。

常用材料：

素混凝土：适用于荷载低、不过车的道路(10 cm)。

钢筋混凝土：适用于荷载高、过车的道路(20 cm)。

石灰土：石灰＋土＋水，三七灰土或二八灰土(3∶7 或 2∶8)。力学强度高，整体性、水稳定性、抗冻性较好，适合于各种路面的基层和垫层。

二灰土：石灰＋粉煤灰＋土＋水。

煤渣石灰土：石灰＋土＋煤渣＋水。具有石灰土的全部优点，因为由粗骨料做骨架，所以强度、稳定性和耐磨性均比石灰土好。多用于地下水位较高或靠近水边的道路铺装场地。

干结碎石基层：碎石＋嵌缝料(粗砂或石灰土)。不洒水或少洒水，依靠充分压实及用嵌缝料充分嵌挤，使石料间紧密锁结，具有一定强度。常应用于园林的主路(80～160 mm)。

天然级配砂石：用天然的低塑性石料，经摊铺整形并适当洒水碾压后所形成的具有一定密度和强度的基层结构。适用于园林中各级路面(100～200 mm)。

④垫层。

在路基排水不良或有冻胀、翻浆的路段上，为了排水、隔温、防冻，用煤渣土、石灰土等筑成。在园林中可以用加强基层的办法，而不另设此层。

常用材料：

松散性材料：砂、砾石、炉渣、片石、卵石等，适用于透水性垫层。

整体性材料：石灰土、炉渣石灰土等，适用于稳定性垫层。

表 4-6 所示为常用风景园林地面构造。

**表 4-6　常用风景园林地面构造**

| 地面类型 | 构造层次 |
| --- | --- |
| 现浇混凝土 | 1.70～100 厚 C20 混凝土；<br>2.100 厚级配砂石或粗砂垫层 |
| 预制混凝土块 | 1.50～60 厚预制 C25 混凝土块；<br>2.30 厚 1：3 水泥砂浆或粗砂；<br>3.100 厚级配砂石 |
| 卵石(瓦片)拼花 | 1.1：3 水泥砂浆嵌卵石(瓦片)拼花，撒干水泥填缝拍平，冲水露石；<br>2.25 厚 1：3 白灰砂浆；<br>3.150 厚 3：7 灰土或级配砂石 |
| 砖砌地面 | 1.成品砖平铺或侧铺；<br>2.30 厚 1：3 水泥砂浆或粗砂；<br>3.150 厚级配砂石或灰土 |
| 石砌地面 1 | 1.60～120 厚块石或条石；<br>2.30 厚粗砂；<br>3.150～250 厚级配砂石 |
| 石砌地面 2 | 1.20～30 厚各种石板材；<br>2.30 厚 1：3 水泥砂浆；<br>3.100 厚 C15 素混凝土；<br>4.150 厚级配砂石或灰土 |
| 花砖地面 | 1.各种花砖；<br>2.30 厚 1：3 水泥砂浆；<br>3.100 厚 C15 素混凝土；<br>4.150 厚级配砂石或灰土 |
| 高分子材料地面 | 1.2～10 厚高分子材料面层；<br>2.40 厚沥青混凝土或混凝土；<br>3.150 厚级配砂石 |

(2)路基(土基)。

路基是按照道路的设计要求，在天然地表面开挖或堆填而成的土石结构物。主要承受由路面传递下来的行车荷载，以及路面和路基的自重。因此要求具有足够的强度、整体稳定性和水温稳定性。路基的构造按其填挖横断面常分为路堤式、路堑式和半挖填式三类。

(3)园路的附属工程。

①道牙。

道牙一般分为立道牙和平道牙两种形式，它们安置在路面两侧，使路面与路肩在高程上相互衔接，并能保护路面，便于排水。道牙一般用麻石或混凝土制成，也可用瓦、砖等。道牙结构图见图 4-36。

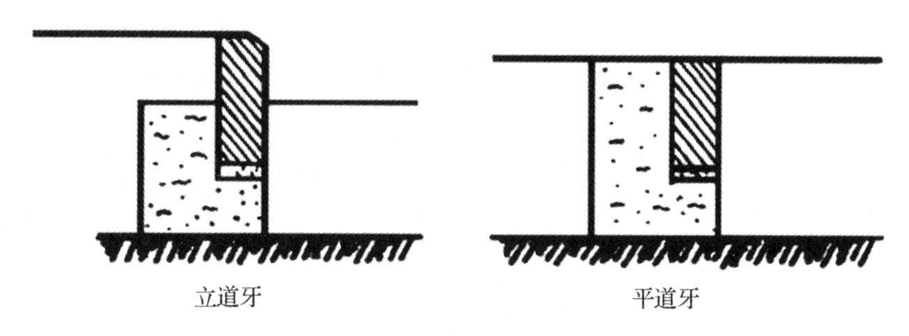


**图 4-36　道牙结构图**

②明沟和雨水井。

明沟和雨水井是为收集路面雨水而建的构筑物，在园林中常用砖块砌成。

③种植池。

在路边或广场上栽种植物，一般应留种植池。种植池的大小应由所栽植物的要求而定，在栽种高大乔木的种植池上应设保护栅。

④台阶、礓礤、磴道。

台阶：园路纵坡在 18%以上时，要设台阶，每 10～18 级台阶后，设一段平路。台阶踏面宽 280～380 mm，台阶高度 100～165 mm。

礓礤：车辆通行时，如坡度较大，做防滑处理，将路面做成锯齿形坡道（多为局部地段设置，坡度在 15%以上）。

磴道：用山石砌成的自然式台阶。踏面宽 300～500 mm，台阶高度 120～200 mm。

### 3. 园路的面层装饰设计

园路的线形、路面材质、工艺与环境的结合可构成丰富的景观，园路具有可行、可游的特点，因此应对园路的面层进行装饰和美化，以创造更优美的游览环境。

园路面层装饰设计又称铺装设计，要根据园路所在的环境，选择铺装的材料、质感、形式、尺度，研究铺装图案的寓意和趣味，使路面不仅配合周围环境，而且能强化和突出整体空间的立意和构思，使之成为园景的组成部分。

园路的铺装设计应符合道路的功能特点，因此，路面要有一定的粗糙度，避免游人滑跌；应有柔和的光线和色彩，减少反光；要有足够的强度和耐久性；应符合生态环保的要求；要便于清洁管理。

根据路面铺装材料、结构特点，可以把园路的面层铺装形式分为整体路面铺装、块料铺装和粒料铺装三大类。

#### 1）整体路面铺装

（1）沥青混凝土路面。

沥青混凝土路面平整度好，耐压、耐磨，施工和养护管理简单，多用于公园主次园路或一些附属道路。沥青混凝土路面一般用 60～100 mm 厚泥结碎石做基层，以 30～50 mm 厚沥青混凝土做面层。根据沥青混凝土的骨料粒径大小，有细粒式、中粒式和粗粒式沥青混凝土之分；根据颜色有传统黑色和彩色（包括脱色）；根据性质有透水和不透水的类别。黑色沥青路面一般不必用其他方法来对路面进行装饰处理。而彩色沥青是在改性沥青的基础上，用特殊工艺将沥青固有的黑褐色进行脱色，然后与石料、颜料及添加剂等混合搅拌生成，或者在黑色沥青混凝土中加入彩色骨料而成。通过脱色工艺的彩色沥青表面的耐久性相对稍差，其颜色可根据需要调配，而且色彩鲜艳、持久，具有很好的透水性。彩色沥青一般用于公园绿地和风景区的行车主路上。由于彩色沥青具有一定的弹性，也适用于运动场所及儿童和老年人活动的地方。

（2）水泥混凝土路面。

水泥混凝土路面有着造价低廉、铺设简单、可塑性强、耐久性好的特点。传统的水泥混凝土路面装饰性较弱，如今混凝土多变的外观为它的实用性增添了砝码，通过一些简单的工艺，如染色、喷漆、蚀刻、艺术印压（图 4-37）等稍作处理便有别样的效果，而透水混凝土的出现更为其增添了环保的特性。

(3)塑胶场地。

塑胶场地（图 4-38）是由聚氨酯橡胶等材料组成的，具有一定的弹性和色彩，具有一定的抗紫外线能力和耐老化力，是国际上公认的最佳全天候室内外运动场地坪材料。塑胶场地的装饰主要体现在色彩和图案上，面层采用专用高弹性 EPDM 和 PU 颗粒，颜色柔和，颗粒状表层，防止刺眼光线的反射，美观耐久，并可采用多色彩搭配。现广泛用于各种运动场所、儿童乐园、幼儿园活动场、人行步道、社区、游乐场等彩色涂装。

图 4-37　水泥混凝土路面艺术印压装饰

图 4-38　塑胶场地

2)块料铺装

块料铺装是用石材、砖材、工程塑料及其他方法预制的整形板材、块料铺砌在路面。这类铺地适用于宽度和荷载较小的一般游步道，如用于车行道、停车场。较大面积铺装时需采用较厚的块料，并加大基层的厚度。

(1)石材块料。

①常用石材种类。

在风景园林中，作为铺装材料的石材按材质分为花岗岩、青石、板岩、砂岩等；按规格及制品类型分为规则式石材和碎拼类石材；按颜色分类主要有中国黑、济南青、芝麻灰、芝麻白、樱花红等；按照表面肌理分为光面、火烧面、荔枝面、拉丝面、自然面等。常见石材表面加工方法详第 3 章砌体工程的表 3-1。

②石材规格。

目前对铺装用石材的技术规格没有统一要求，但实际工程中型材规格一般为 300 mm 的倍数，如 600 mm×300 mm、300 mm×300 mm 等，如无特殊要求，尽量避免以 50 mm 为尾数的规格尺寸。此外，石材的厚度一般依据道路的荷载确定，如人行道路石材厚度不宜低于 25 mm，车行道路石材厚度不宜低于 40 mm，且石材厚度与平面规格应为正比例关系。但板岩因其物理性质，一般厚度为 20 mm，不用于车行道，多做碎拼。

③常用石材铺装样式。

石材铺装的样式主要有 3 种组成方式：一是单一材料通过不同排列方式形成铺装样式；二是同种材料通过不同规格、颜色、表面肌理组合成各种样式；三是不同材料组合成各种铺装样式（图 4-39）。一般而言，同一场地内铺装颜色、铺装材料不宜超过 3 种。

图 4-39 常用石材铺装样式

(2)砖材块料。

砖铺地面施工简单,形式多样,不但色彩丰富而且形状规格可控,是一种给人以亲切感觉的铺装材料,许多特殊类型的砖还可以满足特殊的铺贴需要,创造出特殊的效果。地砖适用于小面积的铺装,如小景园、小路等小尺度空间及不规则边界或石块、石板无法发挥作用的地方,增加景观趣味性,效果与众不同,且造价相对较低。

①砖的分类及规格。

风景园林中常见的砖材主要有广场砖、混凝土砖、烧结砖等。

广场砖属于耐磨砖的一种。主要用于休闲广场、市政工程、园林绿化、屋顶美观、花园阳台、商场超市、学校医院等人流量众多的公共场合。其砖体色彩简单,砖面体积小,多采用凹凸面的形式。具有防滑、耐磨、修补方便的特点。根据面层处理有岩面广场砖、星石广场砖、卵石广场砖等。

混凝土砖为现在园林中普遍采用的一种铺装材料,特点为适度粗糙、色彩多样,常见形状有长方形、正方形、菱形及连锁砖等(图 4-40)。常用规格有 200 mm×100 mm×60(80) mm、200 mm×200 mm×60(80) mm、100 mm×100 mm×60(80) mm、300 mm×300 mm×60(80) mm 等。

图 4-40 混凝土砖

透水砖是在混凝土砖的基础上,增加其透水性、保湿性,同时具有防滑、高强度、抗寒、耐风化、降噪吸音等特点,使地砖铺装的美观与环保完美结合。现有的透水砖有普通混凝土透水砖、聚合物纤维混凝土透水砖、彩石复合混凝土透水砖、彩石环氧通体透水砖、树脂透水砖、陶瓷透水砖、生态砂基透水砖等。

混凝土植草砖是专门用于铺设在停车场或人行道路,具有植草孔并能够绿化路面的空心砌块。混凝土植草砖按其孔形分为方孔、圆孔或其他孔形。其常用规格有 8 字形(400 mm×200 mm×80 mm)、双 8 字形(400 mm×400 mm×100 mm)、背心形(300 mm×300 mm×80 mm)、井字形(250 mm×200 mm×40 mm)等。

烧结砖常用的有黏土砖、岩土砖、仿古青砖等。依据国家相关法规，黏土砖已不允许再使用，现较为常用的是仿古青砖。仿古青砖给人以素雅、沉稳、古朴、自然、宁静的美感，具有透气性、吸水性、抗氧化、净化空气等特点，是路面装饰的一款理想装饰材料。常用规格有 240 mm×60 mm×10 mm、240 mm×115 mm×53 mm、210 mm×140 mm×30 mm、300 mm×120 mm×75 mm、380 mm×100 mm×60 mm、400 mm×120 mm×100 mm、400 mm×200 mm×50 mm、400 mm×400 mm×50 mm 等。

②砖材铺装常用样式。

砖材铺装的样式主要有同色同规格、同色不同规格、同规格不同色 3 种组合，再通过不同排列方式进行组合。常用的样式有错缝、回纹、席纹等(图 4-41)。此外，不同的铺设方法不仅产生不同的装饰效果，还在很大程度上影响地面力学性能。对于载重较大的地面，与车行方向成 45°角的席纹铺法(或称人字形铺法)的力学性能最好，一字形和回纹铺设一般仅适用于人行道和自行车道。

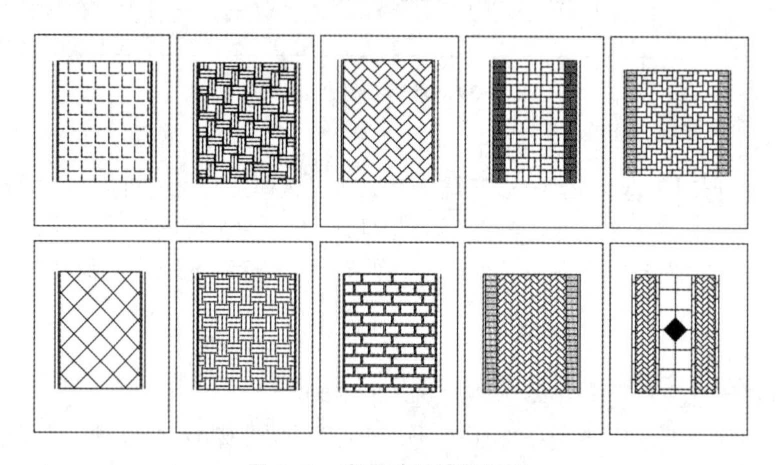

**图 4-41　常用砖材铺装样式**

(3)木材块料。

木材由于容易给人以亲近自然的感觉，且具有密度小、强度高、有弹性和韧性、健康环保、易加工等特点，而成为重要的风景园林铺装材料之一。目前，在风景园林工程中应用于木铺地面的主要是防腐木。防腐木是将普通木材经过人工添加化学防腐剂之后，使其具有防腐蚀、防潮、防真菌、防虫蚁、防霉变以及防水等特性。防腐木其种类有很多，常用的有樟子松、美国南方松、花旗松、柳桉木、菠萝格等，国内最常见的是俄罗斯樟子松和北欧赤松。

在风景园林木铺工程中，防腐木木材长度一般为 2000 mm、4000 mm 和 6000 mm，特殊规格需订制。常用的规格及用途见表 4-7。

**表 4-7　防腐木材常用规格(树种:樟子松/北欧赤松)**

| 规格(mm) | 适 用 范 围 |
|---|---|
| 15×95 | 屋面、凳面、栅栏、地板面、墙面 |
| 21×95 | 屋面、凳面、栅栏、地板面、墙面、围墙板条、龙骨 |
| 21×120 | 凳面、屋面、栅栏、地板面、墙面、花池外侧板条 |
| 28×95 | 凳面、屋面、栅栏、地板面、墙面、花池外侧板条 |
| 28×120 | 地板、凳面 |
| 45×45 | 龙骨、凳面 |
| 45×95 | 地板面、公用场地面、公用场所栈道、花架或凉亭主梁 |
| 45×120 | 地板面、公用场地面、公用场所栈道、花架或凉亭主梁 |
| 45×150 | 地板面、公用场地面、公用场所栈道、花架或凉亭主梁 |

近年来国内外兴起了一类新型复合材料——木塑，用来代替传统木材，亦可称为塑木。它是利用聚乙烯、聚丙烯和聚氯乙烯等，与35%～70%的木粉、稻壳、秸秆等废植物纤维混合成新的木质材料，再经挤压、模压、注塑成型等塑料加工工艺，生产出的板材或型材。

木塑复合材料内含塑料，因而具有较好的弹性模量。此外，由于内含纤维并经与塑料充分混合，因而具有与硬木相当的抗压、抗弯曲等物理机械性能，并且其耐用性明显优于普通木质材料。表面硬度高，一般是木材的2～5倍。尽管木塑复合材料比纯木要贵一些，但是随着生产厂商找到更为高效的加工方法，其相对的高成本正逐渐降低。与纯木相比，木塑具有以下优势：

①对环境友好，使用再生材料（木粉与塑料），不需要作防腐处理。

②不需要日常维护，使用寿命比纯木长，不吸湿、潮，不腐烂，防虫，不开裂，不变形，对冷、热环境不敏感。

③机械性能好，可广泛作承载结构材料使用。

④95%的原料为再生材料，成本较低，同时产品可100%再回收利用。

⑤通过微发泡提高冲击强度、降低比重，真正仿木。

3）粒料铺装

粒料铺装是用卵石、砾石、水洗石、瓦片等粒料通过碾压或镶嵌的方法，形成园路的结构面层。

卵石的应用比较具有特色，可用于健身步道、水池驳岸、树池、图案铺贴等（图4-42）。其具有取材方便、种类繁多、造价低等特点，在河床、浅滩随处可见。一般用于连接各个景观、构景或者是连接规则的整形修剪植物。很多地方已经应用了染色的卵石。卵石或砾石路面因石材不同可以形成不同的色彩和质感，适用于车流量不大、不使用急刹车急加速的园路和步行道路，需要经常进行维护。将卵石或砾石铺在压实的土壤、砂、细砾石或黏土和砾石混合料组成的基层上，用重型压路机碾压，表层也可加铺一层更细的砾石或细石屑。当卵石或砾石中含有黏土、砂和石等混合物时，在铺设过程中加水，可以形成牢固胶结的面层，增加路面的封闭性能和强度。

水洗石是兴于南方的一种铺装材料，是直径5～15 mm的石材颗粒与混凝土结合而成。水洗石颜色有米黄色、红色、褐色、黄色等，主要由加入颜料的颜色确定。水洗石最佳效果是被水冲洗后。可在水洗石中加入不锈钢条、铜条等装饰元素。由于其原材料有各种各样的颜色、形状，可以装饰出各种形状和设计的图案，适合应用于曲线形铺装饰面，透出自然纯朴的感觉（图4-43）。

**图4-42　卵石铺地**

**图4-43　水洗石铺地**

在风景园林铺装中，瓦的应用也非常广泛。瓦的铺装样式主要有两种，一是单一材料通过不同排列方式形成铺装样式；二是以规整的砖、瓦为骨架构成图案，以不规则的石板、卵石以及碎砖、瓦条、碎瓷片、碎缸片填心的做法组成各种精美图案，即中国传统园林中的“花街铺地”。花街铺地内容多样，形式活泼，而风格清新雅致，与园林的气氛相适应。因其多利用砖瓦、石片、卵石和各种碎瓷片、碎陶片等材料，在阳光的照射下，能产生很好的光影效果，不仅具有很好的装饰性，还降低了路面的反光强度，提高了路面的抗滑性能。同时将其拼成多种多样图案精美和色彩丰富的地纹，形如织锦，颇为美观。常见的图案有几何纹样如大角、攒六角、套六角、套钱、球门、芝花等以及一些动物或植物纹样，形象精致、紧凑(图 4-44)。

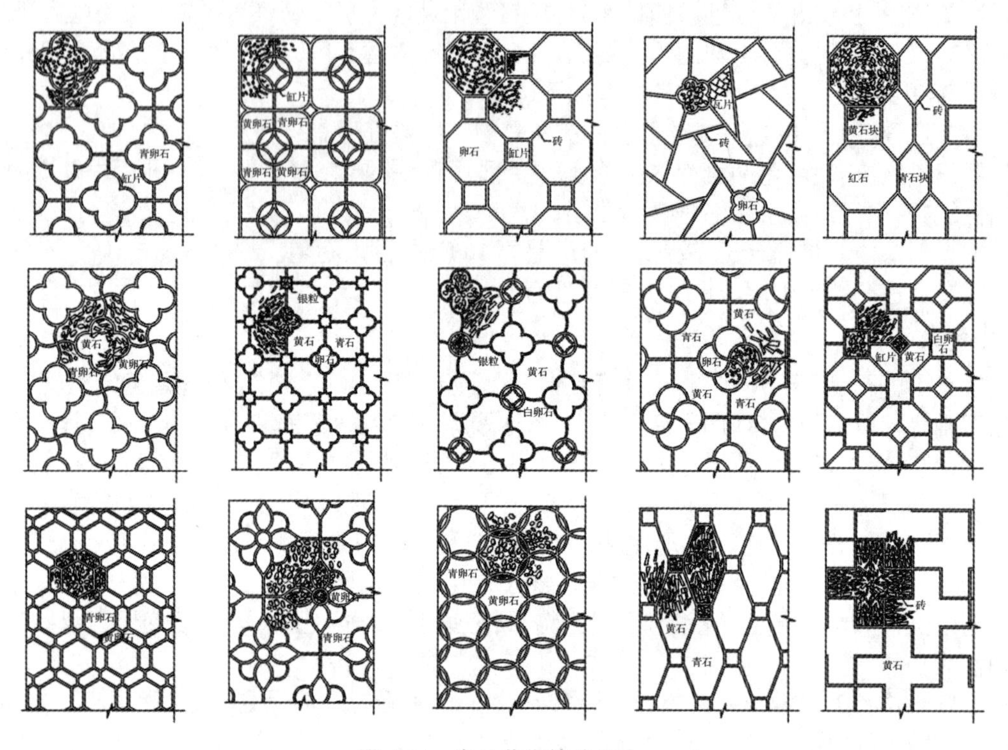


图 4-44　常见花街铺地样式

4)其他铺装

随着风景园林建设材料种类的日益丰富，新型的生态环保材料越来越多地应用于风景园林建设中。如现浇无缝环氧沥青塑料路面是将天然河沙、砂石等填充料与特殊的环氧树脂等合成树脂混合后作面层，浇筑在沥青路面或混凝土路面上，抹光至 10 mm 厚的路面，是一种平滑的兼具天然石纹样和色调的路面，一般用于园路、广场、池畔、人行过街天桥等处的铺装。弹性橡胶路面是利用特殊的黏合剂将橡胶垫黏合在基础材料上，制成橡胶地板，再铺设在沥青路面、混凝土路面上。此种路面耐久性、耐磨性强，有弹性，且安全、吸声，可用钉子固定，常用于体育场所、幼儿园、学校、医院、高尔夫球场的人行道、人行桥等处。

一些旧材料或场地中的废弃材料也被作为风景园林建设材料使用，如拆除下来的混凝土块、砖块、枕木、金属构架等。另外，还有很多材料可以应用于风景园林铺装设计中，增加设计的特色，例如玻璃、贝壳、不锈钢条、不锈钢钉等。

# 4.3
# 园 路 施 工

## 4.3.1　园路施工技术

园路施工技术流程详见图 4-45。

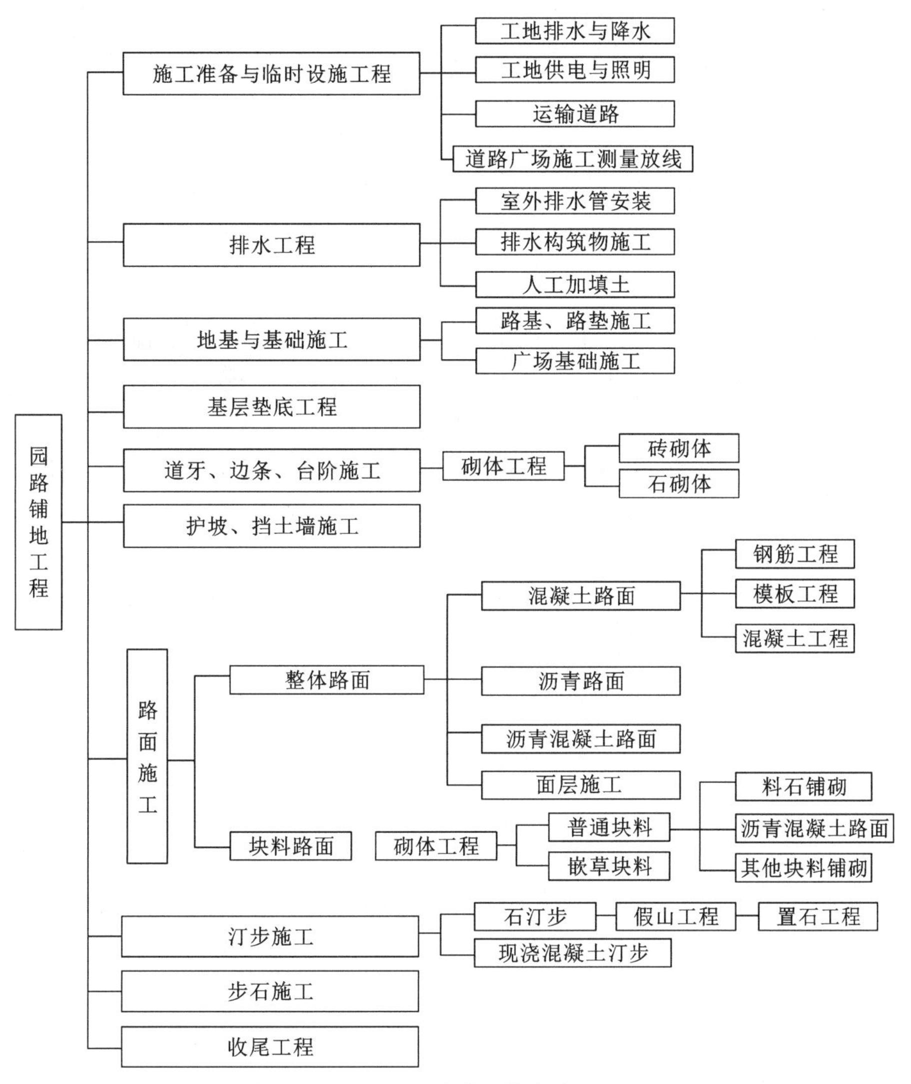


图 4-45 园路施工技术流程

## 4.3.2 园路铺地工程施工步骤

### 1. 线

按路面设计的中线，在地面上每 20～50 m 放一中心桩，在弯道的曲线上应在曲头、曲中和曲尾各放中心桩，并在各中心桩上写明标号，再以中心桩为准，根据路面宽度定边桩，最后放出路面的平曲线。

### 2. 准备路槽

按设计路面的宽度，每侧放出 20 cm 挖槽，路槽的深度应等于路面的厚度，槽底应有 2°～3°的横坡度。路槽做好后，在槽底洒水，使它潮湿，夯实 2～3 遍，路槽平整度允许误差不大于 2 cm。

### 3. 铺筑基层

风景园林工程道路的路基多为土基，设计时应充分考虑到路面横坡排水、道路两侧的排水沟设置。一般路基断面宜采用半填半挖形式，尽量使挖掘机作业半径内土石方平衡。平曲线加宽值设为 2.0 m±1.0 m；超高值设为 8.0%±1%，以 8.0%为宜；路拱横坡度设为 3.0%±0.5%。

南方多雨地区天然含水量较大时，路基压实度不小于 93%；干旱地区的路基压实度不小于 90%。施工时可采用 12～15 t 光面压路机压实 2～3 遍，路床顶面压实度的压路机碾痕不应大于 5 mm。

### 4. 结合层的铺筑

一般用 25 号水泥、白灰、砂混合砂浆或 1∶3 白灰砂浆。砂浆摊铺宽度应大于铺装面 5～10 cm，已拌好的砂浆应当日用完。也可以用 3～5 cm 的粗砂均匀摊铺而成。

### 5. 面层的铺筑

面层铺筑的铺砖应轻轻放置，用橡胶锤敲打稳定，不得损伤砖的边角；如发现结合层不平应拿起铺砖重新用砂浆找平，严禁向砖底填塞砂浆或支垫碎砖块等。采用橡胶带做伸缩缝时，应将橡胶带平正直顺紧靠方砖。铺好砖后应沿线检查平整度，发现方砖有移动现象时，应立即修整。最后用干砂掺入 1∶10 的水泥，拌和均匀，将砖缝灌注饱满，并在砖面泼水，使砂灰混合料下沉填实。铺乱石路一般分预制和现浇两种，现场浇筑方法是先垫 75 号水泥砂浆 3 cm 厚，再铺水泥素浆 2 cm，待素浆稍凝，即用备好的卵石，一块块插入素浆内，用抹子压实，卵石要扁、圆、长、尖，大小搭配。根据设计要求，将各色石子插出各种图案，然后用清水将石子表面的水泥刷洗干净，第二天可再用草酸溶液洗刷表面，则石子颜色鲜明。铺砖的养护期不得少于 3 天，在此期间严禁行人、车辆等走动和碰撞。

### 6. 常见园路施工

园路的施工方法和操作要求取决于园路的类型。以下简要介绍常见类型园路的施工要点。

1）*混凝土路面*

混凝土路面（整体路面）包括素混凝土、钢筋混凝土、预应力混凝土等路面（图 4-46，图片引自《国家建筑标准设计图集 12J003》）。园路多是素混凝土路面，常简称混凝土路面，面层虽为刚性，为避免不均匀沉陷，仍要求路基土质均匀、含水量适中。

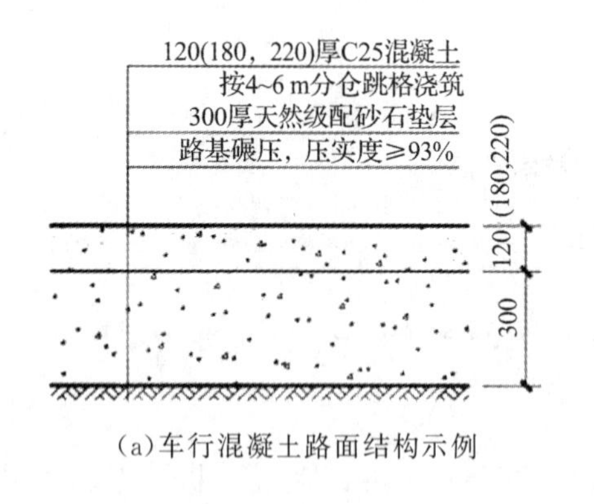

(a)车行混凝土路面结构示例

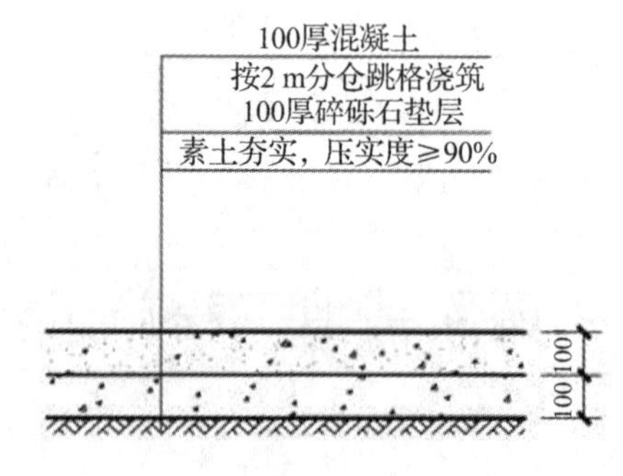

(b)人行混凝土路面结构示例

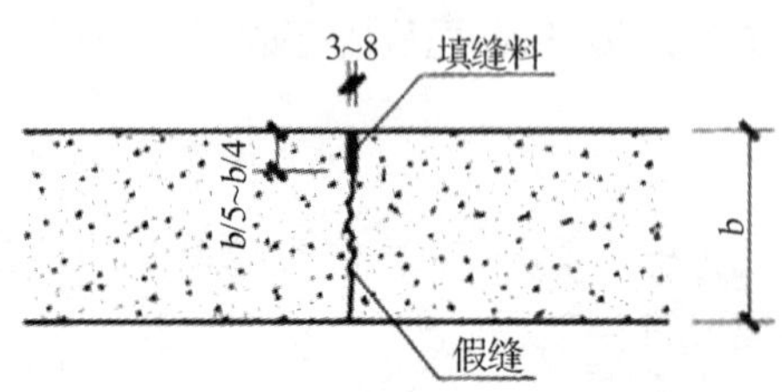

(c)混凝土假缝型缩(纵)缝($b$ 为混凝土板厚度)

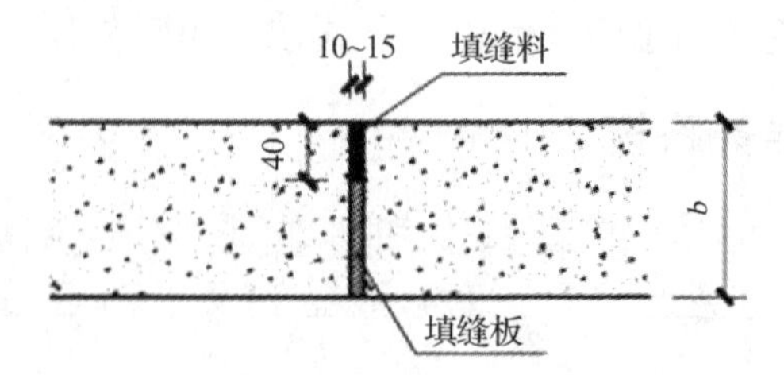

(d)混凝土路伸缝($b$ 为混凝土板厚度)

**图 4-46　混凝土路面结构**

基层较路面两边各宽出 0.2 m，供施工时安装模板，并防止路面边缘渗水至土基而导致路面破坏。边模的安装要稳固，平面位置要准确，模板顶面用水准仪检查其标高，模板内侧涂刷肥皂液、废机油或其他润滑剂，以便拆模。面层混凝土混合料中的粗料宜选用岩浆岩或未风化的沉积岩碎石，最好不用石灰岩碎石，颗粒的最大粒径不超过面层厚度的 1/4～1/3，混合料的含砂率一般为 28%～33%，水灰比为 0.40～0.55。摊铺混合料时，应考虑混凝土振捣后的沉降量，虚高可高出设计厚度 10%左右，使振实后的面层标高同设计相符。混凝土混合料的振捣，应由平板振捣器、插入式振捣器和振捣梁配套作业。

现浇混凝土路面面层的接缝有胀缝和缩缝。胀缝(伸缝)为真缝，它垂直贯穿面层，宽度为 10～15 mm，缝内填入木板或沥青，其间距常用 9～12 m，胀缝常兼施工缝(工作缝)使用。缩缝为假缝，宽度为 3～8 mm，深度为面层厚度的 1/4～1/5，其间距一般为 3～6 m，内填沥青。路表面抹光后常用棕刷或金属丝梳子梳成深 1～2 mm 的横槽，用于防滑。面层养护常用湿麻袋、草垫或 20～30 mm 的湿沙覆盖，每天均匀洒水数次，使其保持湿润状态，至少连续 14 天，然后开放使用。真空吸水工艺是一种混凝土路面施工的新技术。该技术利用真空负压的压力作用和脱水作用，提高了混凝土的密实度，降低了水灰比，从而改善了混凝土的物理力学性能，是解决混凝土和易性与强度的矛盾，缩短养护时间，提前开放交通的有效措施；同时，也能有效防止混凝土在施工期间的塑性开裂，可延长路面的使用寿命。

2)预制砖路面

预制砖路面面层材料可以是预制混凝土砖、黏土砖、缸砖等。结合层一般用 M2.5 混合砂浆、M5 水泥砂浆或 1∶3 干硬性水泥砂浆。砂浆摊铺宽度应大于铺装面 5～10 cm，砂浆厚度为 2～3 cm，便于结合和找平。缸砖的结合层须用水泥砂浆。对于较大尺寸的规则型块料，也可直接采用 3～5 cm 厚的粗砂作为结合层，施工更为方便，此时结合层仅起找平及防泥作用。铺贴面层块料时要安平放稳，用橡胶锤敲打时注意保护边角。发现不平时应重新拿起，用砂浆找平，严禁向砖底局部填塞砂浆或支垫碎砖块等。接缝应平顺正直，遇有图案时需更加仔细。最后用 1∶10 干水泥砂浆扫缝，再泼水沉实，养护期为 5～7 天。图 4-47 所示为预制砖路面剖面详图(图片引自《国家建筑标准设计图集 12J003》)。

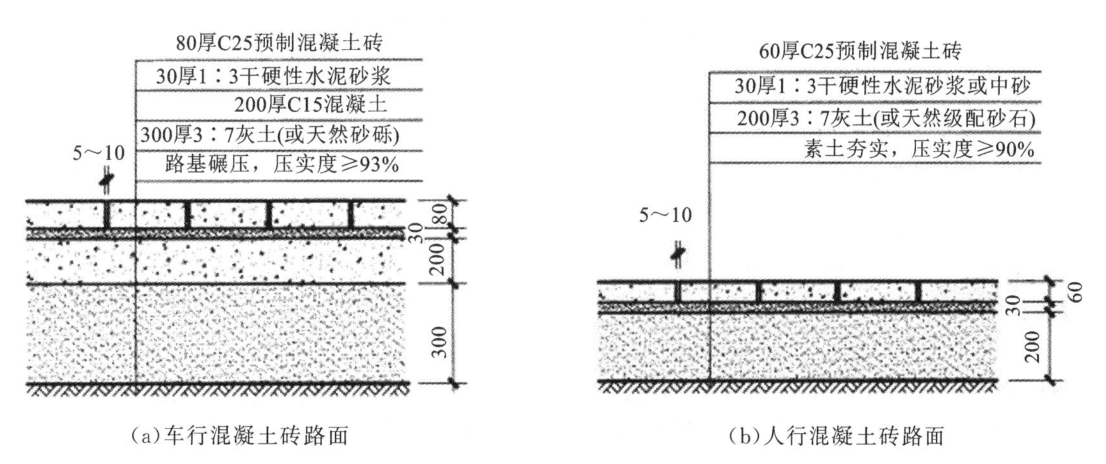


(a)车行混凝土砖路面　　(b)人行混凝土砖路面

**图 4-47　预制砖路面剖面详图**

3)沥青路面

透水性沥青路面、彩色沥青路面等施工时，先清理基层，将路面基层清扫干净，使基层的矿料大部分外露，并保持干燥；若基层整体强度不足时，则应先予以补强。图 4-48 所示为沥青路面结构示例(图片引自《国家建筑标准设计图集 12J003》)。

4)透水砖路面

透水砖路面一般由面层(也就是透水砖)、找平层(可采用中砂、粗砂或干硬性水泥砂浆，厚度宜为 20～30 mm，且透水性能不低于面层的透水砖)、基层(包括刚性基层、半刚性基层和柔性基层，应根据地区资源差异选择透水粒料基层、透水水泥混凝土基层、水泥稳定碎石基层等类型，基层应具有足够的强度、透水性和水稳定性)、土基(土基应稳定、密实、均质，且应达到 CJJ/T 188—2012《透水砖路面技术规程》所要求的砂性土或级配碎砾石)构成,如果土基为黏性土,则应按技术规范要求来设置垫层。图 4-49 所示为透水砖路面剖面详图(图片引自《国家建筑标准设计图集 12J003》)。

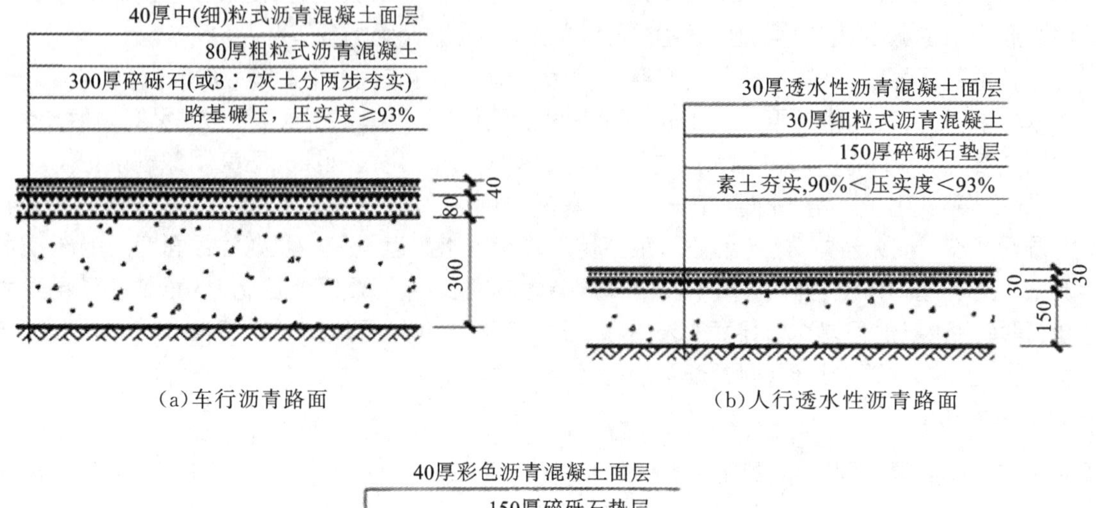


(a)车行沥青路面　　(b)人行透水性沥青路面

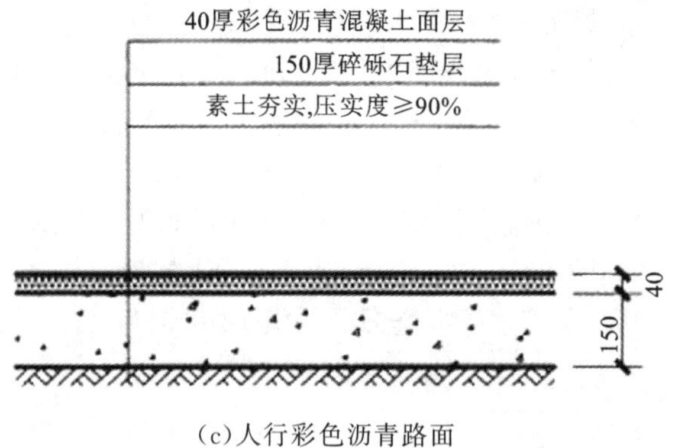


(c)人行彩色沥青路面

**图 4-48　沥青路面结构示例**

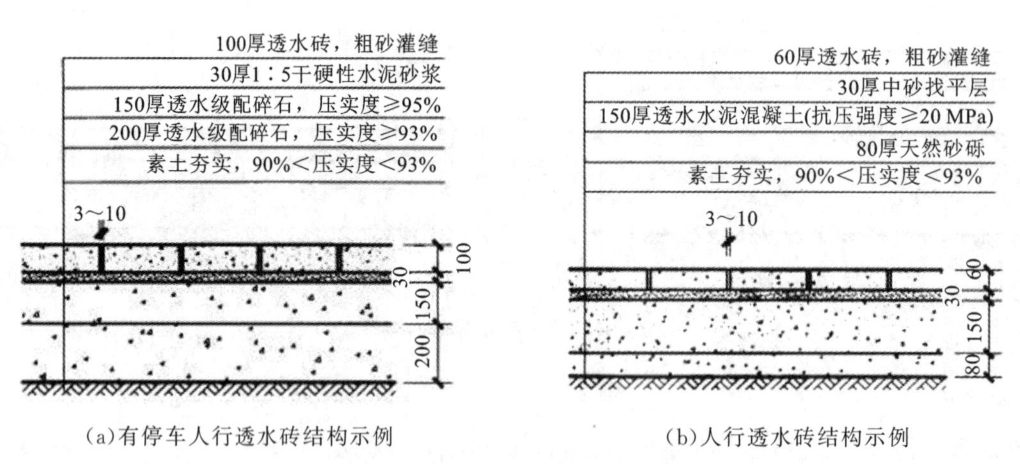


(a)有停车人行透水砖结构示例　　(b)人行透水砖结构示例

**图 4-49　透水砖路面剖面结构示例**

5)混合路面

混合路面指不同的面层材料混合间铺的路面,图 4-50 所示为混合路面实例及结构示例(结构图引自《国家建筑标准设计图集 12J003》)。

当用不同厚度的块料混铺时,应先铺厚度大的块料,再铺厚度小的块料,并使小块铺料的顶面高于大块铺料 1~2 mm,以使砂浆沉降稳定后相互平整。当用规则块料(石材、大方砖或预制混凝土砖等)与卵石混铺时(如花街铺地、雕砖卵石路面),要按设计图案先铺块料并用以控制路面标高和坡度,再在其间摊铺水泥砂浆镶嵌卵石。注意及时将铺在面上的砂浆清扫干净。

(a)混合路面实例(石板嵌卵石路面)

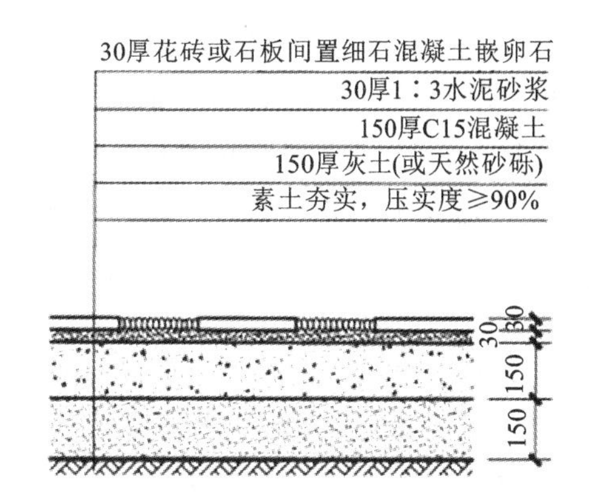


(b)混合路面结构示例(石板嵌卵石路面)

**图 4-50 混合路面实例及结构示例**

6)嵌草铺装

对于块料与植草混合布置的路面,一般有两种做法:一种是在铺装块料之间留植草空隙,如冰纹嵌草铺地;另一种是预制各式各样能植草的混凝土砖。施工时,常不设置基层。块料的结合层宜采用水泥砂浆(或粗砂),且不大于块料底面或仅宽出 20 mm 以内,以减少对草块生长的影响。植草区填入肥沃种植土,种植土一般用新鲜壤土、塘泥、堆沤的厩肥等混合而成,土面低于铺块表面 1～2 cm。图 4-51 所示为嵌草路面实例及结构示例。

(a)嵌草砖路面实例

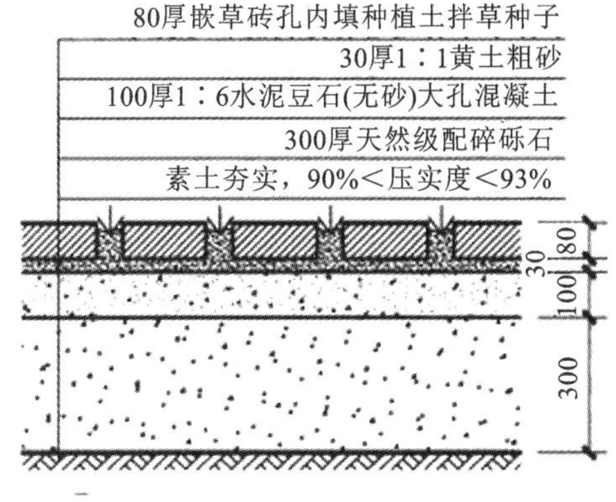


(b)有停车人行嵌草砖路面结构示例

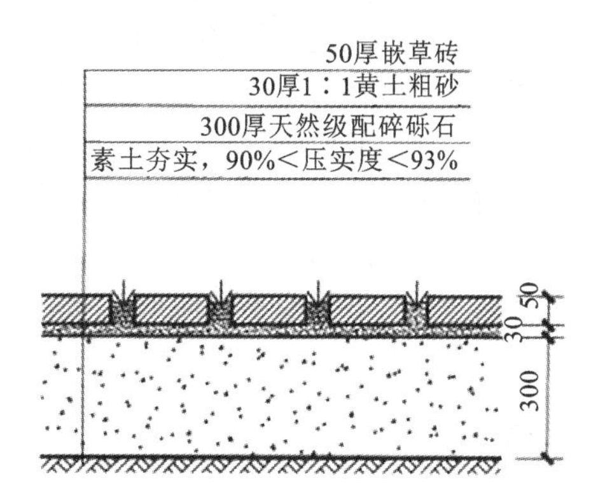


(c)人行嵌草砖路面结构示例

**图 4-51 嵌草路面实例及结构示例**

7）花岗岩铺地

铺砌时结合层与板材应分段同时铺砌，且板材要先用水浸湿，表面擦干或晾干后才可铺设。施工时，用木尺找平，四边紧靠木尺，缝隙小于 3 mm，纵向每 20m 留伸缩缝一条，缝宽 1.5 cm，靠条石一侧用砂浆抹平，涂一遍沥青，贴一层油毡，再涂一次沥青。伸缝间每 5 m 做缩缝一条，缝宽 0.8 cm，砂浆抹平后涂沥青一遍。沥青或油毡应低于石面 3 cm。铺设大理石、花岗岩板材应平整，线路顺直；板材间、板材与结合层及在墙角、镶边和靠墙处均应紧密砌合，不得有空隙。图 4-52 所示为花岗岩路面结构示例（引自《国家建筑标准设计图集 12J003》）。

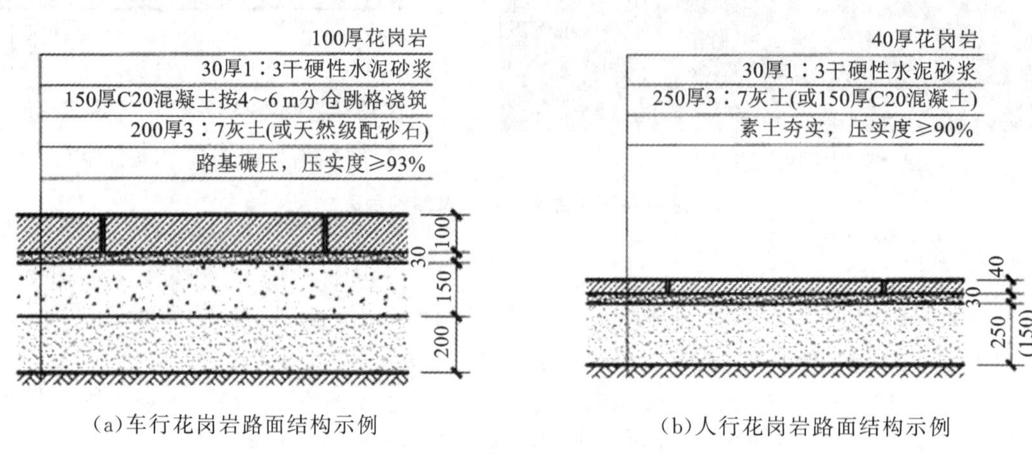


（a）车行花岗岩路面结构示例　　（b）人行花岗岩路面结构示例

图 4-52　花岗岩路面结构示例

## 4.3.3　特殊地质、气候条件下的园路施工

一般情况下园路施工适宜在温暖干爽的季节进行，理想的路基应当是砂性土和砂质黏土。但有时施工活动却无法避免雨季和冬季，路基土壤也可能是软土、杂填土或膨胀土等不良类型，在施工时就要求采取相应措施，以保证工程质量。

### 1. 不良土质路基的施工方法

①软土路基　先将泥炭、软土全部挖除，采用抛石挤淤法、砂垫层法等对地基进行加固。

②杂填土路基　可选用片石表面挤实法压实到相应的密实度，使路堤筑于基底，或尽量换填渗水性砂土，并用重锤夯实法、振动压实法等方法使路基达到需要的强度。

③膨胀土路基　膨胀土是一种吸水膨胀、失水收缩，会随水分含量多少而变形的高液限黏土。对这种路基应尽量避免在雨季施工，挖方路段也应做好路堑堑顶排水，并保证在施工期内不得沿坡面排水；其次要注意压实的质量，最宜用重型压路机在最佳含水量条件下碾压。

④湿陷性黄土路基　这是一种含易溶盐类，遇水易冲蚀、崩解、湿陷的特殊性黏土。施工中的关键是排水工作，对地表水应采取拦截、分散、防冲、防渗、远接远送的原则，将水引离路基，防止黄土受水浸而湿陷；路堤的边坡要整平拍实；基底用重机碾压、重锤夯实、石灰桩挤密加固或换填土等，以提高路基的承载力和稳定性。

### 2. 雨季施工

1）雨季路槽施工

先在路基外侧设排水设施（如明沟或辅以水泵抽水），及时排除积水。雨前应选择因雨水易翻浆处或低洼处等不利地段先行施工，雨后要重点检查路拱和边坡的排水情况、路基渗水与路床积水情况，注意及时疏通被阻塞溢满的排水设施,以防积水倒流。路基因雨水造成翻浆时,要立即挖出或填石灰土、砂石等,刨挖翻浆要彻底干净,不留隐患。所处理的地段最好在雨前做到"挖完、填完、压完"。

2)雨季基层施工

当基层材料为石灰土时,降雨对基层施工影响最大。施工时,应先注意天气预报情况,做到"随拌、随铺、随压";其次注意保护石灰,避免被水浸或成膏状。对于被水浸泡过的石灰土,在找平前应检查含水量,如含水量过大,应翻拌晾晒达到最佳含水量后,才能继续施工。

3)雨季路面施工

对水泥混凝土路面施工应注意水泥的防雨防潮,已铺筑的混凝土严防雨淋,施工现场应预备轻便、易于挪动的工作台、雨棚;对被雨淋过的混凝土要及时补救处理。此外要注意排水设施的畅通。如为沥青路面,要特别注意天气情况,尽量缩短施工路面,各工序紧凑衔接,下雨或面层的下层潮湿时均不得摊铺沥青混合料。对未经压实即遭雨淋的沥青混合料必须全部清除,更换新料。

### 3. 冬季施工

1)冬季路槽施工

应在冰冻之前进行现场放样,做好标记,将路基范围内的树根、杂草等全部清除。如有积雪,在修整路槽时先清除地面积雪、冰块,并根据工程需要与设计要求决定是否刨去冰层。严禁用冰土填筑,且最大松铺厚度不得超过 30 cm,压实度不得低于正常施工时的要求,当天填卸的土务必当天碾压。

2)冬季面层施工

沥青类路面不宜在温度为 5 ℃以下的环境施工,否则要采取以下工程措施:

①运输沥青混合料的工具须配有严密覆盖设备保温;

②卸料后应用苫布等及时覆盖;

③摊铺宜于上午 9 时至下午 4 时进行,做到"三快两及时"(快卸料、快摊铺、快搂平,及时找细、及时碾压);

④施工做到定量定时,集中供料,避免接缝过多。

水泥混凝土路面或以水泥砂浆做结合层的块料路面,在冬季施工时应注意提高混凝土(或砂浆)的拌和温度(可用加热水、加热石料等方法),并注意采取路面保温措施,如选用合适的保温材料(常用的有麦秸、稻草、塑料薄膜、锯末、石灰等)覆盖路面。此外,应注意减少单位用水量,控制水灰比在 0.54 以下,混料中加入合适的速凝剂;混凝土搅拌站要搭设工棚;最后可延长养护和拆模时间。

## 4.3.4 园路铺装验收标准

### 1. 施工质量验收主要指标

(1)各层的坡度、厚度、平整度和密实度等符合设计要求,且上下层结合牢固。

(2)变形缝的位置与宽度、填充材料质量及块料间隙大小合乎要求。

(3)不同类型面层的结合及图案正确,各层表面与水平面或与设计坡度的偏差不得大于 30 mm。

(4)水泥混凝土、水泥砂浆、水磨石等整体面层和铺在水泥砂浆上的块状面层与基层结合良好,不留空鼓。面层不得有裂纹、脱皮、麻面和起砂等现象。

(5)各层的厚度与设计厚度的偏差,不宜超过该层厚度的 10%。

(6)各层的表面平整度应达到检测要求,如水泥混凝土面层允许偏差不超过 4 mm,大理石、花岗石面层允许偏差不超过 1 mm,用 2 m 长的直尺检查。

**2. 国家制定的园路铺装质量相关标准、规范**

(1)《建筑地面工程施工质量验收规范》(GB 50209—2010);
(2)《建筑工程施工质量验收统一标准》(GB 50300—2013);
(3)《沥青路面施工及验收规范》(GB 50092—1996);
(4)《水泥混凝土路面施工及验收规范》(GBJ 97—1987);
(5)《固化类路面基层和底基层技术规程》(CJJ/T 80—1998);
(6)《城镇道路工程施工与质量验收规范》(CJJ 1—2008);
(7)《建筑工程冬期施工规程》(JGJ 104—2011);
(8)《无障碍设计规范》(GB 50763—2012)。

## 4.3.5 园路的后期养护及管理

对于园路硬质铺装,最主要的养护工作就是其自身的结构问题,像移位、机械磨损、铺装材料错位等。在出现严重问题之前都应及时地发现、及时地补救。有时候,情况刻不容缓,必须立即采取措施。但是修补毕竟是不得已而为之的事情,设计的初衷还是希望尽量避免事故的发生,减少养护管理工作的强度。某些事故还是可以在设计和施工的阶段加以预防,避免发生的。

排水是导致铺装、建筑损坏的最主要的原因。尤其那些冬季漫长、寒冷,或温差较大的地区,向阳面就极易遭受破坏。所以,不管采取何种布局形式,都应确保园林铺装排水的顺畅。在天井中的下水口,或墙基部的排水管线,都应定期清理,保证水流通畅。

如果园路铺装材料的破损是由排水问题引发的,应及时采取措施加以维修。对于下陷而形成积水的区域,可以将基层垫起,重新铺设铺装。设置防潮层的矮墙具有防潮作用,但是年代久远的古墙作用正好相反,它就好像一根蜡烛芯,将吸收的潮气通过它的表面蒸发出去。在这一过程中,表面的水泥砂浆会逐渐地脱落,墙体或铺装的结构会逐渐地瓦解。虽然这一过程是不可避免的,但是仍可以采取某些措施减缓这类事故的发生,最主要的就是防潮防冻。前面提到的水泥砂浆具有防水的作用,但是别忘了顶部的保护。避免雨水、融雪的淋湿,通常采用压顶石或其他盖顶材料。随着时间的推移,铺装材料与垫层的结合不再紧密,走在上面还可能上下翻翘。这不仅让人觉得不舒服,而且还容易引发事故。通常情况下,园路局部的重新铺设并不是很困难的,可以按照下面介绍的步骤进行修整。

首先,找出松动最严重的铺路石。其次,研究引发问题的原因。如基础混凝土松散,或者是垫层不稳固,那就拆除所有松动的材料,如果有必要的话,可以在下面填上碎砖石加强其稳固性。再将搅拌好的水泥摊到铺置铺路石的位置,然后将铺路石放置在上面,一定要确保与相邻的铺路石齐平。调整好之后,用橡皮锤沿铺路石的边缘轻轻敲打,直至它与其他的铺砖平齐。如果铺路石的表面沾上了水泥,还要将污点清洗掉。在清洗的时候一定要仔细,防止水从缝隙中渗下,将还未凝固的水泥冲洗掉。经过几个小时或一整夜的时间,水泥完全凝固后,可对铺装作最后的装饰,或者用水泥勾缝,或者用粗砂扫缝。这样松动的区域就基本修整完毕了。

# 第 5 章

# 风景园林水景工程

# 5.1
# 概 述

水是风景园林空间艺术创作的一个要素，可借以构成多种格局的园林景观。早在两千多年前，孔子就有“知者乐水，仁者乐山”之说。园林中将“因水成景，由水得景”称为水景，造山理水一直是中国传统自然山水园的主要手法。随着经济的发展、人民生活水平的提高，以及科学技术的发展等，人们对水景工程提出了更高的要求。现代水景更注重人的参与性与互动性，水景的形式也因为新技术、新材料的运用而有了新的内涵。

对水的设计实际上是对盛水的容器的设计，水景工程是风景园林中与水景有关的工程的总称。本章主要从湖体、水池、溪涧、瀑布、叠水及喷泉等水景工程的分类、结构、设计和施工等几方面来进行介绍。

## 5.1.1 城市水系规划相关知识

### 1. 风景园林水体与城市水系的关系

城市绿地规划是城市总体规划的组成之一，风景园林中的水体又是城市水系的一个部分。在进行城市绿地规划和有水体的公园设计时，都要着眼于局部与整体的关系。风景园林水体不仅要满足风景园林绿地本身的要求，而且必须担负城市水系规划所赋予的任务。

从北京市城市水系与风景园林绿地关系图(图 5-1)中可以看出，不管是传统园林，如颐和园、圆明园、北海公园等，还是现代园林，如奥林匹克森林公园、紫竹院公园、朝阳公园等，都是依城市水体而建。因此，在安排风景园林水体时，首先应了解城市水系。

### 2. 城市水系规划中的相关内容

城市水系规划的目的是保护、开发和利用城市水系，调节和治理洪水与淤积泥沙，开辟人工河湖，兴城市水利，防治和减少城市水患，把城市水体组成完整的水系。

城市水系规划为各段水体确定了一些人工控制数据，如最高水位、最低水位、常水位、水容量、桥涵过水量、流速及各种水工设施等，同时也规定了各段水体的主要功能。在进行风景园林内部水体设计时，要依据这些数据来进一步确定进水口、出水口的设施和水位，并完成城市水系规划所赋予的功能。

风景园林内部水系工程建设之前，要对以下有关情况进行调查：

①河湖的主要功能和等级划分：在风景园林项目中如接触到某一河湖，首先应了解其等级和承担的主要功能，并由此确定一系列水工设施的要求和等级标准。我国内河航道分为七个技术等级，不同等级的航道对水深、河道宽度和净空高度有不同的要求。如长江武汉以下航道为国家一级航道标准，汉江武汉段现为三级航道标准，规划提升为二级航道标准。因此，在处理与此类河流相关的建设时均需服从内河航道等级规划的要求。

②河湖在城市水系中的任务：确定是否有排洪、蓄水、航运、景观等任务。如武汉汤逊湖水系包含了汤逊湖、南湖、野芷湖等湖泊，并由南湖连通港、巡司河、青菱河连接各湖泊和长江，最终经汤逊湖泵站排江口汇入长江。因此，在涉及相关河湖的水景工程建设时，需首先完成其排洪蓄水任务，确定其水面面积及水体容积。同时也应避免因“整治”而钢筋混凝土化，使得原有的自然景观遭到建设性的破坏。应力求在完成既定任务的前提下保护自然水体的生态和景观，处理好相互的关系。

③河湖近期和远期规划水位：一般包括最高水位、最低水位和常水位，这些是确定风景园林水体驳岸位

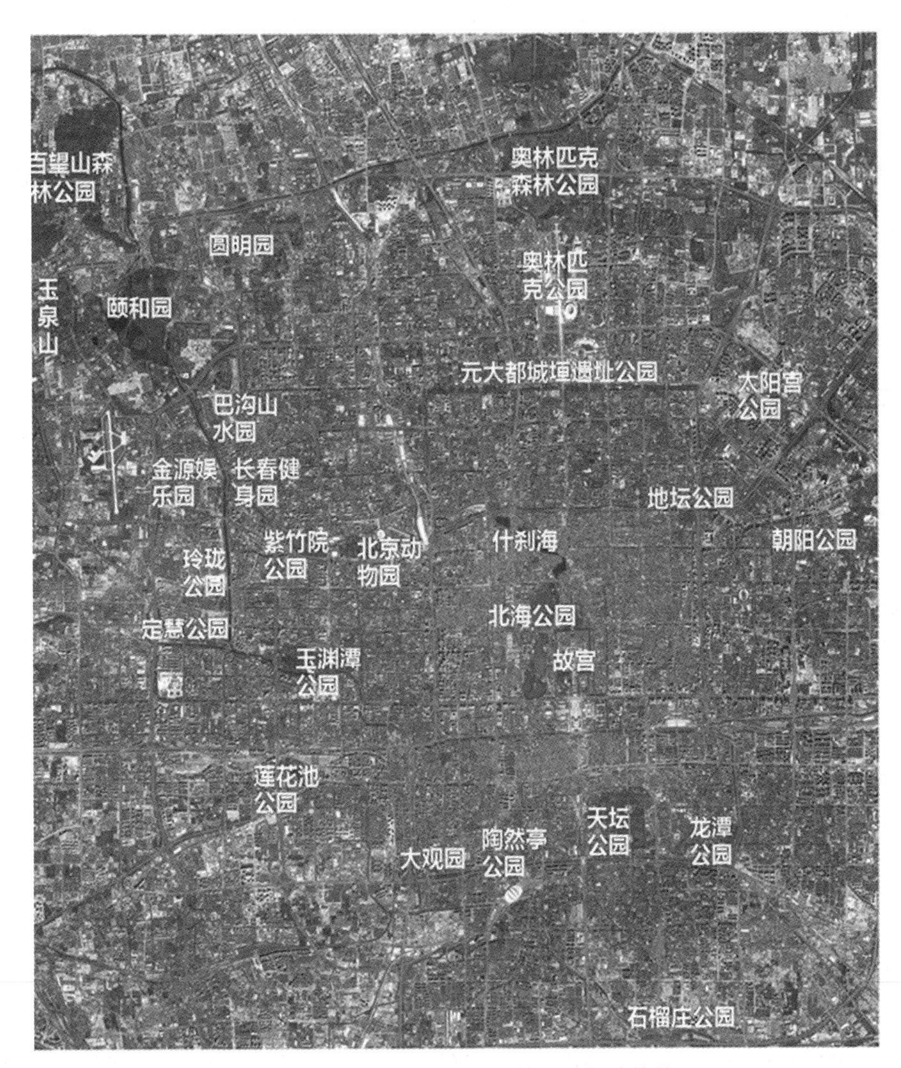


**图 5-1　北京市城市水系与风景园林绿地的关系**

置、类型、岸顶高程和湖底高程的依据。

④城市水系的平面位置、代表性断面和高程。

⑤水工构筑物的位置、规格和要求：园林水景工程除了满足以上水工要求以外，还要将水工构筑物与风景园林其他要素相协调，尽可能做到水工构筑物的园林化。

### 3. 城市水系规划中的常用数据

城市水系规划与风景园林水景工程相关的常用数据有：

1）水位

水体上表面的高程称水位。园址中水体的设计水位和控制水位都要以历史水位和现在水位的变化规律为依据。

2）流速

流速即水体流动的速度，按单位时间水流动的距离来表示，单位为 m/s。流速太小时不利于水源净化；太大时人在水中或水上活动会有危险，同时也会造成岸边的冲刷。水景设计要以流速为依据，流速可用流速仪测定。水中一般上表面流速大于下表面流速，中心流速大于岸边流速，因此要从多部位观察并取其平均值。

3)流量

在一定水流断面间单位时间内流过的水量称流量,单位为 $m^3/s$。

$$流量=过水断面面积\times流速$$

在过水断面面积不相等的情况下则须在代表性的位置测取过水断面的面积。如不同深度流速差异大,则应取平均流速。

## 5.1.2 风景园林水体的功能

随着人类社会的不断发展,水体也逐步从单一的物质功能转变为具有实用和审美双重价值的水景。当今许多风景园林艺术都借助自然的或人工的水景,来提升景观的趣味性并增添实用功能。风景园林水体的功能可归纳为以下几点。

### 1. 造景功能

水景使风景园林景观产生动态的美,由于水的千变万化,在组景中常借水的声、形、色以及利用水与其他景观要素的对比、衬托和协调,构建出不同的风景园林景观。在具体景观营造中,水景具有以下作用。

1)基底作用

大面积的水面视野开阔,能衬托出水岸和水中的景观。即使水面不大,但水体在整个空间中仍具有面的感觉,水面仍可作为水岸和水中景观的基底,从而产生倒影,扩大和丰富景观空间。

2)系带作用

水面具有将不同的风景园林空间、景点连接起来产生整体感的作用。通过河流、小溪等使景点联系起来的作用称为线形系带作用,而通过湖泊、池塘的岸边联系景点的作用则称为面形系带作用。

3)焦点作用

水景中的喷泉、瀑布、叠水等动态形式的水具有视觉和听觉上的可赏性,能吸引人们的注意。此类水景通常安排在景观向心空间的中心、轴线的交点、空间醒目处或视线容易集中的地方,以突出其焦点作用。

### 2. 排洪蓄水功能

风景园林中的大面积水体可以在雨季起到蓄积雨水的作用。特别是在暴雨来临、山洪暴发时,要求及时排除和蓄积洪水,防止洪水泛滥成灾。到了缺水季节再将所蓄之水有计划地分配使用,可以有效节省城市用水和地下水的利用。在现代"海绵城市"的建设中具有重要的地位。

### 3. 生态功能

水体可以增加空气湿度、降低环境温度,还可以减少尘埃、增加负氧离子、降低噪声等,对于改善城市生态环境、调节城市小气候都有着重要的作用。

### 4. 休闲娱乐功能

人类本能地喜爱水,在现代景观中水是人们消遣娱乐的一种载体,可以带给人们无穷的乐趣。在水中或水上能从事多项体育娱乐活动,如游泳、划船、垂钓、溜冰、船模、冲浪、漂流、水上乐园等。

### 5. 生产功能

风景园林要综合发挥生态效益、社会效益和经济效益,可利用风景园林水体进行水产养殖。可风景园林水体又不是单纯的水产养殖场,结合发展水产要服从于造景和游览的基本要求,需要因地制宜,统筹安排。

## 5.1.3 风景园林水景的类型

### 1. 按水体的来源划分

1)自然型水景

自然型水景就是在景观区域内天然存在的水体，如江、河、湖泊、溪涧等，直接利用或经过一定的设计营造而成的水景。

2)引入型水景

引入型水景是在景区外有天然水体如湖泊、河流，经水利和规划部门的批准把天然水体引入景观区域，并结合人工造景的水景。

3)人工水景

人工水景是在景观区域内外均没有天然的水体，而是采用人工开挖蓄水，其所用水体完全来自人工，纯粹为人造景观的水景。

### 2. 按水体的形态划分

自然界中的水景有江河、湖泊、瀑布、溪流和涌泉等多种形式，可分为静水和动水两类，按其形态又可细分为平静的、流动的、跌落的和喷涌的四种。这四种形态反映了水从源头(喷涌的)到过渡(流动的或跌落的)再到终结(平静的)运动的一般趋势。水景设计中的水应师法自然并加以创新。

1)静水

静水是指风景园林中成片状汇集的宁静水面。静水一般呈现安详、朴实的氛围，宁静收敛，它能反映出周边景象的倒影，给人以丰富的想象。静水是现代水景设计中最简单、常用，又最能取得效果的水景设计形式。根据静水的平面变化，又可将其分为自然式静水(湖或塘)和规则式水池。

①自然式静水(湖或塘)：是自然或半自然形式的水域，多模仿自然水体，形状不规则，水际线强调自由曲线式的变化，追求“虽由人作，宛自天开”的艺术境界，适合自然式的庭园或景区(图 5-2(a))。有时为避免水面过于平坦、单调，常在适当的位置增设小岛、设置亭榭或栽种植物等。

②规则式水池：像人造的容器，池缘线条硬朗，形状规则，多为几何形、曲线形或曲直线结合形，多运用于规则式庭园、城市广场及建筑物外环境的修饰中(图 5-2(b))。

(a)自然式静水(杭州西湖)

(b)规则式水池(良渚博物馆内庭)

图 5-2 静水类型

2)动水

动水是指流动的水。利用水姿、水色、水声创造动态的活泼的水景景观,使人感到欢快、振奋。主要形式有流水、落水和压力水三种。

①流水:被限制在特定渠道中的带状流动水系,如溪流、水涧、河渠等,具有动态效果,并因流量、流速、水深的变化而产生丰富的景观效果(图 5-3(a))。风景园林中流水通常有组织水系、景点,联系风景园林空间,聚焦视线的作用。

②落水:指水流从高处跌落而产生变化的水景形式,以高处落下的水幕、声响取胜,给人视觉和听觉上的享受(图 5-3(b))。落水因跌落高差、落水口的形状不同而产生多种多样的跌落方式,如瀑布、跌水、溢流、壁泉等。

③压力水:又称动能动水,是利用压力将水以一定的角度和形式喷向空中,再自由落下的一种优美的水景,如天然或人工的喷泉,有喷泉、涌泉、溢泉、间歇泉、雾喷等多种形式,深得人们喜爱(图 5-3(c))。

(a)溪流(庐山美庐前)

(b)落水(安徽博物馆)

(c)喷泉(深圳欢乐海岸)

**图 5-3　动水类型**

## 5.2
# 湖 体 工 程

湖属于静态水体,有天然湖和人工湖之分。前者是自然的水域景观,如武汉东湖、杭州西湖、南京玄武湖等。人工湖则是人工依地势就低挖掘而成的水域,沿岸因境生景,如北京奥林匹克森林公园的奥海、武汉园博园的云梦湖等一些现代公园的人工大水面。湖的特点是水面宽阔而平静,具有平远开朗之感。湖岸线自然流畅,可以是人工驳岸或自然式护坡,并结合其他景观建设。同时,根据造景需要,还常在湖中利用人工堆土成小岛,用来划分水域空间,使水景层次更为丰富。

### 5.2.1　平面设计

人工湖体平面的设计主要是确定其平面形状和规模。由于水是液体,本身没有固定的形状,水形由容器的形状决定。风景园林中的湖体多为自然形,其平面有图 5-4 所示的几种常见形状。

人工湖规模的确定,既要考虑与周边环境的关系、水源的选择、基址的土壤条件等,又要考虑湖体的功

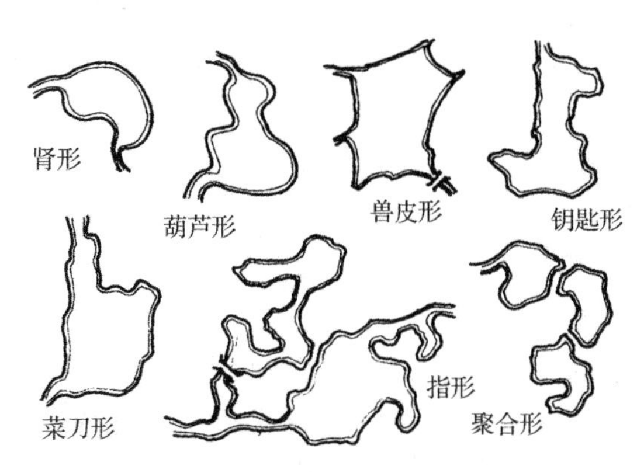


图 5-4 常见湖体平面形状

能用途、渗漏损失和水面的蒸发量等方面的因素。

①与周边环境的关系:把握湖面的尺度,关键在于掌握空间中水与环境的比例关系。水面直径小或宽度窄,水边景物高,则观赏视线的仰角比较大,水景空间的闭合性也较强。在闭合空间中,水面的面积看起来一般要比实际面积小。如果水面直径或宽度不变,而水边景物降低,观赏视线的仰角变小,空间开敞性增加,则同样面积的水面看起来就会比实际面积要大些。

②水源的选择:湖体的水源一般包括蓄积天然降水(雨水或雪水)、引天然河流水、湖体底部有泉、打井取水或利用城市生活供水等几种来源。其中天然的降水和河流水是最理想的水源,通过引入自然湖、河水或汇集的天然降水补充风景园林景观用水和植物养护用水,既节约资源,也节约能量。池塘的底部有泉的概率很小,打井取水和利用城市生活供水一般在大中型湖建设中不可取。除此之外,选择水源时还应根据用水的需要考虑地质、卫生、经济上的要求。

③基址的土壤条件:黏土、砂质黏土、壤土,土质细密、土层深厚或渗透力小的黏土夹层是最适合挖湖的土壤类型。以砾石为主,黏土夹层结构密实的地段,也适宜挖湖。砂土、卵石等容易漏水,应尽量避免在其上挖湖。如漏水不严重,要探明下面透水层的位置深浅,采用相应的截水墙或用人工铺垫隔水层等工程措施。基土为淤泥或草煤层等松软层,须全部挖出。

湖岸立基的土壤必须坚实。黏土虽适水性小,但在湖水到达低水位时,容易开裂,湿时又会形成松软的土层、泥浆,故单纯黏土不能作为湖的驳岸。

④渗漏损失:湖体水量渗漏损失计算非常复杂,对于风景园林水体,可参考表 5-1 所列进行估算。

表 5-1 水体渗漏损失表

| 渗 漏 损 失 | 全年水量损失(占水体体积的百分比)/(%) |
|---|---|
| 良好 | 5~10 |
| 中等 | 10~20 |
| 不好 | 20~40 |

⑤水面蒸发量:对于较大的湖体,湖面的蒸发量是非常大的。目前我国主要采用 E601 型蒸发器测定水面的蒸发量,但其测得的数值比实际蒸发量大,因此需采用折减系数,年平均蒸发折减系数一般取 0.75~0.85。也可用下面的公式进行估算

$$E=0.22(1+0.17W_{200}^{1.5})(e_0-e_{200})$$

式中:$E$——水面蒸发量,mm;

$e_0$——对应水面温度的空气饱和水汽压,mbar(1 bar$=10^5$ Pa);

$e_{200}$——水面上空 200 cm 处空气水汽压,mbar;

$W_{200}$——水面上空 200 cm 处的风速,m/s。

根据湖体渗漏的总量和湖面蒸发的总量可计算出湖水体积的总减少量，依此可计算最低水位；结合雨季进入湖中的雨水总量，可计算出最高水位；结合湖中给水量，可计算出常水位。这些都是进行湖体驳岸设计必不可少的数据。

## 5.2.2 立面设计

湖体的立面设计即水位和水深的确定。

水位即水的高程。护岸顶与常水位的高差，应兼顾景观、安全、游人近水心理和防止岸体冲刷。一般来说，高水位给人亲切感，低水位给人疏远感。若护岸顶与常水位的高差低于 1 m，则给人以凭栏之感。

水深是指水面距湖底的垂直距离。风景园林中的湖体的水深应充分考虑安全、功能和水质的要求。安全应放在首位考虑。根据《公园设计规范》规定，硬底人工水体的近岸 2.0 m 范围内的水深，不得大于 0.7 m，达不到此要求的应设护栏。无护栏的园桥、汀步附近 2.0 m 范围以内的水深不得大于 0.5 m。

为保证湖水的质量，湖体应尽可能扩大水深大于或等于 1.5 m 的水面范围，但近岸 2.0 m 范围内又要设计为安全水深，所以通常人工湖体做阶梯状的湖底设计。在住宅区中，当水深超过 0.3 m 时，必须采取防护措施，以保护小孩的安全。一般可在非亲水区设栏杆，而亲水区采用护岸缓坡，或在岸边设大于或等于 2.0 m 的浅水区，转入深水区之前设水下拦网。

不同的水上活动项目对水体的深度和水面面积要求也不同，应根据需求选取，见表 5-2。

表 5-2 各种活动对水体深度与面积的要求

| 项　目 | 水深/m | 面积/$m^2$ | 备　注 |
|---|---|---|---|
| 划船 | >0.5 | >2500 | 800～1000 $m^2$/只 |
| 滑水 | — | — | 3～5 $m^2$/人 |
| 游泳 | 1.2～1.7 | 400～1500 | 5～10 $m^2$/人 |
| 儿童游泳 | 0.4 | 200～800 | 3～5 $m^2$/人 |
| 儿童戏水池 | 0.3 | 200～800 | — |
| 养鱼 | 0.3～1.0 | — | — |
| 观赏鱼池 | 1.2～1.5 | — | — |

## 5.2.3 结构设计

### 1. 湖底结构

风景园林中的湖体多为自然改造或人工开挖而来，湖底做法的重点是要减少水的渗漏。湖底的结构设计通常应根据其基址条件、使用功能、规模大小等的不同选择不同的底部构造。常见的有黏土层湖底、灰土层湖底、塑料薄膜湖底和混凝土湖底等做法。其中土壤条件较好的黏土层湖底不需做特殊处理，适当夯实即可；灰土层湖底适用于大面积湖体；混凝土湖底适用于较小的或土壤条件较差的湖体。常见湖底结构做法如图 5-5 所示。湖底防渗还可采用柔性防水材料，主要有聚乙烯防水毯、聚氯乙烯防水毯、三元乙丙橡胶、膨润土防水毯等，如图 5-6 所示。

### 2. 湖岸处理

在风景园林水景工程中，许多种类的水体都涉及岸边建造问题，这种专门处理和建造水体岸边的建设工程称为水体岸坡工程，包括驳岸工程和护坡工程。风景园林水体要求有稳定、美观的水岸，以维持陆地和水面一定的面积比例，防止陆地被淹或水岸坍塌而扩大水面，因此在水体边缘和陆地交界处必须建造驳岸或护坡。

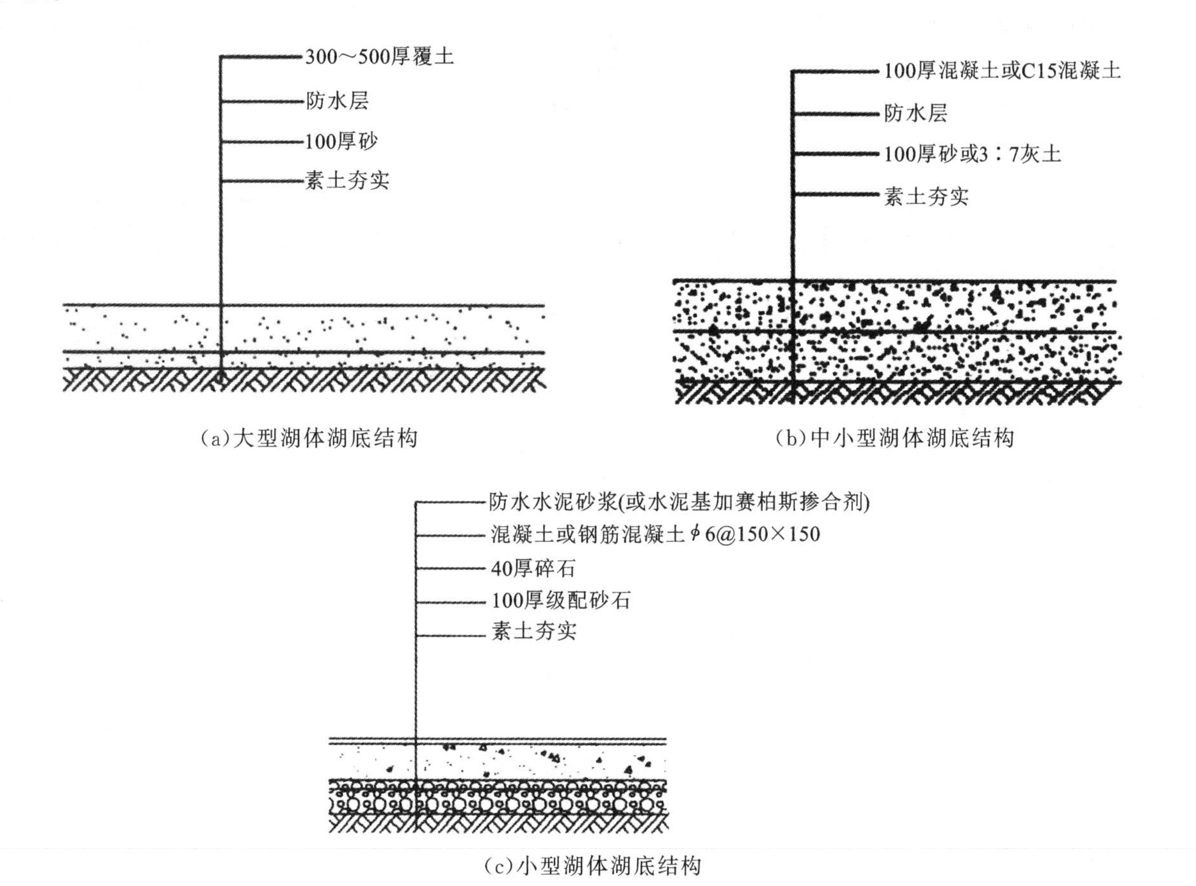


**图 5-5 常见湖底结构做法**

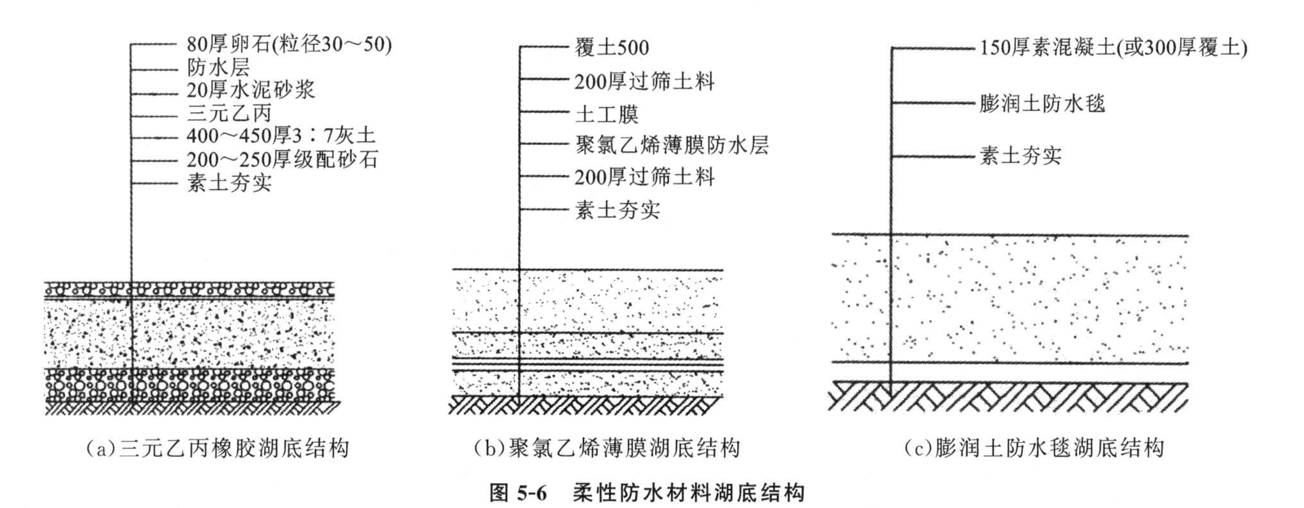


**图 5-6 柔性防水材料湖底结构**

1)驳岸工程

驳岸是用工程措施加工岸，使其稳固，以免遭受各种自然因素(风浪、降水、冻胀等)及人为因素的破坏，保护风景园林水体的设施，是一种正面临水的挡土墙。风景园林驳岸是风景的组成部分，必须在满足技术功能要求的前提下注意造型美，使驳岸与周围景色相协调。

(1)驳岸的类型。

同挡土墙类似,根据驳岸的造型,可以将驳岸划分为规则式驳岸、自然式驳岸和混合式驳岸三种。

①规则式驳岸:指用砖、石、混凝土砌筑的比较规整的驳岸,如重力式驳岸、半重力式驳岸和扶壁式驳岸等。风景园林中的驳岸常以重力式驳岸为主,要求有较好的砌筑材料和施工技术,如常见的条石驳岸、块石驳岸、混凝土驳岸等。这类驳岸简洁明快,耐冲刷,但缺少变化。

②自然式驳岸:指外观无固定形状或规格的岸坡处理,如常见的山石驳岸、卵石驳岸、仿树桩驳岸及植物板根驳岸等。这种驳岸自然亲切,景观效果好。

③混合式驳岸:这种驳岸结合了规则式驳岸和自然式驳岸的特点,既能保证湖岸的稳固,又具有较好的景观性和生态性。如图 5-7(a)以毛石砌墙,自然山石封顶;图 5-7(b)在两条重力式驳岸之间形成水生植物种植槽,丰富水岸景观。

(a)以毛石砌墙,自然山石封顶

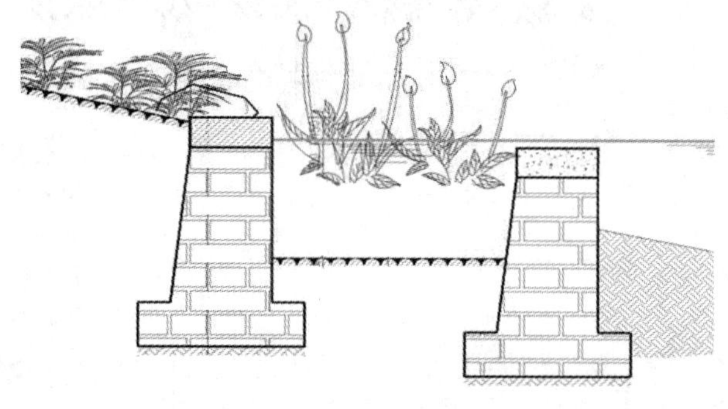

(b)在两条重力式驳岸之间种植水生植物

**图 5-7 混合式驳岸**

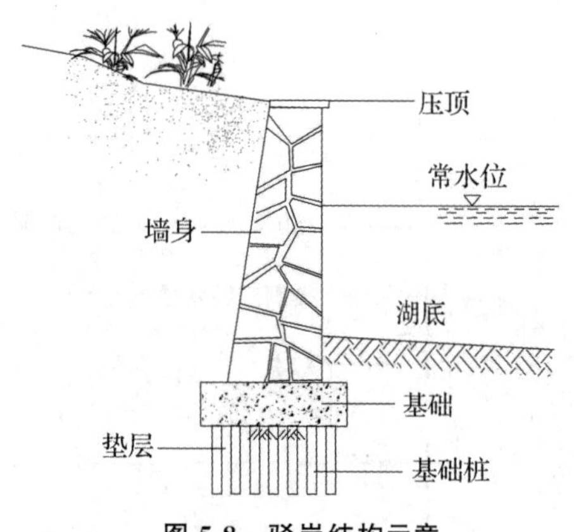


**图 5-8 驳岸结构示意**

(2)驳岸的结构。

重力式驳岸是风景园林中最常用的驳岸形式,从上到下主要由以下几部分组成(图 5-8):

①压顶——又称盖石,是驳岸顶端结构,其作用主要是增强驳岸稳定性,阻止墙后的水土流失,美化水岸线。压顶常用条石或混凝土块砌筑而成,宽度为 30～50 cm,一般向水面有所悬挑。

②墙身——驳岸的主体结构,常用材料为混凝土、毛石、砖等。墙身所承受的压力主要来自本身的垂直压力、水体的水平压力及墙后的侧压力,所以墙身一定要确保有一定的厚度。墙体高度根据最高水位和水面浪高来确定。

③基础——驳岸的底层结构,为承重部分,上部重量经基础传给地基,因此要求基础坚固,埋入水底深度不小于 500 mm,厚度常用 400 mm,宽度在高度的 60%～80%倍范围内。

④垫层——基础的下层,常用矿渣、碎石、碎砖等材料整平地坪,保证基础与土基均匀接触作用。

⑤基础桩——增加驳岸的稳定性,防止驳岸滑移或倒塌,同时也兼起加强土基承载能力的作用,材料可以用木桩、灰土桩等。

⑥沉降缝——由于驳岸墙身高度不等,墙后土压力、地基沉降不均匀变化所必须考虑设置的断裂缝。

⑦伸缩缝——避免因温度等变化引起破裂而设置的缝。一般 10～25 m 设置一道,宽度约 20 mm,有时也兼作沉降缝用。

（3）驳岸的设计。

①驳岸平面位置的确定：与城市河湖接壤的驳岸，应按照城市水系规划规定的平面位置建造。风景园林内部水体的驳岸则根据设计图纸来确定平面位置。在湖体设计平面图上应该以常水位线显示水面位置，如为岸壁直墙，则常水位线即为驳岸面向水面的平面位置；如为倾斜的坡岸，则根据坡度和岸顶高程向外推求。

②岸顶高程的确定：岸顶高程应比最高水位高出一段距离，一般高出 25～100 cm，具体根据岸前风浪及高水位的出现频率、视觉景观等因素而定。从造景角度看，深潭和浅水面的要求也不一样。一般情况下驳岸以贴近水面为好，游人可以亲近水面，并显得水面丰盈饱满。在水面积大、地下水位高、岸边地形平坦的情况下，对于人流稀少的地带可以考虑短时间被洪水淹没，以降低由于大面积垫土或增高驳岸产生的费用。

（4）破坏驳岸的主要因素。

驳岸可分为湖底以下基础部分、常水位至湖底部分、常水位与最高水位之间部分和最高水位以上部分，不同的部分受到不同的破坏因素的影响（图 5-9）。

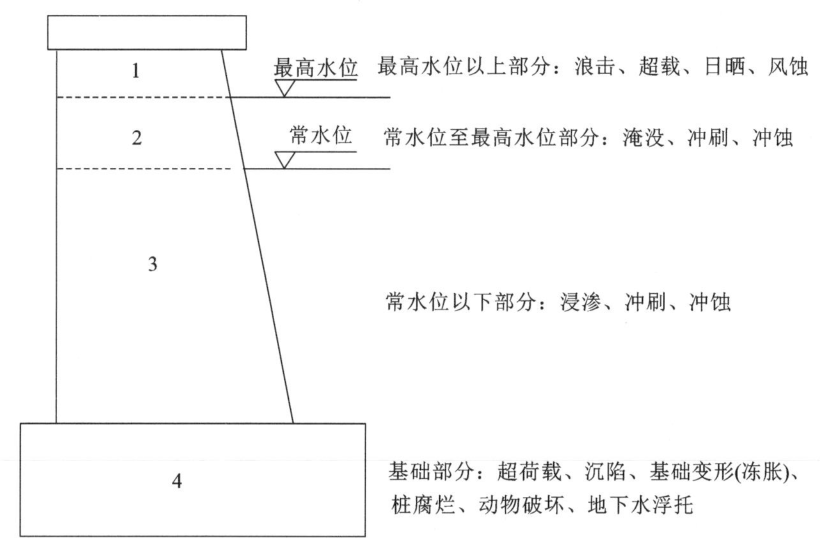


**图 5-9　破坏驳岸的主要因素**

①湖底以下基础部分：由于湖底地基荷载强度与岸顶荷载不相适应而造成不均匀的沉陷，使驳岸出现纵向裂缝甚至局部塌陷。在寒冷地区水深不大的情况下，可能由于冻胀而引起基础变形。如果是用木桩做的桩基，则会受到腐蚀或水底一些动物的破坏而朽烂。在地下水位很高的地区还会产生向上的浮托力影响基础的稳定。

②常水位至湖底部分：由于常年处于淹没状态，其主要破坏因素是湖水浸渗。在北方寒冷地区因水渗入驳岸内，冻胀后会使驳岸断裂，有时则会造成驳岸倾斜或位移。常水位以下的墙身上又经常会有排水管道的出口，如安排不当，也会影响驳岸。

③常水位与最高水位之间部分：这部分会经受周期性的淹没，如果水位变化频繁，则对驳岸也会形成冲蚀破坏。

④最高水位以上部分：这部分不会被水淹没，主要是受浪击、日晒和风化剥蚀。驳岸顶部则可能因超重荷载和地面水的冲刷遭到破坏。另外，驳岸下部破坏也会引起上部受到破坏。

了解破坏驳岸的主要因素后，可以结合具体情况采取防止和减少破坏的措施。

（5）驳岸的施工。

驳岸施工前必须放干湖水或分段修筑围堰，现以浆砌块石驳岸说明其施工要点。

块石驳岸工程施工流程为：施工前准备→（筑坝围堰）→排水、清淤→放线→挖基槽土方→混凝土基础浇筑→砌筑岸墙→驳岸压顶→墙背填土（含滤水层）（图 5-10）。

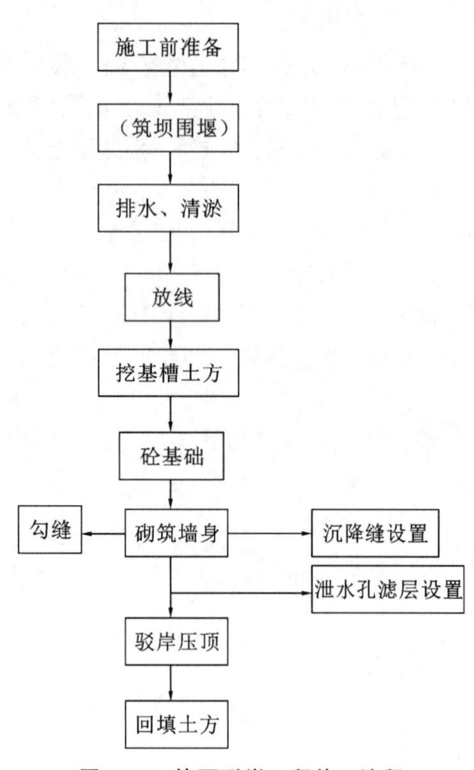

图 5-10　块石驳岸工程施工流程

块石驳岸施工方法及注意事项如下：

①块石驳岸应坐落在坚实的基础上，如果是松土、淤泥土、回填土，则应进行加固处理。

②块石砌筑时采用外侧干砌、不留浆、内侧浆砌的方法进行施工。

③块石驳岸的混凝土基础应浇水湿润，块石也应湿润阴干备用，块石采用交错组砌法，灰缝不规则，外观要求整齐。

④块石砌筑前，应先检查基槽的尺寸和标高，清除杂物，放出基础的轴线和边线，立好基础皮数杆。

⑤砌第一层石块时，基地要坐浆，石块大面向下。选择比较方正的石块，砌在各转角上，称为“角石”，角石两边应与准线相合。外面的石块称“面石”，最后砌填中间部分，称“填腹石”。墙身顶部找平，宜选用较整齐的大块石。

⑥砌筑压顶时宜选用大块石或预制混凝土板，砌筑时顶石要向水面挑出 5～6 cm，顶面一般高出最高水位 50 cm，必要时可贴近水面。

⑦驳岸墙背下部回填土的压实度需大于或等于 93%，上部采用黏土回填，压实度需大于或等于 90%，回填土每层厚度不大于 30 cm ，并分层夯实，回填墙背时应控制反滤层的施工质量。

⑧块石驳岸砌筑完成后，应在块石砌体的外露部分，采用 1∶2水泥砂浆顺着块石的缝隙进行勾缝，可以勾凸缝，也可以勾凹缝，缝宽一般为 2～3 cm。

⑨施工中要注意水土保护，避免陡坡施工，及时保护坡面。施工时产生的混浆应沉淀处理后排放，注意及时清扫场地，防止粉尘、垃圾随雨水冲入水体。

2)护坡工程

在风景园林的水体岸边，有时为顺其自然不做驳岸，而是改用斜坡伸入水中，这就要求采用各种材料和方式护坡，防止滑坡。护坡主要是为了保护坡面，防止雨水径流冲刷及风浪的拍打，坡度一般为 $i=H/L=1:1$～$1:2$ 或 45°以下。护坡的形式较多，在风景园林中应综合考虑护坡的用途、周围景观设计的要求、周边地质情况和水流冲刷的情况等。

下面是几种常见的护坡形式。

(1)块石护坡。

在岸坡较陡、风浪较大的情况下常使用块石护坡。护坡的石料最好选用花岗岩、砂岩、石灰岩、板岩等比重大、吸水率小的顽石，在寒冷的地区还需要具有较强的抗冻性。

块石护坡还应有足够的透水性以减少土壤从护坡上面流失，需要在块石下面设倒滤层垫底，并在护坡坡脚设挡板(图 5-11)。

(2)石笼护坡。

石笼护坡主要是由高镀锌钢丝或热镀铝锌合金钢丝编织而成的箱笼，内填石料等不风化的填充物做成的工程防护结构。它具有很好的柔韧性、透水性、耐久性以及防浪能力等优点，而且具有较好的生态性。它的结构能进行自身适应性的微调，不会因不均匀沉陷而产生沉陷缝等，整体结构不会遭到破坏。由于石笼的空隙较大，因此能在石笼上覆土或填塞缝隙，以及微生物和各种生物，既可防止河岸遭水流、风浪侵袭而破坏，又保持了水体与坡下土体间的自然对流交换功能，实现了生态平衡，既保护了堤坡，又可增添绿化景观。

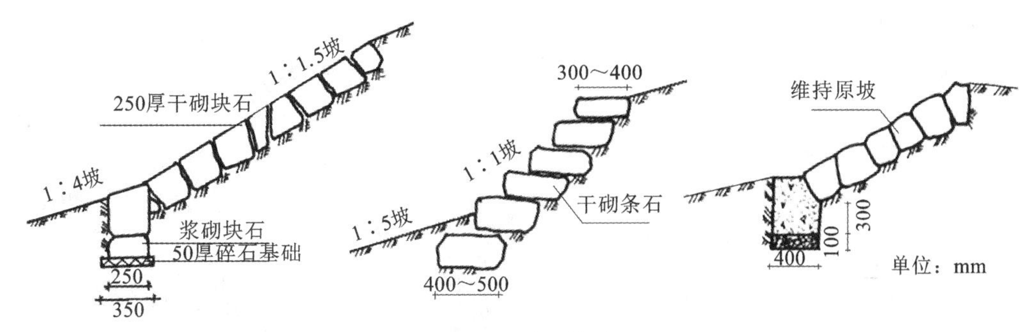


图 5-11 块石护坡

(3)植被护坡。

当岸壁坡脚在自然安息角以内,地形变化在 1∶20～1∶5 之间,这时可以考虑用植被进行护坡,即在坡面种植草皮、草丛、灌木或设置花坛,利用植物根系来进行固土。一般不用乔木做护坡植物,因为乔木重心较高,有时会因乔木倾倒而使坡面坍塌。最好选用须根系的植物,其护坡固土作用比较好。

(4)框格护坡。

当坡面很高、坡度很大时,常会用框格覆盖、固定在陡坡坡面,从而固定、保护坡面,坡面上仍可种草种树。框格用预制或现浇的混凝土、塑料、铁件、金属网等材料制作,其每一个框格单元的设计形状和规格大小都可以有许多变化。除混凝土外,框格一般是预制的,在边坡施工时再装配成各种简单的图形。框格网内可以根据景观需要种植各种风景园林植物,形成各种不同的图案,既起到护坡的作用,又有效地装饰美化了环境。

(5)编柳抛石护坡。

采用新截取的柳条呈十字交叉编织成格筐,编柳空格内抛填厚 20～40 cm 的块石,块石下设厚 10～20 cm 的砾石层以利于排水和减少土壤流失。柳条发芽便成为较坚固的护坡设施。

还有浆砌片石骨架植草护坡、蜂巢式网格植草护坡。近年来,随着新型材料的不断应用,用于护坡的成品材料也层出不穷,如各种土工合成材料——土工布、土工膜、土工格室、三维网垫等。在实际应用中也经常会将多种护坡形式进行结合,使用刚性材料结合植物种植,形成既生态又具有较高强度的护坡。如图 5-12 所示,在坡体下部采用块石护坡,上部利用混凝土框格固坡,框格内种植草皮。

图 5-12 混合护坡

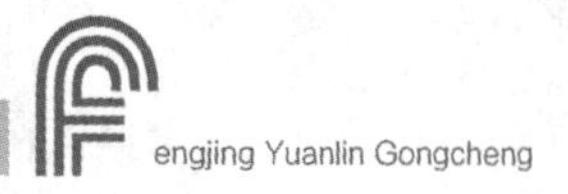


3）湖岸设计实例

琴亭湖位于福州市晋安区五四北琴亭高架桥下，湖面东西向长约 1100 米，南北向宽 200 米至 350 米，面积约 19 公顷（图 5-13）。在满足市民休闲的同时，琴亭湖还担负着五四北片区的防洪重任，设计库容 71 万立方米，蓄洪量为 57.6 万立方米。

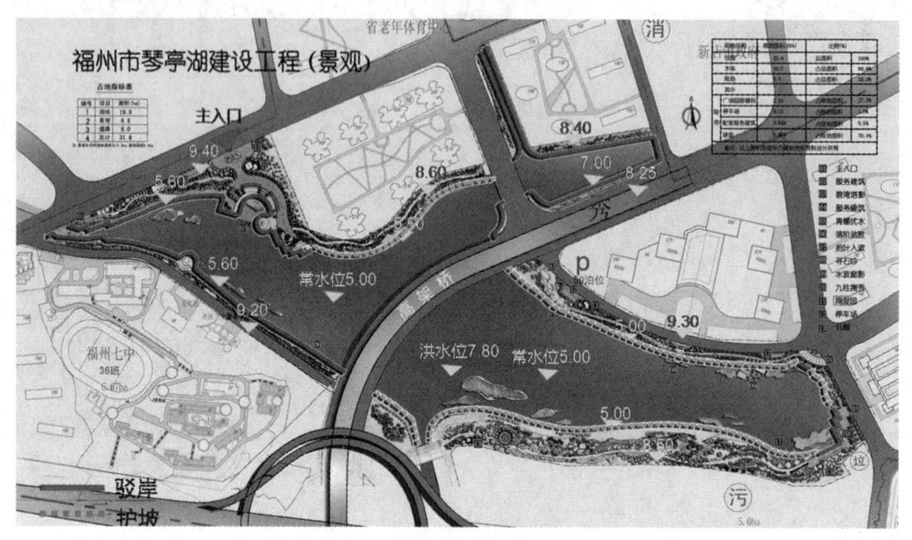

图 5-13　琴亭湖公园平面图

琴亭湖公园沿琴亭湖周边设置，腹地较窄，公园的景观特色主要体现在水陆交界处的处理上，也就是驳岸和护坡的组织形式。琴亭湖四周驳岸全长 3.6 公里，根据功能和周边条件的不同存在四种基本的驳岸和护坡处理形式（图 5-14）。

①在腹地很窄处采用高重力式驳岸，常水位线和洪水位线与湖岸线重叠，主要园路及活动空间位于洪水位线以上。

②在腹地稍宽处采用台地式驳岸，湖岸线与常水位线重叠，洪水位线向陆地后退，形成双层台地。主要园路及活动空间位于洪水位线以上，但游步道及小路可位于洪水位线以下、常水位线以上，增加湖体的亲水性。

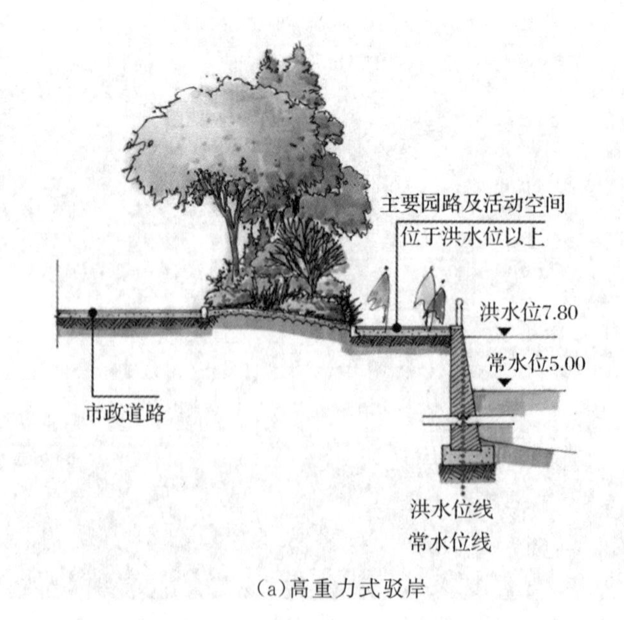

(a)高重力式驳岸

图 5-14　琴亭湖公园驳岸与护坡形式

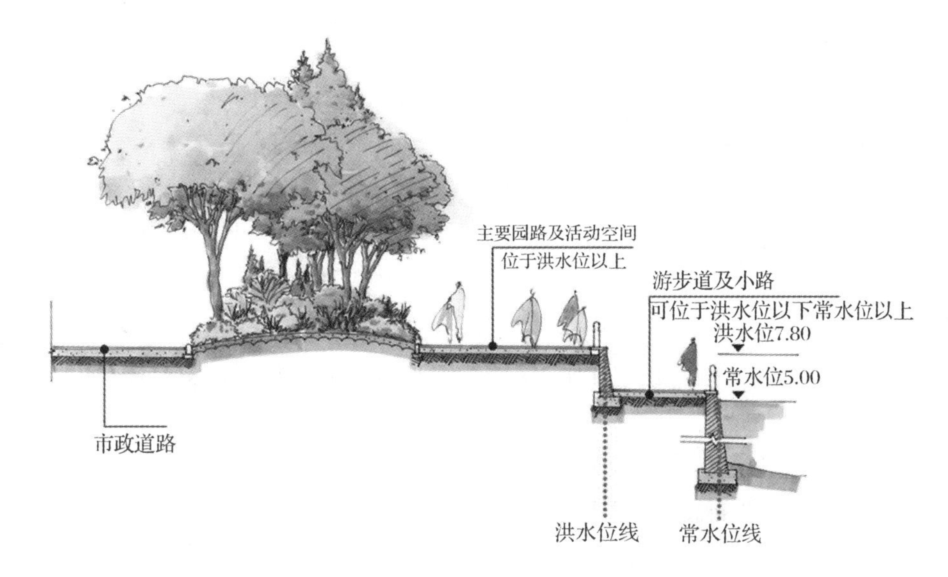


（b）台地式驳岸

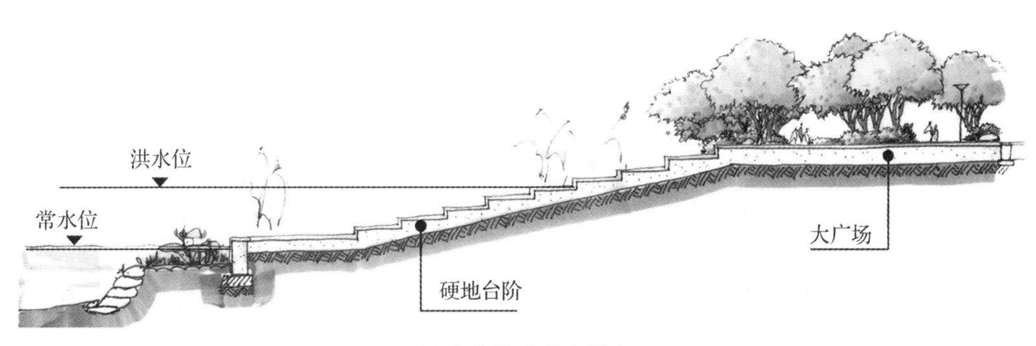


（c）大台阶式亲水平台

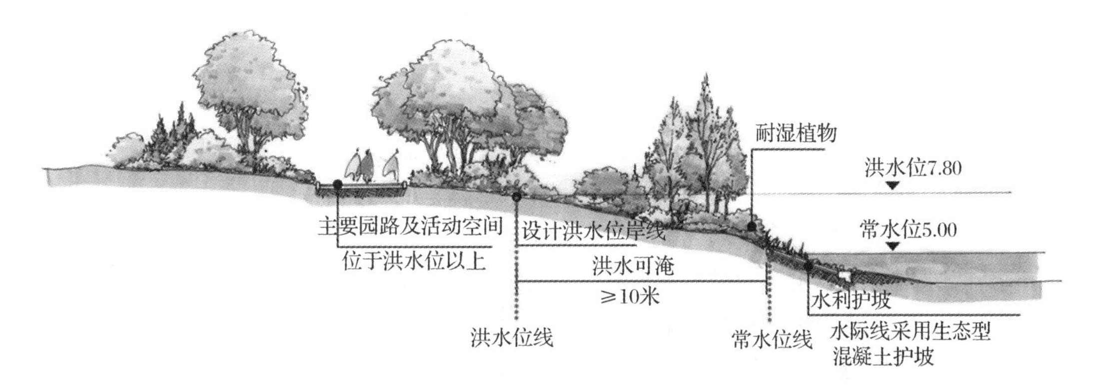


（d）生态护坡

**续图 5-14**

③在主入口处，结合活动广场设置大台阶式亲水平台，硬地台阶向水面延伸，靠近常水位水面，游人可直接与水面接触。硬地台阶大部分允许被水淹，但主要的活动广场依然位于洪水位线以上。

④在陆地腹地较宽，游人活动不是很集中的区域，尽可能地采用护坡形式放坡入水。在常水位线以下的部分利用生态型混凝土护坡，既能稳固坡底，又具有一定的生态性；在常水位线与洪水位线之间保持 10 m 以上的距离允许被水淹，在此区间种植耐湿植物，提高公园的绿地率和生态性；主要园路及活动空间依然位于洪水位线以上。

## 5.2.4 小型水闸

水闸是控制水流出入某段水体的水工构筑物，通过启闭闸门来控制水位和流量，主要作用是蓄水和泄水。在风景园林水体的进出水口常设置小型水闸，在洪水时期可溢流放水，枯水期可蓄水，保证一定的水位，使游览季节有良好的水景可观。

### 1. 水闸的类型

按形式分，水闸主要有叠梁式闸、上提式闸、橡胶坝三种，在风景园林景观水体中以上提式水闸最为普遍。

按使用功能分，水闸可分为进水闸、分水闸和节制闸。

①进水闸：设于水体入口，主要起联系上游和控制进水量的作用。

②分水闸：用于控制水体支流分水。

③节制闸：又称泄水闸，设于水体出口，起联系下游和控制出水量的作用。

### 2. 水闸的选址

应先明确建水闸的目的，了解设闸部位的地形、地质、水文以及原有和设计的水位、流速、流量等，初步选定闸址，然后考虑以下因素，最终确定具体位置。

①闸体轴心线应与水流方向相顺应，使水流顺畅地通过闸孔，避免因水流改变原有流向而产生淤积现象或堤岸被冲刷现象。

②避免在水流急转弯处建闸，防止因剧烈冲刷破坏闸墙与闸底。如一定要在转弯处设闸，则要改变局部水道使之呈平直或缓曲状。

③选择地质条件、承载力大致相同的地段，避免发生不均匀沉陷。最好利用良好的岩层作为闸址，避免在砂壤土处设闸。

### 3. 水闸的结构

水闸由闸室、上游连接段和下游连接段组成(图 5-15)。

闸室是水闸的主体，设有底板、闸门、启闭机、闸墩、胸墙、工作桥、交通桥等。闸门用来挡水和控制过闸流量；闸墩用以分隔闸孔和支承闸门、胸墙、工作桥、交通桥等；底板是闸室的基础，将闸室上部结构的重量及荷载向地基传递，兼有防渗和防冲的作用。闸室分别与上下游连接段和两岸或其他建筑物连接。

上游连接段包括在两岸设置的翼墙和护坡，在河床设置的防冲槽、护底及铺盖，用以引导水流平顺地进入闸室，保护两岸及河床免遭水流冲刷，并与闸室共同组成足够长度的渗径，确保渗透水流沿两岸和闸基的抗渗稳定性。

下游连接段由两岸翼墙、护坡、防冲槽、护坦、消力池、海漫等组成，用以引导出闸水流向下游均匀扩散，减缓流速，消除过闸水流剩余动能，防止水流对河床及两岸的冲刷。

### 4. 水闸的艺术化处理

风景园林中的水闸，不但要满足城市防洪排涝和调节景观水位的要求，而且要为风景园林水体构筑一道绚丽多彩的风景线，成为园景的一个组成部分。因此，水闸建筑造型设计要力求做到稳重而不呆板，典雅而不沉闷，与周边环境协调统一。如：浙江嘉兴西塘古镇的水闸采用传统廊桥形式，体现出深厚的历史感

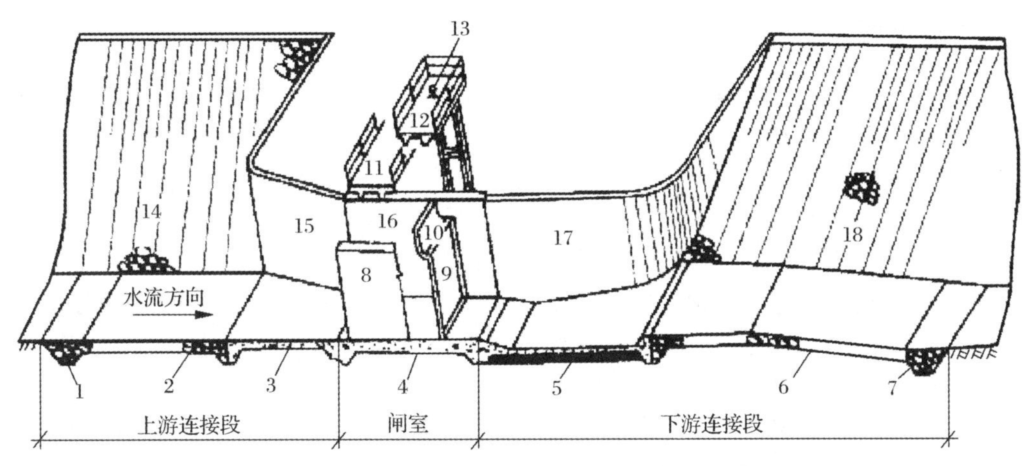


**图 5-15　水闸的结构**

1—上游防冲槽；2—上游护底；3—铺盖；4—底板；5—护坦（消力池）；6—海漫；7—下游防冲槽；8—闸墩；9—闸门；10—胸墙；11—交通桥；12—工作桥；13—启闭机；14—上游护坡；15—上游翼墙；16—边墩；17—下游翼墙；18—下游护坡

（图 5-16）；南京三汊河河口闸采用宏伟的护镜门，让人感受到强烈的现代气息（图 5-17）。

**图 5-16　西塘古镇水闸**

**图 5-17　南京三汊河河口闸**

# 5.3 水池工程

同湖一样，水池也是静态水体。它与湖体有较大的不同：面积相对较小，以观赏为主，多取人工水源，故需设进水、溢水和泄水的管线或循环水设施；水池一般要求较精致，池底需人工铺砌而且壁底一体。水池在风景园林中的用途很广泛，可用于广场中心、道路尽端，以及与亭、廊、花架等建筑小品形成富于变化的各种组合。

## 5.3.1　水池的类型

风景园林中的水池类型多种多样，常见的分类形式有以下几种。

## 1. 按平面形式划分

①规则式水池：其平面可以是各种各样的几何形，如圆形、方形、多边形或曲线、曲线和直线结合的几何形组合，多见于某一区域的中心。

②自然式水池：指模仿大自然中的天然水池而开凿的人工水池。这种水池水空间活泼，构图自然流畅，亲和力强。水池应视面积大小不同而设计，小面积水池聚胜于分，面积较大的水池则应有聚有分。

③混合式水池：将规则式水池与自然式水池相结合，庄重中又有活泼。

水池形状的选择要点：规则式庭园中水池以几何形为最佳，规则的方整之池，更显气氛肃穆庄重。不规则式庭园中则以自然形为好，自由布局，加之参差边界和制造跌落之势的水池，可使空间活泼、富有变化。

图 5-18 至图 5-20，同样都是古典风格的园林，因为所处地点或时代的不同，水池平面形式各不相同。谐趣园仿照江南传统园林风格，水池呈自然式；余荫山房为岭南园林代表之一，水池形状为规则的方形和八边形；香山饭店庭院水池连接了饭店建筑和庭院景观，是规则式与自然式结合的混合式水池。

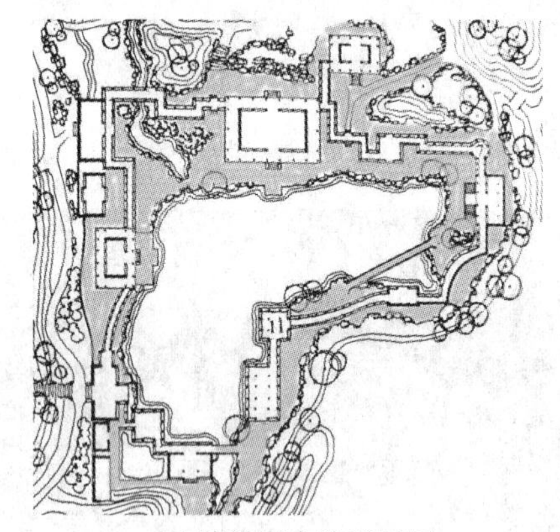
(a)谐趣园水池平面图

(b)谐趣园水池实景

**图 5-18 自然式水池**

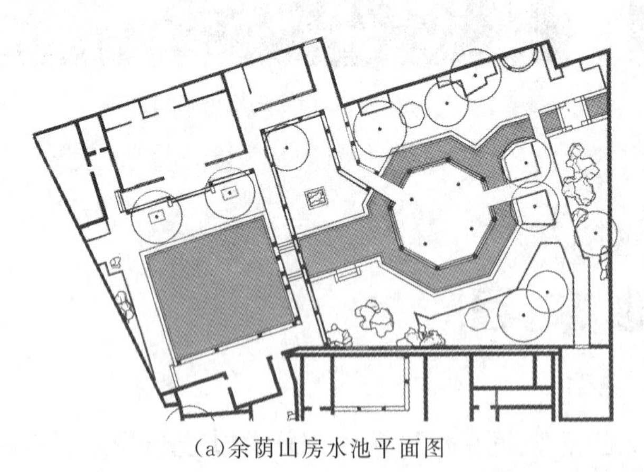
(a)余荫山房水池平面图

(b)余荫山房水池实景

**图 5-19 规则式水池**

## 2. 按功能划分

①喷水池：以喷水为主要景观，水池主要起承接流水容器的作用。

②观鱼池：主要用于饲养各种观赏鱼类、水生动物等，根据水生动物种类的不同，对水池的水、水深及池壁结构等要求不同。

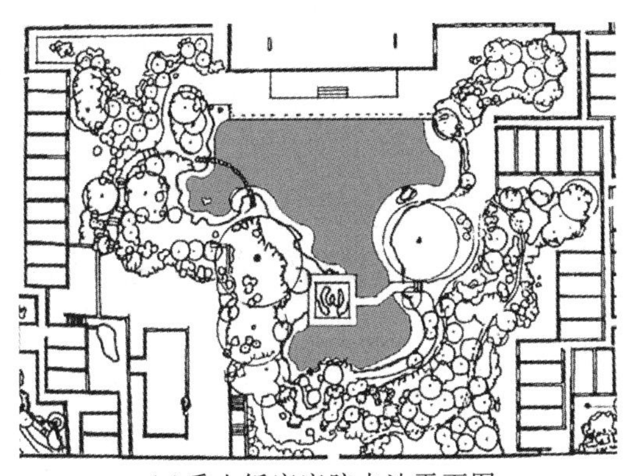

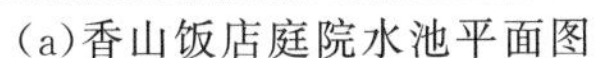

(a)香山饭店庭院水池平面图

(b)香山饭店庭院水池实景

**图 5-20 混合式水池**

③水生植物池:规则式或自然式水池都可以搭配适合的水生植物,增加观赏的趣味。不同的水生植物生活在不同的水环境中。例如,鸢尾、蝴蝶花生长在靠近水池的陆地上;菖蒲、水芹、芦苇等生长在水边;睡莲所需水深为 30 cm,而它的种子发芽则需 10 cm 水深;莲花所需水深为 20 cm 左右;凤眼兰一般漂浮在水面上。

④涉水池:为人们特别是儿童戏水之用,一般水深 30 cm 以下,池底应做防滑处理,并尽量设置过滤和消毒装置,以防儿童误饮。

⑤室外游泳池:是人们从事游泳运动的场地,在居住区内通常与会所结合,便于后期物业管理。室外泳池深度:深水池 1.2～1.5 m;按摩池 0.75～0.8 m;儿童泳池及戏水池 0.3～0.6 m,池深尺寸应在泳池面壁有具体刻度标识。

### 3. 按主体材料和结构划分

①刚性结构水池:主要指采用钢筋混凝土或砖石修建的水池,池底和池壁均可配钢筋,因此寿命长、防漏性好,适用于大部分水池,也是风景园林水景中应用最广的一种水池。

②柔性结构水池:随着建筑材料的不断革新,出现了各种各样的柔性衬垫薄膜材料。实际上水池若是一味靠加厚混凝土和加粗加密钢筋网,只会增加工程造价和水池自重。尤其对于北方水池的冻害渗漏,不如用柔性不渗水材料做水池夹层。柔性结构水池的特点是寿命长,施工方便且自重轻,不易漏水,但遇到尖利的石块、草根等容易破损,因而施工时要求比较高,特别适用于小型水池和屋顶花园水池。

③临时简易水池:此类水池结构简单,安装方便,使用完毕后能随时拆除,甚至还能反复利用。一般适用于节日、庆典、小型展览等水池的施工。对于铺设在硬质地面上的水池,一般可采用角钢焊接、红砖砌筑或泡沫塑料制成池壁,再用吹塑纸、塑料布等分层将池底和池壁进行铺垫,并将塑料布反卷包住池壁外侧。另外也可用挖水池基坑的方法建造,先按设计要求挖好基坑并夯实,再铺上塑料布。

## 5.3.2 水池的结构

刚性结构水池在风景园林中最为常见,其主要由池底、池壁、池顶、防水层、基础、进水口、泄水口、溢水口和附属设施等组成。

### 1. 池底

池底起到承受水体压力和防止水体渗漏的作用,因此既要有稳定的结构,又要有较强的防渗漏能力,多用现浇钢筋混凝土做成。为保证不漏水，宜采用防水混凝土。为防止裂缝，应适当配置钢筋。大型水池还应考虑适当设置伸缩缝、沉降缝(每隔 10～25 m 设伸缩缝一道，缝宽 20～25 mm)，这些构造缝应设止水带，用柔性防漏材料填塞。为便于泄水，池底须具有不小于 5‰的坡度。

### 2. 池壁

池壁是水池竖向部分，承受池水的水平压力，要求防漏水。池壁分内壁和外壁，内壁做法同池底，并同池底浇筑为一整体。

### 3. 池顶

池顶是池壁顶端装饰部分，作用是强化水池边界线条，使水池结构更稳定。池顶的设计常采用压顶形式，一般用石材或混凝土等材料。

压顶形式可分为有沿口和无沿口两种。为了使波动的水面很快平静下来，形成镜面倒影，可以将水池壁做成有沿口的压顶，使之快速消能，并减少水花向上溅溢。压顶若无沿口，有风时浪碰击池壁，水花飞溅，有强烈动感，也有另一番情趣。常见水池压顶形式如图 5-21 所示。

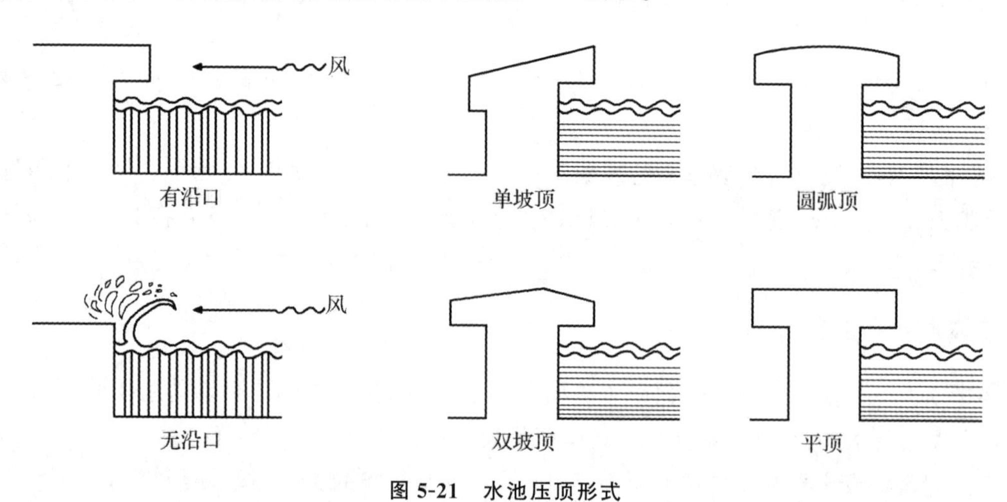


图 5-21　水池压顶形式

### 4. 防水层

水池工程中，好的防水层是保证水池质量的关键。水池防水材料种类较多，有防水卷材、防水涂料、防水嵌缝油膏等。一般水池用普通防水材料即可，钢筋混凝土水池防水层可以采用抹 5 层防水砂浆做法，还可用防水涂料，如沥青、聚氨酯、聚苯酯等。

### 5. 基础

基础是水池的承重部分，一般由灰土或砾石三合土组成，要求较高的水池可用级配碎石。

### 6. 进水口、泄水口、溢水口

水池的水源一般为人工水源，为了给水池注水或补充给水，应当设置进水口，与给水管道相连。进水口可设置在隐蔽处，一般设有阀门井，以控制水量。

为防止水满从池顶溢出到地面，同时为了控制池中水位，应设置溢水口。一般情况下，溢水口通过溢水管与排水管相连。溢水口的形式有附壁式、直立式、套叠式。

为便于清扫、检修和防止停用时水质腐败或结冰，水池应设泄水口。水池应尽量采用重力方式泄水，泄水口一般设在池底，由管道连接(图 5-22)。

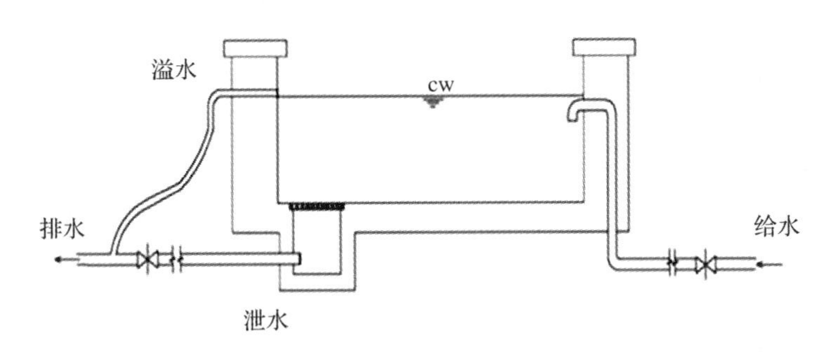


图 5-22 水池进水、溢水、泄水示意

## 5.3.3 水池设计

水池设计包括平面设计、立面设计、剖面设计、管线设计和外观装饰设计等。

### 1. 平面设计

水池面积应与整体有适当的比例，其形状和类型也要与周边环境相呼应，如与广场的走向、建筑的轮廓等相应，要考虑前景、框景和背景等因素。水池平面设计要显示其平面位置和尺度，需要标注池底、池顶、进水口、溢水口、泄水口、种植池的高程和平面位置，以及所取剖面的位置等。设循环水处理的水池要注明循环线路及设施要求。图纸要求:总平面图 1∶500，平面图 1∶100。

### 2. 立面设计

水池立面设计反映主要朝向各立面处理的高度变化和立面景观。水池的深度一般根据水池的景观要求和功能要求而定。水池池壁顶面与周围的环境要有合适的高程关系，一般以最大限度满足游人的亲水性要求为原则，池顶也可考虑多种形式。图纸要求:1∶100、1∶50、1∶20、1∶10。

### 3. 剖面设计

水池的剖面设计即结构设计，所取剖面应有足够的代表性，要反映出从地基到池壁顶层各层的材料和施工要求。如一个剖面不足以反映水池的结构，可增加剖面。以下介绍几种常见的砖石结构水池、钢筋混凝土结构水池和柔性结构水池的构造做法。

*1)砖石结构水池*

小型水池和临时性水池可采用砖石结构，但要用混凝土做基础，用防水砂浆砌筑和抹面。这种结构造价低廉，施工简单，但其防水和抗冻能力较差。为了防止漏水，可在池内再浇筑一层防水混凝土，然后用防水砂浆找平。

*2)钢筋混凝土结构水池*

这种结构的池壁、池底采用现浇钢筋混凝土结构，抗沉降性能稳定，防水效果好，适用于大中型水池(图 5-23、图 5-24)。为提高抗渗性能，宜采用防水混凝土，北方地区应做好防冻处理。施工缝、伸缩缝、沉降缝及水池与管沟、水泵房等相连处都应做好防漏处理。

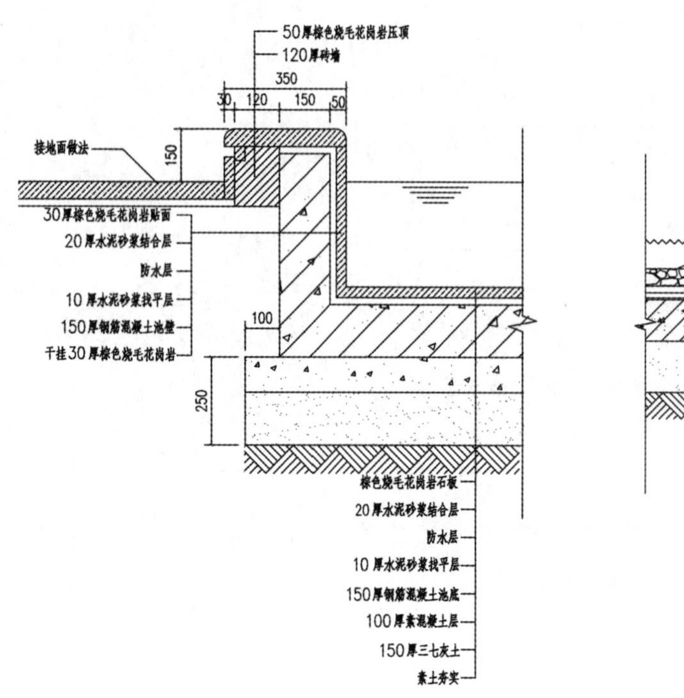


图 5-23　钢筋混凝土地下水池

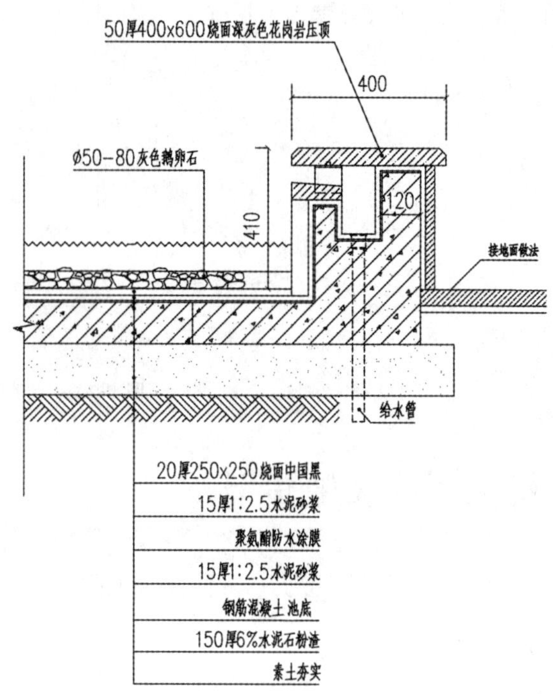


图 5-24　钢筋混凝土地上水池

3)柔性结构水池

目前在工程实践中使用的柔性材料主要有玻璃布沥青席、三元乙丙橡胶(EPDM)薄膜、聚氯乙烯(PVC)衬垫薄膜、膨润土防水毯等。

①三元乙丙橡胶薄膜水池(图 5-25):以耐老化性能优异的三元乙丙橡胶为基料,以水为橡胶溶剂。它具有橡胶的高弹性、高强度、高延伸率等特性,使用寿命长,耐高低温性能好,成本较低,冷施工,施工简便,有多种色彩。不仅可作为水池,也可作为屋顶花园的屋面防水材料。

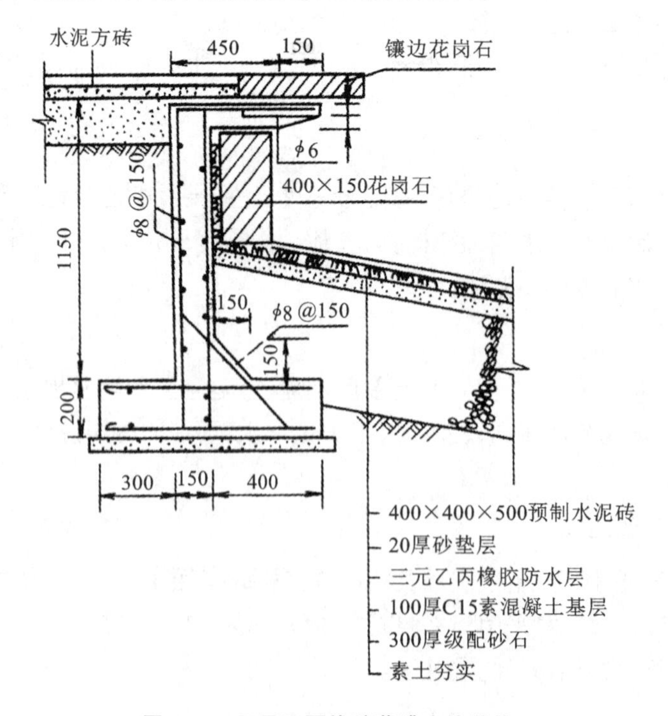


图 5-25　三元乙丙橡胶薄膜水池结构

②膨润土防水毯水池(图 5-26):将天然钠基膨润土颗粒填充在织布和非织布之间,采用针刺工艺使膨润土颗粒不能聚集和移动,形成均匀的防水层,具有优异的膨胀能力。在水化状态和足够的静水压力下,膨润土变成阻碍流水的胶凝体,黏结于混凝土、石材、木材等材料上,从而达到防水的目的。具有防振动和沉降、自我修补、自我愈合能力。施工简单,施工工期短,抗腐蚀,具有永久的防水性能和环保性能,不受环境温度的限制,0 ℃以下也可施工。

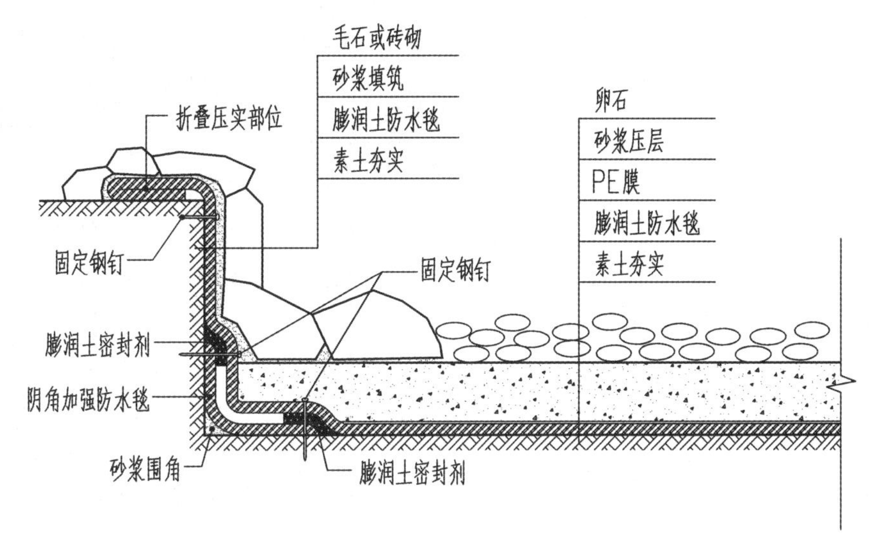


图 5-26 膨润土防水毯水池结构

## 4. 管线设计

水池中的基本管线包括给水管、补水管、泄水管、溢水管等。给水管、补水管和泄水管为可控制的管道,应设置闸阀以便更有效地控制水的进出。溢水管为自由管道,不加闸阀等控制设备以保证其畅通。管线设计包括对水池的进水、排水管线的布置,以及管径、管底标高、材料规格和种类、连接做法等的确定(图 5-27)。对于设循环水处理的水池还要注明循环线路及设施要求。对于配有喷泉和水下灯的水池还存在供电系统设计问题。

## 5. 外观装饰设计

### 1)池底装饰

水池池底可采用嵌画、隐雕、水下彩灯等手法,使水景在工程的配合下,无论在白天还是夜晚都得到各种变幻无穷的奇妙景观。

如水深 30 cm 以下的水池以及游泳池等,其池底清晰可见,应考虑对池底做相应的艺术处理。浅水池一般可采用与池壁相同的饰面处理或贴马赛克。普通水池常采用嵌砌卵石的方法处理。

各种池底都有其利弊:瓷、砖石料铺砌的池底如无过滤装置,存污后会很醒目;铺砌大卵石虽然耐脏,但不便于清扫。

在池底装饰颜色选择方面:鲤鱼池池壁与池底的颜色应做成黑色,用以衬托鲤鱼的鲜艳多姿;游泳池要使池水显得清澈、洁净,可采用水色涂料或瓷砖装饰池底,以蓝色、灰色和青绿色等浅色为佳;如想突出水深,可把池底做深色处理。

### 2)池壁、压顶与外沿装饰

池壁外侧表面装饰做法很多,常见的有水泥砂浆抹光面、斩假石面、水磨石面、水洗石饰面、釉面砖贴面、花岗石贴面等。其表面装饰材料可以是光面,也可以用粗糙质地。池壁内侧壁面的装饰材料和装饰方

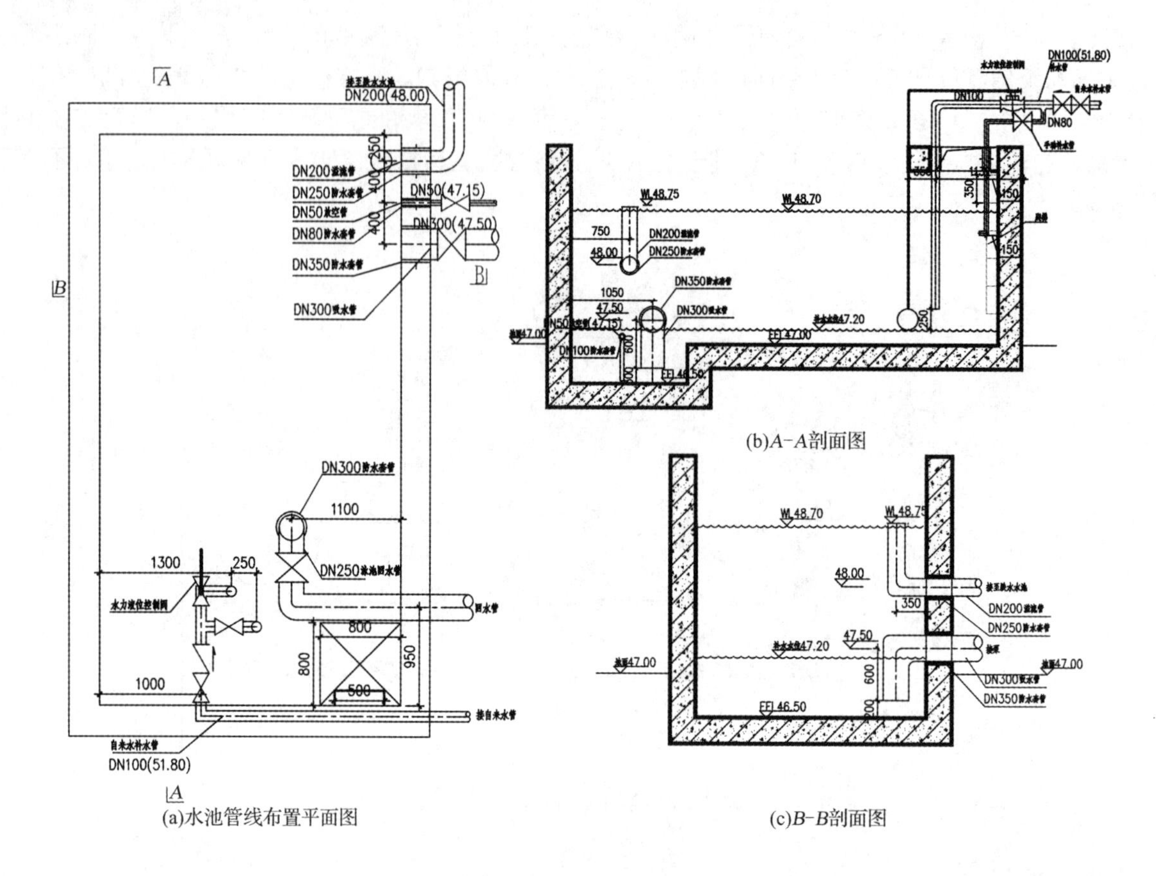

(a)水池管线布置平面图

(b)A-A剖面图

(c)B-B剖面图

**图 5-27　水池管线布置**

式一般可与池底相同。压顶石的材料多用预制混凝土块或花岗岩石块，面层可以为光面或粗糙。另外，在压顶之上还可利用一些雕塑小品、造型灯具、特色花池等进行外沿装饰。

3）池面小品装饰

水池池面可结合周边环境，利用反映场景主题的雕塑小品进行装饰，也可选用具有特色造型、增加生活情趣的石灯、石塔、种植池、景观亭等，结合功能需要而加上的拟荷叶、仿树桩的汀步、跳石、栈道等，结合系船缆绳之需的模拟动物的小憩座椅等。这一切结合水池设置的小品装饰都起到点缀园景和活跃气氛的作用。

## 5.3.4　水池施工技术

### 1. 刚性结构水池

刚性结构水池的一般施工工序如下：

①放样：按设计图纸要求放出水池的位置、平面尺寸、池底标高。需要设置水生植物种植槽的，在放样时应明确。

②开挖基坑：一般可采用人工开挖，如水池面积较大，也可采用机械开挖。为确保池底基土不受扰动破坏，机械开挖必须保留 200 mm 厚度，由人工整修。

③做池底基层：一般硬土层上只需 C10 素混凝土找平约 100 mm 厚，然后在找平层上浇筑刚性池底；如土质较松软，则必须设置块石垫层、碎石垫层、素混凝土找平层后方可进行池底浇筑。

④池底、池壁结构施工：按设计要求用钢筋混凝土作结构主体的，必须先支模板，然后绑扎池底、池壁钢筋，已完成的钢筋严禁踩踏或堆压重物。浇捣混凝土的顺序为先底板后池壁。底板应一次连续浇完，不留

施工缝。如基底土质不均匀，为防止不均匀沉降造成水池开裂，可采用橡胶止水带分段浇捣。池壁为现浇混凝土时也应连续施工，一次浇筑完毕，不留施工缝。底板与池壁连接处的施工缝可留在基础以上 20 cm 处。施工缝可留成台阶形、凹槽形，加金属止水片或遇水膨胀橡胶止水带。

⑤水池防水：为保证水池防水可靠，在装饰前首先应做好防水施工及蓄水试验。在灌满水 24 h 后未有明显水位下降，即可对池底、池壁结构按照设计进行下一步装饰。

### 2. 柔性结构水池

柔性结构水池的一般施工工序如下：

①放样、开挖基坑要求与刚性结构水池相同。

②池底基层施工：在地基土壤条件极差（如淤泥层很深，难以全部消除）的条件下，才有必要考虑采用刚性水池基层的做法。一般可将原土夯实整平，然后在原土上回填 300～500 mm 的黏性黄土压实，即可在其上铺设柔性防水材料。

③柔性材料铺设：铺设时应从最低标高开始向高标高位置铺设。在基层面应先按照卷材宽度及搭接长度要求弹线，然后逐幅分割铺贴，搭接处用专用胶黏剂涂满后压紧，防止出现细缝。确保卷材底空气排出后，在每个搭接边再用专用自粘式封口条封闭。一般搭接边长边不得小于 80 mm，短边不得小于 150 mm。如果采用膨润土防水毯，铺设方法和一般卷材类似，但卷材搭接处需满足搭接 200 mm 以上，且搭接处按 0.4 kg/m 铺设膨润土粉压边，防止渗漏产生。

④柔性水池施工完成后，为保护卷材不受冲刷破坏，一般需要在面上铺压卵石或粗砂作保护。

# 5.4 溪流、瀑布与叠水工程

在风景园林水景营造中，依据地形的起伏变化或创造地形，就可以创造出动态水景，使景观更具有动感和活力。潺潺的流水声和波光潋滟的水面，会给城市景观带来特别的山林野趣，也可借此形成独特的现代景观。风景园林中的动态水景主要有溪流、瀑布和叠水。

## 5.4.1 溪流工程

溪流是相对上比河流窄，水流速度变化多端的自然淡水水流。一般来说，窄于 5 m 的水流被称为溪流，宽于 5 m 的被称为河流。通常溪流都是在河流的上游和山谷一带。

### 1. 溪流的设计

水景设计中的溪流形式多种多样，主要考虑其规模、平面形态、缓急及其他附属要素(图 5-28)。

1) 平面形态

在平面线形设计中，溪流走向宜曲折深远，宽度应开合收放，富有变化。溪流弯曲一般采用“S”形或“Z”形。弯曲处需扩大，水体向下缓流。溪流宽度从几十厘米到几米，变化幅度较大，应根据场地大小以及设计主题来确定。溪

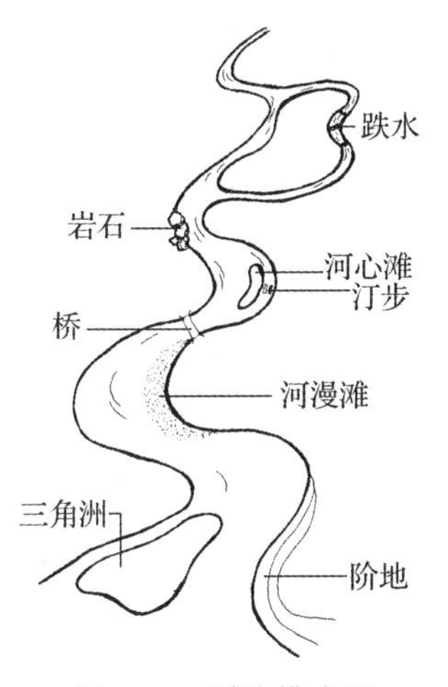


图 5-28 溪流模式图

流的宽窄变化决定流速和流水的形态:河床变窄形成急流与波浪;河床变宽形成平静的缓流。

2)立面设计

溪流在立面上要有高低变化,这样才能让水流有急有缓。平缓的流水段给人宁静、平和的视觉效果;湍急的流水段则容易泛起浪花,产生水声,更能引起游人的注意。溪流的立面变化主要由溪底形式、坡度和水深产生。

①溪底的形式:溪底有横向和纵向的变化形式和坡度。常见的溪底横断面有弧线形、方槽形、梯形、退台形四种。一般情况下小型溪流水面较窄且水深较浅,通常采用弧线形和方槽形的横断面形式,方便施工;而水面较宽、水深较深的溪流可采用梯形、退台形的横断面形式。

溪底纵向变化有坡式和梯式两种。坡式溪底多用于天然溪流改造或坡度较小的溪流,通过调节其坡度陡缓的变化来改变流水形态(图 5-29)。梯式溪底竖向呈阶梯状变化,每一梯级内仅设有必要的排水坡度,坡度较小,可通过滚水坝、跌水等来解决高差。

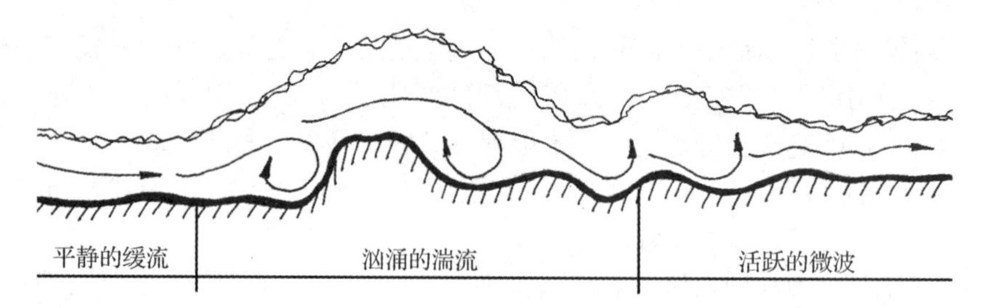


图 5-29 溪底对水流形态的影响

②坡度与水深:溪流的坡度就是指溪底的坡度。一般情况下,溪流上游坡度宜大,下游坡度宜小。坡度的大小没有限制,可大至垂直 90°,小至 0.5%。小型溪流的坡度一般为 1%~2%,能让人感到流水趣味的坡度是在 3%以内变化。最大的坡度一般不超过 3%,如超过应采取工程措施。

通常情况下,溪流的水深为 20~50 cm,可涉入的溪流不深于 30 cm,溪底底板应做防滑处理。

3)附属要素

溪流中有河心滩、三角洲、河漫滩,岸边和水中有岩石、矶石、滚水坝、汀步、小桥等,岸边有蜿蜒交错的小路,这些都属于溪流的附属要素。

当采用水流速度较大的溪流时,采用滚水坝可以形成一种翻滚而下的急流状态,并产生音响效果。汀步常出现在溪流较窄处,联系两岸交通,有时也和滚水坝相结合。

流水中置石的方式不同,水流也会产生不同的效果,如图 5-30 所示。在溪流造景中常利用水中置石创造不同的水流形态。

4)结构设计

溪流的结构设计主要针对溪底和岸坡。风景园林中的人造溪流一般采用钢筋混凝土底板,板上加防水层,上面再做保护层处理。长度超过 30 m 应设伸缩缝,曲线溪流可适当放宽,缝多用避水带。溪底可用卵石、砾石、水洗石、瓷片等铺砌,如需种植苔藻或水草,需加入砂石。

溪流的岸坡设计可参照湖体的驳岸处理。溪流两边的岸坡一般都以 35°~45°为宜,因土质及堤岸的坚固程度而异。溪流的岸坡一般有土岸、石岸、水泥岸三种。如溪流两岸坡度较小,在土壤的自然安息角范围内,可采用土岸,并在岸边栽植草类或湿生植物。在土质松软或堤岸要求坚固的地方,岸坡可用河石堆砌,讲究自然情趣,切忌死板。为求堤岸的安全及永久牢固,可用水泥岸。规则式水泥岸可用斩假石或用石材、马赛克、砖料等表层材料进行装饰;自然式水泥岸,宜在其表面做浆砌石砾或铺以置石。

常见溪流溪底和岸坡结构如图 5-31 所示。

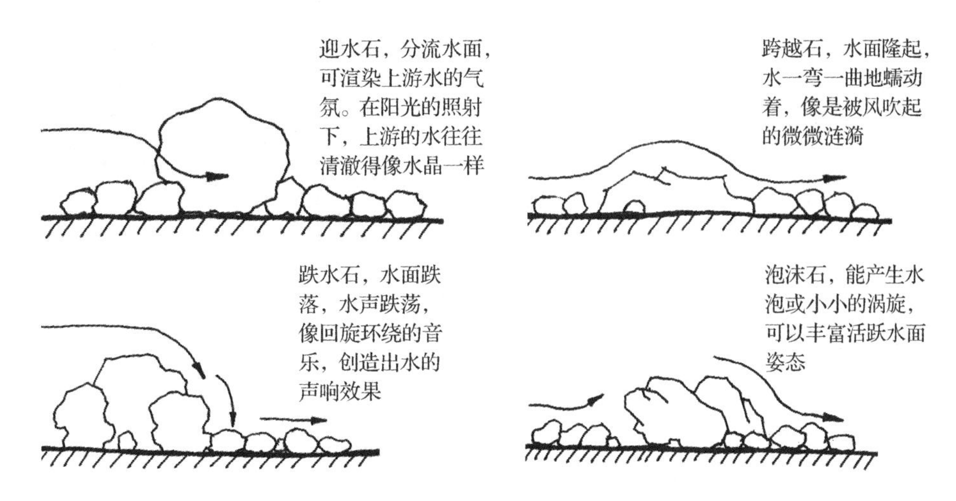


图 5-30 溪流中不同置石的水流效果

## 2. 溪流施工技术

溪流的一般施工工序如下：

①施工准备：主要环节是进行现场勘查，熟悉设计图纸，准备施工材料、施工机具、施工人员，对施工现场进行清理平整，接通水电，搭建必要的临时设施等。

②溪道放线：依据已确定的溪流设计图纸，用石灰、黄沙或绳子等在地面上勾画出溪流的轮廓，同时确定溪流循环用水的出水口和承水池之间的管线走向。由于溪道宽窄变化多，放线时应加密打桩量，特别是在转弯点，各桩要标注清楚相应的设计高程，变坡点（即设计跌水之处）要做特殊标记。

③溪槽开挖：溪流要按设计要求开挖，最好挖掘成 U 形坑。因溪流多数较浅，表层土壤较肥沃，要注意将表土堆放好，作为溪涧种植用土。溪槽要求有足够的宽度和深度，以便安装散点石。值得注意的是，一般的溪流在落入下一段之前至少应增加 10 cm 的水深，故挖溪槽时每一段最前面的深度都要深些，以确保溪流的自然。溪槽挖好后，必须将溪底基土夯实，溪壁拍实。

④溪底施工：如溪底为混凝土结构，则在夯实的基槽上铺 25～50 mm 厚的碎石垫层，在垫层上铺上沙子，盖上防水材料（EPDM、油毡卷材等），然后现浇混凝土，厚度 100～150 mm（北方地区可适当加厚），其上铺水泥砂浆约 30 mm，然后再铺素水泥浆 20 mm，按设计放入卵石即可。

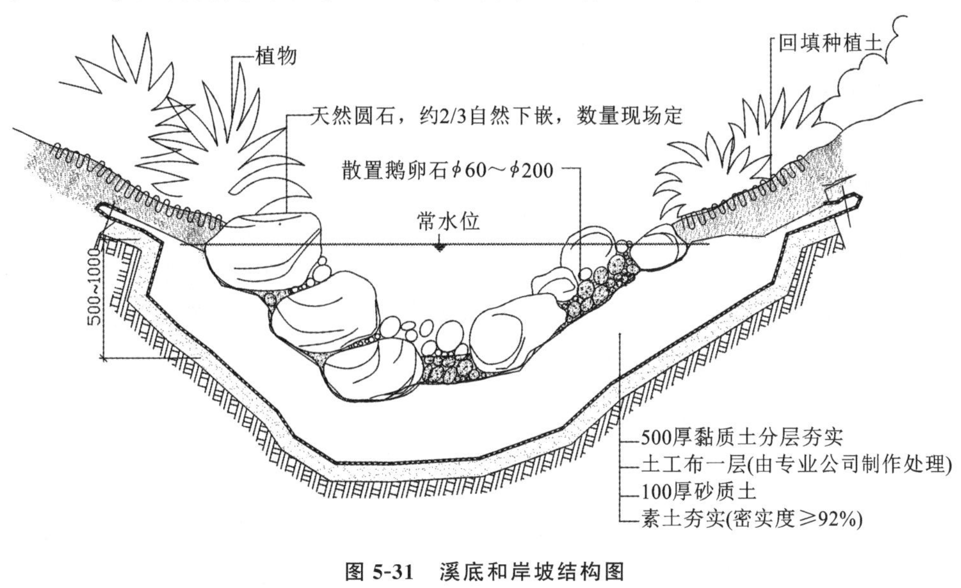


图 5-31 溪底和岸坡结构图

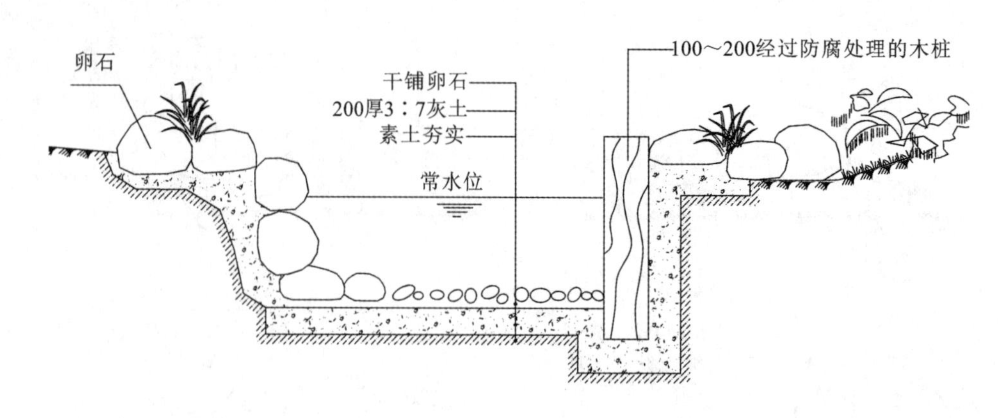


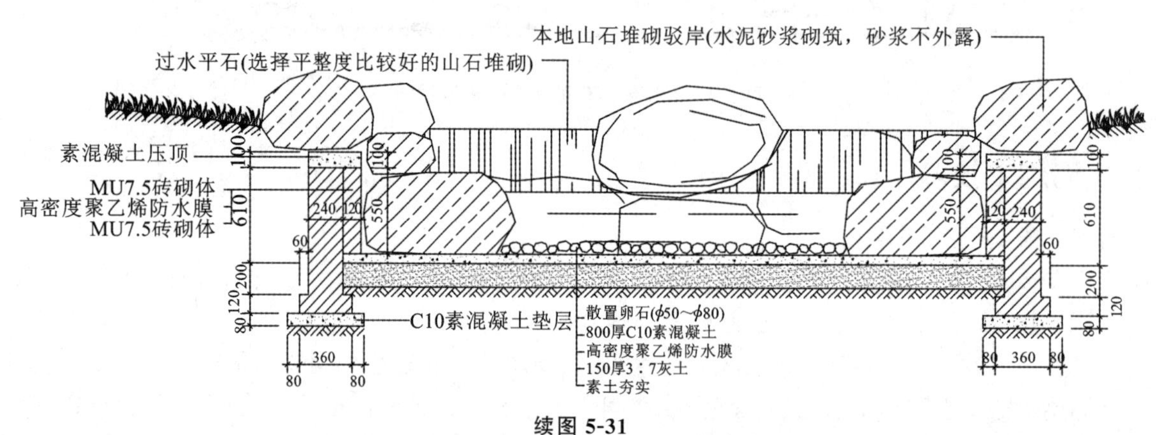


续图 5-31

如果溪流较小，水又浅，基土土质良好，则可用柔性结构溪底。直接在夯实的溪槽上铺一层 25～50 mm 厚的沙子，再将衬垫薄膜盖上。衬垫薄膜纵向的搭接长度不得小于 300 mm，留于溪岸的宽度不得小于 200 mm，并用砖、石等重物压紧，最后用水泥砂浆把石块直接粘在衬垫薄膜上。

⑤槽壁施工：和槽底一样，槽壁也必须设置防水层，防止溪流渗漏。如果溪流环境开朗，溪面宽，水浅，可将溪岸做成草皮护坡，坡度尽量平缓，临水处用卵石封边即可。

⑥溪道装饰：为使溪流更自然有趣，可对溪床进行处理，如放置河石或设置规律性的突起等，使水面产生轻柔的涟漪或有规则的图案效果。同时可按设计要求进行照明装饰、管网安装，也可在岸边点缀少量景石，配以水生植物，饰以小桥、汀步等小品。

⑦试水：试水前应将溪道全面清洁并检查管路的安装情况，而后打开水源，注意观察水流及岸壁，如达到设计要求，说明溪道施工合格。

## 5.4.2 瀑布工程

瀑布是流水景观的演变，是从山壁上或河床突然降落的地方流下的水，远看好像挂着的白布，故而得名。瀑布的落差越大，水量越大，气势越大。风景园林中瀑布的落水口位置较高，一般都在 2 m 以上。若落水口太低，没有了瀑布的气势和景观特点，就不叫瀑布，而常被称为“跌水”。

### 1. 瀑布的构成与分类

#### 1)瀑布的构成

瀑布一般由上游水源、瀑布口、瀑身、承水潭组成(图 5-32)。天然瀑布的水源来自江、河、溪、涧等自然水，人工瀑布的水源一般通过水泵动力提水。水源经过落水口(又称瀑布口)下落，其形状和光滑程度直接影响瀑身的形态和景观效果，其水流量是瀑布设计的关键。从瀑布口开始到坠入承水潭的这一段水体就是瀑身，它是瀑布观赏的主题。瀑身的造型除受出水口的影响外，还会受瀑身所依附的山体的造型影响。瀑布跌落下来后，在地面形成深潭，这便是承水潭。承水潭内的水体常从小溪流出。

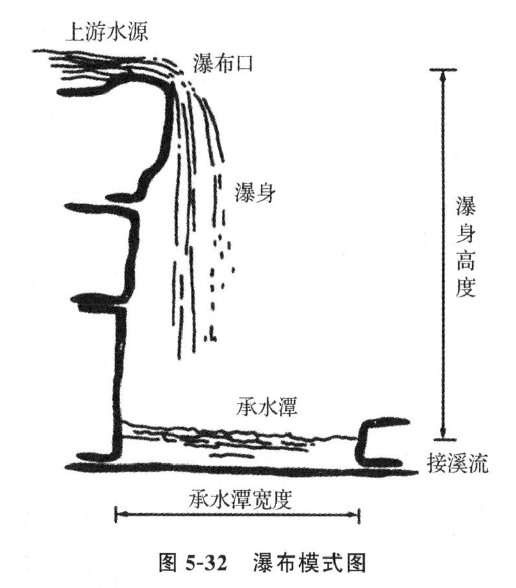


**图 5-32 瀑布模式图**

2)瀑布的分类

瀑布种类的划分依据主要有两种：一是流水的跌落方式，二是瀑布口的设计形式(图 5-33)。

①按流水的跌落方式可分为直瀑、分瀑、跌瀑、滑瀑四种。

直瀑：直落瀑布。这种瀑布的水流是不间断地从高处直接落入其下的池、潭水面或石面。若落在石面，就会产生飞溅的水花四散洒落。直瀑的落水能够造成声响，可为风景园林环境增添动态水声。

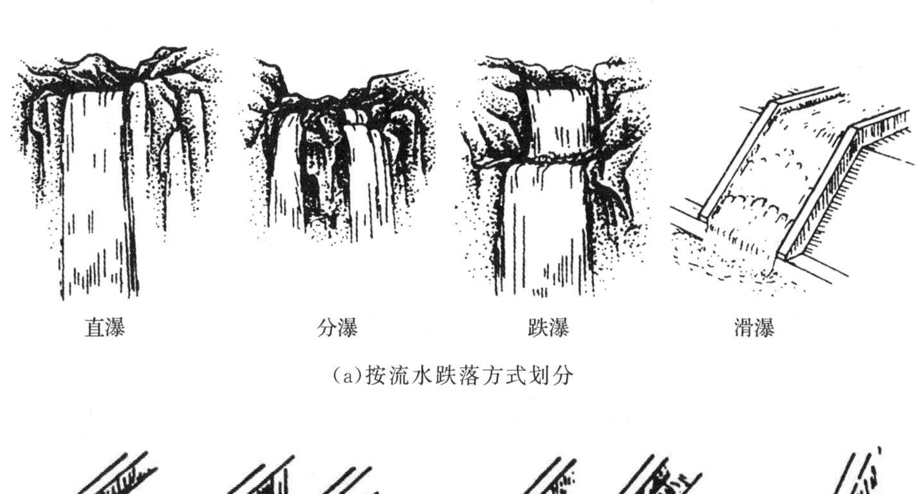


(a)按流水跌落方式划分

(b)按瀑布口的设计形式划分

**图 5-33 瀑布的分类**

分瀑：分流瀑布。它是由一道瀑布在跌落过程中受到中间物阻挡一分为二，再分成两道水流继续跌落。这种瀑布的水声效果也比较好。

跌瀑：跌落瀑布。由很高的瀑布分为几跌，一跌一跌地向下落。跌瀑适宜布置在比较高的陡坡坡地，其水形变化较直瀑、分瀑都大一些，水景效果的变化也多一些，但水声要稍弱。

滑瀑：滑落瀑布。其水流顺着一个很陡的倾斜坡面向下滑落。斜坡表面所使用的材料质地情况决定着滑瀑的水景形象。斜坡是光滑表面，则滑瀑如一层薄薄的透明纸，在阳光照射下显示出湿润感和水光的闪耀。坡面若是凸起点(或凹陷点)密布的表面，水层在滑落过程中就会激起许多水花。斜坡面上的凸起点(或凹陷点)若做成有规律排列的图形纹样，则所激起的水花也可以形成相应的图形纹样。

②按瀑布口的设计形式可分为布瀑、带瀑和线瀑。

布瀑：瀑布口的形状设计为一条水平直线，瀑布的水像一片又宽又平的布一样飞落而下。

带瀑：瀑布口设计为宽齿状，宽齿排列为直线，齿间的间距相等，从瀑布口落下的水流组成一排水带整齐地落下。

线瀑：瀑布口设计为尖齿状，尖齿排列成一条直线，齿间的小水口也呈尖底状，排成线状的水流如同垂落的丝帘。

## 2. 瀑布的设计要点

设计建造人工瀑布时需注意以下几点（图 5-34、图 5-35）：

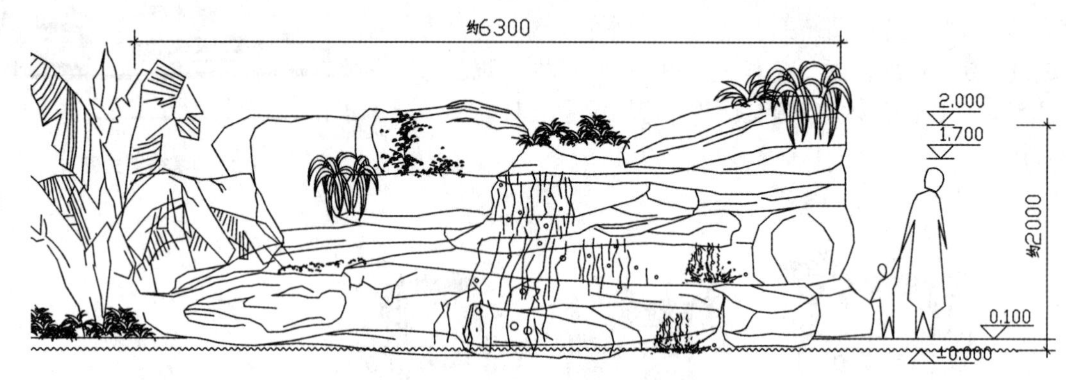


图 5-34　人工瀑布立面图

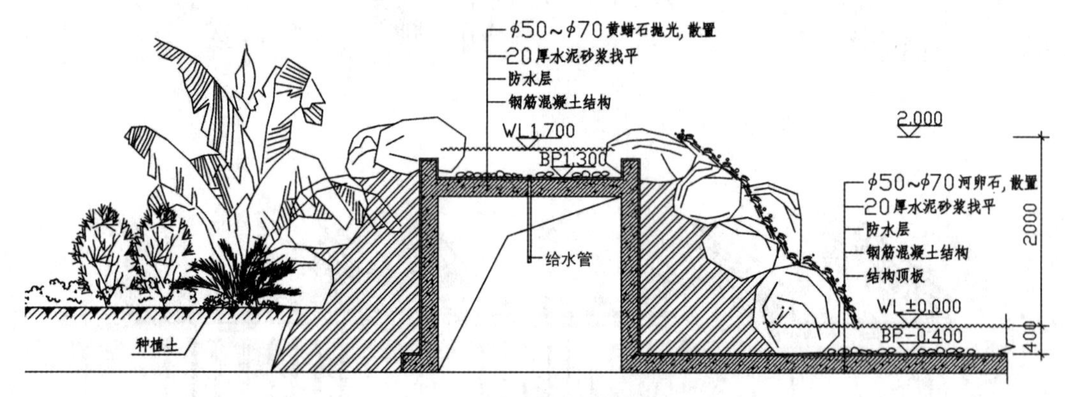


图 5-35　人工瀑布结构图

①瀑布整体布局主要采用自然式手法，以模拟自然界中的瀑布景观，形成“高山流水”的声响效果与意境。

②设计前需先行勘查现场地形及周边环境，瀑布的高低、大小、比例和形式必须与周围环境相协调。

③瀑布设计有多种形式，筑造时要考虑水源的大小、景观主题，并依照岩石组合形式的不同进行合理的创新和变化。

④瀑布往往结合假山与水池（潭）进行布置，通常还与溪流相衔接，形成瀑布—水池—溪流三段式布置。

⑤瀑布源头处应有深厚的背景，可在瀑布蓄水池周边布置山石和树木，形成“水之源头”的感觉。

⑥瀑布水池前往往需设置一定的铺地或观景平台供人停留、休憩，若想使观赏者能够邻近瀑布，还可在水池邻近瀑布处设置自然矶石汀步。

⑦如果园区内有天然水源，可直接利用水位差供水。为节约用水，减少瀑布流水的损失，可装置循环水流系统。大型瀑布应选用大流量的水泵，并且在瀑布后面或地下修建泵房构筑物。小型瀑布可以直接用潜水泵，放进瀑布承水潭内隐蔽处，取池水供给瀑布使用。

⑧应尽量以岩石和植物将相关设施如出水口的水管、岩石间的固定装置等进行隐蔽装饰，以免破坏景观的自然性。

⑨水源要达到一定的供水量，其用水量标准可参见表5-3。一般来说，高2 m的瀑布每米宽度的流量约为0.5 $m^3$/min较为适宜。

表5-3　瀑布用水量估算表(每米用水量)

| 瀑布落水高度/m | 蓄水池水深/cm | 用水量/(L/s) |
|---|---|---|
| 0.30 | 6 | 3 |
| 0.90 | 9 | 4 |
| 1.50 | 13 | 5 |
| 2.10 | 16 | 6 |
| 3.00 | 19 | 7 |
| 4.50 | 22 | 8 |
| 7.50 | 25 | 10 |
| >7.50 | 32 | 12 |

### 3. 瀑布的施工

①现场放线：可参考溪流放线，但要注意落水口与承水潭的高程关系，需要用水准仪校对，同时要将落水口前的高位水池用石灰或沙子放出。如属掇山型瀑布，平面上应将掇山位置放出，这类瀑布施工前最好先按比例做出模型，以便施工时参考。

②基槽开挖：可采用人工开挖，挖方时要经常以施工图校对，避免过量挖方，保证各落水高程的正确。如瀑道为多层跌落方式，更应注意各层的基底设计坡面。

③瀑道与承水潭的施工可参考溪道和水池的施工。

④管线安装：对于埋地管可结合瀑道基础施工同步进行。各连接管在浇混凝土1～2天后安装，出水口管段一般等山石堆掇完成后再连接。

⑤瀑布装饰与试水：根据设计的要求对瀑道和承水潭进行必要的点缀，必要时可安装灯光系统。瀑布的试水与溪流相同。

## 5.4.3　叠水工程

水体分层连续流出或呈台阶状，称为叠水。叠水本质上是瀑布的变异，它强调一种规律性的阶梯落水形式。叠水的外形像一道楼梯，其构筑方法和瀑布基本一样，只是所使用的材料更加美观，如经过装饰的砖块、混凝土、石板等。台阶有高有低，层次有多有少，有韵律感和节奏感，其形式有规则式、自然式及组合式，故可产生形式不同、水量不同、水声各异的叠水景观，在风景园林项目中得到广泛应用。

### 1. 叠水的形式

根据落水的水态，一般可将叠水分为以下几种形式：

①单级式叠水：水流通过一级落差直接跌落的叠水形式，也可视为规则式瀑布。

②二级式叠水：水流通过二级落差分层跌落的叠水形式，通常上级落差要小于下级落差，一般水量较单级式叠水要小。

③多级式叠水：水流通过三级及以上落差分层跌落的叠水形式，多级式叠水一般水量较小，各级均可设置蓄水池(或消力池)。

④悬臂式叠水：将落水口的泄水石突出成悬臂状，使水能泄至池中间，使落水更具魅力。

⑤陡坡式叠水：以陡坡连接高、低渠道的开敞式过水的叠水形式，多用于上下水池的过渡。

### 2. 叠水水形设计

叠水水形主要由出水形式、叠水台(池)造型、壁面材料及凹凸情况所决定。

庭园中常见叠水出水形式主要包括以下几种：

①水帘式：出水口宽大平直且有一定外挑，水流形成布帘状。

②洒落式：水流呈点状或线状跌落。

③溢流式：由多层蓄水池不断被注满涌溢而出形成，水流的效果主要由溢流壁沿的形式所决定。壁沿呈方角时水流溅落有前冲感，形成富有层次与角度的水幕；圆角时水流垂直下落，形成平衡水幕；双圆角则能使水池水面平滑柔顺地下落到低水面，避免干扰已形成的静水面倒影(图 5-36)。

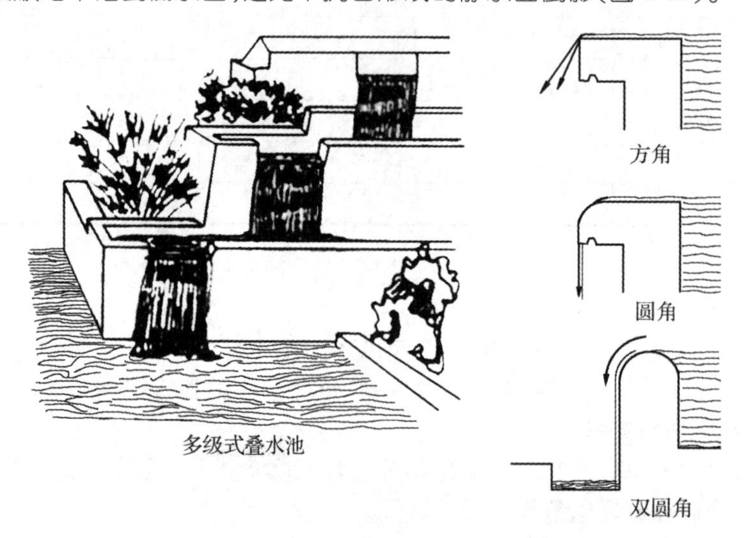


图 5-36　不同溢流壁沿对水流形式的影响

④壁流式：水流顺池壁或墙壁流下，水面可随池壁与墙壁造型与材料不同而变化。

叠水台(池)造型决定了水流的形状，或阶梯而下，或塔状跌落，或错落向下，因此，通过对叠水台(池)造型的设计能够创造变化多样的水形。

# 5.5
# 喷泉工程

喷泉原是一种自然景观，是承压水在压力的作用下向上喷涌形成的景观。风景园林中的人工喷泉是利用压力使水从孔中喷向空中，再自由落下的一种造园水景工程。它以壮观的水姿、奔放的水流、多变的水形，深得人们喜爱。近年来，由于技术的进步，出现了多种造型的喷泉、构成抽象形体的水雕塑和强调动态的活动喷泉等，大大丰富了喷泉构成水景的艺术效果。喷泉常常被应用于公园、城市广场、街道、庭园和公共建筑外环境中，深受人们的青睐。

## 5.5.1　喷泉的组成与分类

### 1. 喷泉的组成

喷泉的基本组成为水池、管道系统、控制系统及附属的灯光照明系统等。

### 2. 喷泉的类型

喷泉有很多种类和形式，如果进行大体上的区分，可以分为以下几类：

①普通装饰性喷泉：常由各种喷头组成固定的图案，以喷水展示图形。

②与雕塑结合的喷泉：喷泉的水形与雕塑、小品、观赏柱等相结合。

③水雕塑：用人工或机械塑造出各种抽象或具象的大型水柱，其水形呈某种艺术性“形体”的姿态。

④自控喷泉：利用各种电子技术，按设计程序来控制水、光、音、色，形成变幻奇异的景观。

按喷水池的构造形式分类可分成：

①水池喷泉：风景园林中最常见的喷泉形式。需要设计与构筑喷水池，安装喷头、灯光设备，当其停喷时是一个静水池。

②旱地喷泉：将蓄水池、喷泉管道和喷头等隐入地下，通过铺地预留孔喷水。适用于让人参与的地方，如广场、步行街、游乐场等。喷水时水流回落到广场硬质铺装上，再沿地面坡度排入地下，因此水质易受污染。

③雾化喷泉：由多组微孔喷泉组成，水流通过微孔喷出，看似雾状，一般无须设置水池。

## 5.5.2 喷泉的布置要点

喷泉的主题、形式要与周围环境相协调。用环境渲染和烘托喷泉，以达到装饰环境的目的；或借助特定喷泉的艺术联想来创造意境。

在一般情况下，喷泉多设于建筑、广场的轴线焦点或端点处，也可以根据环境特点做一些喷泉小景，自由地装饰室内外的空间。但应注意将喷泉安置在避风的环境中，避免大风破坏喷泉水形或将落水吹出水池之外。

喷泉水池的形式有自然式和整形式。喷水的位置可以居于水池中心，组成图案；也可以偏于一侧或自由地布置。喷水的形式、规模及喷水池的大小比例要根据喷泉所在地的空间尺度来确定。

开阔的场地，如车站前、公园入口等，喷泉水池多选用整形式，水池要大，喷水要高，照明不要太华丽；狭窄的场地，如街道转角等，喷泉水池多为长方形或其变形；现代建筑，如旅馆、饭店、展览会会场等，水池多为圆形、长形等，喷泉的水量大，水感强烈，照明华丽；传统式园林内，喷泉水池多为自然式喷水，可做成跌水、涌泉等，以表现天然水态为主；热闹的场所，如游乐中心等，喷水水姿要富于变化、色彩华丽，可使用各种音乐喷泉等；寂静场所，如公园的一些小局部，喷泉的形式自由，可与雕塑等各种装饰性小品结合，一般变化不宜过多。

## 5.5.3 喷头的类型与喷泉造型

### 1. 常用的喷头类型

喷头是喷泉的主要组成部分之一，它决定喷水的姿态。喷头的作用是把具有一定压力的水经过喷嘴的造型，变成各种预想的、绚丽的水形。因此，喷头的形式、结构、制造的质量和外观等都会对整个喷泉的艺术效果产生重要的影响。目前，国内外常用的喷头式样可以归纳为以下几种类型：

①单射流喷头：这种喷头是压力水喷出的最基本的形式，也是喷泉中应用最广的一种形式。单喷嘴、直射流，水柱晶莹透明，线条明快流畅，射流轴线可以做$\pm 10°$的调节，安装调试比较方便。它不仅可以单独使用，也可以组合、分布为各种阵列，形成多种式样的喷水水形图案。

②喷雾喷头：又称雾化式喷头。这种喷头的内部装有一个螺旋状导流板，使水具有圆周运动，水喷出后，形成细细的弥漫的雾状水滴。喷雾喷头用水量少，噪声小，其喷出的水滴很细，完全呈雾状，在阳光的照

射下，可形成七色彩虹，景色迷人。

③环形喷头：其出水口为环形断面，水沿孔壁喷出，形成外实内空、集中而不分散的环形水柱，粗壮高大、气势宏伟，常用来做喷水池中心水柱的主喷头。

④旋转喷头：利用压力水由喷嘴喷出时的反作用力或其他动力带动回转器转动，使喷嘴不断地旋转运动，多条水线在空中离心向外形成螺旋扭动的曲线，婀娜多姿，飘逸荡漾。

⑤扇形喷头：喷头外形很像扁扁的鸭嘴，能喷出扇形的水膜或像孔雀开屏一样美丽的水花，可单独使用，也可多个组合造型。

⑥多孔喷头：可以由多个单射流喷嘴组成一个大喷头，也可以由平面、曲面或半球形的带有很多细小孔眼的壳体构成喷头。常见的有莲蓬头式、凤尾式、礼花式、三层花式等形式，可塑造出造型各异的盛开的水花。

⑦变形喷头：在出水口的前面有一个可以调节的形状各异的反射器，水流经过反射器，形成各种均匀、晶莹透亮的水膜。通过喷头形状的变化可塑造成多种花形，如牵牛花形、半球形、扶桑花形等。

⑧蒲公英形喷头：在圆球形壳体上装有很多同心放射状喷管，并在每个管头上装一个半球形变形喷头，能喷出像蒲公英一样美丽的球形或半球形水花。可单独布置，也可几个喷头配合高低错落地布置。

⑨吸力喷头：压力水喷出时，在喷嘴的喷口附近形成负压区，由于压差的作用，周围的空气和水被吸入喷嘴外的环套内，与喷嘴内的水混合后一并喷出。喷出的水柱体积膨大且呈乳白色，可用较少的水量获得丰满庞大的景观。吸力喷头又可分为吸水喷头、加气喷头和吸水加气喷头，常用的涌泉喷头就是加气喷头的一种。

⑩组合式喷头：由两种或两种以上形体各异的喷嘴，根据水花造型的需要，组合成一个大喷头，能够形成较复杂的花形。

### 2. 喷泉的水形设计

喷泉水形是由喷头的种类、组合方式及俯仰角度等几个方面因素共同决定的。喷泉水形的基本构成要素，就是由不同形式喷头喷水所产生的不同水柱、水带、水线、水幕、水膜、水雾、水花、水泡等。由这些要素按照设计构思进行不同的组合，就可以创造出千变万化的水形。

水形的组合造型也有很多方式，既可以采用水柱、水线的平行直射、斜射、仰射、俯射，也可以使水线交叉喷射、相对喷射、辐状喷射、旋转喷射，还可以用水线穿过水幕、水膜，用水雾掩藏喷头，用水花点击水面等(表 5-4)。

表 5-4　喷泉中常见的基本水形

| 序　号 | 名　称 | 水　形 | 备　注 |
|---|---|---|---|
| 1 | 单射形 | | 单独布置 |
| 2 | 水幕形 | | 布置在直线上 |
| 3 | 拱顶形 | | 布置在圆周上 |
| 4 | 向心形 | | 布置在圆周上 |

续表

| 序　　号 | 名　　称 | 水　　形 | 备　　注 |
|---|---|---|---|
| 5 | 圆柱形 | 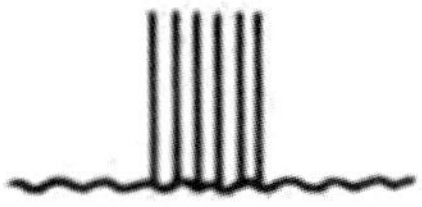 | 布置在圆周上 |
| 6 | 向外编织 |  | 布置在圆周上 |
| 7 | 向内编织 |  | 布置在圆周上 |
| 8 | 篱笆形 |  | 布置在圆周或直线上 |
| 9 | 屋顶形 | 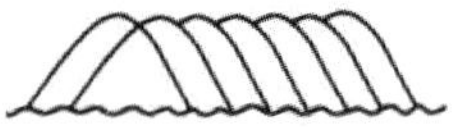 | 布置在直线上 |
| 10 | 喇叭形 | 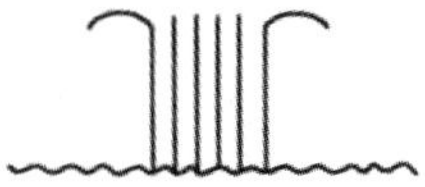 | 布置在圆周上 |
| 11 | 圆弧形 |  | 布置在曲线上 |
| 12 | 蘑菇形 |  | 单独布置 |
| 13 | 吸力形 | 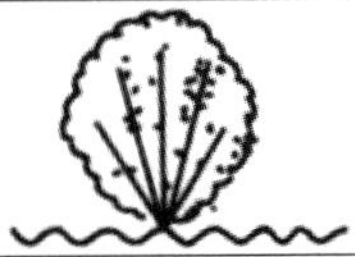 | 单独布置 |
| 14 | 旋转形 | 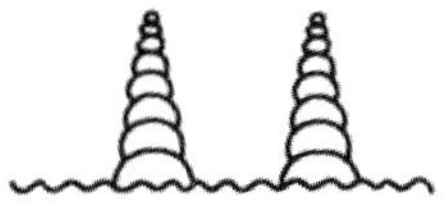 | 单独布置 |
| 15 | 喷雾形 | 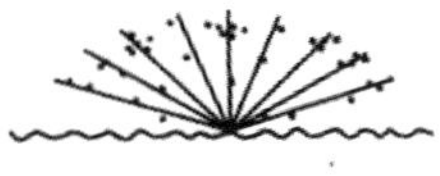 | 单独布置 |
| 16 | 扇形 | 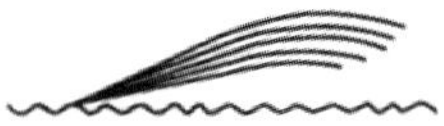 | 单独或组合布置 |
| 17 | 洒水形 | 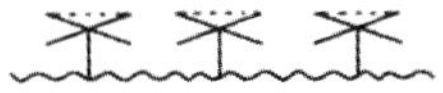 | 单独布置 |

| 序　号 | 名　称 | 水　形 | 备　注 |
|---|---|---|---|
| 18 | 孔雀形 |  | 单独布置 |
| 19 | 多层花形 |  | 单独布置 |
| 20 | 牵牛花形 |  | 单独布置 |
| 21 | 半球形 |  | 单独布置 |
| 22 | 蒲公英形 |  | 单独布置 |

随着喷头设计的改进、喷泉机械的创新，以及喷泉与电子设备、声光设备等的结合，喷泉的自动化、智能化和声光化都将有更大的发展，将会带来更加美妙、更加丰富多彩的喷泉水景效果。现已陆续出现多种新的现代喷泉类型，如音乐喷泉、程控喷泉、跑泉、波光喷泉、激光喷泉、水幕电影及各种趣味喷泉。在实际设计中，各种水形可单独使用，也可相互结合使用。

### 3. 喷泉的控制方式

喷泉喷射的水量、时间和喷水图案变化的控制方式主要有以下三种：

1）手阀控制

调节各管段中水的压力和流量，形成固定的喷水形态。

2）继电器控制

按照设计的时间程序控制水泵、电磁阀、彩色灯等的启闭，实现自动变换喷水形态。

3）音响控制

用声音控制喷泉喷水形态变化，也叫声控喷泉。一般由以下几部分组成：

①声电转换、放大装置：通常是由电子线路或数字电路、计算机组成。

②执行机构：通常是由电磁阀来执行控制指令。

③动力：用水泵提供动力，产生压力水。

④其他设备：主要有管路、过滤器、喷头等。

## 5.5.4 喷泉的给排水系统

### 1. 喷泉的给水方式

作为喷泉的用水应该是无色、无味、无有害物质的清洁水，因此目前城市喷泉的水源大多来自城市供水系统，如使用河、湖等天然水源，则应经过处理。也可使用地下水或其他如冷却设备和空调系统的冷却水作为喷泉的水源。

常用的喷泉的给水方式有下述四种：

①直接由城市自来水供水：适用于流量在 2～3 L/s 以内的小型喷泉，使用后的水通过雨水管网排除掉。

②水泵房加压供水：为了确保喷泉有稳定的高度和射程，给水需通过特设的水泵房加压，喷出的水仍排入雨水管网。

③循环供水：为了确保喷水具有必要、稳定的压力和节约用水，喷泉一般采用循环供水。根据水泵与喷水池关系的不同，可分为离心泵循环供水和潜水泵循环供水。离心泵循环供水系统需另设泵房和循环管道，在泵房内调控水形变化，操作方便，水压稳定。但因泵房要占用一定面积的场地，投资相对较大，一般适用于大型喷泉(图 5-37)。潜水泵循环供水系统是将潜水泵安装在喷水池内较隐蔽处或较低处，直接抽取池水向喷水管及喷头循环供水。其优点是布置灵活，系统简单，安装容易，节约投资，易于管理。但因其供水量有一定限度，一般适用于小型喷泉(图 5-38)。

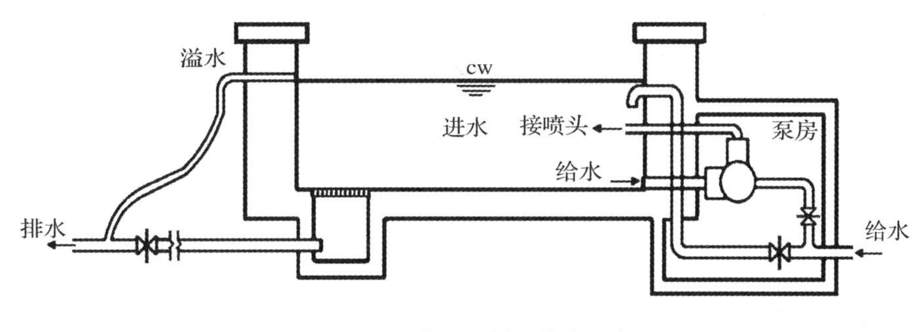


图 5-37　离心泵循环供水示意

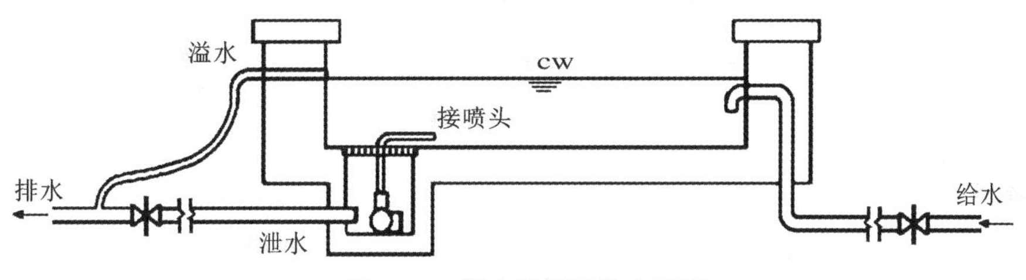


图 5-38　潜水泵循环供水示意

④高位天然水源供水：在有条件的地方可以利用高位的天然水塘、河渠、水库、湖泊等作为水源向喷泉供水，水用过后排放掉。

## 2. 喷水池的设计

喷水池是喷泉的重要组成部分，其本身不仅能独立成景，而且能维持正常的水位以保证喷水。喷水池的形状、大小应根据周围环境和设计需要而定。形状可以灵活设计，大小要考虑喷高。喷水越高，水池越大，一般水池半径为最大喷高的 1～1.3 倍，平均池宽可为喷高的 3 倍。实践中，如用潜水泵供水，吸水池的有效容积不得小于最大的一台水泵 3 min 的出水量。喷水池的平面尺寸还应考虑当风速超过设计风速时水的飞溅，因而可将计算尺寸每边加大 0.5～1 m。

水池水深应根据潜水泵、喷头、水下灯具等的安装要求确定，其深度不能超过 0.7 m，否则必须设置保护措施。如采用潜水泵供水，应保证其吸水口的淹没深度不小于 0.5 m。有时为降低池深，可将潜水泵安装在集水坑内或采用卧式潜水泵。

## 3. 喷泉管道布置

喷泉管网主要由输水管、配水管、补给水管、溢水管和泄水管等组成。其布置要点如下：

①为了使喷泉获得等高的射流，宜采用环状配管或对称配管，并尽量减少水头损失。环状配水管网多

采用十字供水(图 5-39)。

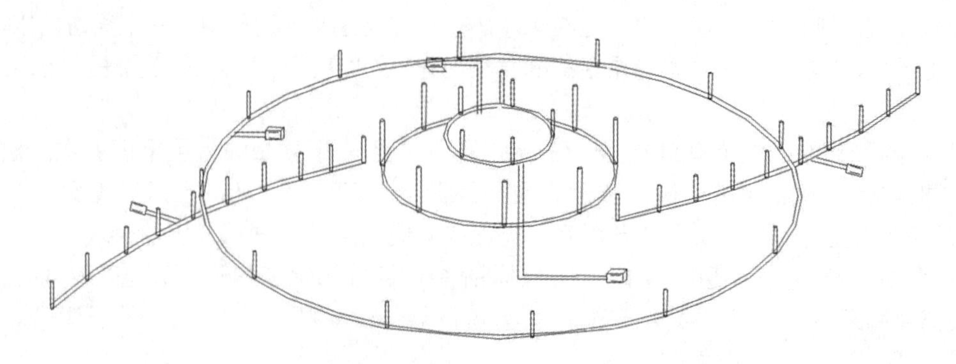

图 5-39　环状配水管网十字供水示意

②水池中应设补给水管,随时补充水量损失,以保持水位稳定。补给水管和城市给水管连接,并在管上设浮球阀或液位继电器。

③为防止池水上涨造成溢流,池内应设溢水管,直通城市雨水管,并有不小于 3%的坡度。

④为便于清洗和在不使用的季节把池水全部放完,水池底部应设泄水管,直通城市雨水管道系统,或与园区内的湖池、沟渠等连接起来。泄出的水可作为风景园林中其他水体的补给水,也可供绿地灌溉或地面浇洒,但需另行设计。

⑤寒冷地区,为防止冬季冻害,管道应有一定坡度,以便冬季将水全部排出,一般不小于 2%。

⑥为保证射流稳定,连接喷头的水管不能有急剧的变化,如有变化,必须使管径由大逐渐变小,并且在喷头前有一段适当长度的直管,管长一般不小于喷头直径的 20～30 倍。

⑦每个喷头或每组喷头前宜设有调节水压的阀门。

## 5.5.5　喷泉照明

喷泉照明多为内侧给光,根据灯具的安装位置,可分为水上环境照明和水体照明两种方式。水上环境照明的灯具多安装于附近的建筑设备上。特点是水面照度分布均匀,色彩均衡、饱满,但往往使人们的眼睛直接或通过水面反射间接地看到光源,眼睛会产生眩光。水体照明的灯具置于水中,多安装于水面以下 5 cm 处,特点是可以欣赏水面波纹,并能随水花的散落映出闪烁的光,但照明范围有限。喷泉照明一般以喷水前端高度 1/5～1/4 以上的水柱为目标,或者以喷水落到水面稍上部位为目标。

喷泉配光时其照射的方向、位置与喷出的水姿有关。喷泉照明要求比周围环境有更高的亮度,照明用的光源以白炽灯为佳,其次可用汞灯或金属卤化物灯。光的色彩以黄、蓝色为佳,特别是水下照明。配光时,还应注意防止多种色彩叠加后得到白色光,造成局部的色彩损失。一般主视面喷头背后的光色要比观赏者旁边的光色鲜艳,因而要将黄色等透射较高的彩色灯安装于主视面近游客的一侧,以加强衬托效果。

Fengjing Yuanlin Gongcheng

# 第 6 章

# 风景园林假山工程

# 6.1 假山的功能作用

园林假山在园林中具有遮挡寒冷的北风、就地平衡土方、组织排水、创造高的视点等多种作用。除此之外，我国园林假山还具有以下功能。

## 1. 作为园林主景和地形骨架

挖湖堆山是中国传统园林最常用的造园手法，如北宋的艮岳、金代太液池琼华岛。以假山为主景的江南名园有南京瞻园、上海豫园、扬州个园、苏州环秀山庄等(图 6-1)。挖深培高，堆土成山，形成山水骨架，不仅能产生竖向的起伏变化，还能结合理水，形成幽深、充满趣味的园林空间。

图 6-1 古典园林中的假山

## 2. 作为一种划分和组织空间的手段

我国园林认为"景越隔越深""曲径通幽"，园林景观忌一览无遗，一望而尽，缺少含蓄，所以常在园林入口应用假山作为障景。避暑山庄的文津阁景区内用塞外石材堆成障景山。苏州拙政园腰门内的黄石假山是障景山，同时也是远香堂的对景山(图 6-2)。

乾隆花园第一进院落石假山有夹景的作用，也是一道障景，以避免游人入园之后一眼看完园内景色。园林假山还可以作为园林建筑背景和框景。

## 3. 运用假山石点缀园林空间和陪衬建筑、植物

我国园林建筑非常注重同自然环境的融合，具体做法就是将园林建筑如景观亭与水榭建在假山石筑成

图 6-2　苏州拙政园腰门内的黄石假山

的台基上，游廊和围墙应用假山石做抱角、镶隅以增加自然气氛(图 6-3)。

镶隅

图 6-3　建筑抱角、镶隅

值得注意的是，我国传统园林中抱角、镶隅的假山石并不是独立石景，而是作为大假山的余脉部分，是人工建筑与自然环境的过渡处理，以达到将园林建筑完美地融入环境的目的。我国园林常在景观树下安置组石，为植物生长营造一种自然、质朴的环境氛围。

### 4. 假山石作为挡土墙、护坡、水景驳岸等

利用假山石作为挡土墙、护坡可以防止坡度较大的土山的滑坡和水土流失，并能形成宛若自然的景观。以假山石作为溪流、水池驳岸可以将岸线塑造得更加曲折婉转、幽深莫测。

### 5. 提供一个活动空间

中国古典园林中台式假山有求仙祭祀功能；假山洞室则提供一个避暑静思的空间。西方现代园林中的抽象山水广场突出自然趣味的同时，更重要的是能够满足大量现代城市居民在场所内自由嬉戏、开展多种娱乐活动的需求。

### 6. 满足人的其他精神需求

中国古人迷信高山上都是有神灵的，登上山顶就可以与上天对话，所以中国历代皇帝都会在泰山之巅祭天，与神仙进行交流，祈求国泰民安。除此之外，中国文人有好古之心，将山石视为古雅、长寿的象征。随着人们对自然美认识的提高，人们陶醉于高山流水的优美自然环境，将假山作为登高抒怀、高瞻远瞩的条件。

## 6.2 景石材料的分类

我国幅员广大，地质变化多端，这为掇山提供了很优越的物质条件。宋代杜绾撰《云林石谱》所收录的石种有 116 种。明代林有麟著《素园石谱》也有百余种。但其中大多数属于盆景玩石，不一定都适用于掇山。明代计成所著《园冶》中收录了 15 种山石，大多数可以用于堆山。从一般掇山所用的材料来看，假山的材料可以概括为如下几大类，每一类又因各地地质条件不一而又可细分为多种。

### 6.2.1 湖石

湖石即太湖石，因原产于太湖一带而得名。实际上，湖石是经过溶蚀的石灰岩，在我国分布很广，只不过在色泽、纹理和形态方面有些差别。湖石这一类山石又可分为以下几种。

#### 1. 太湖石

太湖石因主产于太湖而得名，色泽以白为多，少有青灰，尤其黄色的更为稀少。真正的太湖石产自苏州所属太湖中的洞庭西山，其纹理纵横，脉络起伏，石面上多坳坎，称为“弹子窝”。叩之有微声，还很自然地形成沟、缝、穴、洞。有时窝洞相套，玲珑剔透，如天然的雕塑品，观赏价值比较高(图 6-4)。

在宋代，苏轼提出“石文而丑”。米芾论石，将这种标准发展归纳为“瘦”“漏”“透”“皱”四字。

#### 2. 房山石

北方皇家园林的置石掇山，多选用出产于北京房山大灰厂地区的石材。因其也具有涡、环、洞、沟等变化，与太湖石类似，因此亦称北太湖石。新开采的房山石呈红色、橘红色或更淡一些的土黄色。日久以后表面带些灰黑色，但有一定的韧性，外观比较沉实、浑厚、雄壮。最著名的要数至今置于颐和园乐寿堂中院内的“青芝岫”(图 6-5)。

图 6-4　太湖石

图 6-5　青芝岫

### 3. 英石

英石常见于岭南园林，也用于几案石品，原产于广东英德一带。英石可分为白英、灰英和黑英三种，质坚而脆，用手指弹叩有较响的共鸣声，淡青灰色，有的间有白脉纹络。这种山石多为中、小形体，很少有大块的(图 6-6)。

### 4. 灵璧石

灵璧石原产于安徽省灵璧县，石产土中，被赤泥包裹，须刮洗方显本色。石呈中灰色而甚为清润，质地亦脆，用手弹亦有共鸣声。石面有坳坎的变化，石形千变万化，但很少有婉转回折之势。这种山石可掇山石小品，更多的情况下作为盆景玩石(图 6-7)。

图 6-6　英石

图 6-7　灵璧石

### 5. 宣石

宣石产于宁国市，其色犹如积雪覆于灰色石上，也由于为赤土包裹，因此又带些赤黄色，非刷净不见其质，所以愈旧愈白，有积雪一般的外貌。扬州个园用它作为冬山的材料(图 6-8)。

## 6.2.2　黄石

黄石是一种带橙黄颜色的细砂石，苏州、常州、镇江等地皆有所产，以常熟虞山的自然景观最为著名。该石形体顽夯，见棱见角，节理面近乎垂直，雄浑沉实，具有强烈的光影效果(图 6-9)。

图 6-8　扬州个园冬山

图 6-9　黄石

## 6.2.3 青石

青石即一种青灰色的细砂岩,产自北京西郊洪山口一带。青石的节理面不像黄石那样规整,不一定有相互垂直的纹理,却有交叉互织的斜纹,就形体而言,多呈片状,故又有青云片之称(图6-10)。

## 6.2.4 石笋

石笋即外形修长如竹笋的一类山石的总称。这类山石产地颇广,石皆卧于山土中,采出后直立地上,园林中常作独立小景布置。常见的石笋又可分为以下几种。

### 1. 白果笋

在青灰色的细砂岩中沉积了一些卵石,犹如银杏所产的白果嵌在石中,白果笋因此得名。北方则称白果笋为子母石或子母剑,"剑"喻其形,"子"即卵石,"母"是细砂母岩(图6-11)。

**图6-10 青石**

**图6-11 白果笋**

### 2. 乌炭笋

乌炭笋是一种乌黑色的石笋,比煤炭的颜色稍浅而无光泽(图6-12)。

如果用浅色景物作背景,这种石笋的轮廓就更清晰。

### 3. 慧剑

慧剑是一种净面青灰色或灰青色的石笋。北京颐和园前山东腰高数米的大石笋就是这种"慧剑"(图6-13)。

### 4. 钟乳石笋

将石灰岩经熔融形成的钟乳石倒置,或将石笋正放用以点缀景色。北京故宫御花园中有用这种石笋做特置小品的(图6-14)。

图 6-12　乌炭笋

图 6-13　慧剑

图 6-14　钟乳石

## 6.2.5　其他石品

诸如木化石、松皮石、石珊瑚、石蛋等(图 6-15)。

木化石古老朴质,常做特置或对置。松皮石是一种暗土红的石质中掺杂有石灰岩的交织细片,石灰石部分经长期熔融或人工处理后脱落成空块洞,外观像松树皮突出斑驳一般。石蛋即产于海边、江边或旧河床的大卵石,有砂岩及各种质地的。

木化石

松皮石

石珊瑚

石蛋

图 6-15　木化石、松皮石、石珊瑚、石蛋

# 6.3
# 置石工程

宋代画家郭熙在《林泉高致·山水训》中说："石者，天地之骨也。"宋代杜绾也在《云林石谱》序中说，石峰是"天地至精之气，结而为石，负土而出，状为奇怪……虽一拳之多，而能蕴千年之秀"。石是对自然山川的高度概括提炼，是自然精华之凝缩。石既是稳定凝固的，又可以是灵动变幻的。

现存较早的置石作品，要数岭南园林在南越国时期"药洲"中留下的景石(图 6-16)，其设计模仿洲渚的自然景观特征。现存最古老的置石则为无锡惠山的"听松"石床，唐代书法家李阳冰镌刻"听松"二字。可见文人的鉴赏使置石有了灵魂。

由于置石主要以观赏为主，并结合一些功能方面的作用，做独立性或附属性的造景布置，所以置石主要表现山石的个体美或局部组合而不具备完整的山形。置石一般体量小且分散，但对尺度、纹理、造型、色彩、意韵等方面的把握必须与周围环境相协调，充分发挥"因简易从，尤特致意"的特色。置石虽然以配景点缀出现，或做局部的主题主景，却是园林中的一处独立的景观。置石作为园林造景的要素，除供人观赏外，还可作为园林空间的障景，分隔组织空间。

## 6.3.1　特置

特置是指将形态奇特、皱纹特殊或体量较大的具有较高观赏价值的峰石单独布置成景的一种置石方式，又称独置山石或孤赏山石。园林中的特置山石与掇山一样，都来源于人们对自然的观察与感悟。自然

图 6-16 广州药洲置石

界中就有许多天然形成的特置山石，例如承德避暑山庄附近有“磬锤峰”，高约 58 m，上大下小，孤峰云举，擎天拔地，不仅成为避暑山庄南北向中点，也是山庄得景之源，其中的“锤峰落照”亭便专门借景于此峰石（图 6-17）。

图 6-17 磬锤峰

园林中大部分特置峰石都由单块山石布置成独立性的石景，石料本身具有良好的比例关系和完整的构图。特置的峰石常用作园林入口的障景和对景。也可将其置于视线的焦点处或道路的转折处等，以及置于廊间、亭下、水边，作为局部空间的构景中心。特置峰石有立有卧，因石料的观赏特征而定，且布置的要点在于相石立意、相地选石，以及山石的体量与环境相协调。

在特置山石的设计理法中，不仅对峰石本身如色泽、纹理、形态、动势等方面有较高的要求，更为重要的是要注重山石安放的位置和观赏角度，以及如何利用特置山石进行造景。冠云峰为太湖石，峰高 6.5 m，现存苏州留园东部，是苏州最大的观赏独峰，以高居群峰之冠名曰“冠云”（图 6-18）。

特置山石在工程结构方面要求稳定和耐久。关键是掌握山石的重心线，使山石本身保持重心的平衡。我国传统的做法是用石榫头稳定（图 6-19）。

榫头一般不用很长，从十几厘米到二十几厘米，根据石的体量而定。但榫头要求争取比较大的直径，周围石边留有 3 cm 左右即可。石榫头必须正好在重心线上。基磐上的榫眼比石榫头的直径略大一点，但应该比石榫头的长度深一点，这样可以避免因石榫头顶住榫眼底部而石榫头周边不能和基磐接触。吊装山石之前，只需在石榫眼中浇灌少量黏合材料，待石榫头插入时，黏合材料便自然地充满了空隙。

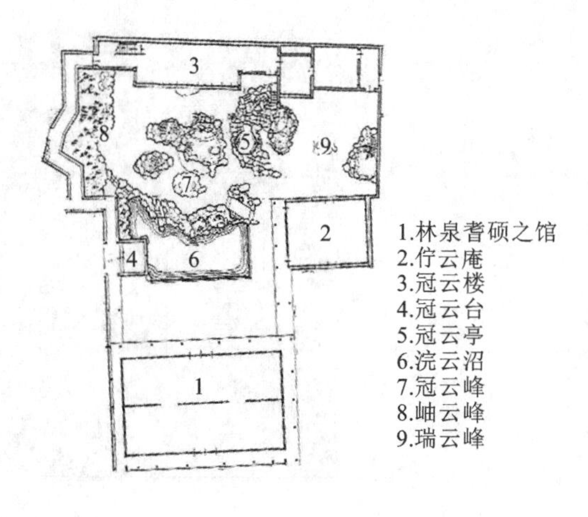


图 6-18 冠云峰

特置山石还可以结合台景布置。台景也是一种传统的布置手法。用石头或其他建筑材料做成整形的台。内盛土壤，台下有一定的排水设施。然后在台上布置山石和植物，或仿作大盆景布置，使人欣赏这种有组合的整体美(图 6-20)。

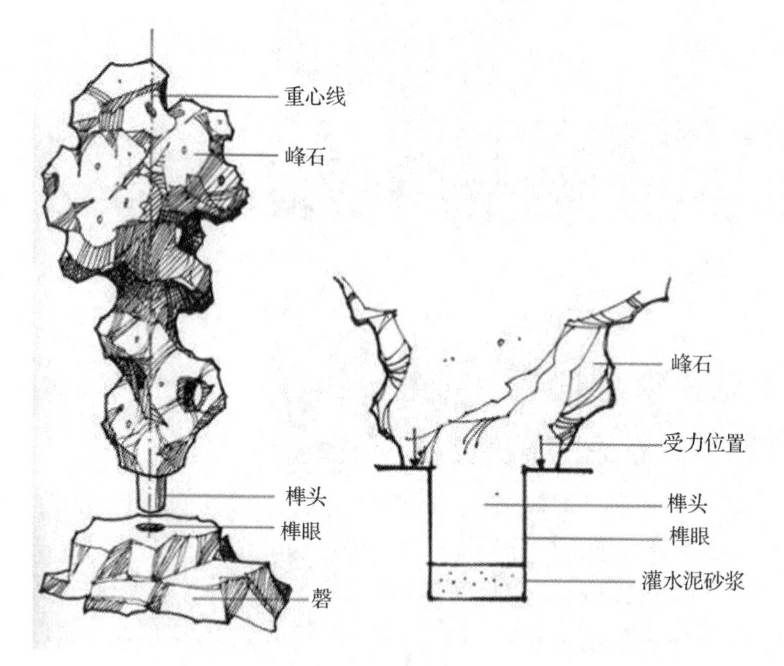

图 6-19 石榫头

图 6-20 特置山石与台景

## 6.3.2 对置

对置指在某一轴线两侧对应布置山石。其在数量、体量、形态上无须整齐划一，其形态应各异，但要求相互呼应，并注意在构图上应讲求均衡。此类置石多在建筑物前两旁对称地布置，以陪衬环境、丰富景色(图 6-21)。

在北京皇家园林的建筑或庭园入口处，就有许多对置峰石。例如置于颐和园玉澜堂外的“母子石”(图 6-22)。

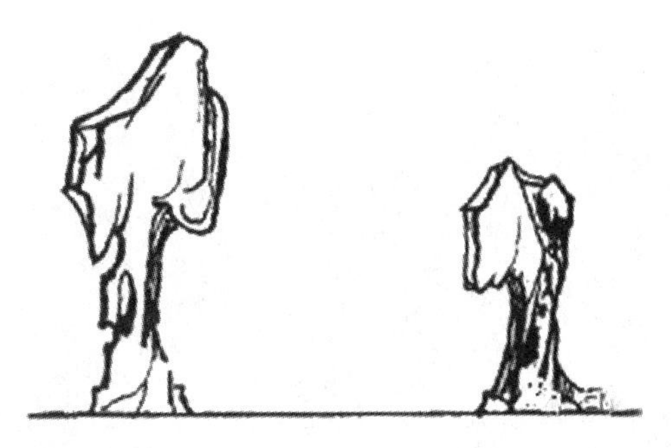

图 6-21 对置

图 6-22 颐和园玉澜堂外的“母子石”

## 6.3.3 散置

散置，也称散点，是仿照岩石自然分布和形状而进行点置的一种方法，即所谓“攒三聚五”“散漫理之”。这类置石对石材的要求不像特置那样高，更侧重多块山石的组合效果(图 6-23)。

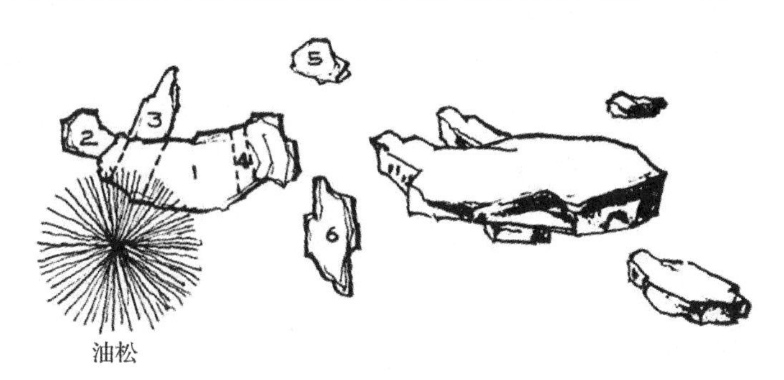


图 6-23 散置

据北京“山子张”传人张蔚庭先生讲，散置有大散点与小散点之分。小散点指多块山石的分散布置，基本不掇合；而大散点又称“群置”，是掇石成组，以组为单位作散状布置。群置要求空间比较大，材料堆叠量较大，而且组数也较多，但就其布置的特征而言仍属散置。如北京中山公园“松柏交翠”土山南麓、西麓以房山石散点，不仅作为护坡，而且还有造景的作用(图 6-24)。

其中山石有的深埋浅露，有的高下起伏，有的相互掇合，宛若天成。

无论大、小散点，其设计原则基本相同，均要依托地形、建筑、园路或植物，呈现出有动势的散点，以散为

图 6-24　北京中山公园“松柏交翠”

形，散中有聚，即“形散神聚”。几块石相组合时要求有聚有散、有断有续、主次分明、高低曲折、顾盼呼应、疏密有致、层次丰富。此外，还要遵循“三不等”原则，即石之大小不等，石之高低不等，石之间距不等。

## 6.3.4　置石与建筑结合

### 1. 抱角和镶隅

由于建筑的墙面多成直角转折，而转折的外角和内角都比较单调、平滞，所以在古代园林中常以山石来点缀建筑的墙角。在外墙角，山石成环抱之势紧包基角墙面，称为抱角。在内墙角则以山石填镶其中，称为镶隅（图 6-25）。

图 6-25　抱角、镶隅

经过这样处理，原本是在建筑角隅处包了一些山石，却使建筑仿佛坐落在自然的山岩上。抱角和镶隅的设计要点在于，山石的体量均须与墙体以及墙体所在的空间取得协调，且山石必须与墙体密切吻合，并且要注意留出山石的最佳观赏面。

一般情况下，大体量的建筑抱角和镶隅的体量需较大，反之，宜较小。在承德避暑山庄外围的外八庙中，为了衬托藏式建筑，与环境山石抱角掇合成山，体现宗教色彩。此种做法在颐和园万寿山北侧的香岩宗印之阁与北海永安寺中均有出现。在北海永安寺中建筑的外墙的山石抱角选用了“象皮青”一类的湖石，这种石料光润而呈青灰色，天然嵌有白色细纹，看上去仿佛象皮上的皱褶（图 6-26）。

掇合而成的抱角山，层次丰富，配以植物，气势恢宏地越过墙垣延伸至园外。而江南地区的私家园林建筑及环境形制较小，山石抱角也相应地玲珑精巧。例如同里退思园中的“闹红一舸”为一船舫建筑，置于船头处的湖石抱角延伸至建筑的两侧。石料掇合接形合纹，翻转腾挪，仿佛船在行驶中水中翻起的白色浪花，既烘托出建筑的动势，又点缀了水面，使坐落于规整式花岗岩“甲板”上的建筑平添自然气氛。山石抱角的处理与建筑紧密结合，随地形及环境的变化曲折高下。

镶隅可为单独的山石(图 6-27)，也可用山石与墙壁自然围成一个空间，形成小花台，再配以植物，使本来呆板、僵硬的直角墙面显得柔和而更加生动。例如苏州拙政园入口，利用两边的墙隅均衡地布置了两个小花台，山石和地面衔接的基部种植书带草，北隅小花台内种紫竹数竿。在山石的衬托下，构图非常完整。

图 6-26　琼华岛永安寺“象皮青”山石抱角

图 6-27　镶隅

## 2. 踏跺和蹲配

由于中国古代园林建筑多建于台基上，出入口处需要有台阶衔接，常用自然山石做成踏跺，用以强调建筑出入口，并丰富建筑立面，它不仅有台阶的功能，而且有助于处理从人工建筑到自然环境之间的过渡。用太湖石所做的踏又称为“涩浪”，见于明代文震亨著《长物志》中“映阶旁砌以太湖石垒成者曰涩浪”。北京的假山师傅称为“如意踏跺”。石材宜选择扁平状的，穿插各种角度的梯形甚至是不等边的三角形则会使其更富于自然的外观。每级 10～30 cm，有的还可以更高一些。每级的高度和宽度不一定完全一样，应随形就势，灵活多变。每一级山石都向下坡方向有倾斜坡度以便排水。石级断面要上挑下收，以免人们上台阶时脚尖碰到石级上沿。同时石级表面不能有“兜脚”。用小块山石拼合的石级，拼缝要上下交错，以上石压下缝。踏跺石级有规则排列的，也有相互错开排列的；有径直而入的，也有偏径斜上的(图 6-28)。

蹲配是常和踏跺配合使用的一种置石方式，可用来强调建筑的出入口并丰富建筑立面。从实用功能上来分析，它可兼备垂带和门口对置的石狮、石鼓之类装饰品的作用，但又不像垂带和石鼓那样呆板。它一方面作为石级两端支撑的梯形基座，另一方面可以由踏跺本身层层叠上而用蹲配遮挡两端不易处理的侧面。在保证这些实用功能的前提下，蹲配在空间造型上则可利用山石的形态极尽自然变化。所谓“蹲配”以体量大而高者为“蹲”，体量小而低者为“配”，即主石为“蹲”，客石称“配”。实际上除了“蹲”以外，也可“立”、可“卧”，以求组合上的变化。可为多块石料掇合而成，亦可为单块石料独立成景，但要求在建筑轴线两旁有均衡的构图关系。位于北海琼华岛酣古堂入口垂花门处的山石踏跺与蹲配(图 6-29)，可谓山石与建筑结合的设计佳例。山石左侧为卧势，右侧为立势，与踏跺紧密结合在一起，分别置于入口两侧。由于入口正对通往

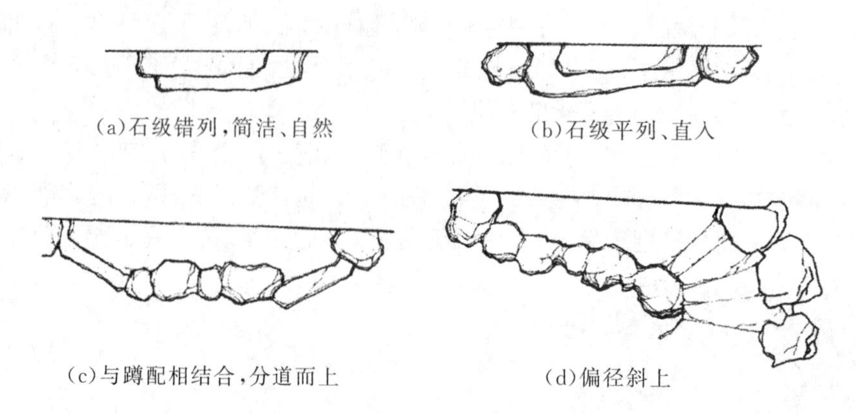

(a)石级错列，简洁、自然　　(b)石级平列、直入

(c)与蹲配相结合，分道而上　　(d)偏径斜上

图 6-28　山石踏跺布置类型

宙鉴室的月洞门，恰好为这组山石构成框景。由于空间局促，所以蹲配的比例和尺度并不大，但与垂花门十分协调，并且踏跺与月洞门的台阶自然过渡，使两处空间联系在一起。

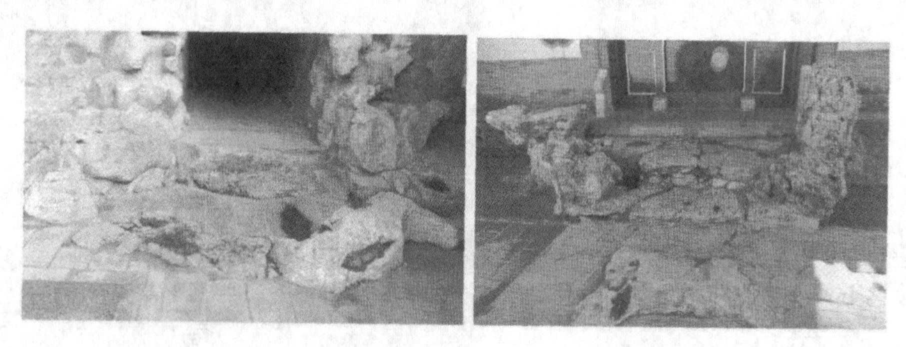

图 6-29　踏跺与蹲配

## 3. 山石云梯

由于我国古代文人认为“云触石而出，肤寸而合”。《诗经》中也有“山出云雨，以润天下”的记载，所以园林中很多置石的命名都含有“云”字，而掇山又称为“堆云”。在中国古代园林中，对于高层建筑常用自然山石掇合成室外楼梯，既可节省室内建筑面积，又可结合环境自成自然山石景观。自然山石楼梯又称为“云梯”，云梯的设计与布局不仅要满足实用功能，更为重要的是要具有造景的作用。所以设计中最为忌讳的是将山石云梯孤立，暴露于周围环境之外。好的山石云梯设计与环境紧密结合，组合丰富、变化自如。例如避暑山庄宫殿区最后一进“云山胜地”为两层建筑，东侧有黄石云梯从稍间登楼，先自西入向东转北而上。山与楼之间尚有间隔，以小石桥衔接(图 6-30)。

图 6-30　避暑山庄宫殿区“云山胜地”山石云梯

原庭园中有廊自东引入，云梯东面便成为廊中的对景。这种做法的山石云梯相对独立，在庭园中自成一景。

另一种做法是将山石云梯的主要部分依托墙面。例如苏州留园的明瑟楼旁在仅二十多平方米的空间中设置了山石云梯(图 6-31)。

**图 6-31　明瑟楼山石云梯 1**

云梯呈曲尺形，南、西两面贴墙，登临梯口数步转为“休息平台”，再西折而上，云梯与楼之间由小天桥衔接。梯之中段下收上悬，把楼梯间的部位做成自然的山岫，突出虚实变化(图 6-32)。

**图 6-32　明瑟楼山石云梯 2**

云梯下面的入口则结合花台和特置峰石。峰石上镌刻“一梯云”三字。峰石仅高 2 米多，但因近求高，峰石有直矗入云的意象。若自明瑟楼楼下或楼北的园路南望，在由柱子、倒挂楣子和鹅颈靠组成的逆光框景中，整个山石云梯和植物点缀的轮廓在粉墙前恰如横幅山水呈现出来，不失为实用功能和造景相结合的佳例。

由于云梯所占空间较小，所以为了减少云梯基部的山石工程量，往往采用大石悬、挑等做法。此外山石云梯的起步部分常向里收缩。在阶梯之外，用山石遮挡大部分视线。同时，山石云梯也可与花池、花台、山洞等相结合过渡到环境中。

### 4. 壁山

壁山实为粉壁置石，即以墙作为背景，在面对建筑的墙面、建筑山墙或相当于建筑墙面前基础种植的部位作石景或山景布置，因此也称“粉壁理石”。体量可大可小，大的壁山可由多块石料掇合而成，较小的则类似于置石，但比置石的层次要多。《园冶》中说道“峭壁山者，靠壁理也。藉以粉壁为纸，以石为绘也。理者相石皴纹，仿古人笔意，植黄山松柏、古梅、美竹，收之圆窗，宛然镜游也。”在江南园林的庭园中，这种布置随处可见。有的结合花台、特置山石和各种植物布置，式样多变。苏州网师园梯云室(图 6-33)北部庭院中的粉壁置石可谓典型。

图 6-33　网师园梯云室

右石为主，左石为辅，主石回望，辅石朝揖，两峰呈顾盼之势，结合花台布置。在粉壁正对庭院主建筑轴线的位置镶有题刻“香睡春浓”。此处粉壁置石虽为近现代修建，但峰石与粉壁及整个庭院的关系较为协调，堪称佳作。

粉壁置石设计时，由于是“粉壁为纸，以石为绘”，所以首先应注意立面上的构图，以石与墙之间的比例关系为要，如墙壁上有题刻，则要注意三者之间的协调。其次，山石与墙壁之间应尽量留有空当，一是为增加空间层次，二是工程技术方面的需要。山石不倚墙、不欺墙，以免对墙产生侧向推移力而造成损坏。最后，粉壁置石结合花台、驳岸、抱角、镶隅等设计时，应注重整体山势，一气呵成。

### 5. 廊间山石小品

在园林中，廊不仅仅是功能性的建筑物，而且可以使游人从不同角度去观赏景物，争取园林空间的多样变化。廊的形式多种多样，有时平面上曲折回环，使得廊与墙之间形成大小不一、形体各异的小天井空间。在此，便可以充分发挥山石小品“因简易从，尤特致意”的造景特色，进行“补白”，使之在很小的空间中组织游人视线，富于层次和深度的变化，从而扩大空间的感觉。同时，引导游人按设计的游览顺序入游，丰富沿途的景色，使空间小中见大。

苏州留园入口的设计虚实变幻、收放自如，具有欲扬先抑的作用，历来为园林界人士称道。其中“古木交柯”与“华步小筑”两组廊间山石小品，成为入口处的点睛之笔，营造出明暗交替、曲折巧妙的空间序列，引人步步深入(图 6-34)。

### 6. “尺幅窗”和“无心画”

在中国古代园林中常用“尺幅窗”与“无心画”的形式，通过破实为虚的手段，求得视觉效果与观赏心理上的扩充感和无尽感，从而使内外空间相互渗透，丰富小空间的内涵。而山石又常常是“尺幅窗”与“无心画”的表现内容，使不同空间内景色互相渗透。这种手法是清代李渔首创的。他把内墙上原来挂山水画的位置开成漏窗，然后在窗外布置竹石小品，使景入画。这样便以真景入画，较之画幅生动百倍，他称为“无心画”。

华步小筑

古木交柯

图 6-34 廊间山石小品

此外，在厅堂建筑中，利用窗本身加之山石点缀，也可巧妙地构成“尺幅窗”与“无心画”，形成建筑内的对景。例如苏州留园揖峰轩西侧有小天井空间，旁边以廊衔接五峰仙馆院落。游人可经过静中观至揖峰轩，亦可由廊继续北行，便可见廊中墙上开有“尺幅窗”，透过天井空间可见揖峰轩西窗。仅此一窗，不仅将天井内景物入画，也沟通了揖峰轩与环境之间的联系。在如此狭小的面积中，空间变化之精妙，堪称一绝（图 6-35）。

尺幅窗

无心画

图 6-35 留园揖峰轩处的“尺幅窗”与“无心画”

## 6.3.5 置石与植物结合

### 1. 山石花台

在园林中为了为植物创造良好的生态条件，以及为游人提供适宜的观赏高度，常用自然山石堆叠挡土形成花台，其内种植花草树木，并用花台来组织庭院中的游览路线，或与壁山、驳岸、置石相结合。在规整的空间范围内创造自然、疏密的变化。花台有高出地面及与地面几乎等高两种，在江南地区常用前者。由于这一带地下水位偏高，而人们又有栽植牡丹的嗜好，为适应牡丹需要排水良好的土壤，用山石花台抬高种植土壤，以利于排水。而在北方地下水位较低，土壤偏干，则可做成较低或低于地面的山石花池。所以山石花台的作用首先是降低地下水位，为植物生长创造条件。其次，可以将植物种植到合适的高度，以免观者躬身观赏。再者，山石花台的设计无定式，形体可随机应变，小可占边把角，大可掇合成山。花台之间的铺装地面即成自然形式的路径，所以庭院中的游览路线就可以运用山石花台来组合。

1）平面组合——大小相间，主次分明

园林庭院空间多呈矩形或其他多边形，山石花台的布局不仅要适应庭院空间的形式及主体建筑的比例与尺度，更要与园路系统协调。根据花台在庭院中的布局，可分为中心式和分散式两种，其中以分散式为主。分散式山石花台多采用“占边”“把角”“让心”的布局。

分散式山石花台常与散置山石、粉壁置石、镶隅等结合。在方寸之中布局均衡，与篆刻艺术中“宽可走马，密不容针”的理论有异曲同工之妙。例如苏州网师园小山丛桂轩西侧及南侧“L”形空间中，山石花台结合散置峰石并配以桂树，与建筑北侧的黄石假山“云冈”共同营造幽谷（图 6-36），使桂花之香气久聚不散，渲染出《楚辞·招隐士》中“桂树丛生兮山之幽”和庾信《枯树赋》中“小山则丛桂留人”的意境。为与“云冈”产生对比，西、南侧庭院中的山石花台均缩小尺度，突出建筑的主体地位。

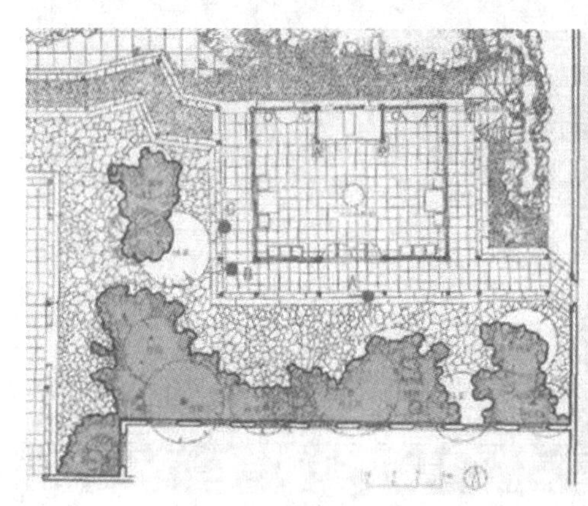

图 6-36　网师园小山丛桂轩西侧花台

2）平面轮廓——曲折多致，灵活多变

山石花台除了宏观上的布局，还要研究微观上个体的变化。花台立面上要有高低起伏，高可特置矗立，低可深埋山石浅露于地。由于在自然界中，山体风化，山石解体并崩落于山脚，相连成挡土墙，水土沉积，加之植物丛生而成花台。自然界山石花台的形式千变万化，所以园林中的花台借鉴自然而无定式，但有某些规律可循。

花台的平面轮廓应有曲折、进深的变化。要注意使之兼有大弯和小弯的凹凸面，而且弯的深浅和间距都要自然多变。要力求避免有小弯无大弯、有大弯无小弯或变化的节奏单调等（图 6-37）。

有小弯无大弯

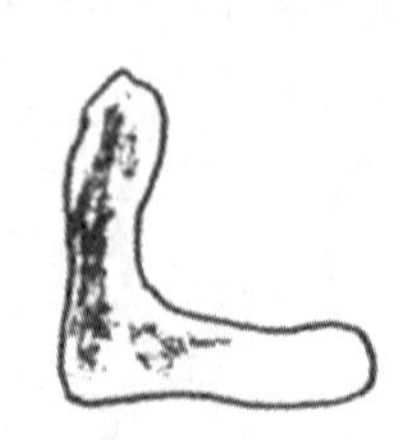

有大弯无小弯

兼有大小弯

图 6-37　花台平面布置

如果同一空间有多个花台的组合，则要求花台之间大小相间，主次分明，疏密多致，若断若续，形成一个统一而有变化的空间。在外围轮廓整齐的庭院中布置山石花台，就其布局的结构而言，与我国传统书法、篆刻的理论如“知白守黑”“宽可走马，密不容针”等有相互借鉴之处。庭院的范围如同纸幅或印章的边缘，其中的山石花台如同篆刻的字体。花台有大小，组合起来园路就有了收放，花台有疏密，空间也就有相应的变化。例如苏州狮子林燕誉堂前的花台作为厅堂的对景，靠墙而理。但由于位置居正中，形体又缺乏变化，颇显呆板。花台两边虽有踏步引上，但并无佳景可观。由燕誉堂北进转入小方厅，此处院落的花台分为两部分，一个居中，一个占边，二者之间组成自然曲折的园路(图 6-38)。

图 6-38　燕誉堂北小方厅内花台

它所倚之墙面有漏窗，加以竹丛等植物点缀。花台上峰石的位置既考虑本院落，又能结合从西面而至的对景。自西东望，海棠形洞门里正好框取那块峰石成景。由小方厅西折到古五松园东院，这里用三个花台把院子分隔成几个有疏密和层次变化的空间。北边花台靠墙，南侧花台紧贴游廊转角，居中的花台立起作为这个局部主景的峰石。

3)立面轮廓——起伏变化，对比强烈

花台的立面轮廓上要有起伏变化，切忌把花台做成“一码平”。这种高低变化要有比较强烈的对比及节奏感，才有显著的效果。起伏之变化力求灵活，而非规则的波峰与波谷。一般是结合置石立峰来处理，但要避免用体量过大的立峰堵塞院内的中心位置。花台除了边缘以外，花台中也可少量地点缀一些山石。花台边缘外面亦可埋置一些山石，使之有更自然的变化。例如苏州留园中涵碧山房南侧庭院的牡丹花台(图 6-39)。

图 6-39　苏州留园中涵碧山房南侧庭院的牡丹花台

为适应主体建筑及东侧廊的布局，花台分三部分置于庭院，主体花台置于中心位置，次体花台南接庭院南墙，体量最小的则紧贴西墙布置。游人无论是在廊中还是置身于涵碧山房内，对庭院中花台的观赏，会随着游览路径的变化而充满不同感受。

### 2. 山石挡土

在园林中坡度较陡的土山及坡地常以山石作为护坡，阻挡和分散地表径流，并降低地表径流的流速，从而减少水土流失，以利于植物的生长。所以山石挡土可视为山石与植物结合的另一种形式。有时这种山石挡土以散置山石的形式出现，例如北海琼华岛西南山坡和颐和园万寿山东南坡上的大散点山石都有挡土的功能(图 6-40)。

图 6-40 颐和园万寿山上的大散点山石挡土

这种山石的布置除了要与地形结合考虑，因地制宜外，与散点的布置原则基本相同。而在坡度更陡的山上往往开辟成自然式的台地，用山石做挡土墙。自然山石挡土墙的功能和整形式挡土墙的基本功能相同，而在外观上曲折、起伏，凸凹多致。

## 6.3.6 山石器设

山石器设(图 6-41)即以山石做家具或陈设，常见的有石榻、石桌、石几、石凳、石栏、石水钵、石屏风等。清代李渔著《闲情偶寄 · 山石 · 零星小石》中说："若谓如拳之石，亦须钱买，则此物亦能效用于人，岂徒为观瞻而设？使其平而可坐，则与椅榻同功；使其斜而可倚，则与栏杆并力；使其肩背稍平，可置香炉茗具，则又可代几案。花前月下，有此待人，又不妨于露处，则省他物运动之劳。使得久而不坏，名虽石也，而实则器矣。"在文中李渔指出，有好石之心，而无力置办假山的人们，可以以山石器设来体现对山石的嗜好。"一卷特立，安置有情"，不仅可坐可卧，还有造景的功能。

山石器设是我国园林中的传统做法，其不仅有实用价值，而且可与环境及造景密切结合。特别布置在有起伏地形的环境，或林间空地等有树荫蔽的地方，为游人提供休息场所，而且它不怕日晒雨淋，不会锈蚀腐烂，可在室外环境中代替铁、木等材质制作的椅凳。山石器设在选材方面与假山用材不相矛盾。一般接近平板或方墩状的石材在假山堆叠中可能不算良材，但作为山石几案却非常合适。要求石料只要有一面稍平即可，不必进行细加工，而且在基本平整的面上也可以有自然起伏的变化，以体现石料自然的外形特征。此外还应根据器设的用途来选择材料。如作为几案或石桌的面材，则应选片状山石，有较为平整的一面。如作桌、几的脚柱，则要选敦实的块状山石。如果是用作香炉，则应选孔洞密布的玲珑山石。

图 6-41 山石器设

# 6.4 掇山工程

## 6.4.1 掇山

### 1. 概述

秦汉的上林苑，帝王为追求长生不老，在御苑中用太液池所挖土堆成岛，开创了中国造园史上堆叠假山的先河。东汉梁冀模仿伊洛二峡，标志着造园艺术以现实生活作为创作起点。南北朝时期的文人墨客，采用大写意的手法将自然界的真山进行提炼加工，使假山"重岩复岭嵌接相属，深洞丘壑逶迤连接"，已经不再是以前的单纯模仿。唐宋以后，由于诗、书、画的发展，鉴赏艺术的进步，对假山造景艺术要求也越来越高。北宋宋徽宗赵佶以帝王之力在河南开封造了一座"艮岳"。山周边十几里，高过百米，分东西二岭，与真山南山相接，历经十多年建造完成，规模之大达到了旷古烁今的程度。明代造山艺术，更为成熟和普及。园林中的山多是人工用石堆砌的假山，是对自然界真山的艺术提炼与概括，是真山典型化的艺术再现。中国古典园林的造山技术非常发达，明代计成在《园冶》中专有一节《掇山》，总结了造山技术的十七种形式。清代进一步发展，建造了不少名园。

假山是指人工堆起来的山，与自然界的真山相对而言，是从真山演绎而来。人们通常称呼的假山实际上包括掇山和置石两个部分。掇山是人工再造的山水景物的通称，它以造景游览为主要目的，充分地结合其他多方面的功能作用，大量使用土和天然景石等材料，以大自然中的山水为基础，使用艺术的手法进行提炼加工。在中国园林中，掇山是带有自然特点的艺术性的创造。掇山具有特殊的审美价值和不可替代的造景作用。设计者利用不同形式、色彩、纹理、质感的天然石，在园林中塑造成具有峰、岩、堑、洞等风格各异的假山，唤起人们对于自然的联想。

在中国古代园林中，对置石和掇山的普遍性有"无园不石"的概括。园中的置石掇山都是有目的而为之。设计者根据造园的立意与构思，与其他造园要素相结合，共同达到"虽由人作，宛自天开"的艺术境界。

## 2. 假山设计及施工

### 1)分层结构

假山的外形虽然千变万化，但就其基本结构而言还是和建造房屋有共通之处，即分基础、中层和收顶三部分。

(1)立基——假山的基础。

《园冶》论假山基谓："假山之基，约大半在水中立起。先量顶之高大，才定基之浅深。掇石须知占天，围土必然占地，最忌居中，更宜散漫。"这说明掇山必先有成竹在胸，才能确定假山基础的位置、外形和深浅。否则假山基础既起地面之上，再想改变假山的总体轮廓，再想要增加很多高度或挑出很远就困难了。因为假山的重心不可能超出基础之外，重心不正即"稍有欹侧，久则逾欹，其峰必颓"。因此，理当慎之。

假山如果能坐落在天然基岩上当然是最理想的，否则都需要做基础。做法有如下几种：

a. 桩基。

这是一种古老的基础做法，但至今仍有实用价值。特别是水中的假山或山石驳岸用得很广泛。木桩多选用柏木桩或杉木桩，取其较平直而又耐水湿。木桩顶面的直径在 10～15 cm。平面布置按梅花形排列，故称"梅花桩"。桩边至桩边的距离约为 20 cm。其宽度视假山底脚的宽度而定。如做驳岸，少则三排，多则五排。大面积的假山即在基础范围内均匀分布。桩的长度足以打到硬层，称为"支承桩"。或用其挤压土壤，称为"摩擦桩"。桩长一般有 1 米多，如苏州拙政园水边的山石驳岸的桩长约 1.5 m，颐和园的桩木为 1.6～2 m。桩木顶端露出湖底十几厘米至几十厘米。其间用块石嵌紧，再用花岗石压顶。条石上面才是自然形态的山石。此即所谓"大块满盖桩顶"的做法。条石应置于低水位以下，自然山石的下部亦在水位线以下。这样不仅美观，也可减少桩木腐烂。

我国各地气候和土壤情况差别很大。做桩基也必须因地制宜。例如扬州地区多为砂土，土壤不够密实，除了使用木桩以外，还大量地使用灰桩和瓦砾桩。其桩之直径约 20 cm，桩长 0.6～1 m，桩边距 0.5～0.7 cm。施工时在木桩顶横穿一根铁杆。木桩打至一定深度便拔出来，然后在桩孔中填入生石灰块，加水捣实，凝固后便有足够的承压力，称为灰桩。如用瓦砾作填实桩孔的材料则为瓦砾桩。这种做法是结合扬州特点的。当地土壤空隙较多，通气较多，加之土壤潮湿，木桩容易腐烂。同时扬州木材也不多，用这种办法可节约大量木材。苏州土壤黏性较强，土壤本身就比较坚实。对于一般置石或小型假山就用块石尖头打入地下作为基础，称为"石钉"。北京圆明园处于低湿地带，地下水便成为破坏基础的重要因素，包括土壤冻胀对基础的影响。因此采用在桩基上面打灰土的办法，有效地减少了地下水的破坏。

b. 灰土基础。

北京古典园林中位于陆地上的假山多采用灰土基础。北京地下水位一般不高，雨季比较集中，使灰土基础有比较好的凝固条件。灰土一经凝固便不透水，可以减少土壤冻胀的破坏。

灰土基础的宽度应比假山底面的宽度宽出 0.5 m 左右，术语称为"宽打窄用"，保证假山的压力沿压力分布的角度均匀地传递到素土层。灰槽深度一般为 50～60 cm。2 m 以下的假山一般是打一步素土，一步灰土。一步灰土即布灰 30 cm，踩实到 15 cm 再夯实到 10 cm 厚度左右。2～4 m 高的假山用一步素土、两步灰土。石灰一定要选用新出窑的块灰，再现场泼水化灰。灰土比例采用 3∶7。

c. 混凝土基础。

近代的假山多采用浆砌块石或混凝土基础。这类基础耐压强度大，施工速度较快。在基土坚实的情况下可利用素土槽浇筑。基槽宽度同灰土基础。混凝土的厚度陆地上为 10～20 cm，水中基础约为 50 cm。高大的假山酌加其厚度。陆地上选用不低于 100＃的混凝土。水泥、砂和卵石配合的质量比为 1∶2∶4

至1∶2∶6。水中假山采用150#水泥砂浆砌块石或200#的素混凝土作基础为妥。

(2)拉底。

拉底就是在基础上铺置最底层的自然山石，术语称为拉底，亦即《园冶》所谓“立根铺以麓石”的做法。因为这层山石大部分在地面以下，只有小部分露出地面，并不需要形态特别好的山石。但它是受压最大的自然山石层，要求有足够的强度，因此宜选用顽夯的大石拉底。古代匠师把“拉底”看作叠山之本。因为假山空间的变化都立足于这一层。如果底层未打破整形的格局，则中层叠石亦难于变化。底石的材料要求大块、坚实、耐压。不允许用风化过度的山石拉底。拉底的要点如下：

a. 统筹向背。

根据立地的造景条件，特别是游览路线和风景透视线的关系，统筹确定假山的主次关系。根据主次关系安排假山组合的单元，从假山组合单元的要求来确定底石的位置和发展的体势。要精于处理主要视线方向的画面以作为主要朝向。然后再照顾到次要的朝向，简化地处理那些视线不可及的一面。扬长避短，面面俱到。

b. 曲折错落。

假山底脚的轮廓线一定要打破一般砌直墙的概念。要破平直为曲折，变规则为错落。在平面上要形成具有不同间距、不同转折半径、不同宽度、不同角度和不同支脉的变化。或为斜八字形，或为各式曲尺形。有的转势缓，有的转势急，曲折而置，错落相安，为假山的虚实、明暗的变化创造条件。

c. 断续相间。

假山底石所构成的外观不是连绵不断的，要为中层做出“一脉既毕，余脉又起”的自然变化做准备。因此在选材和用材方面要灵活。或因需要选材，或因材施用。用石之大小和方向要严格地按照皴纹的延展来决定。大小石材成不规则的相间关系安置。或小头向下渐向外挑，或相邻山石小头向上预留空当以便往上卡接。或从外观上做出“下断上连”“此断彼连”等各种变化。

d. 紧连互咬。

外观上要有断续的变化而结构上却必须一块紧连一块，接口力求紧密，最好能互相咬住。要尽可能做到“严丝合缝”。因为假山的结构是“集零为整”，结构上的整体性最为重要。它是影响假山稳定性的又一重要因素。假山外观所有的变化都必须建立在结构上重心稳定、整体性强的基础上。实际上山石水平向之间是很难完全自然地紧密相连的。这就要借助于小块的石头打入石间的空隙部分，使其互相咬住，共同制约，最后连成整体。

e. 垫平安稳。

基石大多数都要求以大而水平的面向上，这样便于继续向上垒接。为了保持山石上面水平，常需要在石之底部垫平以保持重心稳定。

北京假山师傅掇山多采用满拉底石的办法，在假山的基础上满铺一层。而南方一带没有冻胀的破坏，常采用先拉周边底石再填心的办法。

(3)中层。

中层即底石以上、顶层以下的部分。这是体量最大、触目最多的部分。用材广泛，单元组合和结构变化多端。中层可以说是假山造型的主要部分。其除了底石所要求的平稳等方面以外，尚需做到以下几点：

a. 接石压茬。

山石上下的衔接也要求严密。上下石相接时除了有意识地大块面闪进以外，避免在下层石面上闪露一些很破碎的石面。假山师傅称为“避茬”，认为“闪茬露尾”会失去自然气氛而流露出人工的痕迹。这也是皴纹不顺的一种反映。但这也不是绝对的。有时为了做出某种变化，故意预留石茬，待更上一层时再压茬。

b. 偏侧错安。

力求破除对称的形体，避免成正方形、长方形或等边、等腰三角形。要因偏得致，错综成美。要掌握各个方向成不规则的三角形变化，以便为向各个方向的延展创造基本的形体条件。

c. 仄立避“闸”。

山石可立、可蹲、可卧，但不宜像闸门板一样仄立。仄立的山石很难和一般布置的山石相协调，而且往上接山石时接触面往往不够大，因此也影响稳定。但这也不是绝对的，自然界也有仄立如闸的山石。特别是作为余脉的卧石处理等。但要求用得很巧。有时为了节省石材而又能有一定高度，可以在视线不可及之处以仄立山石空架上层山石。

d. 等分平衡。

拉底时平衡问题表现不显著，掇到中层以后，平衡的问题就很突出了。《园冶》所谓“等分平衡法”和悬崖“使其后坚能悬”是此法的要领。如理悬崖必一层层地向外挑出，这样重心就前移了。因此必须用数倍于“前沉”的重力稳压内侧，把前移的重心再拉回到假山的重心线上。

(4)收顶。

收顶即处理假山最顶层的山石。从结构上讲，收顶的山石要求体量大的，以便合凑收顶。从外观上看，顶层的体量虽不如中层大，但有画龙点睛的作用。因此要选用轮廓和体态都富有特征的山石。收顶一般分峰、峦和平顶三种类型。峰又可分为剑立式(上小下大，竖直而立，挺拔高矗)、斧立式(上大下小，形如斧头侧立，稳重而又有险意)、流云式(横向挑伸，形如奇云横空，参差高低)、斜劈式(势如倾斜山岩，斜插如削，有明显的动势)、悬垂式(用于某些洞顶，犹如钟乳倒悬，滋润欲滴，以奇取胜)。其他如莲花式、笔架式、剪刀式等，不胜枚举。所有这些收顶的方式都在自然地貌中有本可寻。

收顶往往是在逐渐合凑的中层山石顶面加以重力的镇压，使重力均匀地分层传递下去。往往用一块收顶的山石同时镇压下面几块山石。如果收顶面积大而石材不够整，就要采取“拼凑”的手法，并用小石镶缝使成一体。

2)山石结体的基本形式

假山虽有峰、峦、洞、壑等各种组合单元的变化，但就山石相互之间的结合而言，却可以概括为10多种基本的形式。这就是在假山师傅中有所流传的“字诀”。如北京的“山子张”张蔚庭老先生曾经总结过“十字诀”，即安、连、接、斗、挎、拼、悬、剑、卡、垂。此外，还有挑、飘、戗等。江南一带则流传九个字，即叠、竖、垫、拼、挑、压、钩、挂、撑。两相比较，有些是共有的字，有些虽然称呼不一样，但实际上是一个内容。由此可见我国南北的匠师同出一源，一脉相承，大致是从江南流传到北方，并且互有交流。

(1)安。

安是安置山石的总称。放置一块山石叫作“安”一块山石。特别强调这块山石放下去要安稳。其中又分单安、双安和三安。双安指在两块不相连的山石上面安一块山石。下断上连，构成洞、岫等变化。三安则是于三石上安一石，使之形成一体。安石又强调要“巧安”，即本来这些山石并不具备特殊的形体变化，而经过安石以后可以巧妙地组成富于石形变化的组合体，亦即《园冶》所谓“玲珑安巧”的含义。苏州某些假山师傅对“三安”有另一种解释，把三安当作布局、取势和构图的要领。说三安是把山的组合划分为主、次、配三个部分，每座山及其局部亦可依次三分，一直可以分割到单块的石头。认为这样既可着眼于远观的总体效果，又可以注意到每个局部的近看效果，使之具有典型的自然变化(图6-42)。

(2)连。

山石之间水平向衔接称为“连”。“连”要求从假山的空间形象和组合单元来安排，要“知上连下”，从而产生前后左右参差错落的变化，同时又要符合皴纹分布的规律(图6-43)。

(3)接。

山石之间竖向衔接称为“接”。“接”既要善于利用天然山石的茬口，又要善于补救茬口不够吻合的所在。最好是上下茬口互咬，同时不因相接而破坏石的美感。接石要根据山体部位的主次依皴结合。一般情况下是竖纹和竖纹相接，横纹和横纹相接。但有时也可以以竖纹接横纹，形成相互间既有统一又有对比衬托的效果(图6-44)。

图 6-42　安

图 6-43　连

(4)斗。

置石成向上拱状,两端架于二石之间,腾空而起,若自然岩石之环洞或下层崩落形成的孔洞(图 6-45)。北京故宫乾隆花园第一进庭院东部偏北的石山上,可以明显地看到这种模拟自然的结体关系。一条山石蹬道从架空的谷间穿过,为游览增添了不少险峻的气氛。

(5)挎。

如山石某一侧面过于平滞,可以旁挎一石以全其美,称为"挎"(图 6-46)。挎石可利用茬口咬压或上层镇压来稳定。必要时加钢丝绕定。钢丝要藏在石的凹纹中或用其他方法加以掩饰。

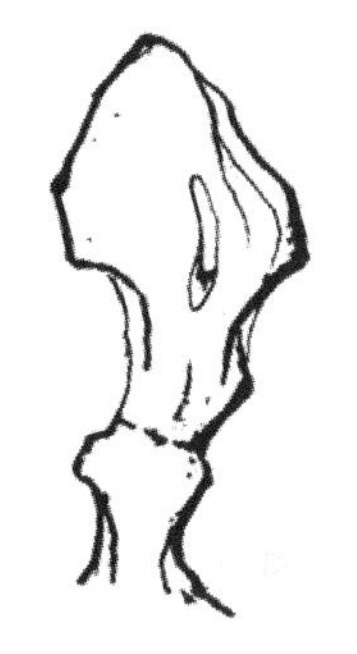

图 6-44　接

图 6-45　斗

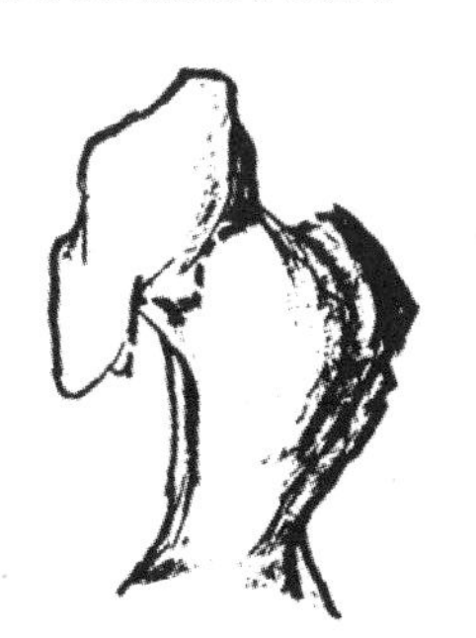

图 6-46　挎

(6)拼。

在比较大的空间里,因石材太小,单独安置会感到零碎,可以将数块以至数十块山石拼成一整块山石的形象,这种做法称为"拼"(图 6-47)。例如在缺少完整石材的地方需要特置峰石,也可以采用拼峰的办法。例如南京莫愁湖庭院中有两处拼峰特置,上大下小,有飞舞势,俨然一块完整的峰石,但实际上是数十块零碎的山石拼掇成的。实际上这个"拼"字也包括了其他类型的结体,但可以总称为"拼"。

(7)悬。

在下层山石内倾环拱环成的竖向洞口下,插进一块上大下小的长条形的山石。由于上端被洞口扣住,下端便可倒悬当空(图 6-48)。多用于湖石类的山石模仿自然钟乳石的景观。黄石和青石也有"悬"的做法,但在选材和做法上区别于湖石。它们所模拟的对象是竖纹分布的岩层,经风化后部分沿节理面脱落所剩下的倒悬石体。

(8)剑。

以竖长形象取胜的山石直立如剑的做法(图 6-49)。峭拔挺立,有刺破青天之势。多用于各种石笋或其他竖长的山石。北京西郊所产的青云片亦可剑立。现存海淀礼王府中之庭园以青石为剑,富有独特的性格。立"剑"可以造成雄伟昂然的景象,也可以做成小巧秀丽的景象。因境出景,因石制宜。作为特置的剑石,其地下部分必须有足够的长度以保证稳定。一般石笋或立剑都宜自成独立的画面,不宜混杂于他种山石之中,否则很不自然。就造型而言,立剑要避免"排如炉烛花瓶,列似刀山剑树",假山师傅立剑最忌"山、川、小",即石形像这几个字那样对称排列就不会有好效果。

图 6-47　拼

图 6-48　悬

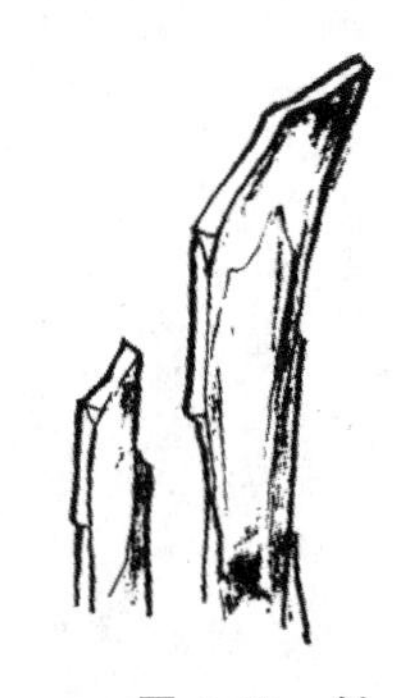
图 6-49　剑

(9)卡。

下层由两块山石对峙形成上大下小的楔口，再于楔口中插入上大下小的山石，这样便正好卡于楔口中而自稳(图 6-50)。承德避暑山庄烟雨楼侧的峭壁山，以“卡”做成峭壁山顶，结构稳定，外观自然。

(10)垂。

从一块山石顶面偏侧部位的企口处，用另一山石倒垂下来的做法称“垂”(图 6-51)。“悬”和“垂”很容易混淆，但它们在结构上的受力关系是不同的。

(11)挑。

挑又称“出挑”，即上石借下石支承而挑伸于下石之外侧，并用数倍重力镇压于石山内侧的做法(图 6-52)。掇山中之环、岫、洞、飞梁，特别是悬崖都基于这种结体的形式。《园冶》所谓：“如理悬崖，起脚宜小，渐理渐大，及高，使其后坚能悬。斯理法古来罕有。如悬一石，又悬一石，再之不能也。予以平衡法，将前悬分散后坚，仍以长条堑里石压之，能悬数尺，其状可骇，万无一失。”

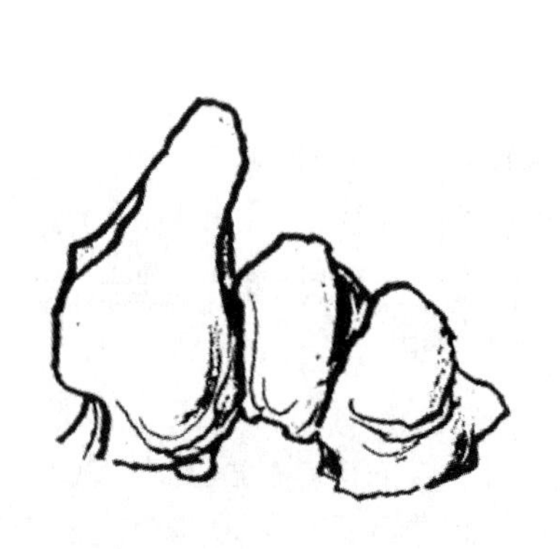
图 6-50　卡

图 6-51　垂

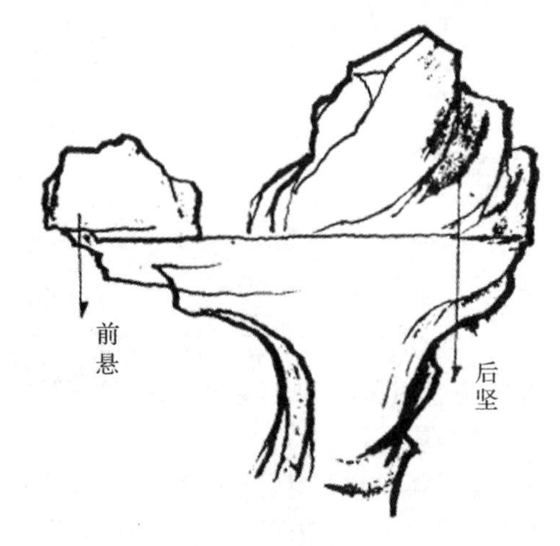

图 6-52　挑

图 6-53　撑

(12)撑。

撑或称戗，即用斜撑的力量来稳固山石的做法(图 6-53)。要选取合适的支撑点，使加撑后在外观上形成脉络相连的整体。扬州个园的夏山洞中，作“撑”以加固洞柱并有余脉之势，不但统一地解决了结构和景观的问题，而且利用支撑山石组成的透洞采光，很合乎自然之理。

应当着重指出，以上这些结体的方式都是从自然山石景观中归纳出来的。例如苏州天平山“万笏朝天”的景观就是“剑”所宗之本，云南石林之“千钧一发”就是“卡”的自然景观，苏州大石山的“仙桥”

就是“撑”的自然风貌等。因此，不应把这些字诀当作僵死的教条或公式，否则便会给人矫揉造作的印象。

## 6.4.2 现代园林假山

随着科学技术的进步，人类不再单纯使用天然山石作为假山的材料，而逐渐使用混凝土、GRC(玻璃纤维强化水泥)等新型材料来代替天然山石。目前假山的材料有两种，一种是天然的山石材料，仅仅是在人工砌叠时，以水泥做胶结材料，以混凝土做基础而已；另外一种是以塑料为胎模人工制作的假山，又称“塑石”“塑山”，它利用水泥混合砂浆、钢筋网或 GRC 作为加工材料，这样不但缓解了天然山石的过度开采，还能更好地表现假山的园林艺术特点。

### 1. 钢筋混凝土塑山

水泥塑石假山最开始主要有两类，一类是砖石骨架塑石假山，另一类是钢筋混凝土骨架塑石假山。另外，在实际工程中还有将上述两种构造结合使用的构造形式。例如主体部分利用砖结构，操作简便、节省材料，而对于山形变化较大的部位，采用钢架悬挑结构塑造。

钢筋混凝土塑山先进行基础施工，根据地基土壤的承载能力和山体的重量，经过计算确定其尺寸大小。然后立钢骨架，包括浇筑钢筋混凝土柱子，焊接钢骨架，捆扎造型钢筋，盖钢板网等。其中造型钢筋和钢板网是塑山效果的关键，其为造型和挂水泥之用。钢筋要根据山形做出自然凹凸的变化。下一步进行面层批塑，再做表面修饰，如增加皴纹和质感、着色、光泽处理。最后进行养护，假山内部均由钢骨架支撑，一切外露的金属均应涂防锈漆，并以后每年涂一次(图 6-54)。

**图 6-54 钢筋混凝土塑山**

钢筋混凝土骨架是塑石假山作品理想的骨架，整体性强，钢筋、铁丝网更便于山体的造型、取势，克服了砖石材料自重大且不易于表现的不足。高 5 米以下的塑石假山，水泥不会锈蚀，无须考虑钢筋锈蚀问题，水泥厚度一般在 3～5 cm 即可。5 米以上则需考虑钢筋骨架锈蚀过后的水泥承重问题。因此一定要做防锈处理，水泥厚度一般在 5 cm 以上。铁丝网用作防裂技术，已经落伍。现在通常做永久防裂处理(不包括水泥在制作过程中塌陷开裂或由于沉降造成的开裂)。

但以上塑山工艺中存在着一些问题，主要表现为：一是由于山的造型、皴纹等的表现要靠施工人员的手上功夫，因此对施工人员的个人修养和技术的要求高，并且在设计、施工时不易把控；二是水泥砂浆表面易开裂，影响强度和景观效果；三是着色物质容易褪色。

## 2. 砖石塑山

砖石塑山首先在拟塑山石土体外缘清除杂草和松散的土体，按设计要求修饰土体，沿土体外开沟做基础，其宽度和深度视地基土质和塑山高度而定。接着沿土体向上砌砖，要求与挡土墙相同，但砌砖时应根据山体造型的需要而变化，如表现山岩的断层、节理和岩石表面的凹凸变化等。再在表面抹水泥砂浆，进行面层修饰，最后着色。

砖石作为塑石假山的骨架，从结构学和力学上来说是合理的，但是从施工角度来说，不利于对山体的造型、取势，做出来的作品大多数显得粗犷而厚重——适合于矮小作品；高大作品封顶困难，易造成塌陷。

## 3. GRC 塑山

### 1)GRC 人工塑山材料和工艺

GRC 用于假山造景，是继灰塑、钢筋混凝土塑山、玻璃钢塑山后人工创造山景的又一种新材料、新工艺。它具有可塑性好、造型逼真、质感好、易工厂化生产、材料重量轻、强度高、抗老化、耐腐蚀、耐磨、造价低、不燃烧、现场拼装施工简便的特点。可用于室内外工程。能较好地与水、植物等组合创造出美好的山水点景(图 6-55)。

**图 6-55　GRC 塑山**

GRC 是玻璃纤维强化水泥(glass fiber reinforced cement)的缩写，它是将抗碱玻璃纤维加入到低碱水泥砂浆中硬化后产生的高强度的复合物。随着时代科技的发展，20 世纪 80 年代在国际上出现了用 GRC 造假山。它使用机械化生产制造假山石组件，使其具有重量轻、强度高、抗老化、耐水湿、易于工厂化生产、施工方法简便快捷、成本低等特点，是目前理想的人造山石材料。用新工艺制造的山石质感和皴纹都很逼真，它为假山艺术创作提供了更广阔的空间和可靠的物质保证，为假山技艺开创了一条新路，使其达到“虽由人作，宛自天开”的艺术境界。

GRC 于 1968 年由英国建筑研究院马客达博士研究成功并由英国皮金顿兄弟公司(Pilkinean Brother Corporation)将其商品化，后又用于造园领域。目前，在美国、加拿大、中国香港等地已用该材料制作假山，取得了较好的艺术效果。GRC 假山组件的制作主要有两种方法：一为席状层积式手工生产法；二为喷吹式机械生产法。

2)喷吹式工艺简介

(1)模具制作。

根据生产“石材”的种类、模具使用的次数和野外工作条件等选择制模的材料。常用模具的材料可分为软模如橡胶模、聚氨酯模、硅模等;硬模如钢模、铝模、GRC 模、FRP 模、石膏模等。制模时应以选择天然岩石皴纹好的部位为本和便于复制操作为条件,制作模具。

(2)GRC 假山石块的制作。

将低碱水泥与一定规格的抗碱玻璃纤维以二维乱向的方式同时均匀分散地喷射于模具中,凝固成型。喷射时应随喷射随压实,并在适当的位置预埋铁件。

(3)GRC 的组装。

将 GRC“石块”组件按设计图进行假山的组装。焊接牢固、修饰、做缝,使其浑然一体。

(4)表面处理。

使“石块”表面具憎水性,产生防水效果,并具有真石的润泽感。

### 4. FRP 塑山

继 GRC 塑石假山材料后,又出现了一种新型的塑石假山材料——FRP,玻璃纤维强化塑胶(fiber glass reinforced plastics)的缩写,俗称玻璃钢。它是由不饱和聚酯树脂与玻璃纤维结合而成的一种复合材料。不饱和聚酯树脂由不饱和二元羧酸与一定量的饱和二元羧酸、多元醇缩聚而成。在缩聚反应结束后,趁热加入一定量的乙烯基单体,配成黏稠的液体树脂。

FRP 塑石假山材料具有刚度好、质轻、耐用、价廉、造型逼真等特点。FRP 塑石假山工艺的优点在于成型速度快,既可以直接在施工现场制作,又可以预制分割,方便运输,特别适用于大型的、异地安装的塑石假山工程。存在的主要问题是树脂液与玻璃纤维的配比不易控制,对操作者的要求高,劳动条件差,树脂溶剂乃易燃品,制作过程中有毒和气味。此外,玻璃钢在室外强日照下,受紫外线的影响,易导致表面酥化,故其寿命为 20～30 年。但作为一个新生事物,它总会在不断的完善之中发展。

### 5. CFRC 塑山

CFRC 是碳纤维增强混凝土(carbon fiber reinforced concrete)的缩写。它是由碳纤维与水泥净砂或砂浆所组成的复合材料。通过把碳纤维放在专门的搅拌机内搅拌,使之均匀分散于水泥砂浆中制成,并应用于塑石假山景观工程。碳纤维具有极高的强度,高阻燃,耐高温,具有非常高的拉伸模量,有良好的电磁屏蔽作用,在航空、航天、电子、机械、化工、医疗器械、体育娱乐用品等工业领域中应用广泛。

GRC、FRP、CFRC 等新材料塑石假山的出现,使塑石假山作品的优点在现代园林中表现更为突出,主要表现在以下几个方面:

(1)可塑性好,造型逼真,质感好。这也是新型材料塑石假山与水泥塑石假山最根本的不同之处。新型材料塑石假山的山石构件是以天然山石为原型进行翻模制作,无论是石头形状还是表面效果都无异于真石头,能够完整地保留山石的皴纹。在翻模时加入适量的添加剂,还可以更好地表现山石的质感和润泽。

(2)便于工厂化加工,现场拼装施工简便。工厂化加工,实现制作和安装过程的分离;现场拼装更方便施工。与都是在现场浇筑的水泥塑石假山相比,施工效率大大提高。

(3)材料自重轻。GRC、FRP、CFRC 塑山与钢筋混凝土和砖石塑山相比,它们的主要特点是重量轻,造型随意,方便使用。

由于新型材料塑石假山较水泥塑石假山优点更多,在现代园林中的应用较为广泛。如北京市朝阳区姚家园“银谷美泉”小区 GRC 塑石假山、北京市小汤山镇龙脉温泉塑石假山、安徽省铜陵沿江高速收费站 GRC 塑石假山等。

# 第 7 章

# 风景园林种植工程

# 7.1
# 概　　述

绿化是园林建设的主要组成部分。没有绿的环境，是不可能称其为园林的。按照建设施工程序，先理山水，改造地形，辟筑道路，铺装场地，营造建筑，构筑工程设施，而后实施绿化。绿化工程就是按照设计要求，植树、栽花、铺草并使其成活，尽早发挥效果。

绿化工程可分为种植、养护管理两部分。种植属短期施工工程，养护管理属长期、周期性工程。本章着重介绍乔灌木种植、大树移植、立体绿化等施工工程。

## 7.1.1　园林种植

种植，就是人为地栽种植物。

生物是自然界能量转化和物质循环的必要环节。植物的活动及其产物，同人类经济文化生活关系极其密切，衣、食、住、行、医药和工业原料以及改造自然如防沙造林、水土保持、城镇绿化、环境保护等，都离不开植物。

人类种植植物的目的，除了依靠植物的栽培成长，取得收获物以外，另一个目的就是植物的存在对于人类的影响。前者为农业、林业的目的，后者为风景园林、环境保护的目的。

园林种植是利用植物形成环境和保护环境，构成人类的生活空间。这个空间，小则为日常居住场所(图 7-1)，大则为风景区、自然保护区乃至全部国土范围(图 7-2)。

图 7-1　某小区绿化设计

## 7.1.2　园林种植的特点

园林种植是利用有生命的植物材料来构成空间，这些材料本身就具有“生物的生命现象”的特点，包括

图 7-2　某风景区绿化设计

生长及其他功能。目前，生命现象还没有充分研究解释清楚，还不能充分地进行人工控制，因此，园林种植有其困难的一面。

植物材料在均一性、不变性、加工性等方面不如人工材料。相反地，由于它有萌芽、开花、结果、叶色变化、落叶等季节性变化，生长而引起的年复一年的变化以及形态、色彩、种类的多样性等特征，又是人工材料所不及的。充分了解植物材料生长发育变化规律，以达到人为控制，是可能的。例如，树木的生长度(生长的程度)，依树种不同而不同。即使是同一树种，也要看树龄、当地条件、人为的情况如何，不能一概而论。但是，了解树木固有的生长度在栽植时是十分必要的。春芽的生长在五六月份结束，某些树木(如橡树类)，夏芽在五六月份以后才生长。树木的地上部分和地下部分(根部)的生长期，多少有些不同。以上规律对种植期的确定以及在种植中应采取的技术措施均提供了理论依据。

## 7.1.3　影响移植成活的因素

移植的时候，总会使根部受到不同程度的损伤，其结果造成植株地上部分和地下部分生理作用失去平衡，往往使移植不成功。

移植时植物枯死的最大原因，是根部不能充分吸收水分，茎、叶蒸腾甚大，水的吸收和蒸腾失去平衡。植物体蒸腾的部位是叶的气孔、叶的表皮和枝茎的皮孔。其中，叶的气孔的蒸腾量为全部的十分之八九，叶表皮的蒸腾量为全部的十分之一以下，枝茎皮孔的蒸腾量不过数十分之一。但是，当植物体处于缺水状态时，气孔封闭了，叶的表皮和枝茎皮孔的蒸腾就成了问题的焦点。

根部吸收水分的功能主要靠须根顶端的根毛实现，须根发达，根毛多，吸收能力强。移植前可经过多次断根处理，促使其原土内的须根发达，移植时由于带有充足的根土，就能保证成活。此外，当根部处于容易干燥的状态时，植物体内的水分由茎叶移向根部。若不能改变根部干燥的状态，便使茎叶日趋干燥。当茎叶水分损失超越水分生理补偿点后，枝茎干枯，树叶脱落，芽亦干缩。至此，植株死亡，植株成活可能性极小。再者，在移植的时候根被切断，根毛受损伤，树整体的吸收能力下降，这时，老根、粗根均会通过切口吸收水分，有利于水分吸收和蒸腾的平衡。

根的再生能力是靠消耗树干和树冠下部枝叶中储存的物质产生的。所以，最好在储存物质多的时期进行移植。

移植的成活率，依据根部有无再生能力、树体内储存物质的多寡、曾断根否、移植时及移植后的技术措施是否适当等而有所不同。

## 7.1.4 移植时间

移植期是指栽植树木的时间，可以说，终年均可进行移植，特别是在科技发达的今天，更有充分把握做到这点。树木是有生命的机体，在一般情况下，夏季树木生命活动最旺盛，冬天其生命活动最微弱或近乎休眠状态，因此树木的种植是有很明显的季节性的。选择树木生命活动最微弱的时候进行移植，才能保证树木的成活。

在寒冷地区以春季种植比较适宜。特别是在早春解冻以后到树木发芽以前，这个时期土壤内水分充足，新栽的树木容易生根。到了气候干燥和刮风的季节，或是气温突然上升的时候，由于新栽的树木已经长根成活，已具有抗旱、抗风的能力，可以正常成长。

在气候比较温暖的地区以秋、初冬种植比较相宜。这个时期的树木落叶后，对水分的需求量减少，而外界的气温还未显著下降，地温也比较高，树木的地下部分并没有完全休眠，被切断的根系能够尽早愈合，继续生长新根。到了春季，这批新根既能继续生长，又能吸收水分，可以使树木更好地生长。

华北地区大部分落叶树和常绿树在 3 月上中旬至 4 月中下旬种植。常绿树、竹类和草皮等，在 7 月中旬左右进行雨季栽植。秋季落叶后可选择耐寒、耐旱的树种，用大规格苗木进行栽植。这样可以减轻春季植树的工作量。一般常绿树、果树不宜秋天栽植。

华东地区落叶树的种植，一般在 2 月中旬至 3 月下旬，在 11 月上旬至 12 月中下旬也可以。早春开花的树木，应在 11 月至 12 月种植。常绿阔叶树以 3 月下旬最宜，梅季(6—7 月)、秋冬季(9—10 月)进行种植也可以。香樟、柑橘等以春季种植为好。针叶树春、秋都可以栽种，但以秋季为好。竹子一般在 9—10 月种植为好。

东北和西北北部严寒地区，在秋季树木落叶后，土地封冻前种植，成活率更高。冬季带冻土移植大树，其成活率也很高。

由于某些工程的特殊需要，也常常在非植树季节栽植树木，这就需要采取特殊处理措施。随着科学技术的发展，大容器育苗和移植机械的推出，终年栽植已成事实(图 7-3)。

图 7-3　大容器育苗移植

## 7.1.5 栽植对环境的要求

### 1. 对温度的要求

植物的自然分布和气温有密切的关系，不同的地区，就应选用能适应该区域条件的树种。实践证明：当日平均温度等于或略低于树木生物学最低温度时，栽植成活率高。

### 2. 对光的要求

植物的同化作用是光反应，所以除二氧化碳和水以外，还需要波长为 490～760 nm 的绿色和红色光(具体见表 7-1)。

**表 7-1 光的波长对植物的影响**

| 光　　线 | 波长/nm | 对植物的作用 |
| --- | --- | --- |
| 紫外线 | 400 以下 | 对许多合成过程有重要作用，过度则有害 |
| 紫、蓝色光 | 400～490 | 有折光性，光在形态形成上起作用 |
| 绿、红色光 | 490～760 | 光合作用 |
| 红外线 | 760 以上 | 一般起温度的作用 |

一般光合作用的速度，随着光的强度的增加而加快。弱光时，光合作用吸收的二氧化碳和其呼吸作用放出的二氧化碳是同一数值时，这个数值称作光饱和点。

植物的种类不同，光饱和点也不同。光饱和点低的植物耐阴，在光线较弱的地方也可以生长。反之，光饱和点高的植物喜阳，在光线强的情况下，光合作用强，反之，光合作用减弱，甚至不能生长。

### 3. 对土壤的要求

土壤是树木生长的基础，它是通过其中的水分、肥分、空气、温度等来影响植物生长的。适宜植物生长的最佳土壤是：矿物质 45%，有机质 5%，空气 20%，水 30%（以上为体积比）。矿物质是由大小不同的土壤颗粒组成的。种植树木和草类的土质类型最佳重量百分比如表 7-2 所示。

**表 7-2 种植树木和草的土质类型最佳重量百分比**

| 种别 | 黏土 | 砂黏土 | 砂 |
| --- | --- | --- | --- |
| 树木 | 15% | 15% | 70% |
| 草类 | 10% | 10% | 80% |

土壤中的土粒并非一一单独存在着，而是集合在一起，成为块状，最好是构成团粒结构。适宜植物生长的团粒大小为 1～5 mm，小于 0. 01 mm 的孔隙，根毛不能侵入。

土壤水分和土壤的物理组成有密切的关系，对植物生长有很大影响，它是植物从根毛吸收土壤盐分的溶剂，是叶内发生光合作用时水分的源泉，同时还能从地表蒸发水分，调节地温。

根据土粒和水分的结合力，土壤中的水分可分为吸附水、毛细水、重力水 3 种，其中，毛细水可供植物利用。当土壤不能提供根系所需的水分时，植物就会枯萎，达到永久枯萎点，植物便死亡。因此，在初期枯萎以前，必须开始浇水。在永久枯萎点，不同土质的含水量如表 7-3 所示。掌握土壤含水量，即可及时补水。

表 7-3 永久枯萎点不同土质的含水量/(%)

| 土　质 | 含　水　量 | 土　质 | 含　水　量 |
|---|---|---|---|
| 砂土 | 0.88～1.11 | 黏土 | 9.9～12.4 |
| 壤土 | 2.7～3.6 | 重黏土 | 13.0～16.6 |
| 砂黏土 | 5.6～6.9 | | |

地下水位的高低，对深层土壤的湿度影响很大，种植草类必须在－60 cm 以下，最理想在－100 cm，树木则再深些更好。在水分多的湿地里，则要设置排水设施，使地下水下降到所要求值。

植物在生长过程中所必需的元素有 16 种之多，其中碳、氧、氢来自二氧化碳和水，其余的都是从土壤中吸收的。一般来说，养分的需要程度和光线的需要程度是相反的。当阳光充足时，光合作用可以充分进行，养分较少也无妨碍；养分充足，阳光接近最小限度时，也可维持光合作用。

土壤养分充足对于种植的成活率、种植后植物的生长发育有很大影响。

树木有深根性和浅根性两种。种植深根性的树木应有深厚的土壤，在移植大乔木时比小乔木、灌木需要更多的根土，所以栽植地要有较大的有效深度。具体可见表 7-4。

表 7-4 植物生长所必需的最低限度土层厚度　　(单位：cm)

| 种　别 | 植物生存的最小厚度 | 植物培育的最小厚度 |
|---|---|---|
| 草类、地被植物 | 15 | 30 |
| 小灌木 | 30 | 45 |
| 大灌木 | 45 | 60 |
| 浅根性乔木 | 60 | 90 |
| 深根性乔木 | 90 | 150 |

一般的表土，有机质的分解物随同雨水一起慢慢渗入到下层矿物质土壤中去，土色带黑色，肥沃、松软、孔隙多，这样的表土适宜树木的生长发育。在改造地形时，往往是剥去表土，这样不能确保栽植树木有良好的生长条件。因而，应保存原有表土，在栽植时予以有效利用。此外，有很多种土壤不适宜植物的生长，如重黏土、砂砾土、强酸性土、盐碱土、工矿生产污染土、城市建筑垃圾等。因而，改善土壤性状，提高土壤肥力，为植物生长创造良好的土壤环境是一项重要工作。常用的改良方法有：工程措施，如排灌、洗盐、清淤、清筛、筑池等，以及栽培技术措施，如深耕、施肥、压砂、客土、修台等。此外还可通过生长措施改良土壤，如种抗性强的植物、绿肥植物等。

## 7.1.6 树木重量

树木由地上部分和地下部分组成，故

树木重量＝地上部分重量＋地下部分重量
＝地上部分重量＋土球重量
地上部分重量＝树干重量＋树叶重量

假定树干的断面为圆形(地上 1.2 m 处)，不同树干形状用形状系数修正，树叶重量以树干重量乘以增重率来表示，则

$$W = K\pi(d/2)^2 H\omega_1(1+P)$$

式中：$W$—— 树木地上部分的重量，kg；

$d$—— 树木的胸径，m；

$H$—— 树木的高度，m；

$K$—— 树干形状系数(因树种树龄而不同,估算时为 0.5);

$\omega_1$—— 树干单位体积的重量,见表 7-5,$kg/m^3$;

$P$—— 依树叶多少的增重率(林木约为 0.2,孤立木约为 0.1)。

根部每单位面积的重量与地上部分树木重量 $W$ 和根部断面积有关。设根部直径为 $D$,则

$$f = 4W/(\pi D^2)$$

式中:$f$—— 树木根部每单位面积的重量,根部直径 $D$ 与胸径 $d$ 成正比。

$$D = \alpha \cdot d$$

$d > 0.2$ m 时,$\alpha \approx 1.5$;

$d \leqslant 0.2$ m 时,$\alpha = 2 \sim 2.5$。

$$f = \frac{1}{\alpha^2} \cdot KH\omega_1(1 + P)$$

**表 7-5 树干单位体积的重量($\omega_1$)**

| 树种 | 树干单位体积重量/($kg/m^3$) |
|---|---|
| 橡树类、栎、杨梅、厚皮香、枸骨、黄杨、梅 | 1340 以上 |
| 榉、辛夷、杨桐、野茶、溲疏、榆 | 1300～1340 |
| 槭、山樱、交让木、黑松、银杏、桧柏 | 1250～1300 |
| 悬铃木、柯、七叶树、梧桐、红松、扁柏 | 1210～1250 |
| 樟、厚朴、枞、杉、云杉、金松、高叶杉 | 1170～1210 |
| 胡桃、花柏 | 1170 以下 |

# 7.2 乔灌木栽植工程

## 7.2.1 种植前的准备

乔灌木种植工程是绿化工程中十分重要的部分,其施工质量的好坏,直接影响到景观及绿化效果,因而在施工前需做以下准备。

### 1. 明确设计意图及施工任务量

在接受施工任务后应通过工程主管部门及设计单位明确以下问题:

(1)工程范围及任务量 其中包括栽植乔灌木的规格和质量要求以及相应的建设工程,如土方、上下水、园路、灯、椅及园林小品等。

(2)工程的施工期限 包括工程总的进度和完工日期以及每种苗木要求栽植完成日期。

(3)工程投资及设计概(预)算 包括主管部门批准的投资数和设计预算的定额依据。

(4)设计意图 即绿化的目的、施工完成后所要达到的景观效果。

(5)了解施工地段的地上、地下情况 有关部门对地上物的保留和处理要求等;地下管线特别是要了解地下各种电缆及管线情况,和有关部门配合,以免施工时造成事故。

(6)定点放线的依据 一般以施工现场及附近水准点作为定点放线的依据,如条件不具备,可与设计部

门协商，确定一些永久性建筑物作为依据。

(7)工程材料来源　其中以苗木的出圃地点、时间、质量为主要内容。

(8)运输情况　行车道路、交通状况及车辆的安排。

### 2. 编制施工组织计划

在前项要求明确的基础上，还应对施工现场进行调查，主要项目有：施工现场的土质情况，以确定所需的客土量；施工现场的交通状况，各种施工车辆和吊装机械能否顺利出入；施工现场的供水、供电情况；是否需办理各种拆迁；施工现场附近的生活设施等。根据所了解的情况和资料编制施工组织计划，其主要内容有：

(1)施工组织领导；

(2)施工程序及进度；

(3)制订劳动定额；

(4)制订工程所需的材料、工具及提供材料工具的进度表；

(5)制订机械及运输车辆使用计划及进度表；

(6)制订栽植工程的技术措施和安全、质量要求；

(7)绘出平面图，在图上应标有苗木假植位置、运输路线和灌溉设备等的位置；

(8)制订施工预算。

### 3. 施工现场准备

若施工现场有垃圾、渣土、废墟、建筑垃圾等要进行清除，一些有碍施工的市政设施、房屋树木要进行拆迁和迁移，可按照设计图纸进行地形整理，主要使其与四周道路、广场的标高合理衔接，使绿地排水通畅。如果用机械平整土地，则事先应了解是否有地下管线，以免机械施工时造成管线的损坏。

## 7.2.2　定点放线

定点放线就是在现场测出苗木栽植位置和株行距。由于树木栽植方式各不相同，定点放线的方法也有很多种，常用的有以下 3 种。

### 1. 自然式配置乔、灌木放线法

#### 1）坐标定点法

根据植物配置的疏密度先按一定的比例在设计图及现场分别打好方格，在图上用尺量出树木在某方格的纵横坐标尺寸，再按此位置用皮尺量在现场相应的方格内(图 7-4)。

#### 2）仪器测放法

用经纬仪或小平板仪依据地上原有基点或建筑物、道路将树群或孤植树依照设计图上的位置依次定出每株的位置。

#### 3）目测法

对于设计图上无固定点的绿化种植，如灌木丛、树群等可用上述两种方法定出树群树丛的栽植范围，其中每株树木的位置和排列可根据设计要求在所定范围内用目测法进行定点，定点时应注意植株的生态要求并注意自然美观。

定好点后，多采用白灰打点或打桩，标明树种、栽植数量(灌木丛、树群)、坑径。

### 2. 整形式(行列式)放线法

对于成片整齐式种植或行道树,也可用仪器和皮尺定点放线,定点的方法是将绿地的边界、园路、广场和小建筑物等的平面位置作为依据,量出每株树木的位置,钉上木桩,上面写明树种名称。

一般行道树的定点是以路牙或道路的中心为依据,可用皮尺、测绳等,按设计的株距,每隔 10 株钉一木桩作为定位和栽植的依据,定点时如遇电杆、管道、涵洞、变压器等障碍物应躲开,不应拘泥于设计的尺寸,而应遵照与障碍物有关的距离规定。

### 3. 等距弧线的放线

若树木栽植呈弧线,如街道转弯处的行道树,放线时可从弧的开始到末尾以路牙或中心线为准,每隔一定距离分别画出与路牙垂直的直线,在此直线上,按设计要求的树与路牙的距离定点,把这些点连接起来就成为近似道路弧度的弧线,于此线上再按株距要求定出各点。

图 7-4 现场方格网放线图

## 7.2.3 掘苗

### 1. 选苗

在掘苗之前,首先要进行选苗,除了根据设计提出对规格和树形的特殊要求外,还要注意选择生长健壮、无病虫害、无机械损伤、树形端正和根系发达的苗木。做行道树种植的苗木分枝点应不低于 2.5 m,选苗时还应考虑起苗与包装运输的方便,苗木选定后,要挂牌或在根基部位做出明显标记,以免挖错。

### 2. 掘苗前的准备工作

起苗时间选在秋天落叶后或土冻前、解冻后均可,因此时正值苗木休眠期,生理活动微弱,起苗对它们影响不大,起苗时间和栽植时间最好能紧密配合,做到随起随栽。

为了便于挖掘,起苗前 1～3 天可适当浇水使泥土松软,对起裸根苗来说也便于多带宿土,少伤根系。

### 3. 起苗方法

起苗时,要保证苗木根系完整。裸根乔、灌木根系的大小,应根据掘苗现场的株行距及树木高度、干径而定。一般情况下,乔木根系可按其胸径的 8～10 倍确定,灌木根系可按其高度的 1/3 左右确定,而常绿树带土球移植时,其土球的大小可按树木胸径的 10 倍左右确定。

起苗的方法通常有两种:裸根起苗及土球起苗。裸根起苗的根系范围可比土球起苗稍大一些,并应尽量多保留较大根系,留些宿土。如掘出后不能及时运走,应埋土假植,并要求埋根的土壤湿润。

掘土球苗木时,土球规模视各地气候及土壤条件不同而各异。对于特别难成活的树种一定要考虑加大土球。土球的高度一般可比截面直径或宽度少 5～10 cm。土球的形状可根据施工方便而挖成方形、圆形、长方形、半球形等。但是应注意保证土球完好。土球要削光滑,包装要严,草绳要打紧不能松脱,土球底部要封严不能漏土。

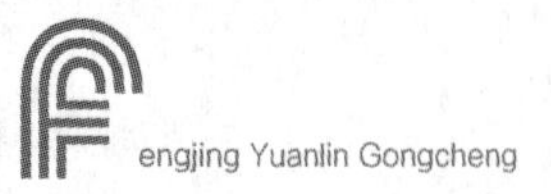

## 7.2.4 包装运输和假植

落叶乔、灌木在掘苗后装车前应进行粗略修剪，以便于装车运输和减少树木水分的蒸腾(图 7-5)。

图 7-5 落叶乔木修剪

苗木的装车、运输、卸车、假植等各项工序，都要保证树木的树冠、根系、土球的完好，不应折断树枝、擦伤树皮和损伤根系。

落叶乔木装车时，应排列整齐，使根部向前，树梢向后，注意树梢不要拖地(图 7-6)。

图 7-6 落叶乔木移植装车图

装运灌木可直立装车(图 7-7)。

远距离的裸根苗运送时，常把树木的根部浸入事先调制好的泥浆中然后取出，用蒲包、稻草、草席等物包装，并在根部衬以青苔或水草，再用苫布或湿草袋盖好根部，以有效地保护根系而不致使树木干燥受损，影响成活。

装运高度在 2 m 以下的土球苗木，可以立放；2 m 以上的应斜放，土球向前，树干向后，土球应放稳，垫牢挤严。

苗木运到现场，如不能及时栽植，裸根苗木可以平放在地面，覆土或盖湿草即可，也可在距栽植地较近的阴凉背风处，事先挖好宽 1.5～2 m、深 0.4 m 的假植沟，将苗木码放整齐，逐层覆土，将根部埋严。如假植

图 7-7　落叶灌木装车图

时间过长，则应适量浇水，保持土壤湿润。带土球苗木临时假植时应尽量集中，将树直立，将土球垫稳、码严，周围用土培好。如时间较长，同样应适量喷水，以增加空气湿度，保持土球湿润。此外，在假植期还应注意防治病虫害。

## 7.2.5　挖种植穴

在栽苗木之前应以所定的灰点为中心沿四周向下挖坑，坑之大小依土球规格及根系情况而定。带土球的应比土球大 16～20 cm，栽裸根苗的坑应保证根系充分舒展，坑的深度一般比土球高度稍深些(10～20 cm)，坑的形状一般为圆形，但必须保证上下口大小一致。

种植穴挖好后，可在坑内填些表土，如果坑内土质差或瓦砾多，则要求清除瓦砾垃圾，最好是换新土。

## 7.2.6　栽植

### 1. 栽植前的修剪

在栽植前，苗木必须经过修剪，其主要目的是减少水分的散发，保证树势平衡以提高树木成活率。

修剪时其修剪量依不同树种而有所不同，一般对常绿针叶树及用于植篱的灌木不多剪，只剪去枯病枝、受伤枝即可。对于较大的落叶乔木，尤其是生长势较强、容易抽出新枝的树木如杨、柳、槐等可进行强修剪，树冠可剪去 1/2 以上，这样可减轻根系负担，维持树木体内水分平衡，也使得树木栽后稳定，不致招风摇动。对于花灌木及生长较缓慢的树木可进行疏枝，短截去全部叶或部分叶，去除枯病枝、过密枝，对于过长的枝条可剪去 1/3～1/2。

修剪时要注意分枝点的高度。灌木的修剪要保持其自然树形，短截时应保持外低内高。树木栽植之前，还应对根系进行适当修剪，主要是将断根、劈裂根、病虫根和过长的根剪去。修剪时剪口应平而光滑，并及时涂抹防腐剂，以防过分蒸发、干旱、冻伤及病虫危害。

### 2. 栽植方法

苗木修剪后，即可栽植，栽植的位置应符合设计要求。

栽植裸根乔、灌木的方法是一人用手将树干扶直，放入坑中，另一人将坑边的好土填入。在泥土填入一半时，用手将苗木向上提起，使根茎交接处与地面相平，这样树根不易卷曲，然后将土踏实，继续填入好土，直到与地平或略高于地面为止，并随即将浇水的土堰做好。

栽植带土球树木时，应注意使坑深与土球高度相符，以免来回搬动土球。填土前要将包扎物去除，以利于根系生长，填土时应充分压实，但不要损坏土球。

### 3. 栽植后的养护管理

栽植较大的乔木时，在栽植后应设支柱支撑，以防浇水后大风吹倒苗木(图 7-8)。

图 7-8 立支柱的方法

栽植树木后 24 h 内必须浇上第一遍水，水要浇透，使泥土充分吸收水分，树根紧密结合，以利于根系发育。

树木栽植后，每株每次浇水量可参考表 7-6。

表 7-6 树木栽植后浇水量

| 乔木及常绿树胸径/cm | 灌木高度/m | 绿篱高度/m | 土堰直径/cm | 浇水量/kg |
|---|---|---|---|---|
| | 1.2～1.5 | 1～1.2 | 60 | 50 |
| | 1.5～1.8 | 1.2～1.5 | 70 | 75 |
| 3～5 | 1.8～2 | 1.5～2 | 80 | 100 |
| 5～7 | 2～2.5 | | 90 | 200 |
| 7～10 | | | 110 | 250 |

树木栽植后应时常注意树干四周的泥土是否下沉或开裂，如有这种情况，应及时加土填平踩实。此外，还应进行及时的中耕，扶直歪斜树木，并进行封堰，封堰时要使泥土略高于地面，要注意防寒，其措施应按树木的耐寒性及当地气候而定。

## 7.3 大树全冠移植

### 7.3.1 大树移植在城市园林建设中的意义

随着社会经济的发展以及城市建设水平的不断提高，单纯地用小苗栽植来绿化城市的方法已不能满足目前城市建设的需要，特别是重点工程，往往需要在较短的时间内就体现出其绿化美化的效果，因而需要移植相当数量的大树。新建的公园、小游园、饭店、宾馆以及一些重点大工厂等，无不考虑采用移植大树的方法，以尽快使绿化得以见效。

移植大树能充分地挖掘苗源，特别是利用郊区的天然林的树木以及一些闲散地上的大树。此外，为保留建设用地范围内的树木，也需要实施大树移植。

由此看来，大树移植也是城市绿化建设中行之有效的措施之一，随着机械化程度的提高，大树移植将能更好地发挥作用。

## 7.3.2　大树的选择

我们这里所讲的大树是指干径在 10 cm 以上、高度在 4 m 以上的大乔木，但对具体的树种来说，也可有不同的规格。选择需移植的大树时，一般要注意以下几点：

(1)选择大树时，应考虑到树木原生长条件和移植地立地条件相适应，例如土壤性质、温度、光照等条件。树种不同，其生物学特性也有所不同，移植后的环境条件就应尽量和该树种的生物学特性及环境条件相符。如在近水的地方，柳树、乌桕等都能生长良好，而若移植合欢，则可能会很快死去；又如背阴地方移植云杉生长良好，而若移植油松，则树的长势非常衰弱。

(2)应该选择合乎绿化要求的树种，树种不同，形态各异，因而它们在绿化上的用途也不同。如行道树，应考虑干直、冠大、分枝点高，有良好的庇荫效果的树种，而庭园观赏树中的孤立树就应讲究树姿造型；从地面开始分枝的常绿树种适合做观花灌木的背景。因而应根据要求来选择。

(3)应选择壮龄的树木，因为移植大树需要很多人力、物力。若树龄太大，移植后不久就会衰老，很不经济；而树龄太小，绿化效果又较差。所以，既要考虑能马上起到良好的绿化效果，又要考虑移植后有较长时期的保留价值，故一般慢生树选 20～30 年生，速生树则选 10～20 年生，中生树可选 15 年生，果树、花灌木为 5～7 年生，一般乔木树高在 4 m 以上、胸径 15～25 cm 的则最合适。

(4)应选择生长正常的树木以及没有感染病虫害和未受机械损伤的树木。

(5)选树时还必须考虑移植地点的自然条件和施工条件，移植地的地形应平坦或坡度不大，过陡的山坡，根系分布不正，不仅操作困难且容易伤根，不易起出完整的土球，因而应选择便于挖掘处的树木，最好使起运工具能到达树旁。

(6)如在森林内选择树木，必须选疏密度不大的林分中的最近 5～10 年生长在阳光下的树，过密的林分中的树木移植到城市后不易成活，且树形不美观，装饰效果欠佳。

## 7.3.3　大树移植的时间

严格来说，如果掘起的大树带有较大的土块，在移植过程中严格执行操作规程，移植后又注意养护，那么，在任何时间都可以移植大树，但在实际中，最佳移植大树的时间是早春。因为这时树液开始流动，并且树木开始发芽、生长，挖掘时损伤的根系容易愈合和再生，移植后，经过从早春到晚秋的正常生长以后，树木移植时受伤的部分已复原，给树木顺利越冬创造了有利条件。

在春季树木开始发芽而树叶还没有全部长成以前，树木的蒸腾还未达到最旺盛时期，这时候，进行带土球的移植，缩短土球暴露的时间，栽植后进行精心的养护管理也能确保大树的存活。

盛夏季节，由于树木的蒸腾量大，此时移植对大树的成活不利，在必要时可加大土球，加强修剪、遮阴，尽量减少树木的蒸腾量，也可以成活。由于所需技术复杂，费用较高，故尽可能避免在盛夏季节移植大树。但在北方的雨季和南方的梅雨期，由于空气中的湿度较大，因而有利于移植，可带土球移植一些针叶树种。

深秋及冬季，从树木开始落叶到气温不低于－15 ℃这一段时间，也可移植大树，此期间，树木虽处于休眠状态，但是地下部分尚未完全停止活动，故移植时被切断的根系能在这段时间进行愈合，给来年春季发芽生长创造良好的条件。但是在严寒的北方，必须对移植的树木进行土面保护，才能达到这一目的。

南方地区尤其在一些气温不太低、湿度较大的地区，一年四季均可移植，落叶树还可裸根移植。

我国幅员辽阔，南北气候相差很大，具体的移植时间应视当地的气候条件以及需移植的树种不同而有所选择。

## 7.3.4 大树移植前的准备工作

### 1. 大树预掘的方法

为了保证树木移植后能很好地成活，可在移植前采取一些措施，促进树木的须根生长，这样也可以为施工提供方便条件，常用下列方法：

1）多次移植

此法适用于专门培养大树的苗圃中，速生树种的苗木可以在头几年每隔 1～2 年移植一次，待胸径达 6 cm 以上时，可每隔 3～4 年再移植一次。而慢生树待其胸径达 3 cm 以上时，每隔 3～4 年移植一次，长到 6 cm 以上时，则隔 5～8 年移植一次。这样树苗经过多次移植，大部分的须根都聚生在一定的范围，因而再移植时，可缩小土球的尺寸和减少对根部的损伤。

2）预先断根法（回根法）

此法适用于一些野生大树或一些具有较高观赏价值的树木的移植，一般是在移植前 1～3 年的春季或秋季，以树干为中心，以 2.5～3 倍胸径为半径或以稍小于移植时土球尺寸为半径画一个圆或方形，再在相对的两面向外挖 30～40 cm 宽的沟（其深度则视根系分布而定，一般为 50～80 cm），对较粗的根应用锋利的锯或剪，齐平内壁切断，然后用沃土（最好是砂壤土或壤土）填平，分层踩实，定期浇水，这样便会在沟中长出许多须根。到第二年的春季或秋季再以同样的方法挖掘另外相对的两面。到第三年时，在四周沟中均长满了须根，这时便可移走（图 7-9）。

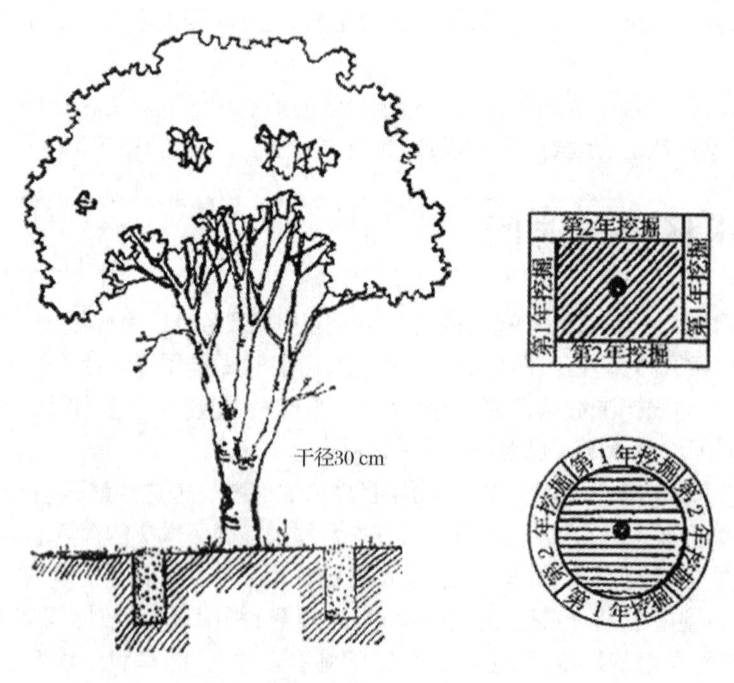


图 7-9　预先断根法

挖掘时应从沟的外缘开挖，断根的时间可按各地气候条件有所不同。

3)根部环状剥皮法

同上法挖沟，但不切断大根，而采取环状剥皮的方法，剥皮的宽度为 10～15 cm，这样也能促进须根的生长，这种方法由于大根未断，树身稳固，可不加支柱。

### 2. 大树的修剪

修剪是大树移植过程中，对地上部分进行处理的主要措施，至于修剪的方法各地不一，大致有以下几种。

1)修剪枝叶

这是修剪的主要方式，凡病枯枝、过密交叉枝、徒长枝、干扰枝均应剪去。此外，修剪量也与移植季节、根系情况有关。当气温高、湿度低、根系少时应重剪；而湿度大、根系也大时可适当轻剪。此外，还应考虑到功能要求，如果要求移植后马上起到绿化效果应轻剪，而没有把握成活的则可重剪。在修剪时，还应考虑到树木的绿化效果。如毛白杨做行道树时，就不应砍去主干，否则树梢分叉太多，改变了树木固有的形态，甚至影响其功能。

2)摘叶

这是细致费工的工作，适用于少量名贵树种，移前为减少蒸腾可摘去部分树叶，移后即可再萌出新叶。

3)摘心

此法是为了促进侧枝生长，一般顶芽生长的如杨、白蜡、银杏、柠檬桉等均可用此法以促进其侧枝生长，但是如木棉、针叶树种都不宜摘心处理，故应根据树木的生长习性和要求来决定。

4)剥芽

此法是为了抑制侧枝生长，促进主枝生长，控制树冠不致过大，以防风倒。

5)摘花摘果

为减少养分的消耗，移植前后应适当地摘去一部分花、果。

6)刻伤和环状剥皮

刻伤的伤口可以是纵向的，也可以是横向的。环状剥皮是在芽下 2～3 cm 处或在新梢基部剥去 1～2 cm 宽的树皮到木质部。其目的在于控制水分、养分的上升，抑制部分枝条的生理活动。

### 3. 编号定向

当移栽成批的大树时，为使施工有计划地顺利进行，可把栽植坑及要移栽的大树均编上一一对应的号码，使其移植时可对号入座，以减少现场混乱及事故。

定向是在树干上标出南北方向，使其在移植时仍能保证它按原方位栽下，以满足它对庇荫及阳光的要求。

### 4. 清理现场及安排运输路线

在起树前，应把树干周围 2～3 m 以内的碎石、瓦砾堆、灌木丛及其他障碍物清除干净，并将地面大致整平，为顺利移植大树创造条件。然后按树木移植的先后次序，合理安排运输路线，以使每棵树都能顺利运出。

### 5. 支柱、捆扎

为了防止在挖掘时由于树身不稳、倒伏引起工伤事故及损坏树木，在挖掘前应对需移植的大树设支柱，一般是用 3 根直径 15 cm 以上的大戗木，分立在树冠分支点的下方，然后再用粗绳将 3 根戗木和树干一起捆紧，戗木底脚应牢固支持在地面上，与地面成 60°左右，支柱时应使 3 根戗木受力均匀，特别是避风向的一面。

戗木的长度不定，底脚应立在挖掘范围以外，以免妨碍挖掘工作。

### 6. 工具材料的准备

包装方法不同，所需材料也不同，表 7-7 和表 7-8 中列出了木板方箱移植所需材料和工具，表 7-9 中列出了草绳和蒲包混合包装所需材料。

表 7-7　木板方箱移植所需材料

<table>
<tr><th colspan="2">材　　料</th><th>规格要求</th><th>用　　途</th></tr>
<tr><td rowspan="2">木板</td><td>大号</td><td>上板长 2 m、宽 0.2 m、厚 0.03 m；<br>底板长 1.75 m、宽 0.3 m、厚 0.05 m；<br>边板上缘长 1.85 m、下缘长 1.75 m，宽 0.7 m，厚 0.05 m</td><td rowspan="2">移植土球规格可视土球大小而定</td></tr>
<tr><td>小号</td><td>上板长 1.65 m、宽 0.2 m、厚 0.05 m；<br>底板长 1.45 m、宽 0.3 m、厚 0.05 m；<br>边板上缘长 1.5 m、下缘长 1.4 m，宽 0.65 m，厚 0.05 m</td></tr>
<tr><td colspan="2">方木</td><td>10 cm 见方</td><td>支撑</td></tr>
<tr><td colspan="2">木墩</td><td>直径 0.2 m、长 0.25 m，要求料直而坚硬</td><td>挖地时土球四角设支柱</td></tr>
<tr><td colspan="2">铁钉</td><td>长 5 cm 左右，每棵树约 400 根</td><td>固定箱板</td></tr>
<tr><td colspan="2">铁皮</td><td>厚 0.1 cm、宽 3 cm、长 50～75 cm，每间隔 5 cm 打眼，<br>每棵树需 36～48 条</td><td>连接物</td></tr>
<tr><td colspan="2">蒲包</td><td>—</td><td>填补漏洞</td></tr>
</table>

表 7-8　木板方箱移植所需工具

<table>
<tr><th colspan="2">工具名称</th><th>规格要求</th><th>用　　途</th></tr>
<tr><td colspan="2">铁锹</td><td>圆口锋利</td><td>开沟刨土</td></tr>
<tr><td colspan="2">小平铲</td><td>短把、口宽、15 cm 左右</td><td>修土球掏底</td></tr>
<tr><td colspan="2">平铲</td><td>平口锋利</td><td>修土球掏底</td></tr>
<tr><td rowspan="2">尖镐</td><td>大尖镐</td><td>一头尖、一头平</td><td>刨硬土</td></tr>
<tr><td>小尖镐</td><td>一头尖、一头平</td><td>掏底</td></tr>
<tr><td colspan="2">钢丝绳机</td><td>钢丝绳要有足够长度，2 根</td><td>收紧箱板</td></tr>
<tr><td colspan="2">紧线器</td><td>—</td><td>—</td></tr>
<tr><td colspan="2">铁棍</td><td>刚性要好</td><td>转动紧线器用</td></tr>
<tr><td colspan="2">铁锤</td><td>—</td><td>钉铁皮</td></tr>
<tr><td colspan="2">扳手</td><td>—</td><td>维修器械</td></tr>
<tr><td colspan="2">小锄头</td><td>短把、锋利</td><td>掏底</td></tr>
<tr><td colspan="2">手锯</td><td>大、小各一把</td><td>断根</td></tr>
<tr><td colspan="2">修枝剪</td><td>—</td><td>剪根</td></tr>
</table>

表 7-9　草绳和蒲包混合包装所需材料

| 土球规格(土球直径×土球高度)/cm×cm | 蒲　　包 | 草　　绳 |
|---|---|---|
| 200×150 | 13 个 | 直径 2 cm、长 1350 m |
| 150×100 | 5.5 个 | 直径 2 cm、长 300 m |
| 100×80 | 4 个 | 直径 1.6 cm、长 175 m |
| 80×60 | 2 个 | 直径 1.3 cm、长 100 m |

## 7.3.5 大树移植的方法

当前常用的大树移植挖掘和包装方法主要有以下几种：

①软材包装移植法：适用于挖掘圆形土球，树木的胸径 10～15 cm 或稍大一些的常绿乔木。

②木箱包装移植法：适用于挖掘方形土台，树木的胸径 15～25 cm 的常绿乔木。

③移树机移植法：在国内外已经生产出专门移植大树的移树机，适宜移植胸径 25 cm 以下的乔木。

④冻土移植法：在我国北方寒冷地区较多采用。

下面对软材包装移植法、木箱包装移植法、移树机移植法做一简单介绍。

### 1. 软材包装移植法

#### 1）土球大小的确定

树木选好后，可根据树木胸径的大小来确定土球的直径和高度，可参考表 7-10。一般来说，土球直径为树木胸径的 7～10 倍。土球过大，容易散球且会增加运输困难；土球过小，又会伤害过多的根系以影响成活。土球的大小还应考虑树种的不同以及当地的土壤条件，最好是在现场试挖一株，观察根系分布情况，再确定土球大小。

**表 7-10 土球规格**

| 树木胸径/cm | 土球规格 | | |
|---|---|---|---|
| | 土球直径/cm | 土球高度/cm | 留底直径 |
| 10～12 | 胸径 8～10 倍 | 60～70 | 土球直径的 1/3 |
| 13～15 | 胸径 7～10 倍 | 70～80 | |

#### 2）土球的挖掘

挖掘前，先用草绳将树冠围拢，其松紧程度以不折断树枝又不影响操作为宜，然后铲除树干周围的浮土，以树干为中心，比规定的土球大 3～5 cm 画一圆，并顺着此圆圈往外挖沟，沟宽 60～80 cm，深度以到土球所要求的高度为止。

#### 3）土球的修整

修整土球要用锋利的铁锹，遇到较粗的树根时，应用锯或剪将根切断，不要用铁锹硬扎，以防土球松散。当土球修整到 1/2 深度时，可逐步向里收底，直到缩小到土球直径的 1/3 为止，然后将土球表面修整平滑，下部修一小平底，土球就算挖好了。

**图 7-10 打好腰箍的土球**

#### 4）土球的包装

土球修好后，应立即用草绳打上腰箍，腰箍的宽度一般为 20 cm 左右（图 7-10），然后用蒲包或蒲包片将土球包严，并用草绳将腰部捆好，以防蒲包脱落，然后即可打花箍：将双股草绳的一头拴在树干上，然后将草绳绕过土球底部，顺序拉紧捆牢，草绳的间隔为 8～10 cm，土质不好的，还可以密些。花箍打好后，在土球外面结成网状，最后再在土球的腰部密捆 10 道左右的草绳，并在腰箍上打成花扣，以免草绳脱落。土球打好后，将树推倒，用蒲包将底堵严，用草绳捆好，土球的包装就完成了（图 7-11）。

图 7-11　包装好的土球

在我国南方，一般土质较黏重，故在包装土球时，往往省去蒲包或蒲包片，而直接用草绳包装，常用的有橘子包(其包装方法大体如前)、井字包和五角包(图 7-12)。

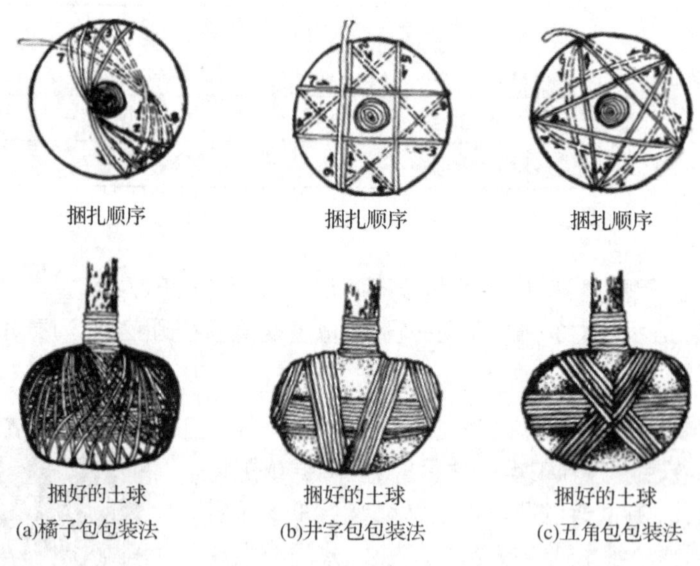


图 7-12　土球打包方式

## 2. 木箱包装移植法

树木胸径超过 15 cm、土球直径超过 1.3 m 的大树，由于土球体积、重量较大，如用软材包装移植，较难保证安全吊运，宜采用木箱包装移植法。这种方法一般用来移植胸径达 15～25 cm 的大树，少量的用于胸径 30 cm 以上的，其土台规格可达 2.2 m×2.2 m×0.8 m，土方量为 3.2 $m^3$。在北京曾成功地移植过个别的大桧柏，其土台规格达到 3 m×3 m×1 m，大树移植后，生长良好。

### 1)移植前的准备

移植前首先要准备好包装用的板材：箱板、底板和上板(图 7-13)，掘苗前应将树干四周地表的浮土铲除，然后根据树木的大小决定挖掘土台的规格，一般可按树木胸径的 7～10 倍作为土台的规格，具体可见表 7-11。

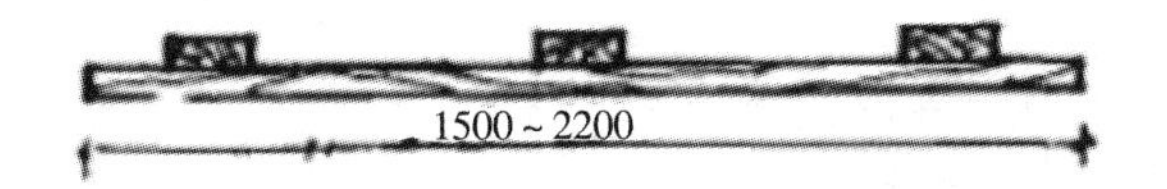

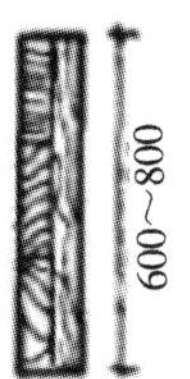


图 7-13　箱板图

表 7-11　土台规格

| 树木胸径/cm | 15～17 | 18～24 | 25～27 | 28～30 |
|---|---|---|---|---|
| 木箱规格/m² (上边长×高) | 1.5×0.6 | 1.80×0.70 | 2.0×0.70 | 2.2×0.80 |

2)包装

移植前,以树干为中心,以比规定的土台尺寸大 10 cm,画一正方形做土台的雏形,从土台往外开沟挖掘,沟宽 60～80 cm,以便于人下沟操作。挖到土台深度后,将四壁修理平整,使土台每边较箱板长 5 cm,修整时,注意使土台侧壁中间略突出,以使上完箱板后,箱板能紧贴土台。土台修好后,应立即安装箱板。

安装箱板时先将箱板沿土台的四壁放好,使每块箱板中心对准树干,箱板上边略低于土台 1～2 cm,作为吊运时的下沉系数。在安放箱板时,两块箱板的端部在土台的角上要相互错开,可露出土台一部分,再用蒲包片将土台角包好,两头压在箱板下。然后在木箱的上下套好两道钢丝绳。每根钢丝绳的两头装好紧线器,两个紧线器要装在两个相反方向的箱板中央带上,以便收紧时受力均匀。

紧线器在收紧时,必须两边同时进行。箱板被收紧后即可在四角上钉上铁皮 8～10 道,钉好铁皮后,用 3 根杉篙将树支稳后,即可进行掏底。

掏底时,首先在沟内沿着箱板下挖 30 cm,将沟土清理干净,用特制的小板镐和小平铲在相对的两边同时掏挖土台的下部。当掏挖的宽度与底板的宽度相符时,在两边装上底板。在上底板前,应预先在底板两端各钉两条铁皮,然后先将底板的一头顶在箱板上,垫好木墩,另一头用油压千斤顶顶起,使底板与土台底部紧贴。钉好铁皮,撤下千斤顶,支好支墩。两边底板钉好后即可继续向内掏底。要注意每次掏挖的宽度应与底板的宽度一致,不可多掏。在上底板前如发现底土有脱落或松动,要用蒲包等物填塞好后再装底板,底板之间的距离一般为 10～15 cm,如土质疏松,可适当加密。

底板全部钉好后,即可钉装上板。钉装上板前,土台应满铺一层蒲包片。上板一般 2～4 块,某方向应与底板垂直交叉,如需多次吊运,上板应钉成井字形。

### 3. 机械移植法

近年来在国内发展一种新型的植树机械,名为树木移植机(tree transplanter),又名树铲(tree spades),主要用来移植带土球的树木,可以连续完成挖栽植坑、起树、运输、栽植等全部移植作业。

树木移植机分自行式和牵引式两类,目前各国大量发展的都为自行式树木移植机,它由车辆底盘和工作装置两大部分组成。车辆底盘一般都是选择现成的汽车、拖拉机或装载机等,稍加改装而成,然后再在上面安装工作装置:包括铲树机构、升降机构、倾斜机构和液压支腿 4 部分(图 7-14)。

铲树机构是树木移植机的主要装置,也是其特征所在,它有切出土球和在运移中作为土球的容器以保护土球的作用。树铲能沿铲轨上下移动。当树铲沿铲轨下到底时,铲片曲面正好能包容出一个曲面圆锥

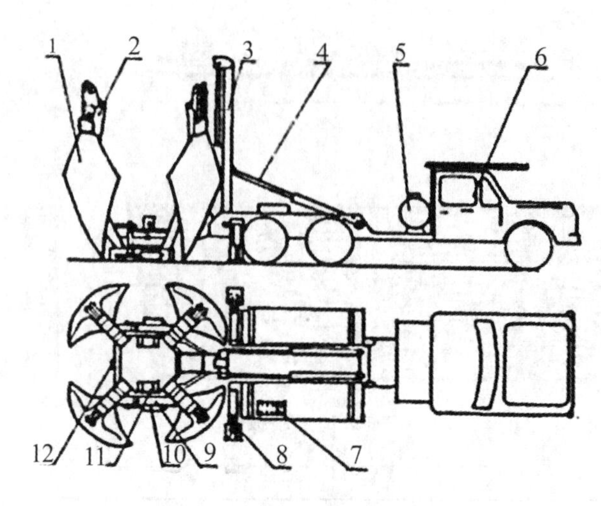


**图 7-14　树木移植机结构简图**

1—树铲；2—铲轨；3—升降机构；4—倾斜机构；5—水箱；6—车辆底盘；
7—液压操纵阀；8—液压支腿；9—框架；10—开闭油缸；11—调平垫；12—锁紧装置

体，这也就是土球的形状。起树时通过升降机构导轨将树铲放下，打开树铲框架，将树围合在框架中心，锁紧和调整框架以调节土球直径的大小和压住土球，使土球不致在运输和栽植过程中松散。切土动作完成后，把树铲机构连同它所包容的土球和树一起往上提升，即完成了起树动作(图 7-15)。

**图 7-15　树木移植机操作示例**

倾斜机构是使框架在把树木提升到一定高度后能倾斜在车架上，以便于运输。液压支腿则在作业时起支承作用，以增加底盘在作业时的稳定性和防止后轮下陷。树木移植机的主要优点是：①生产率高，一般能比人工提高 5～6 倍，而成本可下降 50%以上，树木径级越大效果越显著；②成活率高，几乎可达 100%；③可适当延长移植的作业季节，不仅春季而且夏天雨季和秋季移植时成活率也很高，即使冬季在南方也能移植；④能适应城市的复杂土壤条件，在石块、瓦砾较多的地方也能作业；⑤减轻了工人劳动强度，提高了作业的安全性。

目前我国主要发展 3 种类型移植机，即：①能挖土球直径 160 cm 的大型机，一般用于城市园林部门移植径级 16～20 cm 的大树；②挖土球直径 100 cm 的中型机，主要用于移植径级 10～12 cm 的树木，可用于城市园林部门、果园、苗圃等处；③能挖 60 cm 土球的小型机，主要用于苗圃、果园、林场、橡胶园等，移植径级 6 cm 左右的大苗。

## 7.3.6 大树的吊运

大树的吊运工作也是大树移植中的重要环节之一。吊运的成功与否，直接影响到树木的成活、施工的质量以及树形的美观等，常用方法如下所述。

### 1. 起重机吊运法

目前我国常用的是汽车式吊车，其优点是机动灵活，行动方便，装车简捷。

木箱包装吊运时，用两根 7.5～10 mm 的钢索把木箱两头围起，钢索放在距木板顶端 20～30 cm 的地方（约为木板长度的 1/5），把 4 个绳头结在一起，挂在起重机的吊钩上，并在吊钩和树干之间系一根绳索，使树木不致被拉倒，还要在树干上系 1～2 根绳索，以便在起运时用人力来控制树木的位置，以避免损伤树冠，有利于起重机工作。在树干上束绳索处，必须垫上柔软材料，以免损伤树皮（图 7-16）。

图 7-16 木箱的吊运

吊运软材包装的或带冻土球的树木时，为了防止钢索损坏包装的材料，最好用粗麻绳，因为钢丝绳容易勒坏土球。先将双股绳的一头留出 1 m 多长结扣固定，再将双股绳分开，捆在土球的由上向下 3/5 的位置上，绑紧，然后将大绳的两头扣在吊钩上，在绳与土球接触处用木块垫起，轻轻起吊后，再用脖绳套在树干下部，也扣在吊钩上即可起吊（图 7-17）。这些工作做好后，再开动起重机就可将树木吊起装车。

图 7-17 土球的吊运

**2. 滑车吊运法**

在树旁用杉篙搭一木架(杉篙的粗细根据所起运树木的大小而定),把滑车挂在架顶,利用滑车将树木吊起后,立即在穴面铺上两条50～60 cm宽的木板,其厚度根据汽车(或其他运输工具)和树木的重量及坑的大小来决定(如果坑过大,可在木板中间底下立一支柱,以增加木板的耐压力),汽车或其他运输机械就可装运树木了。

**3. 运输**

树木装进汽车时,使树冠向着汽车尾部,土块靠近司机室,树干包上柔软材料放在木架或竹架上,用软绳扎紧,土块下垫一块木衬垫,然后用木板将土球夹住或用绳子将土球缚紧于车厢两侧。

通常一辆汽车只装一株树,在运输前,应先进行行车道路的调查,以免中途遇故障无法通过。行车路线一般都是城市划定的运输路线,应了解其路面宽度、路面质量、横架空线、桥梁及其负荷情况、人流量等。行车过程中押运员应站在车厢尾,检查运输途中土球绑扎是否松动、树冠是否扫地、左右是否影响其他车辆及行人,同时要手持长竿,不时挑开横架空线,以免发生危险。

## 7.3.7 大树的定植

**1. 定植的准备工作**

在定植前首先要进行场地的清理和平整,然后按设计图纸的要求进行定点放线。在挖移植坑时,要注意坑的大小应根据树种及根系情况、土质情况等而有所区别,一般应在四周加大30～40 cm,深度应比木箱加20 cm。土坑要求上下一致,坑壁直而光滑,坑底要平整,中间堆一20 cm宽的土埂。由于城市广场及道路的土质一般均为建筑垃圾、砖瓦石砾,对树木的生长极为不利,因此必须进行换土和适当施肥,以保证大树的成活和有良好的生长条件,换土是用1∶1的泥土和黄沙混合均匀施入坑内。

用土量=(树坑容积－土球体积)×1.3

(多30%的土是备夯实土之需)

**2. 卸车**

树木运到工地后要及时用起重机卸放,一般都卸放在定植坑旁,若暂时不能栽下,则应放置在不妨碍其他工作进行的地方。

卸车时用大钢丝绳从土球下两块垫木中间穿过,两边长度相等,将绳头挂于吊钩上。为使树干保持平衡可在树干分枝点下方栓一大麻绳,拴绳处可衬垫草,以防擦伤。大麻绳另一端挂在吊钩上,这样就可把树平衡吊起。土球离开车后,速将汽车开走,然后移动吊杆把土球降至事先选好的位置。需放在栽植坑时,应由人掌握好定植方向,应考虑树姿和附近环境的配合,并应尽量地符合原来的朝向。当树木栽植方向确定后,立即在坑内垫一土台或土埂,若树干不和地面垂直,则可按要求把土台修成一定坡度,使栽后树干垂直于地面以下再吊大树。当落地前,迅速拆去中间底板或包装蒲包,放于土台上,并调整位置。在土球下填土压实,并起边板。填土压实时,如坑深在40 cm以上,应在夯实1/2时,浇足水,等水全部渗入土中再继续填土。

由于移植时大树根系会受到不同程度损伤,为促其增生新根,恢复生长,可适当使用生长素。

# 7.4 立体绿化工程

## 7.4.1 城市立体绿化概念

城市立体绿化是指在城市范围内，以立交桥体，道路围栏、护栏，建筑屋顶、阳台、墙体立面，以及城市河道、高速路、铁路护坡等为载体，选择各种不同类型的植物，绿化美化人工改造的环境，以改善城市居民生活环境，维持城市生态环境平衡的城市绿化建设的一种形式(图 7-18)。

图 7-18 城市立交桥绿化

城市立体绿化的产生与发展有着悠久的历史，早在五千多年前我国大汶口出土的陶片上就绘制了早期花盆的图形，这表明我们的祖先在那时就已经使用容器栽培花草了，这便是最早立体绿化的雏形。文字记载最早的立体绿化应该始于公元前 6 世纪的古巴比伦国王尼布甲尼撒为王后修建的“空中花园”：三层台式结构，远看好像悬浮在天空之中，形成“悬苑”(图 7-19)。

文艺复兴时期，意大利建造了最早且至今保存最好的立体绿化景观，也就是最早的“屋顶花园”，当时在建筑物顶部铺设土壤，种植大量绿色植物，代表着财富和权势。二战后，各国人民重建家园，城市立体绿化就悄然兴起，但并没有大规模进行建设，直到 20 世纪五六十年代，各国城市才开始迅猛建设城市立体绿化，并取得了丰硕的成果。

近几十年，城市立体绿化进入繁荣时期。园艺技术的积累使立体绿化向更为全面、科学的方向发展，具体设计时既要考虑结构负荷、土层深度、植物用水等技术问题，又要考虑植物搭配色彩的景观效果问题。各国专家还研发了攀缘植物速生、墙面贴植、高架桥立柱绿化等新技术，为城市立体绿化发展提供可靠的技术保障。并且许多国家都将立体绿化纳入法制轨道，颁布了相关城市绿化法律法规。

图 7-19　古巴比伦空中花园

## 7.4.2　城市立体绿化设计理念

### 1. 可持续发展理念

可持续发展理念是 21 世纪一种新型发展观，也是当代一项重大发展战略。它主张人与自然和谐相处、共同发展，要求资源开发利用与分配上必须公平，在满足当代人需要的同时，不危及后代人的需要。城市建设要与环境保护相协调，摒弃传统先污染、后治理的建设模式，要以人为本，利用先进科学技术，实现自然资源的永续利用，使人的行为和环境运动协调发展。

### 2. 绿色建筑理念

绿色建筑又可称为可持续发展建筑或生态建筑，是尽可能地节约地球上的资源和能源，保护自然环境，减少人为对环境的污染，为居民提供健康、舒适和高效的与自然和谐共生的绿色使用空间的建筑。"绿色建筑"中的"绿色"，并不单纯指屋顶花园、墙面绿化等立体绿化，而是一种理念，要求人们能充分利用环境自然资源，节地、节能、节材、节水，对环境不破坏、无公害，保持环境基本生态平衡。现在的设计都要尊重这一理念，以人类社会和自然环境的协调发展为目标，合理利用天然条件，充分利用阳光、风等节能资源，创造一种回归大自然、接近大自然的感觉。同时，最大限度地控制和减少对自然环境的污染和破坏，充分体现人与自然的平等关系。

### 3. 集约性设计理念

集约性设计是一个新兴的设计理论，在工业设计、建筑设计、园林绿化设计过程中大规模使用，简单来讲，就是最大限度地降低资源消耗，减少环境污染，使资源配置达到最优化。地球上的资源和能源不是取之不尽、用之不竭的，资源紧缺是现代城市发展面临的又一大难题，所以集约性设计理念要自始至终贯穿到城市立体绿化建设之中。

### 4. 生态设计理念

生态设计是尽可能发挥自然生态系统功能，与自然生态过程相协调，对自然环境的破坏程度达到最小化的设计形式。生态设计理念延续和发展了传统的设计理念，使我们在进行设计时要尊重乡土文化，充分利用乡土材料，保护生物物种多样性，减少对自然资源的剥夺，节约利用大自然中的资源和能源，维持植物生长环境和动物栖息地的生态质量，这样才有助于改善我们生活的人居环境，使城市生态系统健康、有序地发展。

### 5. 群落结构理念

群落结构是指在一定的空间上，各种生物和植物配置状况。人工植物群落关系着园林绿地景观效果的整体形象，其建构的合理性与否又关系着城市园林绿地系统生态功能发挥作用的大小。通常园林植物群落的植物应从顶部到底部分为乔木、灌木、草本植物三个基本层次，这样配置不但增强了植物空间的层次感和紧凑感，丰富了植物品种多样性，还能使植物的生态作用发挥到最大化，实现城市园林绿地低成本、高效率、优景观、健康持续地发展。

### 6. 生物修复理念

生物修复是指利用动植物及与其共存的微生物与环境之间的相互作用对环境有害因子予以清除、分解、同化、吸收或吸附，从而修复受损环境的理论。在城市园林绿化建设中，许多植物及微生物群落都能对城市环境污染物以及有害因子进行一定程度的修复，使之恢复正常状态。

## 7.4.3 城市立体绿化设计技术要素

### 1. 植物品种

植物是立体绿化设计的主导元素，城市立体绿化设计选用的植物多为攀缘植物和垂挂类草花，选用时要依据被绿化物的功能需求、布局形式，以及植物品种的生长习性，在不违反植物自然生长规律的同时，达到被绿化物的最佳景观效果。

例如：用于降温防尘、调节局部小气候的，常用爬山虎、五叶地锦、三叶地锦、常春藤等；用于人们观赏、强调景观效果的，可用秋叶红艳的攀缘植物五叶地锦或色彩多样的垂挂类草花矮牵牛、吊兰等，与建筑的形体、色彩形成对比或统一。

另外，根据布局形式有垂挂式、立柱式、附壁式、凉廊式、篱垣式等。垂挂式选用植物种类一般不限；立柱式多用缠绕类或卷须类植物，如五叶地锦、常春藤、凌霄等；附壁式通常用吸附类较多，如爬山虎、凌霄等；凉廊式一般用藤本月季、紫藤、葡萄、木香等；篱垣式常用牵牛花、金银花、油麻藤、茑萝等。

### 2. 栽培土基质

城市立体绿化植物的土壤一般有两种，一是自然土壤，二是人工土壤。

自然土壤，长期无人管理，营养基质匮乏，为了确保土壤的保水性、透气性，在进行立体绿化建设时首先要改良种植的土壤，翻耕土地，调节土壤 pH 值，增加有机质和无机质营养基质和肥料，适当混入一些碎石、珍珠岩等多孔轻质材料。

人工土壤是根据不同植物所需要的营养成分的差异，经过科学实验配比，添加所需的营养基质，形成的对植物正常生长极其有利的理想化土壤。

### 3. 种植箱与种植池

对于不能在自然地面上栽种植物进行立体绿化的场所，如屋顶、桥体、阳台等，就要应用种植箱或建造种植池，还可以将花盆紧密摆放在一起形成立体绿化效果。

种植箱与种植池尺寸大小要根据植物的需求制作，但无论大小都要具备排水装置。材料选择上也多种多样，木质、石质、金属、瓦陶，还有玻璃纤维和塑料等，设计时可根据自己的喜好和场所风格随意挑选。

### 4. 植物养护管理

1）水分管理

城市立体绿化的植物通常依靠测量土壤含水量来决定浇水时间。土壤最佳含水量为 60%～80%，当含水量低于这个值时就要采取浇水措施，当然也要结合植物的不同物候需水要求做适当调整。比如在植物刚栽种好 24 小时内必须进行一次透灌，以保证植物成活率。补水的方式有人工喷灌、地下管网滴灌等。

人工喷灌是现代城市普遍使用的浇水方式，这种方式灵活、经济、实用，可根据植物需水的多少逐个进行，但它有效率低、费时费工的缺点。

地下管网滴灌是近年来发展起来的先进灌溉技术，栽植植物时事先在地下埋好输水管道，通过电脑控制对绿化的植物进行定时定量的灌溉，不仅节约劳动力，还可以适用于各种复杂环境。

2）养分管理

城市立体绿化设计的场所各不相同，植物生长的土壤条件也非常复杂，如果土壤肥力不够，就很难保证植物能健康茁壮生长。通常要根据植物的不同物候期特征进行施肥，例如植物新梢的生长主要取决于氮肥的供应；磷肥主要提高植物光合作用，促进植物叶片的生长；钾肥在果实发育时期促进植物生长和花芽分化等。

肥料一般分有机肥料、无机肥料和微生物肥料三种。有机肥料是动物的粪便、植物的枯枝落叶等经过腐熟之后形成的，这类肥料见效慢，一般在城市建设中不适用；无机肥料是经过人工加工，在天然矿物质中提取而成的速效肥料，它广泛应用于城市绿化建设之中，如尿素、硝酸钾、过磷酸钙等；微生物肥料是由固氮菌、根瘤菌等细菌制成的真菌肥料。实际使用时要根据植物的特性和土壤要求决定施肥的种类和数量。

3）枝形整修

为了城市立体绿化景观达到最佳美观效果，就要对植物进行定期修剪，保证其造型优美。修剪是指对植物的枝、干、叶、花、果、茎等进行剪接或删除。修剪不仅塑造姿态优美的造型，更是平衡植物各部分营养，促进植物更新复壮，防止病虫害的侵袭。修剪通常在休眠期和生长期两个时期内进行。休眠期修剪又称冬剪，通常是剪掉当年的老枝弱枝、病虫枝及一些影响植物造型的枝条，以使植物第二年正常发芽抽枝；生长期修剪又称夏剪，主要是进行摘心、摘叶、除芽等措施，以便促进植物花芽分化，增加枝条数量。

4）灾害防治

冻害防治：冻害是我国植物普遍遭受的灾害之一。这就要求我们在种植设计时一定要遵循适地适树原则，尽可能选择抗寒性强的植物种类，平时加强养护管理，做好防护措施，减少冻害造成的危害。

病虫害防治：目前大量病虫害的侵袭大大影响了城市绿化景观效果，引起人们的高度重视。主要防治方法有物理防治、化学防治和生物防治。物理防治是设置黑光灯或高压灭虫灯等设备，利用一些害虫的趋光性特征，诱杀害虫，还可采用射线照射、超声波、热处理等方法处理植物种子和插条，提早消灭病原物和害虫，或采用人工捕杀害虫等。例如用 47～51 ℃温水浸泡泡桐苗木种根，有利于防治泡桐丛枝病；北方春季时在树干上绑扎塑料带，利用松毛虫下树越冬习性，阻止越冬幼虫上树，从而减轻虫害危害。

## 7.4.4 屋顶花园设计

屋顶花园是在建筑物或构筑物顶部，进行蓄水、覆土，砌筑花池，搭设棚架，栽植浅根花木，营造园林景观的一种立体绿化形式。其设计时要考虑屋顶承重和防水排水条件，还要注意种植设计中植物品种的选择与搭配(图 7-20)。

图 7-20 屋顶花园图片

### 1. 屋顶承重问题

屋顶结构承受荷载的能力是屋顶花园设计的前提，因此在考虑屋顶花园设计方案时应详细了解被绿化建筑物的结构及屋顶面板构成情况。屋顶花园设计中要以屋顶允许承载重量为依据，了解增加屋顶荷载的材料有植物、种植土、蓄水层和防排水构造材料等静荷载，还有非固定设备和人流等动荷载。具体设计时，如较大乔木的种植应尽量规划到承重梁柱上，特别是花架等小型建筑必须布置到承重结构部位上。对于种植土的选择，也要尽量选择轻质的人工土，因为天然土荷载较大，对屋顶的承重结构不利。目前栽培基质广泛应用，它们不仅质量轻，还有较好的持水性和透气性，弥补天然土壤中养分不足的缺点。种植土厚度在设计中必须严格控制，否则会对房屋结构安全造成影响。

### 2. 屋顶防水排水问题

屋顶防水排水处理是屋顶花园设计的关键，为了确保在屋面上种植的植物能健康茁壮生长，应做到不漏不渗，排除积水。屋顶花园常用的屋面防水方法如下：

防水层：防水层分刚性防水和柔性防水两种，刚性防水方法可避免土壤中的水、化学物质、农药和肥料等侵蚀防水层，而且要在防水层上刷高分子涂料形成隔离层；柔性防水方法应用的沥青能分解出一种物质，这种物质与根系保护层中的物质可发生化学反应，使保护层遭到损坏，所以，两者之间应设中性材料的隔离层。在设置防水层之前，要对屋面的管道、女儿墙等进行检查，确定无渗漏现象才能进行绿化施工。

蓄水排水层：为使植物在土层正常生长，应设具有一定蓄水能力的排水层，这一层关键技术在于蓄水和排水的适度性，既不能使土壤太干，也不能太湿。土壤太干根系没有充足的水分，植物就会干枯死亡；蓄水太多根系会发生腐烂现象。蓄水排水层多采用砂砾，可调节种植土层中的含水量。

过滤层：过滤层设置在植物生长层和排水层之间，通常由特殊的过滤网组成，防止植物生长层和排水层重叠在一起，保证排水顺畅，植物吸水正常。

### 3. 园路布置问题

一般园路宽 50～70 cm，弯曲的园路将整个屋顶面分割成若干大小不等的空间。路径的路基可用 6 cm 宽的砖砌成，每隔 1.5 m 左右砌留贴地暗孔道排水；也可用水泥砂浆作为路基，在路基上铺贴鹅卵石，呈古朴风味。此外，有些屋顶面的落水管、排水管等与园林气氛极不协调，可用假山石将其包藏起来，也可用雕塑手法把它隐裹塑成树干等。

### 4. 安全性问题

屋顶花园设计、建造之初还需考虑的一个关键问题便是安全问题，屋顶层高、风大等都是造成危险的潜在因素，防止人身伤害和高空坠物伤害也是设计及建造屋顶花园的前提。因此，通常要求在屋顶花园的周边设立牢固护栏，且护栏高度不低于 1.1 m。

### 5. 植物搭配模式

植物种植设计要在满足屋顶绿化能力的前提下，尽量选择选一些喜光、耐旱、耐寒、耐贫瘠、抗性较好的浅根性树木花草，如紫薇、月季、杜鹃、鸡冠花、海桐、大叶黄杨、常春藤、爬山虎等。还应该注意屋顶上，乔木要少，灌木和草本花卉要多，合理搭配植物高矮疏密和色彩，适当选用盆栽方式。为防止根系穿损屋顶，根系发达的植物不宜选种。

## 7.4.5 墙体绿化设计

墙体绿化通常指垂直绿化，是在建筑物外墙面或围墙下栽植吸附、攀爬类植物，植物沿着墙面快速生长，从而达到绿化效果的一种立体绿化形式(图 7-21)。

### 1. 墙体绿化技术

说到墙体绿化，大部分人都认为只要选好植物品种就可以了，其实不然，先进合理的植物栽培技术才是墙体绿化设计的关键，选好适合的栽培技术和方法，往往可以使植物在绿化设计中的景观效果达到最佳。目前，有专家提出一种运用包囊的植物种植技术，该包囊由尼龙、聚乙烯等非纺织材料组成，具有透气而不透水的特性。在栽植植物时，先将包囊水平放置，用种植土填实包囊的格间，种植植物后，再将包囊与墙面平行垂吊，这样的墙体绿化便于对植物进行管理和养护，随时更换，也容易达到景观要求。

### 2. 空间延伸到室内

墙体绿化不局限于室外建筑的墙体，还广泛应用到室内墙体。通常我们的室内绿化都是些盆栽、攀爬或垂吊植物，其实我们可以把室内墙体做成一面绿色植物墙体，这样不仅可以满足墙体分隔空间的实用功能，还能美化室内环境，节省其他绿化空间。当然这种室内生态墙体需要充分考虑墙体材料、输水管道及植

图 7-21 墙体绿化图片

物固定技术等许多因素。

### 3. 植物搭配模式

墙体绿化一般不需要任何支架和辅助材料，仅借助植物本身的卷须、倒刺、根茎等生长器官就可以实现绿化墙面的效果，如凌霄、爬山虎、常春藤、五叶地锦等。通常可以选用几种植物一起栽种，以确保墙体四季常绿。

## 7.4.6 桥体绿化设计

桥体绿化是对城市立交桥、高架桥、过街天桥等桥体的桥面、桥身和立柱等设置种植槽或垂挂吊篮，栽植树木和花卉的一种城市立体绿化形式。通常桥面、桥身可设置种植槽，栽植蔓性垂挂植物或花卉，如迎春、牵牛花、金银花等；桥柱可在柱下开设种植槽，四周安置铁丝网，栽种五叶地锦、常春藤、爬山虎等攀缘植物(图 7-22)。

图 7-22 桥体绿化图片

### 7.4.7 立体花坛设计

立体花坛是近些年兴起的新型城市立体绿化形式，通常在节日盛典应用较多，以其造型丰富、形式灵活被隆重节日场合所青睐。立体花坛设计需要以木架、钢架、合金架等为基本骨架，还需卡盆、钢筋箍、铁线等配件将草本花草和花灌木等栽植或安置在架体上，组成优美的景观造型。常用的花卉品种有矮牵牛、三色堇、万寿菊、旱金莲、一串红等，另外还有彩色叶灌木金叶女贞、紫叶小檗、小叶女贞等，利用不同的色彩组成千姿百态的立体造型和图案(图 7-23)。

图 7-23　立体花坛图片

# 第 8 章

# 风景园林照明与亮化工程

风景园林照明是现代园林中不可缺少的一项重要内容，它能够为人们提供一个温馨、明亮、舒适的休闲环境，还能满足夜间游园活动、节日庆祝活动以及保卫工作的需要。随着人们生活水平的提高，对环境的要求也在逐步提高，特别是五彩斑斓的夜景，深得人们的喜爱，而各种照明正是创造新风景园林景色的重要手段之一。

由于科技的发展，灯光照明技术也在不断进步，它能与各种风景园林景物共同创造美丽丰富的夜色景观，如城市的建筑、风景园林建筑小品、植物、音乐喷泉等，由于灯光的照明而使整个城市夜间流光溢彩，充满活力与生机，也使得人们的生活丰富多彩，充满无限的乐趣。

# 8.1 风景园林照明

## 8.1.1 照明技术的基本知识

照明可以分为自然照明、人工照明两类，在这里我们只对人工照明加以阐述。现代照明已经从传统意义上的照亮，得以扩展，延伸到生活和生产的各个方面，其中也包含风景园林景观照明。

### 1. 基本物理量

从物理学上讲，光作为一种电磁能量，是可以度量的。它包含了以下几个基本概念：

(1)光通量　光源在单位时间内向周围空间辐射能量的大小，称为光通量，单位是流明(lm)。

(2)发光强度　光源在空间某一方向上的光通量的辐射强度，称为光源在该方向的发光强度，简称光强，单位是坎德拉(cd)。

(3)照度　照度是指单位被照射面积上所接收的光通量，用来表示被照面上光的强弱，单位是勒克斯(lx)。

(4)亮度　发光体(不只是光源，其他受照物体对人眼来说也可看作间接发光体)在人眼视线方向单位投影面积上的发光强度，称为该发光体表面的亮度，单位是坎德拉每平方米($cd/m^2$)。

### 2. 光源的颜色

光源的颜色一般用色温、显色指数来表示。

(1)色温　色温是光源技术参数之一。光源的颜色与温度有关，色度使用色温来表示。当光源的色度与某温度下黑体的色度相同时，黑体的温度即为该光源的色温。光源的色表常常用色温(或相关色温)来表示，即用绝对温标来表示。我国照明设计标准建议将光源的色表分为三类，分别是暖、中间、冷。例如白炽灯的色温为 2400～2900 K；管形氙灯的色温为 5500～6000 K。

(2)显色性与显色指数　当某种光源的光照射到物体上时，所显现的色彩不完全一样，有一定的失真度。这种同一颜色的物体在具有不同光谱功率的光源照射下，显出不同的色彩的特性就是光源的显色性，它通常用显色指数(Ra)来表示。显色指数越高，颜色失真越少，光源的显色性就越好；显色性低的光源对颜色的再现较差，人们看到的颜色偏差也较大。国际上规定参照光源的显色指数为 100。常见光源的显色指数如表 8-1 所示。

表 8-1 常见光源的显色指数

| 光源 | 显色指数 | 光源 | 显色指数 |
|---|---|---|---|
| 白色荧光灯 | 65 | 荧光水银灯 | 44 |
| 日光色荧光灯 | 77 | 金属卤化物灯 | 65 |
| 暖白色荧光灯 | 59 | 高显色金属卤化物灯 | 92 |
| 高显色荧光灯 | 92 | 高压钠灯 | 29 |
| 水银灯 | 23 | 氙灯 | 94 |

## 8.1.2 风景园林照明的方式和照明质量

风景园林照明的作用主要有两方面:一是让人能识别道路、物体等;二是使风景园林要素在夜间能表现出其美丽的一面。风景园林照明有时是将二者结合在一起共同发挥作用。这样在照明时就要根据不同的需求,而使用不同的照明方式和不同的照明质量。

### 1. 照明方式

环境及景观对照明方式有不同要求,要正确把握设计主题,并且对照明方式进行了解,只有这样才能准确规划照明系统。照明方式一般可分成下列 3 种。

1)一般照明

一般照明是指无特殊要求,主要能满足普通照明即可,而不考虑局部的特殊需要,为整个被照场所而设置的照明。这种照明方式主要是从功能方面来考虑的。

2)局部照明

局部照明是对环境及某一局部有特殊要求的地方,需要对此处景观表现其夜景特色,而设置的特殊色彩及照度的照明。当照射方向有要求时,亦宜采用局部照明,但在整个景区(点)不应只设局部照明而无一般照明。

3)混合照明

由一般照明和局部照明共同组成的照明。在需要较高照度或特殊色彩的光照,并对照射方向有特殊要求的场合宜采用混合照明。这种情况下,一般照明照度按不低于混合照明总照度的 5%～10%选取,且最低不低于 20 lx。

### 2. 照明质量

良好的照明质量,是获得好的照明效果的必需条件。良好的视觉效果不仅需要充足的光通量,还需要有一定的光照质量。

1)合理的照度

合理照度取决于所要表现的环境及景物的要求,要考虑的主要因素有:一是景观效果,二是视觉的满意度,三是能源的利用。合理照度从风景园林方面来讲,主要是景观效果及视觉的满意度方面。照度是决定物体明亮程度的间接指标。在一定范围内,照度增加,视觉能力也相应提高。各类设施一般照明的推荐照度见表 8-2。

表 8-2　各类设施一般照明的推荐照度

| 照明地点 | 推荐照度/lx | 照明地点 | 推荐照度/lx |
|---|---|---|---|
| 国际比赛足球场 | 1000～1500 | 更衣室、浴室 | 15～30 |
| 综合性体育正式比赛大厅 | 750～1500 | 库房 | 10～20 |
| 足球场、乒乓球场、冰球场、羽毛球场、台球场、游泳池 | 200～500 | 厕所、盥洗室、热水间、楼梯间、走道 | 5～20 |
| 篮球场、网球场、排球场、计算机房 | 150～300 | 广场 | 5～15 |
| 绘图室、打字室、字画商店、百货商场、设计室 | 100～200 | 大型停车场 | 3～10 |
| 办公室、图书馆、阅览厅、博览室、报告厅、会议室 | 75～150 | 庭园道路 | 2～5 |
| 一般性商业建筑(钟表店、银行等)、旅游饭店、酒吧、舞厅 | 50～100 | 住宅小区道路 | 0.2～1 |

2)照明均匀度

照明的均匀度根据环境和景观要求,是有所不同的。游人置身风景园林环境中,如果有彼此亮度不相同的表面,当视线从一个面转到另一个面时,眼睛将被迫经过一个适应过程,当适应过程经常反复时,就会导致视觉的疲劳。因此在考虑风景园林照明时,除力图满足景色的需要外,还要注意周围环境中的亮度分布应力求均匀。

3)眩光限制

所谓眩光是指由于亮度分布不适当或亮度的变化幅度太大,或由于在时间上相继出现的亮度相差过大,造成观看物体时感觉不适或视力降低的视觉条件。眩光是影响照明质量的主要特征之一,眩光会使人产生不舒适感,严重的还会损害视觉。眩光有直接眩光和反射眩光,直接眩光是由过高亮度的光线直接进入视野造成的,反射眩光是由镜面反射的高亮度造成的。为防止眩光产生,常采用的方法如下:

a. 注意照明灯具的最低悬挂高度;

b. 力求使照明光源来自优越方向;

c. 使用发光表面面积大、亮度低的灯具。

## 8.1.3　风景园林绿地照明光源选择及其应用

电光源是将电能转换为光能,用于照明、光信息和光控制等方面的发光体。

用于照明的电光源,按发光原理可分为两大类:一类是热辐射光源,如普通照明灯泡;另一类是气体放电光源,如荧光灯等。

### 1. 风景园林中常用的照明光源

风景园林中常用的照明光源较多,它们的主要特性、比较及适用场合列于表 8-3 中。

表 8-3　常用园林照明光源主要特性及适用场合

| 光源名称 | 适用场所 |
|---|---|
| 白炽灯(普通照明灯泡) | 彩色灯泡:建筑物、商店橱窗、展览馆、园林构筑物、孤立树、树丛、喷泉、瀑布等装饰性照明。<br>水下灯泡:喷泉、瀑布等装饰性照明。<br>聚光灯:舞台、公共场所等处用作强光照明 |
| 卤钨灯 | 广场、体育场、建筑物等照明 |
| 荧光灯 | 建筑物室内照明 |

续表

| 光源名称 | 适用场所 |
|---|---|
| 荧光高压汞灯 | 广场、道路、园路、运动场所等大面积室外照明 |
| 高压钠灯 | 道路、园林绿地、广场、车站等处照明 |
| 金属卤化物灯 | 广场、大型游乐场、体育场照明及高速摄影等方面照明 |
| 管形氙灯 | 有“小太阳”之称，特别适合大面积场所的照明，工作稳定，点燃方便 |

1）白炽灯

a. 特点：有高度的集光性，便于光的再分配；适合频繁开关，点灭对性能及寿命影响小；显色性能好；光效较低。白炽灯结构示意如图 8-1 所示。

b. 适用场所：家庭、宾馆、饭店及艺术照明、信号照明、投光照明、小型建筑物照明和电影、剧院和舞台布景照明等。

2）卤钨灯

a. 特点：由于卤钨作用，灯的寿命大大提高；温度升高，可见光增加，光色改善，显色性好，透光率改善，光效提高。卤钨灯结构示意如图 8-2 所示。

b. 适用场所：不宜作为移动式的照明灯具，可作为局部照明、信号照明、投光照明和小型建筑物照明；水平安装，用于体育场、广场、会场、舞台、机场、商业和摄影等。

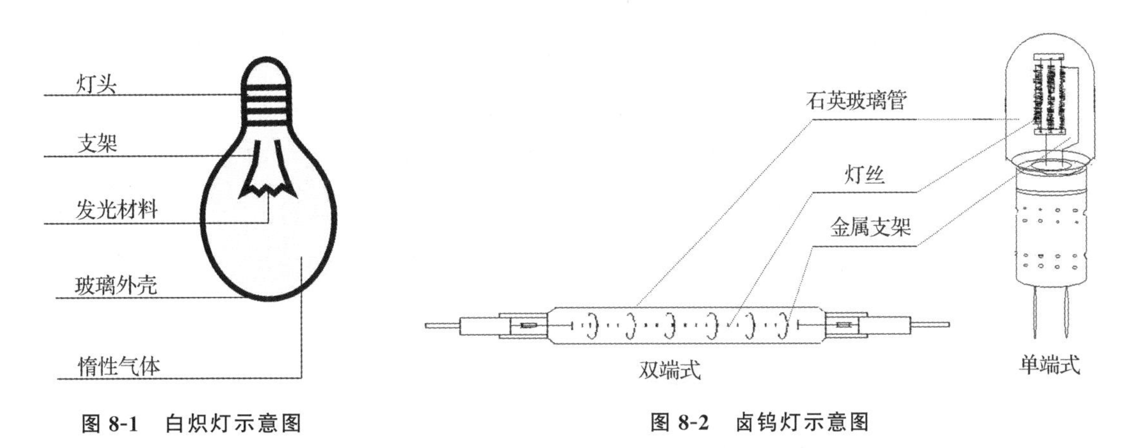


图 8-1　白炽灯示意图

图 8-2　卤钨灯示意图

3）荧光灯

a. 特点：荧光灯是一种预热式低压汞蒸气放电灯。电压的波动影响其使用寿命。湿度过高对荧光灯的启动和工作不利，严重影响其使用寿命。相对湿度在 60%以下对荧光灯的工作是有利的，75%～85%时是最不利的。荧光灯外形如图 8-3～图 8-5 所示。

b. 适用场所：适合进行较精细的工作，照度要求较高或进行长时间视觉工作的场所。光谱较连续，显色性好，故适于需要正确识别色彩的场所、节能的场所。光色特殊，故适合于无天然采光的空间照明或要求环境较舒适的场所，但悬挂不宜太高。不宜在开关频繁的场所和环境质量恶劣的地方使用，瞬时启动和调光的场所也不适合。

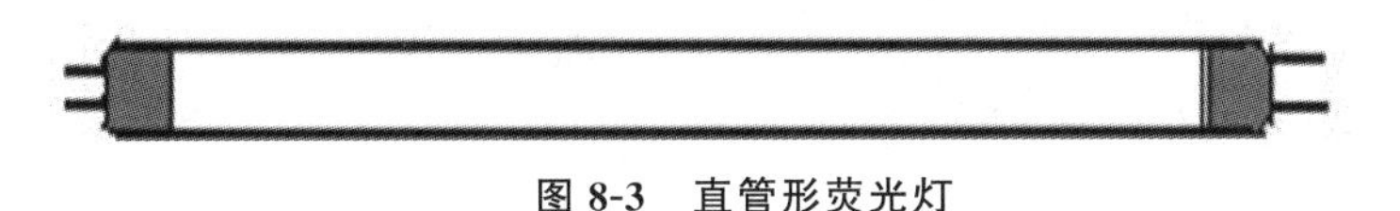

图 8-3　直管形荧光灯

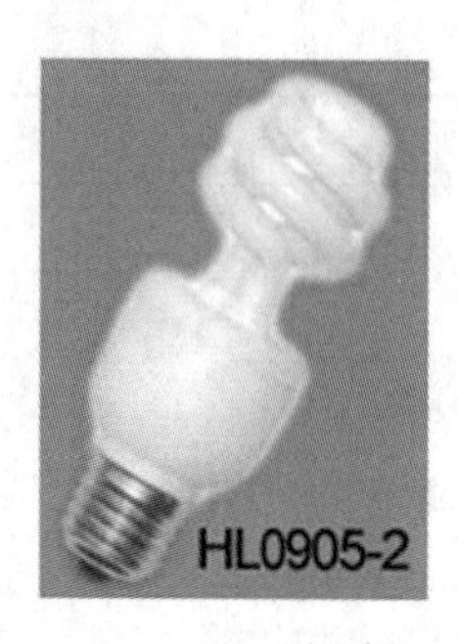

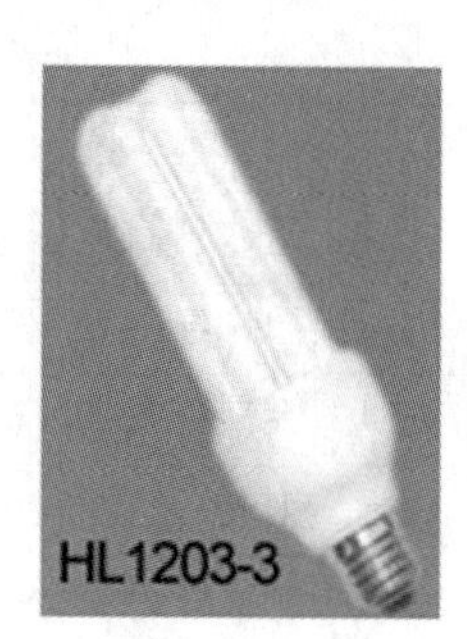


图 8-4 高光通单端荧光灯

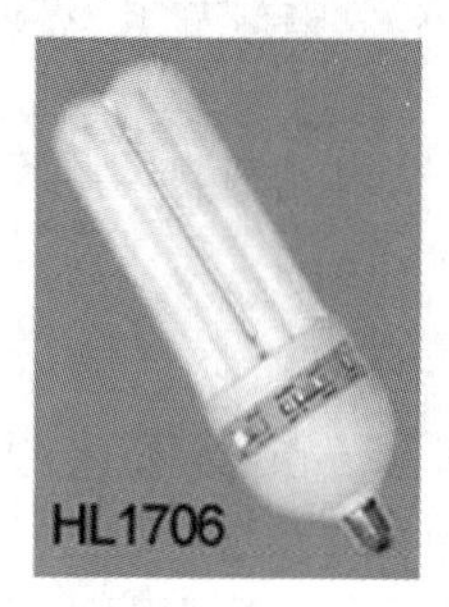

图 8-5 紧凑型荧光灯

4）高压气体放电灯

a. 特点：由于管壁温度而建立发光电弧，其发光管表面负荷超过 3 $W/cm^2$ 的气体放电灯，如高压钠灯、高压汞灯、金属卤化物灯和氙灯等，特性如表 8-4 所示，外形如图 8-6 所示。

表 8-4 高压气体放电灯特性

| 特性 \ 灯型 | 高压荧光汞灯 | 金属卤化物灯 | 高压钠灯 |
| --- | --- | --- | --- |
| 材料 | 汞、钠、氩、荧光粉 | 金属卤化物、汞 | 钠、汞、氮 |
| 温度 | 400～5000 ℃ | 700～10 000 ℃ | 3500 ℃ |
| 光效 | 32～60 lm/W | 52～130 lm/W | 64～150 lm/W |
| 色温 | 5500 K | 3000～6500 K | 1900～2800 K |
| 寿命 | $(1.0\sim2.0)\times10^4$ h | $(0.3\sim1.0)\times10^4$ h | $(1.2\sim2.4)\times10^4$ h |
| 启动时间 | 4～8 min | 4～10 min | 4～10 min |
| 频繁启动 | 对寿命影响很大 | 影响不明显 | 影响不明显 |
| 电压影响 | 不容易启动和自熄，对寿命没有影响，对镇流器要求高 | | |
| 环境影响 | 影响较小 | | |
| 经济性 | 价格低廉 | 昂贵 | 适中 |
| 安装要求 | 无特定要求 | 按光源厂家说明安装 | 灯头向上 |
| | 点燃位置的变化影响光效、光色（金卤灯） | | |

b. 适用场所：高压汞灯适用于高大的厂房、体育场馆、一般的街道、广场、车站码头等；金属卤化物灯适用于较繁荣街道、商业、广场、舞台、摄影、体育场馆等；高压钠灯适用于主干道路灯照明、港口车站和广场照明等。

5）发光二极管

发光二极管（LED，见图 8-7）是第三代半导体照明光源。

a. 光效率高：光谱几乎全部集中于可见光频率，效率可以达到 80%～90%。而光效差不多的白炽灯可见光效率仅为 10%～20%。

b. 光线质量高：由于光谱中没有紫外线和红外线，故没有热量，没有辐射，属于典型的绿色照明光源。

c. 能耗小：单体功率一般在 0.05～1 W，通过集群方式可以量体裁衣地满足不同的需要，浪费很少。以其作为光源，在同样亮度下耗电量仅为普通白炽灯的 1/8～1/10。

d. 寿命长：光通量衰减到 70%的标准寿命是 10 万小时，一个半导体灯正常情况下可以使用 50 年。

e. 可靠耐用：没有钨丝、玻壳等容易损坏的部件，非正常报废率很小，维护费用极为低廉。

f. 应用灵活：体积小，可以平面封装，易开发成轻薄短小的产品，做成点、线、面各种形式的具体应用产品。

g. 安全：单位工作电压大致在 1.5～5 V，工作电流在 20～70 mA。

h. 绿色环保：废弃物可回收，没有污染，不像荧光灯一样含有汞成分。

i. 响应时间短：适应频繁开关以及高频运作的场合。

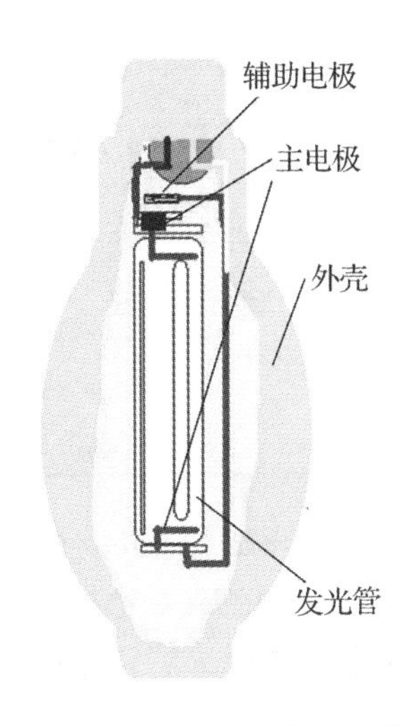


图 8-6 高压气体放电灯示意图

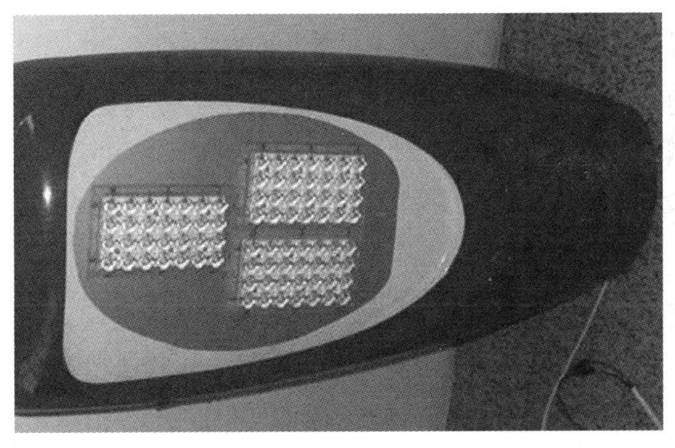

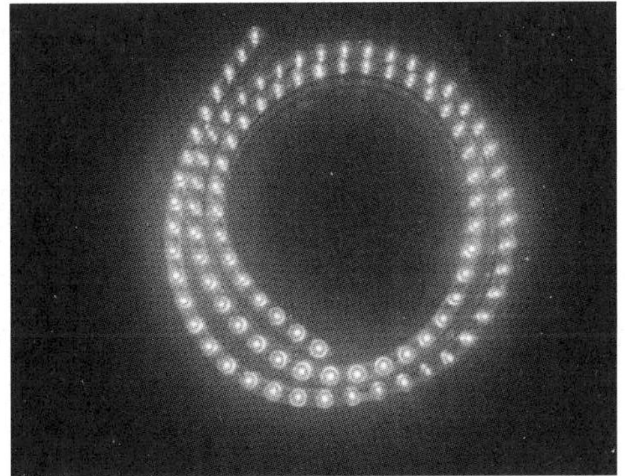

图 8-7 发光二极管 LED 光源

## 2. 光源选择

风景园林照明中，一般宜采用白炽灯、荧光灯或其他高压气体放电光源。因频闪效应而影响视觉的场合，不宜采用高压气体放电光源。振动较大的场所，宜采用高压荧光汞灯或高压钠灯。在有高挂条件又需要大面积照明的场所，宜采用金属卤化物灯、高压钠灯或长弧氙灯。当需要人工照明和天然采光相结合时，应使照明光源与天然光相协调，常选用色温为 4000～4500 K 的荧光灯或其他高压气体放电光源。

同一种物体用不同颜色的光照在上面，在人们视觉上产生的效果是不同的。红、橙、黄、棕色给人以温暖的感觉，人们称之为“暖色光”；而蓝、青、绿、紫色则给人以寒冷的感觉，就称之为“冷色光”。光源发出光的颜色直接与人们的情趣——喜、怒、哀、乐有关，这就是光源的颜色特性。这种光的颜色特性——“色调”（表 8-5），在风景园林中就显得更为重要，应尽力运用光的“色调”来创造一个优美的环境，或是各种有情趣的主题环境。如白炽灯用在绿地、花坛、花径照明，能加重暖色，使之看上去更鲜艳。喷泉中，用各色白炽灯组成水下灯，和喷泉的水柱一起，在夜色下可构成各种光怪陆离、虚幻缥缈的效果，分外吸引游人。而高压钠灯所发出的光线穿透能力强，在风景园林中常用于滨河路、河湖沿岸等及云雾多的风景区的照明。

表 8-5 常见光源色调

| 照明光源 | 光源色调 |
| --- | --- |
| 白炽灯、卤钨灯 | 偏红色光 |
| 白色的荧光灯 | 与太阳光相似的白色光 |
| 高压钠灯 | 金黄色、红色成分偏多，蓝色成分不足 |
| 高压荧光汞灯 | 浅蓝-绿色光，缺乏红色成分 |
| 金属卤化物灯 | 接近于日光的白色光 |
| 氙灯 | 非常接近日光的白色光 |

在被观察物和背景之间适当造成色调对比，可以提高识别能力，但色调对比不宜过分强烈，以免引起视觉疲劳。我们在选择光源色调时还可考虑以下被照面的照明效果：

①暖色能使人感觉距离近些，而冷色则使人感到距离加大，故暖色是前进色，冷色是后退色。

②暖色里的明色有柔软感，冷色里的明色有光滑感；暖色的物体看起来密度大些、重些和坚固些，而冷色看起来则轻一些。在同一色调中，暗色好似重些，明色好似轻些。在狭窄的空间宜选冷色里的明色，以造成宽敞、明亮的感觉。

③一般红色、橙色有兴奋作用，而紫色则有抑制作用。

### 3. 园林绿地照明灯具的选用

灯具的作用是固定灯泡，让电流安全流过灯泡，把光源发出的光通量分配到需要的方面，防止光源引起眩光以及保护光源不受外力及外界潮湿气体的影响等。灯具在园林中不但起到照明作用，而且兼具景观作用，所以灯具的选择非常重要，无论从色彩上还是造型上都应力求美观。

1）灯具分类

灯具有几种不同的分类。根据光源分类，可分为白炽灯灯具、荧光灯灯具、高压气体放电灯灯具等；若按结构分类，可分为开启式、闭合式、保护式、密封式及防爆式；按光通量在空间上、下半球的分布情况，又可分为直射型灯具、半直射型灯具、漫射型灯具、半反射型灯具、反射型灯具等。而直射型灯具又可分为广照型、均匀配光型，配照型、深照型和特深照型。

a. 广场灯。

广场灯一般是大功率的投射灯具组，采用高压气体放电光源，分对称式和不对称式灯具，通常灯柱较高，如图 8-8 所示。

图 8-8 广场灯

b. 杆柱灯(路灯)。

用作照明,需要良好配光,高 6～12 m,如图 8-9 所示。

**图 8-9 杆柱灯**

c. 庭院灯。

照明兼顾装饰,光线柔和,高度一般是 2～6 m。竖直安装在庭院水径边,与树木、建筑物相映衬,其造型风格和高度与周围环境相统一,如图 8-10 所示。一般导向性能很强,表现风格各异。功率适中,应突出水平照度。

d. 草坪灯。

具有指示和美化功能,一般高 1.2 m 以内,如图 8-11 所示。

**图 8-10 庭院灯**

**图 8-11 草坪灯**

e. 地灯、墙灯、水下灯。

地灯、墙灯、水下灯的作用及特点如表 8-6 所示,外形如图 8-12 所示。

表 8-6　地灯、墙灯、水下灯特点

| 属性＼灯具 | 地　灯 | 墙　灯 | 水　下　灯 |
| --- | --- | --- | --- |
| 安装及方向 | 灯体嵌在地下，灯光向正上方或斜上方照射 | 嵌在墙体内，灯光向外扩散 | 安装在水上或水下，定向照射 |
| 作用 | 围合某个空间和物体，以衬托空间环境 | 能使墙改造成“通透”的效果 | 灯具发光时，光经过水的折射，产生色彩艳丽的光线 |
| 地点 | 镶嵌于水池、雕塑、建筑物和桥的周围 | 与风景园林接壤的墙体和池塘边 | 喷泉、水下 |
| 布置 | 可组成各种图案：方形、圆形、菱形、放射形等 | 一般按直线布置 | 按喷头位置而定 |
| 光源 | 紧凑型荧光灯 | 紧凑型荧光灯 | 卤钨灯、金属卤化物灯 |
| 效果 | 在黑暗中，明亮的出光口十分引人注目，灯光照在走动的人身上会产生动感照明效果 | 延伸被照环境的空间，使环境外延化，具有宽敞感 | 产生一种环境美的效果 |
| 灯具要求 | 防湿、防潮，具有良好的水密性，寿命长（不易维护） | | |

图 8-12　地灯、墙灯、水下灯

f. 投光灯。

投光灯，用反射镜或玻璃镜把光线聚集到一个有限的立体角内，从而获得高强度光效的灯具，如图 8-13 所示。

泛光灯——光束角大于 100°的投光灯。

探照灯——光束角等于或小于 100°的投光灯。

2）灯具应用

灯具应根据使用环境条件、景观要求、场地用途、光强分布及限制眩光等方面进行选择。在满足下述条件下应选用效率高、维护检修方便的灯具。

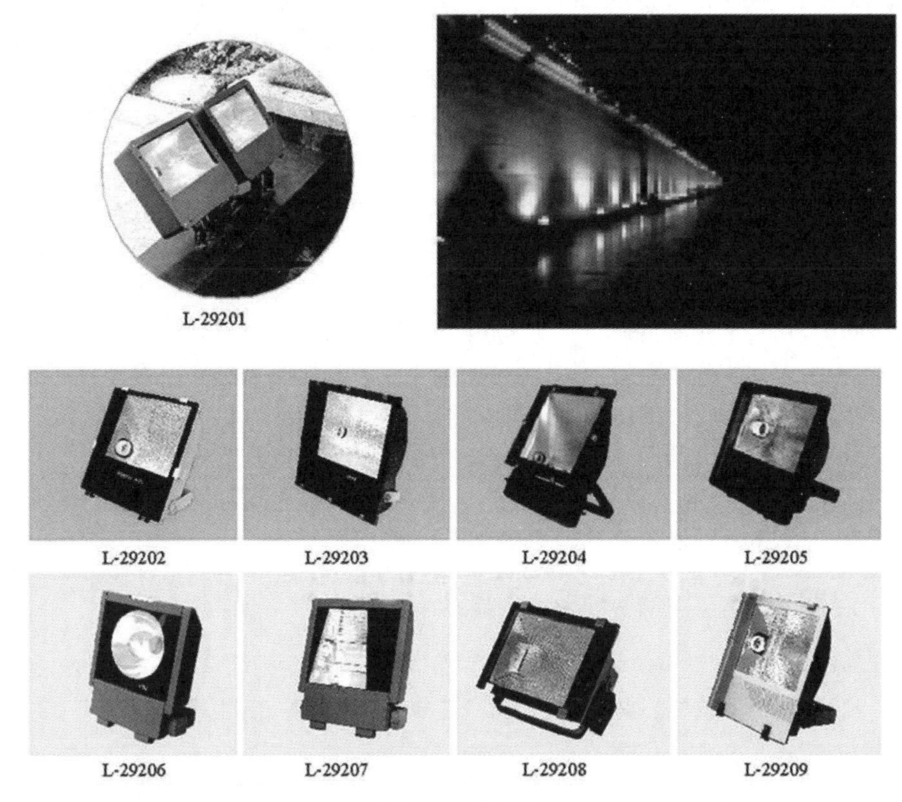


图 8-13 投光灯

①在正常环境中,宜选用开启式灯具。

②在潮湿或特别潮湿的场所,可选用密闭型防水灯或带防水防尘密封式灯具。

③可按光强分布特性选择灯具。光强分布特性常用配光曲线表示。如灯具安装高度在 6 m 及以下时,可采用深照型灯具;安装高度在 6～15 m 时,可采用直射型灯具;当灯具上方有需要观察的对象时,可采用漫射型灯具;对于大面积的绿地,可采用投光灯等高光强灯具。各类灯具形式多样,具体可参照有关照明灯灯具手册选用。

## 8.1.4 风景园林绿地的照明原则与设计

风景园林绿地由于环境差别大,用途广泛,要求差别大,所以照明的原则应以因地制宜、合理照明为准。

### 1. 风景园林绿地的照明原则

①不要只为照明而照明,而应结合园林景观的特点,以最能充分体现在灯光下的景观效果为原则来布置照明。

②灯光的方向和颜色的选择,应以能增加建筑及小品、乔木、灌木和地被花卉的美观为主要前提。如建筑及小品在不同环境中有的需强光,有的需弱光,有的需要色彩鲜艳明亮,有的需要色彩柔和,并且暗淡一点,要根据具体环境而变化。如:针叶树只在强光下才有较好的反映效果,一般宜于采取暗影处理法;阔叶树种白桦、垂柳、五角枫等对泛光照明有良好的反映效果;卤钨灯能增加红、黄色花卉的色彩,使它们显得更加鲜艳;小型投光器的使用会使局部花卉色彩绚丽夺目;汞灯使树木和草坪的绿色鲜明夺目等。

③对于水面、水景的照明,如以直射光照在水面上,对水面本身作用不大,但能反映其附近被灯光所照亮的小桥、树木或园林建筑,呈现出一种波光粼粼、梦幻似的意境。而瀑布和喷水池可用直射光照处理得很美观,灯

光须透过流水以造成水柱的晶莹剔透、闪闪发光。所以，无论是在喷水的四周，还是在小瀑布注入池塘的地方，均宜将灯具置于水面之下。在水下设置灯具时，应注意使其在白天难于被发现，但也不能埋得过深，否则会引起光强的减弱，一般安装在水面以下 30～100 cm 为宜。某些大瀑布采用前照灯光的效果很好，但如让设在远处的投光灯直接照在瀑布上，效果并不理想。潜水灯具的应用效果颇佳，但需特殊的设计。

④对于园林绿地的主要园路，宜采用低功率的路灯装在 3～5 m 高的灯柱上，柱距 20～40 m，效果较好。也可每柱两灯，需要提高照度时，两灯齐明。也可隔柱设置控制灯的开关来调整照明。也可利用路灯灯柱装以 150 W 的密封光束反光灯来照亮花圃和灌木。

在一些局部的假山、草坪内可设地灯照明，如要在内设灯杆装设灯具时，其高度应在 2 m 以下。

⑤在设计园路照明灯时，要注意路旁树木对道路照明的影响，为防止树木遮挡可以适当减小灯间距、加大光源的功率，以减少由于树木遮挡所产生的光损失；也可以根据树形或树木高度不同，采用较长的灯柱悬臂，以使灯具突出树缘外或改变灯具的悬挂方式等以弥补光损失。

⑥无论是白天或夜晚，照明设备均需隐蔽在视线之外，最好全部敷设电缆线路。

⑦彩色装饰灯可创造节日气氛，特别是安装在水中更为美丽，但是这种装饰灯光不易获得宁静、安详的气氛，也难以表现出大自然的壮观景象，只能有限度地调剂使用。

### 2. 风景园林照明设计

风景园林照明设计是指为了达到人和环境的和谐而进行的电、光相结合的工程艺术设计。它的对象主要包括道路、广场、建筑及小品、植物、假山石、水景等，对象不同，照明要求也有较大的差异。

#### 1)搜集资料

①了解设计任务书的具体要求。

②了解各照明对象的使用要求。

③对照明方式、照度、色彩的要求。

④对照明中限制眩光的要求。

⑤园林绿地的平面布置图及地形图，必要时应有该园林绿地中主要建筑物的平面图、立面图和剖面图。

⑥该园林绿地对电气的要求，特别是一些专用性强的风景园林绿地照明，应明确提出灯具选择意向、布置、安装等要求。

⑦电源的供电情况及进线方位。

#### 2)照明设计的步骤

①明确风景园林照明对象的功能和照明要求。

②选择照明方式，可根据设计任务书中园林绿地对电气的要求，在不同的场合和地点，选择不同的照明方式。

③光源和灯具的选择，主要是根据园林绿地的配光和光色要求、与周围景色的配合等来进行。

④灯具高度的确定，应符合功能要求，符合限制眩光的最小高度，考虑节能，与整体环境协调。

⑤灯具的合理布置，除考虑光源光线的投射方向、照度均匀性等，还应考虑经济、安全和维修等方面。

⑥照度计算，确定照明灯具的功率，计算照明设备的总容量，以便选择电能表及各种控制设备和保护设备。

⑦检查、校验，方案确定后应按照照明设计的相关标准进行检查，另外还需要对方案进行校验优化，评价技术经济指标，取得最佳方案。

⑧绘制照明平面图和系统图，标注型号、规格及尺寸。有的还需要绘制大样图，注意各种数据应符合规范要求。

⑨绘制材料总表，编制工程概算或预算。

⑩编写照明设计说明书。

3)照明设计内容

①风景园林道路:包括选择光源、灯具、布灯方式、安装高度及间距、照明控制方式等。

②风景园林广场:包括亮度的确定、灯具的选择、安装高度、照明控制方式等。

③风景园林建筑小品:包括亮度、照度及色彩的确定,布灯的方式,效果的表现等。

④风景园林植物:包括色彩选择、根据树木花卉形状布灯、考虑季节变化布灯、不应出现眩光。

⑤风景园林假山石:包括照明亮度及色彩、安装高度及照射角度、照射距离等。

⑥风景园林水景:包括水下防水灯具、照明的色彩、布灯的形式、照明的控制方式选择等。

# 8.2 风景园林供电设计及施工

## 8.2.1 风景园林供电设计程序及内容

风景园林供电设计是风景园林规划设计的一项重要内容,它与风景园林建筑小品、道路铺装、植物种植、给排水等设计紧密相连,它们之间应该相互协调,统一规划,合理布局。

### 1. 设计程序

风景园林供电设计要在了解各方面情况的基础上进行,否则有可能与其他内容出现冲突或设计错误。

(1)收集资料:

①收集绿地内各建筑、用电设备、给排水、暖通等平面布置图及主要剖面图,并附有各用电设备的名称、额定容量、额定电压、周围环境(潮湿、灰尘)等。这些是设计的重要基础资料,也是进行负荷计算和选择导线、开关设备以及变压器的依据。

②了解地形情况。

③了解各用电设备及用电点对供电可靠性的要求。

④供电局同意供给的电源容量。

⑤供电电源的电压、供电方式(架空线或电缆线,专用线或非专用线)、进入风景园林绿地的方向及具体位置。

⑥当地电价及电费收取方法。

⑦向气象、地质部门了解以下资料(表 8-7)。

表 8-7 气象、地质资料内容及用途

| 资料内容 | 用途 | 资料内容 | 用途 |
| --- | --- | --- | --- |
| 最高年平均温度 | 选变压器 | 年雷电小时数和雷电日数 | 防雷装置 |
| 最热月平均最高温度 | 选室外裸导线 | 土壤冻结深度 | 接地装置 |
| 最热月平均温度 | 选室内导线 | 土壤电阻率 | 接地装置 |
| 一年中连续 3 次的最热日昼夜平均温度 | 选空气中电缆 | 50 年一遇的最高洪水水位 | 变压器安装地点的选择 |
| 土壤中 0.7~1.0 m 深处一年中最热月平均温度 | 选地下电缆 | 地震烈度 | 防震措施 |

(2)根据其他要素规划情况及各对象需电情况,确定用电总量及布线方式。

(3)根据对象的需求,结合其他管线进行布线设计。

(4)确定管线的挖沟规格,一定要按相关规范要求设计。

(5)计算土建、各规格线、各种设备需求量等,然后计算总工程量。

(6)计算工程概算或预算额。

### 2. 风景园林供电设计的内容

(1)确定各种风景园林设施的用电量,选择变压器的数量及容量。

(2)确定电源供给点(或变压器的安装地点),进行供电线路的配置。

(3)进行配电导线截面的计算。

(4)绘制电力供电系统图、平面图。

## 8.2.2 景观绿地用电量的估算

景观绿地用电分为动力用电和照明用电,其总量为两种用电量之和,即

$$S_{总} = S_{动} + S_{照}$$

式中:$S_{总}$ —— 公园用电计算总量;

$S_{动}$ —— 动力设备用电总量;

$S_{照}$ —— 照明用电总量。

### 1. 动力用电估算

景观绿地的动力用电具有较强的季节性和间歇性,因而在做动力用电估算时应考虑这些因素。其动力用电可用下式进行估算

$$S_{动} = K_{e} \frac{\sum P_{动}}{\eta \cos\varphi}$$

式中:$\sum P_{动}$ —— 各动力设备铭牌上额定功率的总和,kW;

$\eta$ —— 动力设备的平均效率,一般可取 0.86;

$\cos\varphi$ —— 各类动力设备的功率因数,一般在 0.6 ~ 0.95,计算时可取 0.75;

$K_{e}$ —— 各类动力设备的用电系数,具体可查有关设计手册,估算时可取为 0.5 ~ 0.75(一般可取 0.70)。

### 2. 照明用电估算

照明用电分为一般照明用电、景观照明用电。一般照明设备的容量,在初步设计中可按不同性质建筑物的单位面积照明容量法来估计

$$P = \frac{SW}{1000}$$

式中:$P$ —— 照明设备容量,kW;

$S$ —— 建筑物平面面积,$m^2$;

$W$ —— 单位容量,$W/m^2$。

照明用电的估算方法:依据工程设计的建筑物的名称,查表 8-8 或有关手册,得单位建筑面积耗电量,将这些值乘以该建筑物面积,其结果即为该建筑物照明估算负荷。

表 8-8 单位建筑面积照明容量

| 建筑名称 | 功率指标/(W/m²) | 建筑名称 | 功率指标/(W/m²) |
|---|---|---|---|
| 一般住宅 | 10～15 | 锅炉房 | 7～9 |
| 高级住宅 | 12～18 | 变配电所 | 8～12 |
| 办公室、会议室 | 10～15 | 水泵房、变压站房 | 6～9 |
| 设计室、打字室 | 12～18 | 材料库 | 4～7 |
| 商店 | 12～15 | 机修车间 | 7.5～9 |
| 餐厅、食堂 | 10～13 | 游泳池 | 50 |
| 图书馆、阅览室 | 8～15 | 警卫照明 | 3～4 |
| 俱乐部(不包含舞台灯光) | 10～13 | 广场、车站 | 0.5～1 |
| 托儿所、幼儿园 | 9～12 | 公园路灯照明 | 3～4 |
| 厕所、浴室、更衣室 | 6～8 | 汽车道 | 4～5 |
| 汽车库 | 7～10 | 人行道 | 2～3 |

景观照明用电,可根据设计情况估算用电量。而将动力用电量和照明总用电量(一般照明用电量及景观照明用电量总和)加起来就是该景观绿地的总用电量。

## 8.2.3 供电线路导线截面的选择

风景园林绿地的供电应尽量选用电缆线。市区内一般的高压供电线路均采用 10 kW 电压级。高压输电线一般采用架空敷设方式,但在风景园林绿地附近应要求采用直埋电缆敷设方式。电缆、电线截面选择的合理性直接影响到有色金属的消耗量和线路投资,以及供电系统的安全经济运行,因而在一般情况下可采用铝芯线,在要求较高的场合下则采用铜芯线。电缆、导线截面的选择原则如下:

①按载流量选择:按载流量选择也就是按导线的允许温升选择。在最大允许连续负荷电流通过的情况下,导线发热不超过线芯所允许的温度。导线允许载流量是通过实验得到的数据。查导线的允许载流量表,使所选的导线发热不超过线芯所允许的电流强度,因而所选导线截面的载流量应大于或等于工作电流,即

$$I_{载} \geqslant KI_{工作}$$

式中:$I_{载}$ —— 导线、电缆按发热条件允许的长期工作电流,具体可查有关手册;

$I_{工作}$ —— 线路计算电流;

$K$ —— 考虑到空气温度、土壤温度、安装敷设等情况的校正系数。

②所选用导线截面应大于或等于机械强度允许的最小导线截面。

③验算线路的电压偏移:要求线路末端负载的电压不低于其额定电压的允许偏移值,一般工作场所的照明允许电压偏移相对值是 5%,而道路、广场照明允许电压偏移相对值为 10%,一般动力设备为±5%。

④要考虑机械强度的要求,在正常工作状态下,导线应有足够的强度以防断线,保证安全可靠运行。根据设计经验,低压动力供电线路,一般先按载流量来选择导线截面,再校验电压损耗和机械强度;低压照明供电线路,一般先按允许电压损耗来选择截面,然后校验其发热条件和机械强度。

## 8.2.4 景观绿地配电线路的布置

### 1. 确定电源供给点

景观绿地的电力来源，常见的有以下几种：

①借用就近现有变压器，但必须注意该变压器的多余容量是否能满足新增风景园林绿地中各用电设施的需要，且变压器的安装地点与公园绿地用电中心之间的距离不宜太长。中小型公园绿地的电源供给常采用此法。

②利用附近的高压电力网，向供电局申请安装供电变压器，一般用电量较大(70～80 kW)的景观绿地最好采用此种方式供电。

③如果景观绿地(特别是风景点、区)离现有电源太远或当地电源供电能力不足时，可自行设立小发电站或发电机组以满足需要。

一般情况下，当景观绿地独立设置变压器时，需向供电局申请安装。在选择地点时，应尽量靠近高压电源，以减少高压进线的长度。同时，应尽量设在负荷中心。表 8-9 为常用电力线路的传输功率和传输距离。

表 8-9 常用电力线路的传输功率和传输距离

| 额定电压/kV | 线路结构 | 输送功率/kW | 传输距离/km |
|---|---|---|---|
| 0.22 | 架空线 | <50 | <0.15 |
| 0.22 | 电缆线 | <100 | <0.20 |
| 0.38 | 架空线 | <100 | <0.25 |
| 0.38 | 电缆线 | <175 | <0.35 |
| 10 | 架空线 | <3000 | 8～15 |
| 10 | 电缆线 | <5000 | 10 |

### 2. 配电线路的布置

景观绿地布置配电线路时，应根据整体风景园林规划来综合考虑。

1)布置原则

①要全面统筹安排，主要是经济合理，使用维修方便，不影响风景园林景观，从供电点到用电点，要尽量取近，走直路，并尽量敷设在道路一侧，不要影响周围建筑及景色和交通。

②地势越平坦越好，要尽量避开积水和水淹地区，避开山洪或潮水起落地带。

③在各具体用电点，要考虑到将来发展的需要，留足接头和插口，尽量经过能开展活动的地段。

2)线路敷设形式

线路敷设可分为两大类：架空线和地下电缆。架空线工程简单，投资费用少，易于检修，但影响景观，妨碍种植，安全性差；地下电缆的优缺点正与架空线相反。

目前在景观绿地中都尽量采用地下电缆，尽管一次性投资大些，但从长远的观点和发挥风景园林功能的角度出发，还是经济合理的。架空线仅用于电源进线侧或在绿地周边不影响风景园林景观处，而在公园绿地内部一般均采用地下电缆。当然，最终采用什么样的线路敷设形式，应根据具体条件，进行技术经济评估之后才能确定。

3)线路组成

①对于一些大型公园、游乐场、风景区等，其用电负荷大，常需要独立设置变电所，其主干线可根据其变压器的容量进行选择，具体应由电力部门的专业电气人员设计。

②变压器——干线供电系统：

a. 在大型风景园林及风景区中，常在负荷中心附近设置独立的变压器、变电所，但对于中小型风景园林而言，常常不需要设置单独的变压器，而是由附近的变电所、变压器通过低压配电盘直接由一路或几路电缆供给。当低压供电线采取放射式系统时，照明供电线可由低压配电屏引出。

b. 对于中小型风景园林，常在进园电源的首端设置干线配电板，并配备进线开关、电能表以及各出线支路，以控制全园用电。动力、照明电源一般单独设回路。仅对于远离电源的单独小型建筑物才考虑照明和动力合用供电线路。

c. 在低压配电屏的每条回路供电干线上所连接的照明配电箱，一般不超过 3 个。每个用电点(如建筑物)进线处应装闸刀开关和熔断器。

d. 一般园内道路照明可设在警卫室等处进行控制，道路照明各回路应有保护装置，灯具也可单独加熔断器进行保护。

e. 大型游乐场的一些动力设施应由专门的动力供电系统供电，并有相应的措施保证安全可靠供电，以保证游人的生命安全。

③照明网络。照明网络一般用 380/220 V 中性点接地的三相四线制系统，灯用电压 220 V。为了便于检修，每回路供电干线上连接的照明配电箱一般不超过 3 个，室外干线向各建筑物供电时不受此限制。

室内照明支线每一单相回路一般采用不大于 15 A 的熔断器或自动空气开关保护，对于安装大功率灯泡的回路允许增大到 20～30 A。

每一个单相回路所接灯头数(包括插座)一般不超过 25 个，当采用多管荧光灯具时，允许增大到 50 根灯管。

照明网络零线(中性线)上不允许装设熔断器，但在办公室、生活福利设施及其他环境正常场所，当电气设备无接零要求时，其单相回路零线上可装设熔断器。

一般配电箱的安装高度为中心距地 1.5 m，若控制照明不是在配电箱内进行，则配电箱的安装高度可提高到 2 m 以上。

拉线开关安装高度一般在距地 2～3 m(或者距顶棚 0.3 m)，其他各种照明开关安装高度宜为 1.3～1.5 m。

一般室内暗装的插座，安装高度为 0.3～0.5 m(安全型)或 1.3～1.8 m(普通型)；明装插座安装高度为 1.3～1.8 m，低于 1.3 m 时应采用安全插座；潮湿场所的插座，安装高度不应低于 1.5 m；儿童活动场所(如住宅、托儿所、幼儿园及小学)的插座，安装高度不应低于 1.8 m(安全型插座例外)；同一场所安装的插座高度应尽量一致。

## 8.2.5 景观绿地用电施工技术

景观工程用电比较复杂，内容较多，这里主要介绍电缆线路施工过程。在具体施工时应该按照设计线路进行，步骤如下：

1)核对图纸

首先核对图纸，然后按照设计图纸要求用白灰进行放线。核对的内容主要有电缆的规格、型号、数量，电缆支架、桥架的形式和数量，供配电设备的位置等。

2)制订施工计划

①施工进度：主要是考虑到与其他管线安装的配合。

②人员组织：确定施工人员的名单，各项目需要的施工人数。

③敷设程序：

a. 先敷设集中的电缆，再敷设分散的电缆；

b. 先敷设电力电缆，再敷设控制电缆；

c. 先敷设长的电缆，再敷设短的电缆。

④敷设方法：电缆敷设应根据实际情况采用正确的方法，并且应该符合《电气装置安装工程电缆线路施工及验收标准》的有关规定。

3)敷设电缆

敷设电缆时要整齐划一，不要混乱，特别是多根电缆一起敷设时更要注意整齐。电缆敷设的一般规定如下：

①敷设前要进行全面检查，包括电缆规格、型号、外观、数量及安全保障措施等。

②电缆敷设时不应损坏电缆沟井等，三相四线制系统中应采用四芯电力电缆。

③并联使用的电力电缆其长度、规格、型号宜相同。

④电力电缆在终端头与接头附近宜留有备用长度。

⑤电缆各支点间的距离应符合设计规定。

⑥机械敷设电缆时，最大牵引强度应符合有关规定，速度不宜超过 15 m/min。

⑦在电缆终端头、接头、拐弯处等应装设标志牌，且标志牌规格应统一，在标志牌上应注明线路编号，标志牌的字迹应清晰、不易脱落等。

4)施工过程

①开挖电缆沟：放线、机械或人工按设计及相关规范要求开挖电缆沟。

②电缆保护管铺设：沟底修整夯实、锯管、弯管、接口、敷设、管卡固定、刷漆、管口封堵及金属管的接地。

③顶管安装：测位、工作坑挖填土、安装机具、顶管、接管、水冲、抽水、清理。

④电缆敷设：架盘、敷设、切割、临时封头、整理固定、制挂电缆牌。

⑤电力电缆头制作、安装：量尺寸、锯电缆、切割护层、焊接地线、压端子、加强绝缘层、浇注环氧树脂热(冷)收缩配件、校线、接线(与设备)。

⑥控制电缆头制作、安装：量尺寸、切割、固定、剥外护层、芯线校对、端子标号、接线。屏蔽电缆还包括接地。

⑦电缆线防火设施安装：防火隔板加工固定、防火有机和无机涂料的拌和、孔洞的封堵、防火涂料涂刷电缆外层前的电缆清洁、涂刷。